U0298707

温馨的“家”

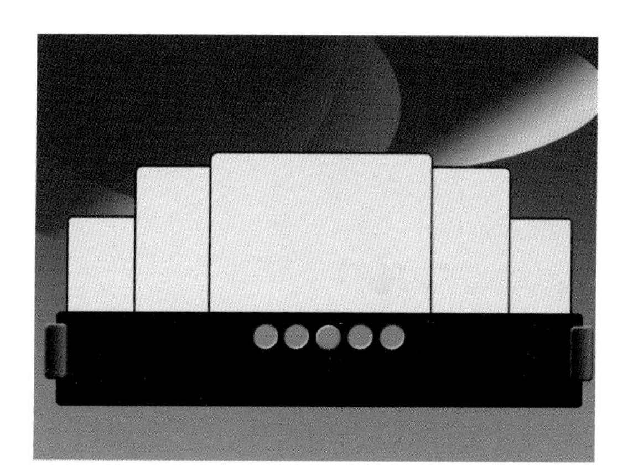

next
FLOWER
LOU
L WANT TA MAKE YOU HAPPY
HOW ARE YOU
STRAWBERRY
CHERRY

BIOGRAPHY MAGAZINE
SPECAL
GUEST
5THST_LASVEGAS
VODKA.RON.WISKY.MOLOTOV

飞跃达
全新的发动引擎，自由你的生活。
卓越不凡的享受……
飞跃达汽车

浪漫七夕
主题音乐会
VALENTINE'SDAY
给我一个不爱的理由
8/6六-8/7日
温馨演绎
自然 清新 柔美。。。
时间：2012年8月6日20：30 地点：重庆市人民大礼堂 售票热线：606060606
上半场
下半场
加演曲目

甜味橙，营养又美味！
快乐的享受，我们都爱喝。
甜味橙果味饮料 全新的精味饮料，口感更好，更易吸收。

酒精度：40%vol
净含量：500ML
老白干
百年老字号
老白干香型白酒

Happy Birthday

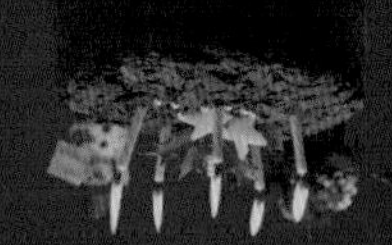

Happy Birthday

虽然没有华丽的词汇，但有一份真诚的祝福。
在你生日之际，祝福你永远开心、快乐！

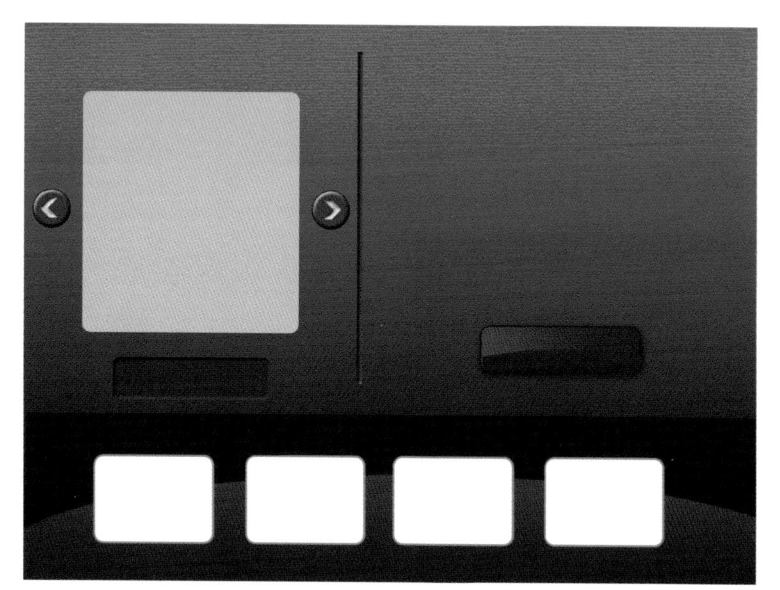

Home News Aboutus Blog Contact

Merry Christmas
I wish you happy every day
圣诞快樂
圣诞快樂

Vincent Gale
TIME OUT
MEIRO
Days
Of
Destruction
DVD

草莓牛奶
STRAWBERR
来自天然牧场
MILK!
来自大草原的安全牛奶
草莓颗粒
净含量：60ML

高职高专计算机规划教材·案例教程系列

# Photoshop CS5图形图像处理案例教程


罗　丹　主　编
周媛媛　副主编
黄玮雯　刘　睿　参　编



中国铁道出版社
CHINA RAILWAY PUBLISHING HOUSE

## 内容简介

Photoshop 是 Adobe 公司旗下最知名的图像处理软件之一，可以为用户提供最专业的图像编辑与处理。Photoshop 作为各大高职院校数字媒体艺术类专业的一门十分重要的专业课程，为学生表达设计意图提供了巨大帮助。

本教材按照任务驱动的原则，由浅入深地安排了与数字媒体艺术、艺术设计、广告设计等相关专业技术岗位所需技能密切相关的包括数码图片处理、插画设计、创意广告设计、户外海报设计、商品包装设计、卡片设计、网页设计在内的十几个经典实用案例。此过程旨在让读者由易到难地逐渐练习、体会并最终熟练掌握 Photoshop CS5 软件的绘图功能，同时增加与该行业有关的理论知识与实践经验。

本书适合作为高等院校相关专业的教材，也可作为平面设计爱好者和图形图像专业人员的自学参考用书。

**图书在版编目（CIP）数据**

Photoshop CS5 图形图像处理案例教程/罗丹主编
. — 北京：中国铁道出版社，2012.7
高职高专计算机规划教材·案例教程系列
ISBN 978-7-113-14632-0

Ⅰ. ①P… Ⅱ. ①罗… Ⅲ. ①图象处理软件－高等职业教育－教材 Ⅳ. ①TP391.41

中国版本图书馆 CIP 数据核字（2012）第 146922 号

**书　　名：** Photoshop CS5 图形图像处理案例教程
**作　　者：** 罗　丹　主编

**策　　划：** 翟玉峰　　**读者热线：** 400-668-0820
**责任编辑：** 赵　鑫　王　惠
**封面设计：** 付　巍
**封面制作：** 刘　颖
**责任印制：** 李　佳

**出版发行：** 中国铁道出版社（100054，北京市西城区右安门西街 8 号）
**网　　址：** http://www.51eds.com
**印　　刷：** 化学工业出版社印刷厂
**版　　次：** 2012 年 7 月第 1 版　　2012 年 7 月第 1 次印刷
**开　　本：** 787mm×1092mm　1/16　**印张：** 18.5　**插页：** 4　**字数：** 449 千
**印　　数：** 1～3 000 册
**书　　号：** ISBN 978-7-113-14632-0
**定　　价：** 39.80 元（附赠光盘）

# 前言

FOREWORD

Photoshop 是 Adobe 公司旗下最知名的图像处理软件之一，可以为用户提供最专业的图像编辑与处理。目前，各大高职院校的数字媒体艺术类专业都以数字媒体技术研究与开发为切入点，注重技术与内容的融合，在影视、动画、游戏、互动媒体和虚拟展示等数字内容行业有着广阔的应用和市场前景。而 Photoshop 则是作为各大高职院校数字媒体艺术类专业的一门十分重要的专业课程被广为开设，为学生能够熟练使用 Photoshop 表达设计意图提供了巨大的帮助。

我们几位长期在高职院校从事 Photoshop 教学的教师共同对本书的编写体系做了周密的规划。本教材以任务驱动为原则，由浅入深地精心设计了与数字媒体艺术、艺术设计、广告设计等相关专业技术岗位所需技能密切相关的包括数码图片处理、插画设计、创意广告设计、户外海报设计、商品包装设计、卡片设计、网页设计在内的十几个经典实用案例。

本书结合 Photoshop 软件中大部分常用工具按钮和菜单命令的使用方法与技巧，引导包括中、高等职业院校学生，数字媒体艺术、艺术设计、广告设计等相关专业的本、专科学生，以及平面设计爱好者和图形图像专业培训人员等读者，循序渐进地在短期内实现由初学到熟练运用 Photoshop 软件表达自己设计思想的目标。

本书的每一章先介绍各类设计的类型、特征与设计原则，然后用两个或多个综合实例对本章所有知识点进行介绍，其间跟随实际操作过程有效地插入了 Photoshop CS5 软件操作的经典方法与技巧，然后在案例回顾与总结中对所学知识进行巩固，并对设计此类案例应该注意的事项进行重点提示。每章的最后还精心设置 3 种题型的理论练习题供读者对本章所学知识进行自我检验。此过程旨在让读者由易到难地逐渐练习、体会并最终熟练掌握 Photoshop CS5 软件的绘图功能，同时增加与该行业有关的理论知识与实践经验。

本书由重庆电子工程职业学院罗丹任主编，周媛媛任副主编，黄玮雯和刘睿参加了编写。

由于时间紧迫，加之编者水平有限，书中难免会有疏漏之处，敬请广大读者批评指正。

编　者

2012 年 6 月

CONTENTS

# 目 录

# 第1章　进入 Photoshop CS5 的世界

Photoshop 是由 Adobe 公司开发的卓越的数字图像处理软件，其版本从 3.0、4.0、5.0、5.5、6.0、7.0、CS、CS2、CS3、CS4 到 CS5，每个版本都在上一个版本的基础上新增添了一些实用性很强的功能，这使它赢得了越来越多的支持者，同时也使得它在诸多的图形图像处理软件中持久立于不败之地。

Photoshop 的应用领域非常广泛，如平面设计、照片处理、网页设计、界面设计、文字设计、插画创作、视觉创意等。借助功能全面的绘画、修饰、滤镜、自动化等工具组，Photoshop 为平面设计和图像处理营造了一个强大的工作环境。

本章知识重点：

- 认识中文版 Photoshop CS5 的工作界面
- 了解 Photoshop CS5 的基本操作
- 了解辅助工具的应用

## 1.1　了解 Photoshop 的发展史

在 1987 年的秋天，美国一名攻读博士学位的研究生 Thomas Knoll（托马斯·洛尔）一直尝试着编写一个名为 Display 的程序，使在黑白位图监视器上能够显示灰阶图像。这就是 Photoshop 软件的前身。1990 年 2 月，Photoshop 1.0 版本正式发行，给计算机图像处理行业市场带来巨大的冲击。除了具有其他软件没有的特点外，Photoshop 1.0 还获得了当时正值计算机桌面革命炒得火热的有利时机——该软件的 2.5 版本第一个被运行到 Windows 平台。2003 年 9 月，Adobe 再次给 Photoshop 用户带来惊喜，新版本被改称为 Photoshop Creative Suite，即 Photoshop CS，如图 1-1 所示。时至今日，Photoshop 已经成为图像处理行业中的绝对霸主，并全力推出了最新版本 Photoshop CS5，继续为人们的生活带来无限创意。

图 1-1　Photoshop 1.0、CS、CS5 版本

## 1.2 Photoshop 的应用领域

Photoshop 功能十分强大，而且易学易用，通过基础知识的学习就可以轻松掌握它的一些基本用法，再综合运用软件的各项功能去进行图像处理、效果图后期处理以及平面设计、照片处理、网页设计、界面设计、文字设计、插画创作、视觉创意等工作。

### 1．平面设计

Photoshop 应用最为广泛的领域就是平面设计。不论是包装设计、招贴设计、广告设计，还是海报设计，Photoshop 是设计师们不可缺少的实战工具。图 1–2 所示为用 Photoshop 设计的海报。

### 2．照片处理

Photoshop 作为图片处理的主要软件，自然也成为照片处理的重要工具。它能够完成从输入到输出的一系列工作，包括校色、合成、图像修复等照片处理。使用软件中的修复工具可以轻松清除照片中的瑕疵，改变照片的色调，为其创意性地添加背景等。图 1–3 所示为照片处理前后效果图对比。

图 1–2　平面海报设计

图 1–3　照片处理前后效果图对比

### 3．网页设计

只要涉及图像就离不开图片的美化与创意性的处理。网页上有大量的按钮、界面窗口等，都需要将图像进行精确的加工后发布到网页上显示。当然还可以制作成网页动画，以动态图形图像的方式丰富网页的界面。图 1–4 所示为网页设计实例。

### 4．界面设计

界面设计是一个新兴的领域，Photoshop 凭借强大的图片处理功能，赢得了越来越多的界面设计师的青睐。这些设计师综合运用图形图像处理与动画软件为人们的生活创造着更多的奇迹。图 1–5 所示为界面设计实例。

### 5．文字设计

Photoshop 具有强大的文字制作与处理功能，让普通的文字在二维空间实现了视觉上的三维立体化。独特材质的添加也创造了各种不同风格的特效字，为设计带来无限的新鲜感。图 1–6 所示为文字设计实例。

**6. 插画创作**

Photoshop 具有一套成熟的绘图工具，运用这些绘图工具可以绘制出各种各样精美的插画。告别单纯的绘制路径与填充操作，在 Photoshop 中绘制插画时，运用强大的插入图片进行处理，再和谐地融合到插画画面中，为插画设计注入了无限的活力。图 1-7 所示为插画设计实例。

图 1-4　网页设计

图 1-5　界面设计

图 1-6　文字设计

图 1-7　插画设计

## 1.3　中文版 Photoshop CS5 的工作界面

Photoshop CS5 功能十分强大，而且易学易用，通过基础知识的学习就可以轻松掌握它的一些基本用法，再综合运用软件的各项功能去进行图像处理、效果图后期处理以及海报设计、宣传页设计、广告设计、包装设计等的创作。图 1-8 所示为用 Photoshop 制作的“纯酒”酒包装效果图。

图 1-8　用 Photoshop 制作的“纯酒”酒包装效果图

启动 Photoshop CS5 后，其工作界面如图 1-9 所示，主要由标题栏、菜单栏、选项栏、工具箱、图像窗口、控制面板等组成。

图 1-9 Photoshop CS5 工作界面

## 1.3.1 标题栏与菜单栏

操作界面的顶部是 Photoshop 的标题栏，其中显示了程序的名称 PS，也就是 Photoshop 的简写。标题栏的下面是菜单栏，它提供了 Photoshop 的所有菜单，包括文件、编辑、图像、图层、选择、滤镜、分析、3D、视图、窗口、帮助 11 个菜单，如图 1-10 所示。

图 1-10 Photoshop CS5 的标题栏与菜单栏

执行菜单中的命令有以下几种方法：

**1．使用鼠标**

当要使用某个命令的时候，只需将鼠标指针移动到菜单名称上并单击，即可弹出下拉菜单，可从中选择所需要的命令，如图 1-11 所示。

**2．使用快捷键**

可使用命令旁标注的快捷键来执行命令。例如，要执行“文件”菜单中的“新建”命令，直接按键盘上的【Ctrl+N】组合键即可，此时弹出的对话框如图 1-12 所示。

**小技巧**

除了上面的快捷键，还可以按住键盘上的【Alt】键，再按命令中带括号的字母键执行命令。例如，要执行“文件”菜单中的“打开”命令，可直接按键盘上的【Alt+F】组合键打开“文件”菜单，再按键盘上的【O】键即可选择“打开”命令。打开某项菜单后，按左、右方向键可以跳转到其他菜单；按上、下方向键可以选择菜单中的命令；按【Esc】键可以关闭菜单。

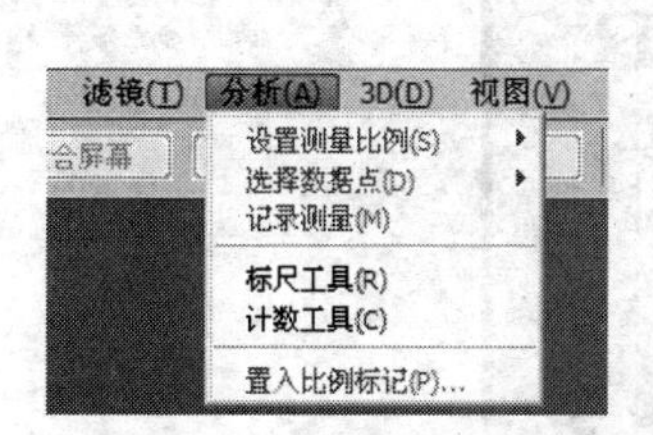


图 1-11　Photoshop CS5 的下拉菜单

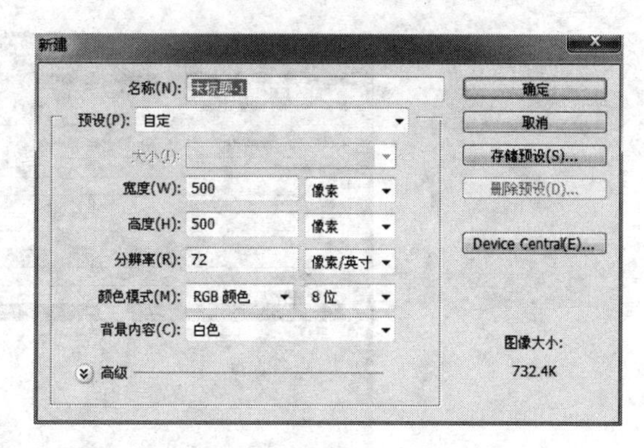


图 1-12　执行“新建”命令打开的对话框

### 3．使用自定义的快捷键

为了能更方便地使用一些经常用到的命令，Photoshop 为用户提供了自定义快捷键的功能。使用自定义快捷键功能可以为没有快捷键的命令或工具添加快捷键，也可以将某些命令或工具的快捷键更改为自己比较熟悉的快捷键。下面介绍为没有快捷键的命令添加快捷键的方法。

（1）启动 Photoshop CS5，从菜单中找出一个没有快捷键的命令，这里选择“滤镜”→“滤镜库”命令。

（2）选择“编辑”→“键盘快捷键”命令，或按【Alt+Shift+Ctrl+K】组合键，弹出“键盘快捷键和菜单”对话框，如图 1-13 所示。

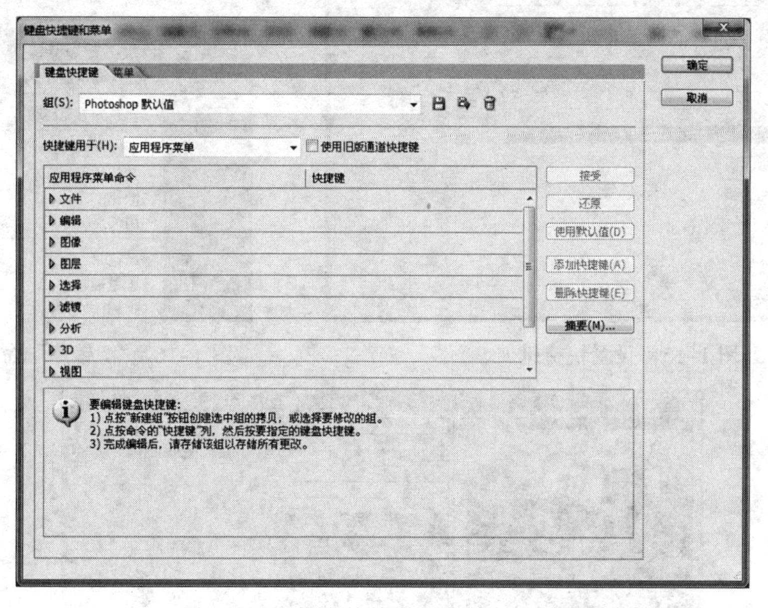


图 1-13　“键盘快捷键和菜单”对话框

（3）在对话框中的“快捷键用于”下拉列表框中选择需要设置的选项，本例是为命令设置快捷键，所以选择“应用程序菜单”选项，在“应用程序菜单命令”列表框中选择“滤镜”菜单中的“滤镜库”命令，此时，该命令的“快捷键”栏将空出，并出现闪烁的光标，如图 1-14 所示。

（4）在键盘上按下一个键或同时按下几个键，即可将其定义为“滤镜库”命令的快捷键，在这里按下【Ctrl+Alt +Q】组合键作为其快捷键，如图 1-15 所示。

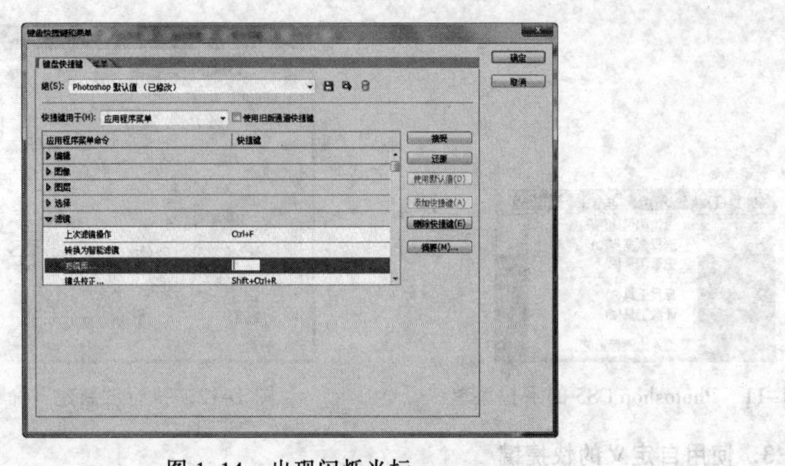

图 1-14　出现闪烁光标

（5）单击“确定”按钮，即可完成快捷键的定义。此时，单击“滤镜”菜单，“滤镜库”命令的效果如图 1-16 所示。从图中可以看出，其快捷键为【Ctrl+Alt +Q】。按【Ctrl+Alt +Q】组合键，即可弹出“滤镜库”对话框，如图 1-17 所示。

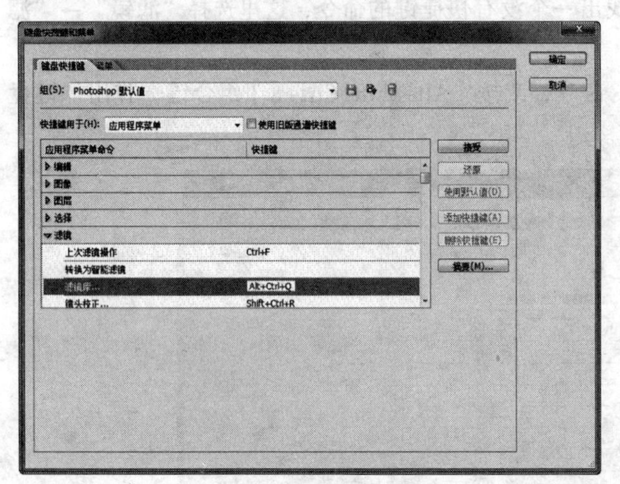

图 1-15　设置快捷键

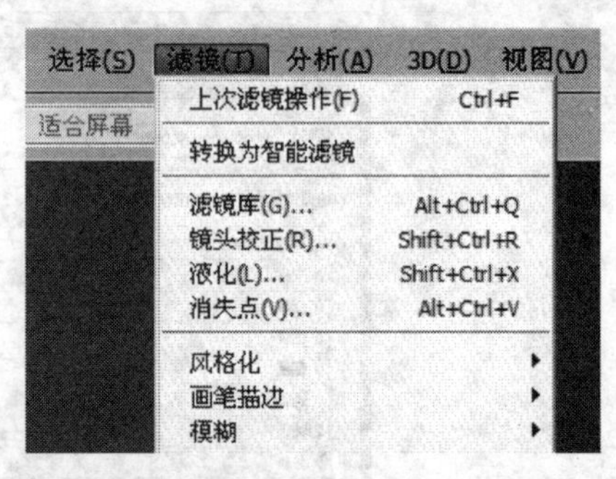


图 1-16 “滤镜库”命令的快捷键

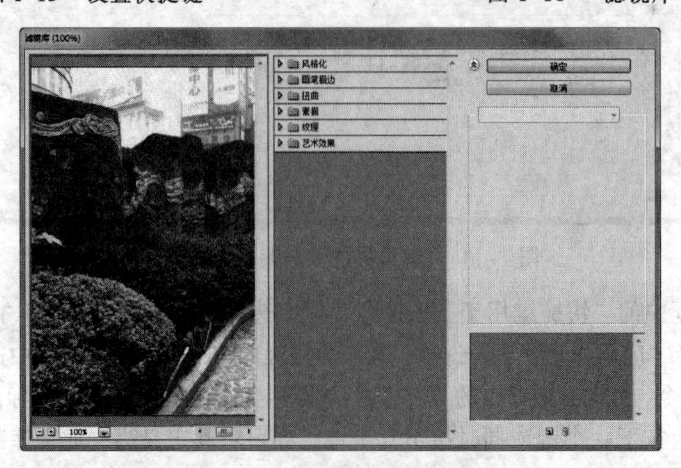

图 1-17 “滤镜库”对话框

## 1.3.2　工具箱和选项栏

Photoshop CS5 的工具箱中提供了强大的工具，包括选取工具、绘图工具、填充工具、视图工具等。Photoshop CS5 的工具箱完全展开后的效果图如图 1-18 所示。

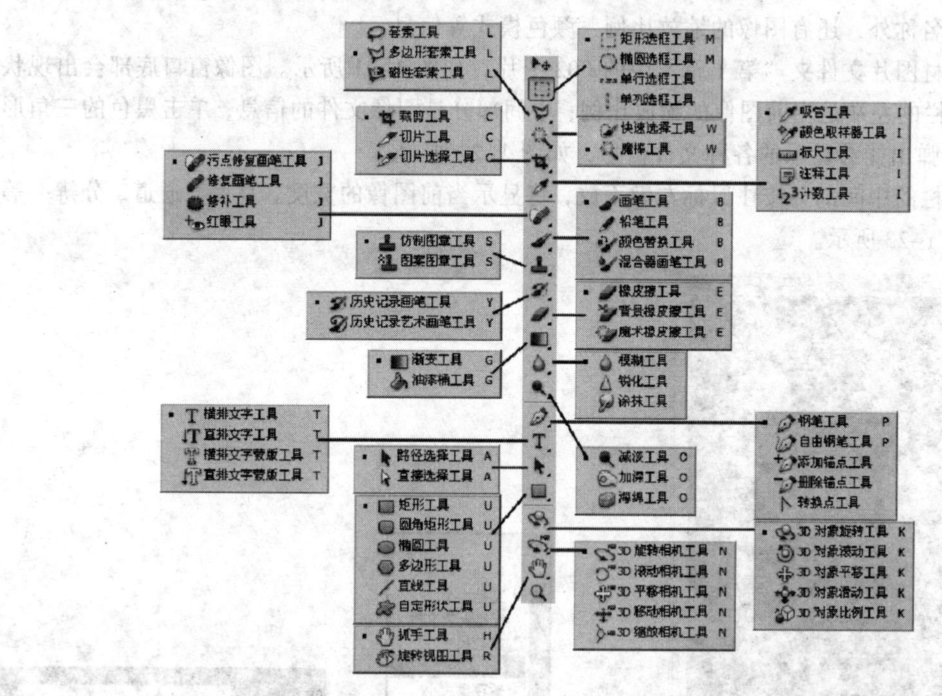


图 1-18　Photoshop CS5 工具箱展开图

选择工具箱中的工具有以下几种方法：

### 1. 使用鼠标

在工具箱中单击所需要的工具图标，即可快速选择该工具；有的工具图标右下角有一个黑色的小三角形，表示其中还有隐藏的工具，单击小三角形将弹出隐藏工具列表，将鼠标指针移动到所需要的工具图标上并单击，即可选择该工具，如图 1-19 所示。

图 1-19　在工具箱中选择工具

### 2. 使用快捷键

直接按工具的快捷键，即可快速选择该工具；按住【Alt】键的同时，反复单击有隐藏工具的图标，就会循环选中每个隐藏的工具。按住【Shift】键的同时，反复按工具的快捷键，也会循环选中该工具组中每个隐藏的工具。

选择工具箱中的某个工具后，Photoshop 的选项栏中就会出现该工具的相关选项。例如，选择工具箱中的“魔棒工具”，选项栏中就会出现“魔棒工具”的选项，如图 1-20 所示。在选项栏中可以对相应的工具进行参数设置。

图 1-20　“魔棒工具”选项栏

### 1.3.3 图像窗口和状态栏

在 Photoshop CS5 中，可以同时打开多幅图像进行编辑。要在多幅图像之间进行切换，可以选择“窗口”菜单中的文档命令，也可以按【Ctrl+Tab】组合键。在图像窗口的标题栏上，除了图像的名称外，还有图像的缩放比例、颜色模式等信息。

打开素材图片文件夹“第 1 章”中的 002 图片，如图 1–21 所示。图像窗口底部会出现状态栏。状态栏的左端是当前图像的缩放比例；中间部分是图像文件的信息，单击黑色的三角形按钮▶，将弹出能够显示的各种文件信息，如图 1–22 所示。

在状态栏的中间部分按住鼠标左键不放，将显示当前图像的宽度、高度、通道、分辨率等信息，如图 1–23 所示。

图 1–21 打开一幅图片

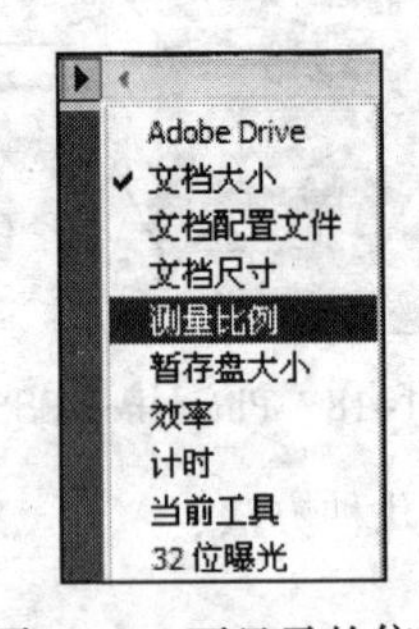


图 1–22 可显示的信息

图 1–23 显示信息

### 1.3.4 控制面板

控制面板（简称面板）可以完成图像的各种处理操作和参数设置，如显示信息、选择颜色、编辑图层、制作路径等操作，它是处理图像时一个不可或缺的部分。打开 Photoshop CS5 软件，可以看到 Photoshop CS5 为用户提供了多个控制面板组，如图 1–24 所示。

下面分别介绍使用“窗口”菜单和快捷键的两种方法显示或隐藏控制面板。

#### 1. 使用“窗口”菜单

打开“窗口”菜单，如图 1–25 所示。从图中可以看出，该菜单上方包含“排列”和“工作区”两个命令，主要用来对工作区中的各种组成元素进行排列；中部主要是 Photoshop CS5 中各个控制面板的名称，选择相应的命令，即可显示或隐藏相应的面板。当命令前出现“√”状标记时，表示该面板已经显示在工作区中；没有出现“√”状标记，表示该面板处于隐藏状态。

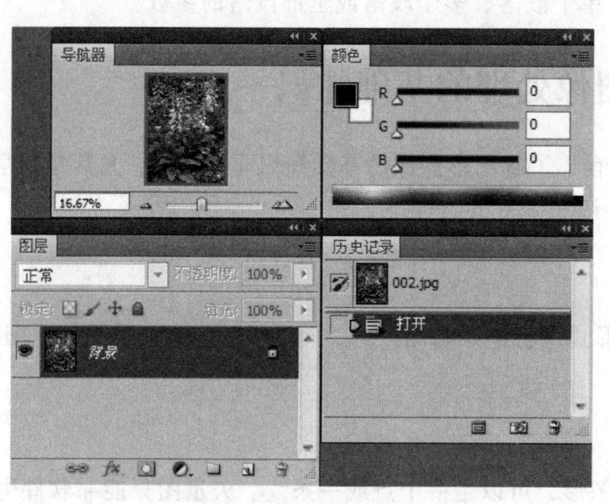


图 1-24　控制面板组

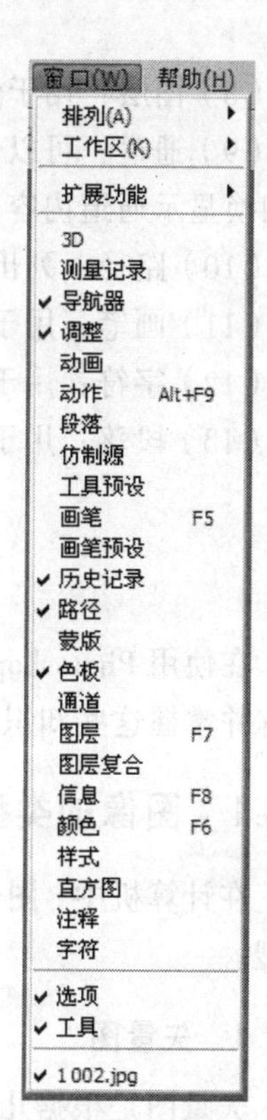


图 1-25　“窗口”菜单显示

**2．使用快捷键**

反复按键盘上的【Tab】键，将显示或隐藏的工具箱和控制面板。反复按【Shift+Tab】组合键，将显示或隐藏控制面板。

按键盘上的【F6】键可以显示或隐藏“颜色”面板，按【F7】键可以显示或隐藏“图层”面板，按【F8】键可以显示或隐藏“信息”面板。按住【Alt】键的同时，单击控制面板中的折叠按钮，将只显示出控制面板的标签。

在图形图像处理中，控制面板的应用必不可少。Photoshop 提供了 24 个控制面板，所有控制面板都可以在“窗口”菜单中找到。下面列出一些常用控制面板的功能。

（1）导航器：显示图像的缩略图，可用来快速缩放显示比例，迅速移动图像显示内容。

（2）信息：显示鼠标指针所在位置的坐标值、该位置像素的颜色值信息，以及其他有用的测量信息。

（3）颜色：显示当前前景色和背景色的颜色值。可以根据几种不同的颜色模式编辑前景色和背景色，也可以在其中选取前景色或背景色。

（4）色板：可从中选取前景色或背景色，也可以添加或删除颜色以创建自定义色板库。

（5）样式：自定义图层样式后，可以将它储存为自定义样式，然后通过“样式”面板来调用。

（6）历史记录：用于记录用户的操作，当需要时可以恢复图样和指定恢复到某一步骤。

（7）动作：可以记录、播放、编辑和删除个别动作，还可以用来储存和载入动作文件。

（8）图层：用于创建、隐藏、显示、复制和删除图层等操作。

（9）通道：可以创建和管理通道，以及监视编辑效果。用户可以在通道中进行各种操作，如切换显示通道内容、保存和编辑蒙版等。

（10）路径：列出了每条存储的路径、当前工作路径和当前矢量蒙版的名称和缩略图。

（11）画笔：用于选择预设画笔和设计自定义画笔。

（12）字符：用于设置文字图层中文字的参数。

（13）段落：用于设置文字图层中单个段落、多个段落或全部段落的参数。

# 1.4 图像处理的基础知识

在使用 Photoshop CS5 进行工作之前，了解图形图像的基础知识非常必要，尤其是初学者，了解并掌握这些知识有助于以后的学习。

## 1.4.1 图像的类型

在计算机中，图像都是以数字的形式进行记录和储存的，大致可以分为矢量图和位图两种类型。

### 1. 矢量图

矢量图是根据几何特性来绘制的图形，可以是一个点或一条线。矢量图只能靠软件生成，文件占用存储空间较小。

矢量图形具有如下特点：

（1）文件小。由于矢量图是以线条和曲线的形式组成的，所以矢量图形文件的大小与分辨率和图形大小无关，只与图像的复杂程度有关，简单图像所占用的存储空间较小。

（2）图形的大小可以无限缩放。在对图形进行缩放、旋转或变形操作时，图形仍然具有很高的显示或印刷质量，而且不会产生锯齿和模糊现象。打开素材图片文件夹“第 1 章”中的 003 图片，如图 1-26 所示。

图 1-26 矢量图放大前后的对比效果

（3）可采取高分辨率印刷。矢量图形文件可以在任何时候输出到打印机或印刷机上，以打印机或印刷机的最高分辨率进行打印输出。

### 2. 位图

位图图像（bitmap），又称点阵图像或绘制图像，是由称为像素（图片元素）的单个点组成的。这些点可以进行不同的排列和染色以构成图样。当放大位图时，可以看到构成整个图像的无数单个方块。许许多多不同颜色的像素点组合在一起，就组成了一幅生动的画面。

位图具有以下特点：

（1）文件存储件空间占用量大。对分辨率较高的彩色图像，由于像素之间相互独立，所以位图所需的硬盘空间、内存和显存比矢量图要大。

（2）放大到一定程度后会产生锯齿，并变得模糊。例如，打开素材图片文件夹“第 1 章”中的 004 图片，如图 1–27 所示。

（3）位图在表现色彩、色调方面的效果比矢量图更加优越，尤其是在表现图像的阴影和色彩的细微变化方面效果更佳。

图 1–27　位图放大前后的效果对比

### 1.4.2　图像颜色模式

颜色模式是指同一属性上的不同颜色的集合，它可以使用户在使用各种颜色进行显示、印刷或打开文档时，不必进行颜色重新调配而直接进行转换和应用。常用的颜色模式有：CMYK 模式、RGB 模式、Lab 模式、灰度模式和位图模式。

#### 1．CMYK 模式

CMYK 代表印刷上用的 4 种颜色，C 代表青色，M 代表洋红色，Y 代表黄色，K 代表黑色。因为在实际引用中，青色、洋红色和黄色很难叠加形成真正的黑色，最多不过是褐色而已，所以才引入了 K——黑色。黑色的作用是强化暗调，加深暗部色彩。

#### 2．RGB 模式

RGB 模式是使用最广泛的颜色模式之一。该模式是一种加色模式，它通过将红、绿、蓝 3 种颜色相叠加而形成更多的颜色。

在编辑图像的时候，RGB 模式是最佳选择，它可以提供全屏幕的多达 24 位的色彩范围。

#### 3．Lab 模式

Lab 模式是一种国际色彩标准模式，它由 3 个通道组成，L 表示透明度通道，a 和 b 是两个色彩通道，即色相和饱和度。Lab 模式是 RGB 模式与 CMYK 模式相互转换时的中间模式，其特点是当使用不同的显示器或打印设备显示或打印时，表现出的颜色都是相同的。

#### 4．灰度模式

灰度模式下的图像是由 256 级灰度来显示的，灰度图像中的每个像素都有一个 0（黑色）～255（白色）之间的亮度值。当彩色图像转换为灰度模式后，再将其转换为原来的颜色模式时，图像的颜色信息将丢失。

将彩色模式转换为双色调模式或位图模式时，必须先将其转换为灰度模式，再由灰度模式转换为双色调模式或位图模式。

**5．位图模式**

位图模式下的图像是由黑色和白色组成的，所以又称黑白图像。该模式可以较为完善地控制灰度图像的打印。

打开素材图片文件夹“第 1 章”中的 005 图片，图 1–28 所示为不同模式的图像效果。

（a）RGB 模式

（b）CMKY 模式

（c）Lab 模式

图 1–28　不同模式的图像效果

# 1.5　中文版 Photoshop CS5 的基本操作

如果需要在一个空白图像上绘图，就要在 Photoshop 中新建一个图像文件。如果要对照片或图片进行修改和处理，就要在 Photoshop 中打开需要的图像。下面介绍如何新建和打开图像。

## 1.5.1　图像的新建

新建图像是使用 Photoshop 进行设计的第一步。执行“新建”命令有以下几种方法：

（1）选择“文件”→“新建”命令。

（2）按键盘上的【Ctrl+N】组合键。

（3）按住键盘上的【Ctrl】键的同时，在 Photoshop 界面中双击。

执行“新建”命令会弹出“新建”对话框，如图 1–29 所示。其中“名称”选项用于输入图像的文件名；在“预设”下拉列表框中可以选择固定的文件尺寸；“宽度”和“高度”选项用于设置宽度和高度值；在“分辨率”选项中可以输入所需要的分辨率。

“颜色模式”下拉列表框中有多种颜色模式可供选择；在“背景内容”下拉列表中可以选择一种颜色作为图像“背景”图层的颜色；“高级”选项区中的“颜色配置文件”下拉列表框用于设置文件的色彩配置方式，“像素长宽比”下拉列表框用于设置文件中像素长宽比的类型；信息栏中的“图像大小”信息显示的是当前文件的大小。设置完成后，单击“确定”按钮，即可完成图像的新建，生成的新图像如图 1–30 所示。

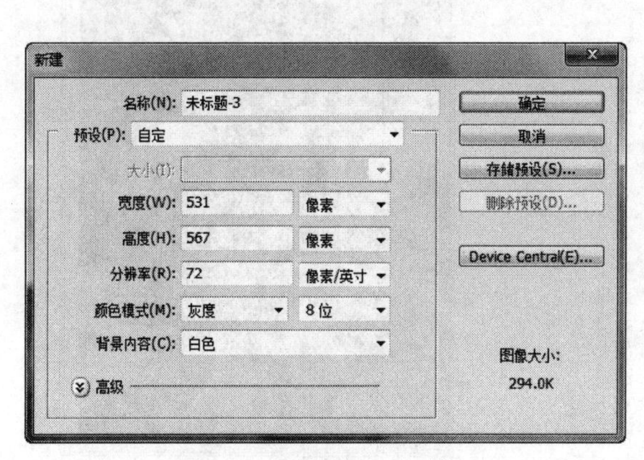

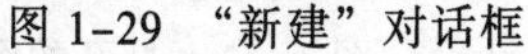
图 1-29　“新建”对话框

图 1-30　新建的图像

图像的宽度和高度单位可以设置为像素或厘米，单击“宽度”和“高度”选项后的下拉按钮，弹出计量单位下拉列表，从中可以选择计量单位。

“分辨率”选项可以设置每英寸或每厘米的像素数，一般在进行屏幕练习时，设置分辨率为 72 像素/英寸；在进行平面设计时，分辨率应设为输出设备半调网屏频率的 1.5～2 倍（一般为 300 像素/英寸）；在打印图像时，一般将分辨率设为打印机分辨率的整除数，如 100 像素/英寸。

**小技巧**

分辨率越高，图像文件也越大。要根据实际工作需要设置合适的分辨率。

### 1.5.2　图像的打开

在 Photoshop 中，可以使用多种方法来打开图像，下面分别进行介绍。

#### 1. 使用打开命令

执行“打开”命令有以下几种方法：

（1）选择“文件”→“打开”命令。

（2）按键盘上的【Ctrl+O】组合键。

（3）直接在 Photoshop 的界面中双击。

执行以上操作均可打开“打开”对话框，如图 1-31 所示。在对话框中指定路径，确认文件类型，选择所需要的文件，然后单击“打开”按钮或直接双击该文件，即可打开所选图像文件。打开素材图片文件夹“第 1 章”中的 006 图片，如图 1-32 所示。

**小技巧**

在“打开”对话框中，按住【Ctrl】键，可以同时选中多个图像文件；按住【Shift】键，可以同时选中多个连续的图像文件，此时单击“打开”按钮，即可将选中的图像同时打开。

#### 2. 打开最近使用过的文件

如果要打开最近使用过的文件，可以选择“文件”→“最近打开文件”命令，弹出其子菜单，从中可以选择最近打开过的图像，如图 1-33 所示。

图 1-31 “打开”对话框

图 1-32 打开的图像

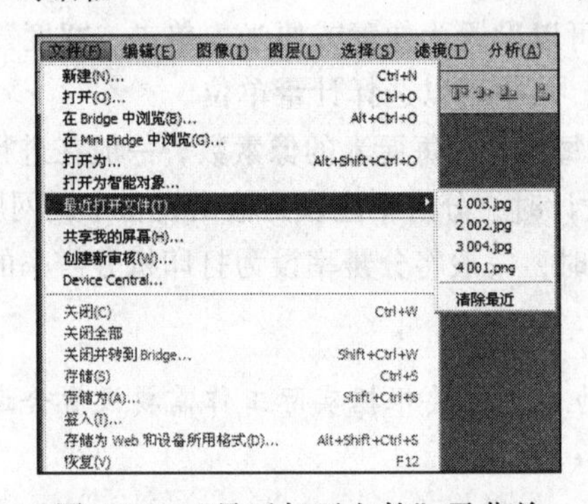

图 1-33 “最近打开文件”子菜单

### 1.5.3 图像的保存

编辑制作完图像后，就需要对图像进行保存。可以选择“文件”→“存储”命令，或按【Ctrl+S】组合键来保存文件。

当第一次对图像进行保存时，执行“存储”命令将弹出“存储为”对话框，如图 1-34 所示。在其中输入文件名称，选择文件格式，单击“保存”按钮，即可保存图像。

打开一个图像，对其进行编辑修改后，若既要保留修改后的效果，又不想放弃原文件，则可以选择“文件”→“存储为”命令，或按【Shift+Ctrl+S】组合键打开“存储为”对话框。在其中可以更改文件的名称、存储路径和格式，然后进行存储，此时原图像文件将保持不变。

图 1-34 “存储为”对话框

“存储为”对话框中主要选项的含义如下：

（1）作为副本：选中该复选框，表示将处理的文件存储为副本。

（2）Alpha 通道：选中该复选框，表示将存储为带有 Alpha 通道的文件。

（3）图层：选中该复选框，可以将图层和文件同时存储。

（4）注释：选中该复选框，可以将文件带有的注释一并存储。

（5）专色：选中该复选框，可以将文件带有的专色通道一并存储。

（6）使用小写扩展名：选中该复选框，表示使用小写的扩展名存储文件；不选中该复选框，表示使用大写的扩展名存储文件。

## 1.5.4　图像的关闭

对图像进行存储后，可以将图像关闭。关闭图像有以下几种方法：

（1）选择“文件”→“关闭”命令。

（2）按【Ctrl+W】组合键。

（3）单击图像窗口右上角的“关闭”按钮 。

关闭图像时，若当前文件被修改过或当前文件为新建的文件，则会弹出一个提示框，提示是否进行存储，如图 1-35 所示。单击“是”按钮即可存储图像。

如果要将打开的图像全部关闭，可以使用以下几种方法：

（1）选择“文件”→“关闭全部”命令。

（2）按【Ctrl+Alt +W】组合键。

（3）单击 Photoshop 窗口标题栏右端的“关闭”按钮 。

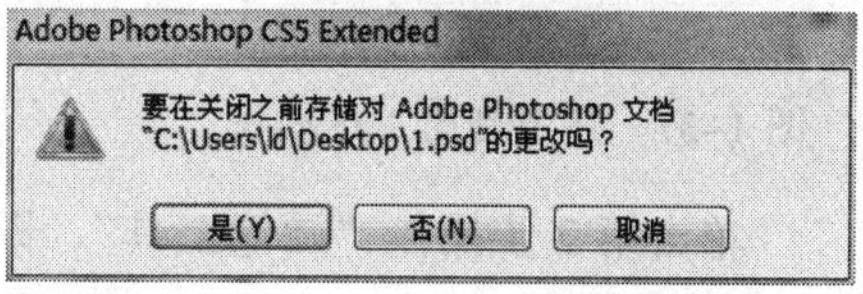

图 1-35　“关闭文件”提示框

## 1.5.5　图像的还原与重做

在编辑图像的过程中可以随时对图像进行还原与重做。

### 1．使用命令

还原即取消刚才的操作，使图像还原到上一步的操作。重做即重新进行刚才的操作，从上一步的操作回到当前操作。

例如，打开素材图片文件夹“第 1 章”中的 007 图片，对该图像进行了如下 3 步操作：① 创建一个选区；② 对选区填充颜色；③ 将填充颜色后的选区在工作区中拖动到其他位置。

选择“编辑”→“还原”命令，或按其快捷键【Ctrl+Z】，可还原第③步的操作，使图像回到第②步操作后的效果。

选择“编辑”→“重做”命令，或按其快捷键【Ctrl+Z】，又可重做第③步的操作，使图像回到第③步操作后的效果。

### 2．使用“历史记录”面板

使用“历史记录”面板可将进行过多次处理的图像恢复到任意一步操作前的状态，系统默认可以恢复 20 次以内的所有操作。

打开一幅图像，对其进行一系列操作后，选择“窗口”→“历史记录”命令，弹出“历史记录”面板，其各个操作步骤如图 1–36 所示。

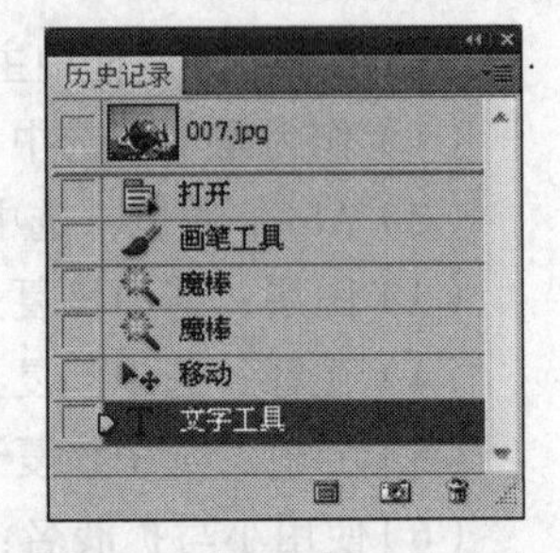


图 1–36 “历史记录”面板

从图中可以看出，一共对图像进行了 6 步操作，在第 1 步操作“打开”处单击，此时，下面 5 步的操作记录都变成了灰色，如图 1–37 所示。这就是说明后面的 5 步操作都被还原了，此时，图像被还原到打开时的效果，如图 1–38 所示。

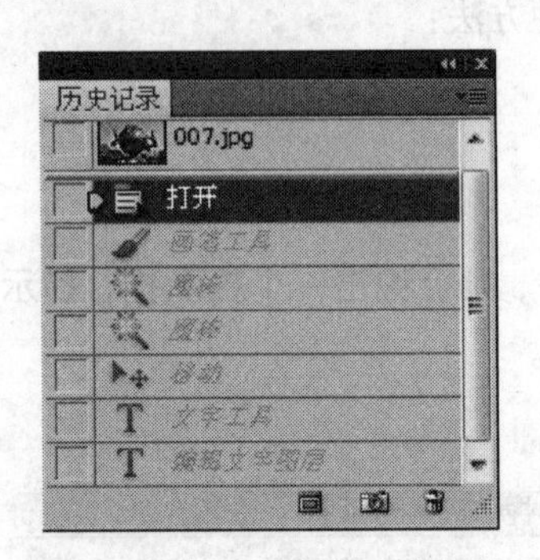


图 1–37 还原到第 1 步操作

图 1–38 还原到“打开”操作后的效果

单击第 2 步操作“画笔工具”，即可将图像恢复到第 2 步操作后的效果，如图 1–39 所示。

单击第 4 步操作“魔棒”，即可将图像恢复到第 4 步操作后的效果，如图 1–40 所示。

图 1–39 还原到第 2 步操作后的效果

图 1–40 还原到第 4 步操作后的效果

单击第 5 步操作“移动”，即可将图像恢复到第 5 步操作后的效果，如图 1–41 所示。

单击第 6 步操作“文字”，即可将图像恢复到第 6 步操作后的效果，如图 1–42 所示。

由此可以看出，使用“历史记录”面板，可以将图像还原到任意一步，也可以将还原的操作进行重做。

图 1-41　还原到第 5 步操作后的效果

图 1-42　还原到第 6 步操作后的效果

## 1.5.6　图像的显示比例调整

使用 Photoshop CS5 编辑和处理图像时，可以通过改变图像的显示比例来使工作更便捷、更精确。

### 1. 使用“缩放工具”

使用“缩放工具” 可以将图像按实际大小显示，也可以将图像放大或缩小显示。选择“缩放工具”，其选项栏如图 1-43 所示。

□调整窗口大小以满屏显示 □缩放所有窗口 □细微缩放 实际像素 适合屏幕 填充屏幕 打印尺寸

图 1-43　“缩放工具”选项栏

1）100%显示图像

双击工具箱中的“缩放工具”或单击选项栏中的“实际像素”按钮，可以将图像按照实际大小显示，即按 100%的比例显示。

2）适合屏幕显示图像

单击选项栏中的“适合屏幕”按钮，可以使图像正好填满整个图像窗口，在此过程中系统将自动调整图像窗口的大小，使其适合 Photoshop 的工作区域。例如，打开素材图片文件夹“第 1 章”中的 008 图片，如图 1-44 所示。由于其图像窗口过小，致使图像无法完全显示出来，此时，只须单击选项栏中的“适合屏幕”按钮，系统将自动调整窗口的大小，使图像完全显示出来，如图 1-45 所示。

图 1-44　打开 008 图片

图 1-45　“适合屏幕”显示后的效果

在系统自动调整图像窗口大小的过程中，有时也会对图像进行放大或缩小显示，以适合Photoshop的工作区域。例如，打开素材图片文件夹“第1章”中的009图片，如图1–46所示。从图中可以看出，图像的显示比例为100%，并且图像窗口过小，图像无法完全显示出来，需要拖动滚动条来查看图像。单击选项栏中的“适合屏幕”按钮，图像窗口的大小将自动进行调整，使图像完全显示出来，并且图像的显示比例也变成61.7%，如图1–47所示。

图1–46　打开009图片

图1–47　图像显示比例改变后的效果

3）放大显示图像

选择工具箱中的“缩放工具”，在选项栏中单击“放大”按钮，在图像窗口中单击，图像就会放大显示。例如，打开素材图片文件夹“第1章”中的010图片，如图1–48所示。从中可以看出其显示比例为66.7%，在图像窗口中单击一次，则图像将按照100%的比例显示，效果如图1–49所示。

图1–48　打开010图片

图1–49　放大显示一次后的效果

打开素材图片文件夹“第1章”中的011图片，如图1–50所示。选择工具箱中的“缩放工具”，在选项栏中单击“放大”按钮，在图像窗口拖动出一个矩形区域，如图1–51所示，这个区域就会放大显示直至填满整个画布，如图1–52所示。

4）缩小显示图像

选择工具箱中的“缩放工具”，在选项栏中单击“缩小”按钮，在图像窗口中单击，图像就会缩小显示。例如，打开素材图片文件夹“第1章”中的012图片，如图1–53所示。从图中可以看出其显示比例为200%，在图像窗口中单击一次，图像将按照100%的比例显示，如图1–54所示；若再次单击，则图像按照66.7%的比例显示，效果如图1–55所示。

图 1-50　打开 011 图片

图 1-51　拖动出矩形框

图 1-52　放大显示至填满画布后的效果

图 1-53　打开 012 图片

图 1-54　缩小显示一次后的效果

图 1-55　缩小显示两次后的效果

**2. 使用“抓手工具”**

当图像窗口过小，无法将整个图像显示出来时，使用“抓手工具”在图像窗口中拖动，可以观察图像的其他部分，使没有显示出来的区域显示出来。例如，打开素材图片文件夹“第 1 章”中的 013 图片，如图 1-56 所示。从图中可以看出，由于图像窗口过小，图像无法完全显示。选择“抓手工具”，在图像窗口中向左拖动鼠标，可以将右侧没有显示的区域显示出来，如图 1-57 所示。

另外，双击工具箱中的“抓手工具”，可以调整图像窗口的大小，使图像正好填满整个图像窗口，这就相当于单击“缩放工具”选项栏中的“适合屏幕”按钮。

图 1-56 打开 013 图片

图 1-57 使用抓手工具观察图像

**3. 使用快捷键**

按键盘上的【Ctrl+ +】组合键，可以将图像放大显示，这相当于单击“缩放工具”选项栏中的“放大”按钮。

按键盘上的【Ctrl+ -】组合键，可以将图像缩小显示，这相当于单击“缩放工具”选项栏中的“缩小”按钮。

按键盘上的【Ctrl+0】组合键，可以调整图像窗口的大小，使图像正好填满整个图像窗口，这相当于单击“缩放”工具选项栏中的“适合屏幕”按钮。

按键盘上的【Ctrl+Alt+0】组合键，可以将图像按 100%的比例显示，这相当于单击“缩放工具”选项栏中的“实际像素”按钮。

# 1.6 辅助工具的应用

Photoshop 中的辅助工具包括标尺、参考线、网格线、注释工具、度量工具等。下面分别进行介绍。

## 1.6.1 标尺

使用标尺可以精确地编辑和处理图像。选择“编辑”→“首选项”→“单位与标尺”命令，将弹出图 1-58 所示的对话框。其中“单位”选项区用于设置标尺和文字的显示单位，有不同的显示单位可供选择；“列尺寸”选项区可以用来精确地确定图像的尺寸；“点/派卡大小”选项区则与输出有关。

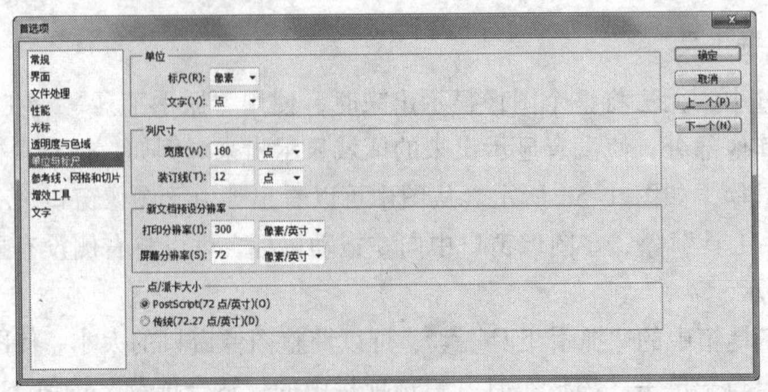


图 1-58 标尺参数的设置

下面具体介绍标尺的用法。

打开素材图片文件夹“第 1 章”中的 014 图片，如图 1–59 所示。选择“视图”→“标尺”命令，或【Ctrl+R】组合键，可以将标尺显示或隐藏，如图 1–60 所示。

图 1–59　隐藏标尺

图 1–60　显示标尺

将鼠标指针移至标尺的坐标原点处，拖动鼠标到适当位置，如图 1–61 所示。释放鼠标左键，标尺的坐标原点就移到释放鼠标的位置，如图 1–62 所示。

图 1–61　拖动鼠标改变原点

图 1–62　原点改变后的效果

## 1.6.2　参考线

使用参考线可以使编辑图像的位置更精确。打开素材图片文件夹“第 1 章”中的 015 图片，如图 1–63 所示。将鼠标指针放置在水平标尺上，按住鼠标左键不放，拖动出水平参考线。再将鼠标指针放置在垂直标尺上，按住鼠标左键不放，拖动出垂直参考线，此时界面显示如图 1–64 所示。

选择工具箱中的“移动工具”，将鼠标指针移到参考线上，当指针变成双向箭头形状时，拖动鼠标可以移动参考线。

选择“视图”→“锁定参考线”命令或按键盘上的【Ctrl+Alt+;】组合键，可以锁定参考线，锁定后的参考线不能被移动。选择“视图”→“清除参考线”命令，可以清除参考线。选择“视图”→“新建参考线”命令，弹出“新建参考线”对话框，如图 1–65 所示。设置各选项后单击“确定”按钮，即可在指定位置建立参考线。

图 1-63　打开的 015 图片

图 1-64　拖动出水平与垂直参考线后的效果

## 1.6.3　网格线

使用网格线可以将图像处理得更精准，其设置方法如下：

选择“编辑”→“首选项”→“参考线、网格和切片”命令，弹出图 1-66 所示的对话框，其中“参考线”选项区用于设置参考线的颜色和样式；“网格”选项区用于设置网格的颜色、样式以及网格线间隔和子网格大小等；“切片”选项区用于设置切片的颜色和是否显示切片的编号。

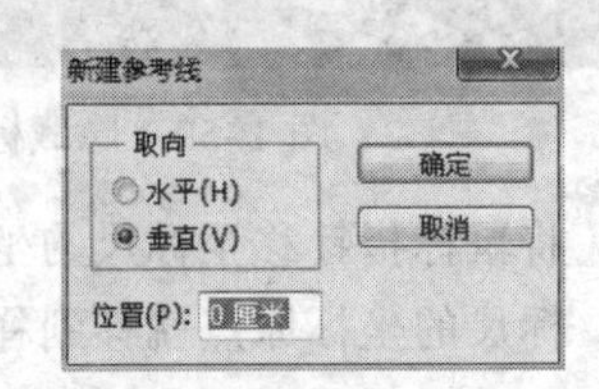


图 1-65　“新建参考线”对话框

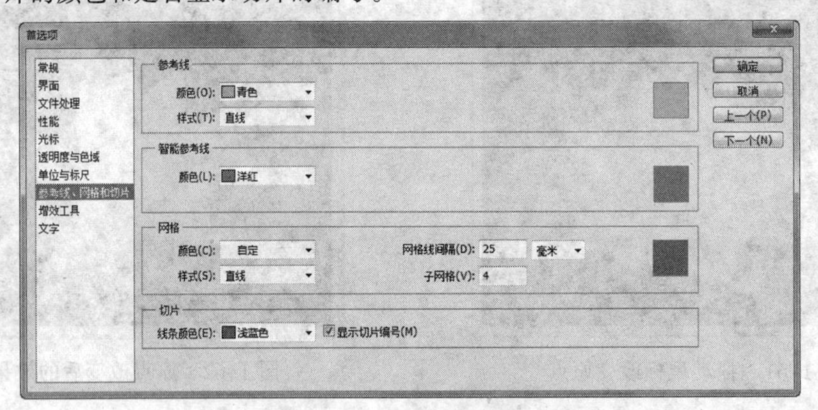


图 1-66　设置网格线参数

选择“视图”→“显示”→“网格”命令，可以显示或隐藏网格，如图 1-67 所示。

图 1-67　隐藏与显示网格线的效果

## 1.6.4　注释工具

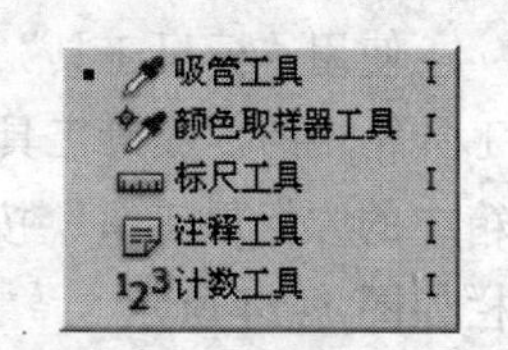


图 1-68　展开的工具箱

使用“注释工具”可以为图像增加文字注释，起到提示的作用。

启用“注释工具”的方法是：右击工具箱中的“吸管工具”右下角的小三角形，此时出现的工具如图 1-68 所示。单击“注释工具”，此时的选项栏如图 1-69 所示。“作者”选项用于输入作者的姓名，“颜色”选项用于设置注释窗口的颜色，“清除全部”按钮用于清除所有注释。

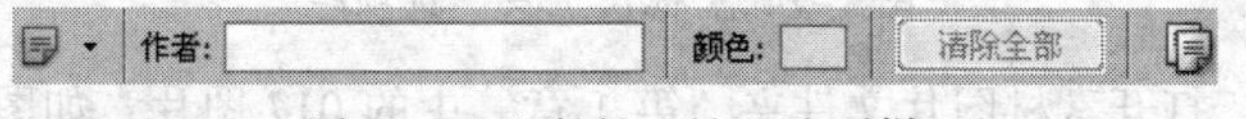


图 1-69　“注释工具”选项栏

打开素材图片文件夹“第 1 章”中的 016 图片，如图 1-70 所示。选择“注释工具”，在图像中单击，将弹出“注释”面板，如图 1-71 所示。

图 1-70　打开的 016 图片

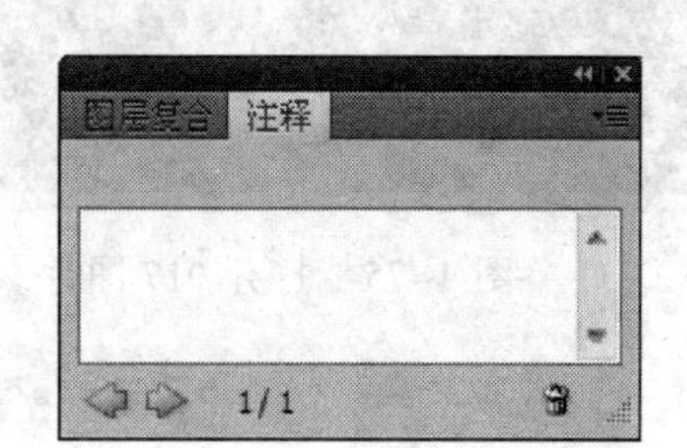


图 1-71　“注释”面板

在“注释”面板中输入相应的文字，效果如图 1-72 所示。单击“注释”面板右上角的折叠按钮，即可隐藏“注释”面板，窗口中只显示出一个注释图标，效果如图 1-73 所示。双击该注释图标，即可重新打开“注释”面板。

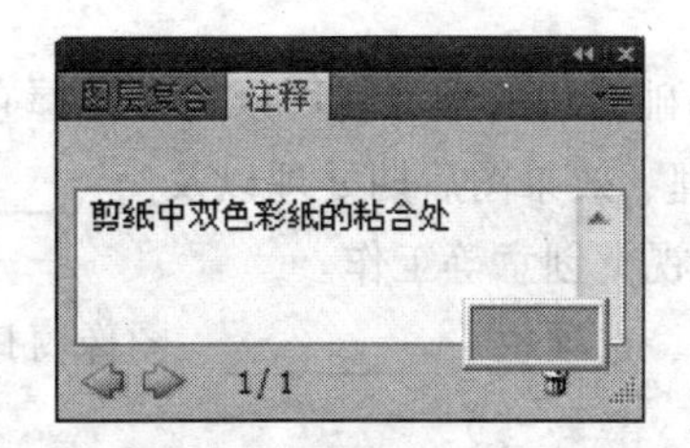


图 1-72　输入说明文字

图 1-73　注释图标

### 1.6.5 标尺工具

使用“标尺工具” 可以测量图像中任意两点之间的距离，并可以用来测量角度。右击工具箱中的“吸管工具”右下角的三角形，在展开的工具中单击“标尺工具” 。单击工具箱中的“标尺工具”按钮，或反复按键盘上的【Shift+I】组合键可启用“标尺工具”，其选项栏如图 1-74 所示。

X: 0.00 Y: 0.00 W: 0.00 H: 0.00 A: 0.0° L1: 0.00 L2: 使用测量比例 拉直 清除

图 1-74 “标尺工具”选项栏

其具体用法是：打开素材图片文件夹“第 1 章”中的 017 图片，如图 1-75 所示。在图像中按住鼠标左键确定测量的起点，拖动鼠标出现测量线，释放鼠标即可确定测量的终点，效果如图 1-76 所示，此时的测量结果显示在选项栏中，如图 1-77 所示。

图 1-75 打开 017 图片

图 1-76 拖动鼠标测量图片

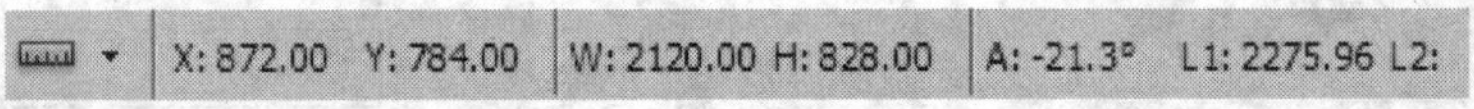

X: 872.00 Y: 784.00 W: 2120.00 H: 828.00 A: -21.3° L1: 2275.96 L2:

图 1-77 测量结果的显示

## 本章理论习题

**1. 填空题**

（1）在 1987 年的秋天，________，美国一名攻读博士学位的研究生一直尝试着编写一个名为________的程序，使得在黑白位图监视器上能够显示灰阶图像。

（2）第一个被运行到 Windows 平台的 Photoshop 软件是________版本。________年 9 月，Adobe 再次给 Photoshop 用户带来惊喜，新版本被改称为 Photoshop Creative Suite，即 Photoshop CS。

（3）Photoshop 功能十分强大，而且易学易用，通过基础知识的学习就可以轻松掌握它的一些基本用法，再综合运用软件的各项功能去进行图像处理、效果图后期处理以及________、照片处理、________、界面设计、文字设计、________、视觉创意等工作。

（4）Photoshop CS5 工作界面主要由________、菜单栏、选项栏、________、图像窗口、等组成。

**2．选择题**

（1）菜单栏提供了 Photoshop 的所有菜单，包括（　　）、图像、图层、选择、滤镜、分析、3D、视图、窗口、帮助 11 个菜单。

A．文件　编辑　　B．文件　图像

C．图像　文字　　D．文件　文字

（2）在 Photoshop CS5 软件中，可以同时打开多幅图像进行编辑。要在多幅图像之间进行切换操作，可以选择“窗口”菜单中的文档命令，也可以按（　　）组合键。

A．【Ctrl+A】　B．【Ctrl+Tab】　C．【Ctrl+Shift】　D．【Ctrl+B】

（3）（　　）可以完成图像的各种处理操作和参数设置，如显示信息、选择颜色、图层编辑、制作路径等操作，它是处理图像时一个不可或缺的部分。

A．控制面板　B．色彩管理工具　C．渐变工具　D．仿制图章工具

（4）按键盘上的（　　）键可以显示或隐藏“颜色”面板。

A．【F1】　B．【F10】　C．【F9】　D．【F6】

**3．简答题**

（1）简述矢量图的概念。

（2）位图是什么？具有哪些特点？

（3）CMYK 模式是什么？

（4）“窗口”菜单中的“色板”、“样式”、“历史记录”命令的用途是什么？

# 第 2 章　图像的选取与数码照片处理

随着时代的进步和社会的发展，数码照相机已走进平常百姓的生活。但是，由于诸多因素的限制，想要拍出好的照片也并不容易，因此数码照片的后期处理也就成为生活中一件平常的事。在数码摄影中，拍摄是一方面，后期制作也非常重要，处理得好，原本一张普通的图片会给人带来意想不到的效果。数码照片的后期制作，是提升照片艺术价值的有效途径。

本章知识重点：

- 选框工具的运用
- 选框工具选项栏的使用
- 套索工具组的使用
- “魔棒工具”的使用
- 选区的调整

## 2.1　数码照片处理的类型、特征与原则

运用 Photoshop 软件对数码照片进行适当的处理可以实现照片瑕疵的修复、图像的精细化处理等工作。在当今社会，数码照片处理之所以热门，其原因在于有客观需要。年长的人们希望将自己保存多年的旧照片翻新，恢复当年的神采，永久珍藏；年轻人希望通过照片处理实现个性化或添加特殊的背景等。

### 1．数码照片处理的类型

数码照片处理根据处理内容的不同，可以大致分为照片实物的处理、背景合成的处理等类型。照片实物的处理是指对照片中已经有的画面，如人的面部或者背景进行精细化加工，去除瑕疵或者风格化处理等。背景合成的处理是指为照片中的人物或者事物添加恰当的背景，使照片呈现不一样的视觉效果。

### 2．数码照片处理的特征

运用 Photoshop 软件对数码照片进行处理具有创新性、灵活性等特征。创新性是指照片处理可以自由地发挥作者的想象力进行创意，例如，改变数码照片的光线、适当的实物变形等处理，创造照片在视觉上的新形式。灵活性是指设计者可以灵活地将拍摄的各种实物与背景等图片进行合成，灵活地搭配物与景来表达自我情感。

### 3．数码照片处理的原则

数码照片处理具有简洁性、时尚性、新颖性的原则。现代社会人们追求生活的简洁，因此

对数码照片的处理要求简单、大方，以此抒发自己的情感。时尚性是指数码照片处理要符合现代人的审美观念。时尚是人们永远追求的主题，数码照片的处理也不例外。新颖性是指数码照片的处理要能够满足人们个性化的需求，或怀旧，或憧憬，或梦幻，或现实，或抽象，或具象，为人们的精神生活增添无限生机与活力。

## 2.2　选框工具组

选框工具组包括“矩形选框工具”、“椭圆选框工具”、“单行选框工具”和“单列选框工具”。选框工具组主要用于选取规则的图像范围，如矩形图像范围、椭圆形图像范围等，不适合选取不规则图像范围。

将鼠标指针移动到工具箱中的“矩形选框工具”、“椭圆选框工具”、“单行选框工具”或“单列选框工具”工具按钮上，右击，即可弹出其他选框工具，如图 2-1 所示。

图 2-1　选框工具

下面通过一个简单操作，主要学习使用选框工具组中的“矩形选框工具”选取矩形图像范围的方法，其他选框工具的使用方法与此相同，读者可以自己尝试操作。

（1）打开本书配套光盘“素材\第 2 章”目录下的 001 和 002 素材文件，如图 2-2 所示。

图 2-2　打开的素材文件

（2）选择工具箱中的“矩形选框工具”，在 001 图像中拖动鼠标绘制一个矩形选区，选取图像，如图 2-3 所示。

（3）选择工具箱中的“移动工具”，将鼠标指针移动到选区内，按住鼠标左键将所选图像区域拖到 002 图像中释放鼠标，效果如图 2-4 所示。

图 2-3　选取图像

图 2-4　移动所选图像区域到其他图像中

## 2.3 选框工具选项栏

当激活选框工具组中的任意一个工具后，菜单栏下方就会显示选框工具选项栏，所有选框工具选项栏的设置完全相同，如图 2-5 所示。

图 2-5 选框工具选项栏

选框工具选项栏主要用于控制选框工具的选择范围和选择效果等，如果想选取固定大小、固定比例或边缘虚化的图像范围，可以在选项栏中进行相关选项的设置。

“样式”下拉列表框中有“正常”、“固定比例”和“固定大小”选项，分别用于设置选区大小和比例。选择“固定比例”选项或“固定大小”选项后，“宽度”和“高度”选项被激活，用户可以从中设置宽高比或尺寸，以选取宽高成一定比例或固定大小的图像范围；为“羽化”选项设置一个羽化值（见图 2-6），可以创建具有羽化效果的选区（见图 2-7），选取边缘虚化的图像范围，效果如图 2-8 所示。

图 2-6 羽化值的设置

图 2-7 创建具有羽化效果的选区

图 2-8 拖动所选区域后得到的效果

## 2.4 套索工具组

套索工具组包括“套索工具”、“多边形套索工具”和“磁性套索工具”。套索工具组主要用于选取人物、花草等形状不规则的图像范围，不适合选取规则的图像范围。

在工具箱中的“套索工具”、“多边形套索工具”或“磁性套索工具”任意工具按钮上，按住鼠标左键稍等片刻，即可弹出其他套索工具，如图 2-9 所示。

下面通过一个简单操作，主要学习使用“多边形套索工具”选取图像范围的方法，其他套索工具的应用比较简单，在此不再赘述，读者可以自己尝试使用其他套索工具选取图像。

（1）再次打开本书配套光盘“素材\第 2 章”目录下的 001 和 002 素材文件。

（2）激活工具箱中的“多边形套索工具”，在 001 图像中动物的边缘单击拾取第一点，然后沿动物轮廓移动鼠标指针，到其他合适位置后再次单击拾取第二点。依次拾取其他选择点，如图 2-10 所示。

（3）选择操作快完成时，将鼠标指针移动到起点位置，鼠标指针下方出现一个小圆圈，单击即可完成选择，选择结果如图 2-11 所示。

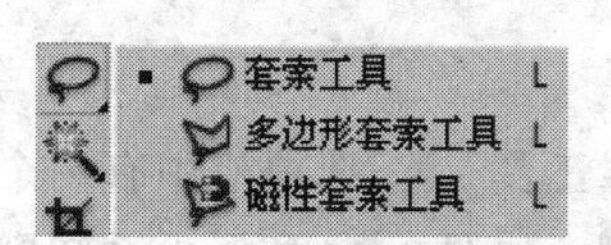


图 2-9　套索工具组

图 2-10　拾取选择点

图 2-11　选取图像结果

**小技巧**

当要结束选择操作，却找不到起点时，可以双击快速结束操作。另外，如果某一个选择点设置错误，可以按键盘上的【Delete】键删除该点，然后设置新点。

（4）激活工具箱中的“移动工具”，将所选取的图像拖到 002 图像中，结果如图 2-12 所示。

图 2-12　移动选取图像到其他图像中

**小技巧**

在使用套索工具选取人物、花草等图像时，可以在其工具选项栏中设置一定的“羽化”值，这样，选取的图像范围边缘较柔和，效果更真实。

除了“多边形套索工具”之外，“套索工具”的操作比较随意也比较简单，按住鼠标左键在图像中拖动以绘制选区，释放鼠标即可选取图像范围。由于其随意性较强，选取的精确度较差，因此该工具不常用。

“磁性套索工具”的操作与“多边形套索工具”完全不同，其操作方法是：在图像边缘单击拾取一个像素作为基色，然后沿图像边缘移动鼠标，系统会自动拾取与基色相同的其他像素，从而选择图像。

## 2.5　魔 棒 工 具

“魔棒工具”在众多的选择工具中是选择功能强大、操作简单的一个选择工具，该工具会以鼠标落点处的像素颜色为基色，自动选取和该基色相同的颜色范围，常用于选取背景复杂的人物图像或是选取造型复杂的花草图像等。

下面通过一个简单操作，学习使用“魔棒工具”选取图像范围的方法。

（1）打开本书配套光盘“素材\第 2 章”目录下的 003 文件。

（2）激活工具箱中的“魔棒工具”，在花卉中单击，以选取花卉图像，如图 2-13 所示。

图 2-13 使用“魔棒工具”选取图像

经过以上操作，并没有将花卉图像全部选择。这是因为“魔棒工具”选项栏中有一个“连续”选项，该选项决定了是否选取和基色相同并相邻的颜色范围，如图 2-14 所示。系统默认该选项被选中，说明只能选取和基色相同并相邻的颜色范围。

容差: 32 ☑消除锯齿 □连续 □对所有图层取样 调整边缘...

图 2-14 取消“连续”选项

（3）在“魔棒工具”选项栏中取消“连续”选项，重新在花卉上单击，此时图像中的花卉全部被选中，如图 2-15 所示。

图 2-15 继续使用“魔棒工具”选取图像

**小技巧**

使用“魔棒工具”选取图像范围时，“容差”值决定了选取范围的大小，“容差”值越大，选取范围越大，反之选取范围越小。系统默认该值为 32，其取值范围为 0～225，用户在实际应用中应根据实际情况，灵活设置该值的大小。另外，使用“魔棒工具”选取图像范围后，可以单击其选项栏中的调整边缘...按钮，在打开的“调整边缘”对话框对选取范围进行调整，其操作与“快速选择工具”选项栏中的调整边缘...功能相同。

# 本章案例 1　为家居照片添加植物

## 案例描述

本例将制作图 2-16 所示的效果——为家居照片添加植物。温馨的家居环境缺乏鲜花、绿叶的装点就少了一份生机与活力。新鲜的绿色植物摆在家里，连空气都有几分清新与幸福感。

图 2-16　为家居照片添加植物

## 案例分析

该家居照片的处理并不复杂，首先需要打开两幅素材文件，通过图像合成制作出背景图像，然后打开一幅素材文件，选取发财树图像，将其调入背景图像中，进行位置调整，完成大致的构图，最后使用文字工具输入一些自己喜欢的文字，即可完成该照片的处理。

要想实现该效果，首先需要掌握使用选择工具选取图像的方法，同时需要掌握图像合成的一般技巧。

## 操作步骤

以上学习了使用选择工具选择图像的相关操作，下面开始为家居照片添加植物，对相关知识进行巩固练习，同时掌握数码照片处理的常用知识。

### 1. 打开背景图像

选择“文件”→“打开”命令，打开本书配套光盘“素材\第 2 章”文件夹中的 004 图片，如图 2-17、图 2-18 所示。

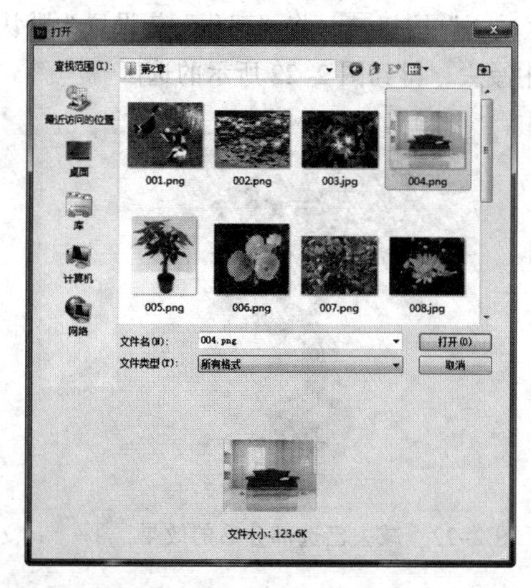


图 2-17　“打开”对话框

图 2-18　打开的图片文件

## 2. 选取发财树植物图像

（1）选择“文件”→“打开”命令，打开本书配套光盘“素材\第 2 章”文件夹中的 005 图片，如图 2-19 所示。

（2）激活工具箱中的“磁性套索工具”，在其选项栏中设置“羽化”值为 0 px，其他设置如图 2-20 所示。

图 2-19 打开的 005 素材文件

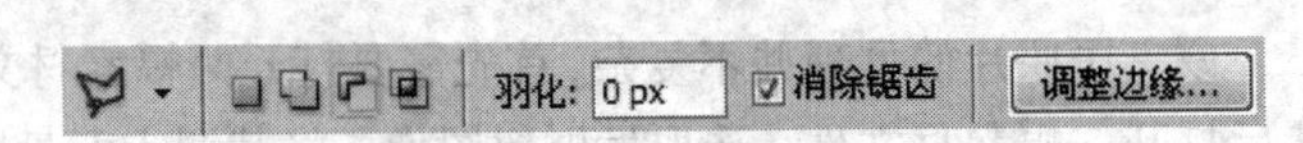


图 2-20 设置相关选项和参数

**小技巧**

在选取图像时，设置合适的“羽化”值可以使选取的图像边缘较柔和、自然，否则，选取的图像边缘会显得生硬，不自然。

（3）使用“磁性套索工具”沿发财树图像边缘创建选区，选取植物图像，结果如图 2-21 所示。

**小技巧**

当图像最大化显示时，在使用“磁性套索工具”选取图像的过程中，可以按住【Space】键，此时鼠标指针会由“磁性套索工具”形状变为小抓手形状，这时按住鼠标左键可以随意移动图像，以便显示图像的其他区域，对图像进行选取。

（4）在“磁性套索工具”选项栏中按下“从选区减去”按钮，将“羽化”值设置为默认值，继续创建选区，将不是植物的部分从已选图像中减去，得到图 2-22 所示的选区。

图 2-21 用“磁性套索工具”选取图像

图 2-22 减去已选部分后的效果

（5）激活工具箱中的“移动工具”，将选取的图像拖到制作好的背景图像中，图像生成新的“图层 2”，如图 2-23 所示。

3．添加背景文字

（1）激活工具箱中的“横排文字工具”T，在其选项栏中单击文字颜色色块，设置文字颜色为红色（R:255,G:40,B:5），如图 2-24 所示。

图 2-23　拖入背景图像后的效果

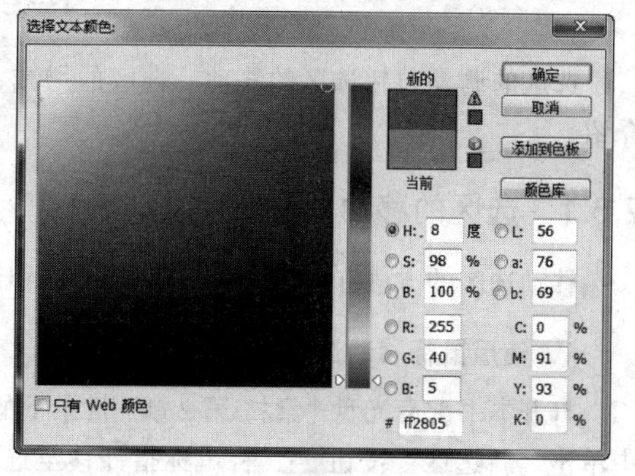


图 2-24　设置颜色参数

（2）在图像上部单击，输入“温馨的‘家’”字样，然后在选项栏中选择“宋体”，在 12点 下拉列表框中将“温馨的”3 个字设置为 12 点，再选中“家”字，设置字号为 18 点。此时的选项栏如图 2-25 所示。此时就完成了“为家居照片添加植物”的处理工作，效果如图 2-26 所示。

图 2-25　设置文字选项

（3）选择“文件”→“存储”命令，将该图像保存为“为家居照片添加植物”文件。

图 2-26　“为家居照片添加植物”最终效果

## 案例总结

本案例主要运用了 Photoshop CS5 软件中的图像选取以及其他相关知识来完成“为家居照片添加植物”的操作。只有细心地操作才会制作出完美的效果。

在处理此类数码照片时应该注意以下几点：

（1）操作越细致，效果越好。

（2）使用快捷键会使操作变得更加简捷，所以平时要多积累这方面的知识。

（3）对于此类数码照片的处理，色彩一定要和谐，使其既体现画面中实际物体的真实性，又能够对其进行一定的装饰与美化。

## 2.6 选区的调整

选区的调整包括选区的移动、选区的增减、选区的收展、选区的羽化等。下面分别进行介绍。

### 2.6.1 选区的移动

移动选区的方法有很多种，下面介绍几种比较常见的移动选区的方法。

#### 1. 使用鼠标移动选区

打开本书配套光盘“素材\第 2 章”目录下的 006 图片。当在图像中创建选区后，在选项栏中单击“新选区”按钮，将鼠标指针移至选区内，指针就会变成“移动选区”形状，拖动鼠标，将选区拖到其他位置后释放鼠标左键，即可完成选区的移动，效果如图 2-27 所示。

图 2-27 用鼠标移动选区前后

#### 2. 使用【Space】键移动选区

使用选框工具在图像窗口中绘制选区，在释放鼠标左键之前，按住键盘上的【Space】键并拖动鼠标，即可移动选区，如图 2-28 所示。

图 2-28 用【Space】键移动选区前后

### 3．使用方向键移动选区

在图像窗口中绘制选区后，按键盘上的【→】键，可将选区水平向右移动 1 像素；按【←】键，可将选区水平向左移动 1 像素；按【↑】键，可将选区垂直向上移动 1 像素；按【↓】键，可将选区垂直向下移动 1 像素。

在图像窗口中绘制选区后，按【Shift+↑】组合键，可将选区水平向右移动 10 像素；按【Shift+←】组合键，可将选区水平向左移动 10 像素；按【Shift+↑】键，可将选区垂直向上移动 10 像素；按【Shift+↓】组合键，可将选区垂直向下移动 10 像素。

## 2.6.2　选区的运算

选区的运算即选区的增加、减少、交叉等操作，单击选区工具选项栏中的选区运算按钮，可以进行相应的选区运算，如图 2-29 所示。通过选区的运算可以创建一些特殊形状的选区。下面分别进行介绍。

添加到选区
从选区减去　与选区交叉

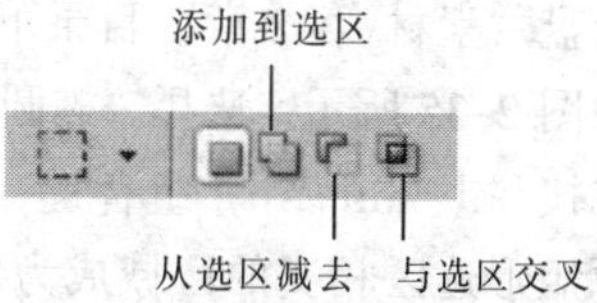

图 2-29　选区运算按钮

### 1．增加选区

增加选区就是将多次创建的选区合并为一个选区。打开本书配套光盘“素材\第 2 章”目录下的 007 图片文件，使用“矩形选框工具”绘制一个矩形选区，如图 2-30 所示。选择“椭圆选框工具”，并单击该工具选项栏中的“添加到选区”按钮，绘制椭圆形选区，即可将椭圆形选区添加到矩形选区中，效果如图 2-31 所示。

图 2-30　绘制矩形选区

图 2-31　添加选区效果

**小技巧**

按住【Shift】键绘制选区，可以在原选区基础上增加新绘制的选区，这相当于按下选项栏中的“添加到选区”按钮。

### 2．减少选区

减少选区就是将新创建的选区从原来的选区中减去。打开本书配套光盘“素材\第 2 章”目录下的 008 图片文件，使用“矩形选框工具”绘制一个矩形选区，如图 2-32 所示。选择“椭圆选框工具”，并单击该工具选项栏中的“从选区减去”按钮，或按住【Alt】键，绘制椭圆形选区，如图 2-33 所示。释放鼠标左键，将在原矩形选区中减去刚绘制的椭圆形选区，效果如图 2-34 所示。

图 2-32 绘制矩形选区

图 2-33 绘制圆形选区

3. 相交选区

相交选区就是将新创建的选区与原来的选区相交，取两个选区的公共部分。打开本书配套光盘“素材\第 2 章”目录下的 009 图片文件，使用“矩形选框工具”绘制一个矩形选区，如图 2-35 所示。选择“椭圆选框工具”，并单击该工具选项栏中的“与选区交叉”按钮，或按住【Shift+Alt】组合键，绘制椭圆形选区，如图 2-36 所示。释放鼠标左键，椭圆形选区与原矩形选区相交的区域成为新选区，效果如图 2-37 所示。

图 2-34 减少选区后的效果

图 2-35 绘制矩形选区

图 2-36 绘制圆形选区

图 2-37 相交选区的效果

小技巧

按住【Shift+Alt】组合键绘制选区，所绘选区与原选区重叠的区域将生成新的选区，这相当于按下选项栏中的“与选区交叉”按钮。

## 2.6.3　选区的收展

选区的收展主要是通过“选择”→“修改”子菜单中的“边界”、“平滑”、“扩展”、“收缩”“羽化” 5 个命令来完成。

选择“选择”→“修改”命令，将弹出其子菜单，如图 2-38 所示。

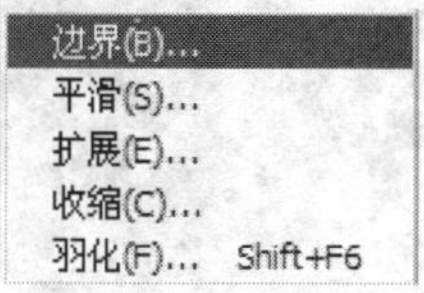

边界(B)...
平滑(S)...
扩展(E)...
收缩(C)...
羽化(F)...　Shift+F6

图 2-38　“修改”子菜单

（1）“边界”命令用于修改选区的边缘，可以在原选区基础上增加一层选区。打开本书配套光盘“素材\第 2 章”目录下的 010 图片文件，选择“椭圆选框工具” ，绘制椭圆形选区，如图 2-39 所示。选择“选择”→“修改”→“边界”命令，弹出“边界选区”对话框，如图 2-40 所示。将“宽度”选项设置为 40 像素，单击“确定”按钮，选区效果如图 2-41 所示。从图中可以看出，选区将分别向内和向外扩展 40 像素。

图 2-39　绘制的选区

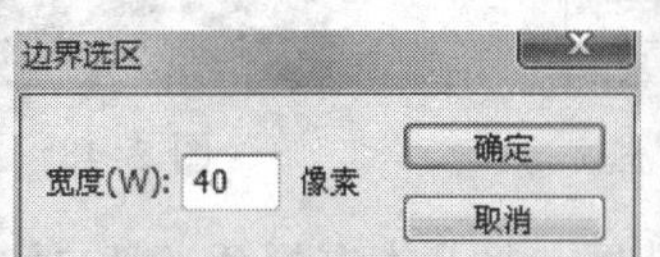


图 2-40　“边界选区”对话框

图 2-41　创建的边界选区效果

（2）“平滑”命令可以通过增加或减少选区边缘的像素来平滑边缘。打开本书配套光盘“素材\第 2 章”目录下的 011 图片文件，选择“矩形选框工具” ，绘制一个矩形选区，如图 2-42 所示。选择“选择”→“修改”→“平滑”命令，弹出“平滑选区”对话框，如图 2-43 所示。将“取样半径”选项设置为 40 像素，单击“确定”按钮，选区效果如图 2-44 所示。将选区中的图像拖到另一张图片中，图像效果如图 2-45 所示。

图 2-42　矩形选区效果

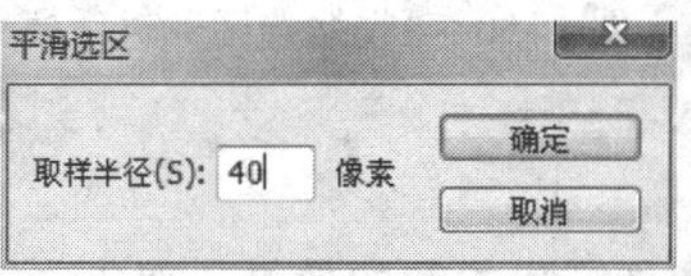


图 2-43　“平滑选区”对话框

图 2-44　选区平滑效果

（3）“扩展”命令用于扩充选区。打开本书配套光盘“素材\第 2 章”目录下的 012 图形文件，选择“椭圆选框工具” ，绘制圆形选区，如图 2-46 所示。选择“选择”→“修改”→“扩展”命令，弹出“扩展选区”对话框，如图 2-47 所示。将“扩展量”选项设置为 30 像素，单击“确定”按钮，选区效果如图 2-48 所示。

图 2-45　移动选区中的图像

图 2-46　绘制的选区

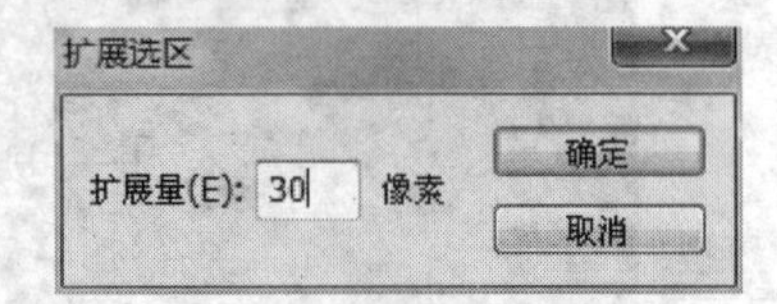


图 2-47　“扩展选区”对话框

图 2-48　扩展选区后的效果

（4）“收缩”命令用于收缩选区。打开本书配套光盘“素材\第 2 章”目录下的 013 图片文件，选择“椭圆选框工具”，绘制圆形选区，如图 2-49 所示。选择“选择”→“修改”→“收缩”命令，弹出“收缩选区”对话框，如图 2-50 所示。将“收缩量”选项设置为 50 像素，单击“确定”按钮，选区效果如图 2-51 所示。

图 2-49　绘制的选区

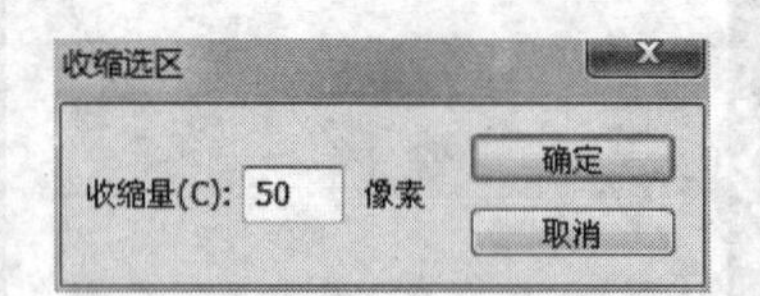


图 2-50　“收缩选区”对话框

图 2-51　收缩选区后的效果

## 2.6.4　选区的羽化

使用“羽化”命令可以使图像产生柔和的效果。羽化选区的方法有以下几种：

（1）在图像中创建选区，然后选择“选择”→“修改”→“羽化”命令，在“羽化选区”对话框中设置“羽化半径”值，即可羽化选区。

（2）选择选区工具，在其选项栏中设置“羽化”选项，然后在图像窗口中绘制选区，绘制出的选区即是已经羽化了的选区。

打开本书配套光盘“素材\第 2 章”目录下的 014 图片文件，选择“矩形选框工具”，绘制一个矩形选区，如图 2-52 所示。选择“选择”→“修改”→“羽化”命令，弹出“羽化选区”对话框，如图 2-53 所示。将“羽化半径”选项设置为 20 像素，单击“确定”按钮，选区效果如图 2-54 所示。将选区中的图像拖到另一张图片中，图像效果如图 2-55 所示。

图 2-52　选区效果

图 2-53　“羽化选区”对话框

图 2-54　羽化后的选区效果

图 2-55　移动选区中的图像

# 本章案例 2　更换人物照片背景

## 案例描述

本案例将制作图 2-56 所示的数码照片——更换人物照片背景。有时，拍摄的照片背景会不够好看，这时可以将喜欢的背景更换到人物照片底部作为陪衬，来表达自己的某种情感。利用 Photoshop 强大的图片处理功能，可以将自己置身于没有去过的地方，或将自己的形象放入现实世界里不存在的地方。制作的照片背景也可以很有个性，趣味十足。

图 2-56　“更换人物照片背景”效果图

## 案例分析

该照片的处理也很简单，首先需要打开人物照片素材文件，调整人物图像方向，然后调整图像大小，接着打开背景图像进行艺术化处理，最后将人物照片置入背景图像后稍微处理就可以完成了。

## 操作步骤

以上学习了怎样在 Photoshop 中进行选区的调整，下面开始制作“更换人物照片背景”案例，对相关知识进行巩固练习，加深对所学基础知识的印象。

### 1. 打开图像

按快捷键【Ctrl+O】，打开本书配套光盘“素材\第 2 章”目录中的 015 图片文件。用相机拍摄的时候，纵向拍摄的照片在画面上显示为图 2-57 所示的效果。

图 2-57　打开的图像

### 2. 调整人物图像方向

由于图像的方向不正确，需要将其调正。选择“图像”→“图像旋转”→“90 度（逆时针）”命令，如图 2-58 所示。得到的照片如图 2-59 所示。

图 2-58　旋转图像

图 2-59　旋转图像后的效果

### 3．调整图像大小

在进行图像合成时，如果图像尺寸过大，可以先调小图像尺寸。为了减小图像尺寸，选择“图像”→“图像大小”命令，如图 2-60 所示。

### 4．打开背景图像进行艺术化处理

打开本书配套光盘“素材\第 2 章”文件夹中的 016 图片，选择“滤镜”→“模糊”→“高斯模糊”命令，如图 2-61 所示。在弹出的对话框中将“半径”设置为 3.0 像素，如图 2-62 所示。背景照片效果如图 2-63 所示。

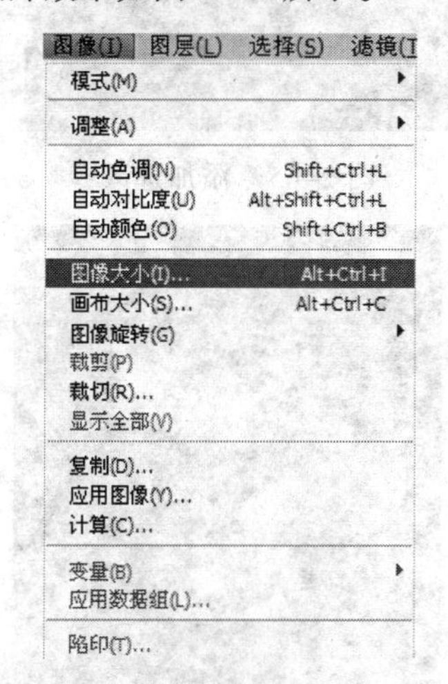


图 2-60　选择“图像大小”命令

图 2-61　选择“高斯模糊”命令

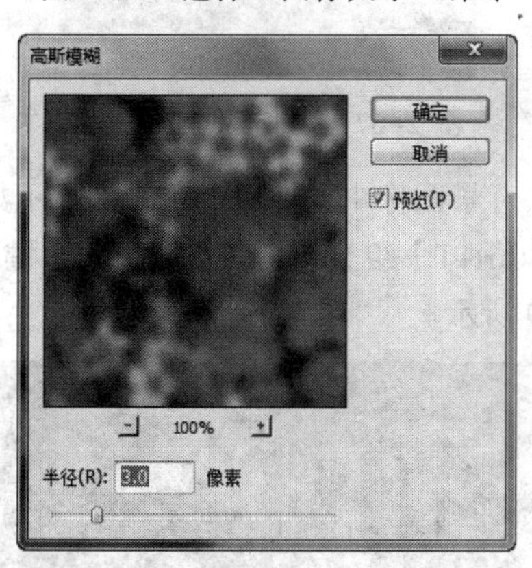


图 2-62　“高斯模糊”对话框

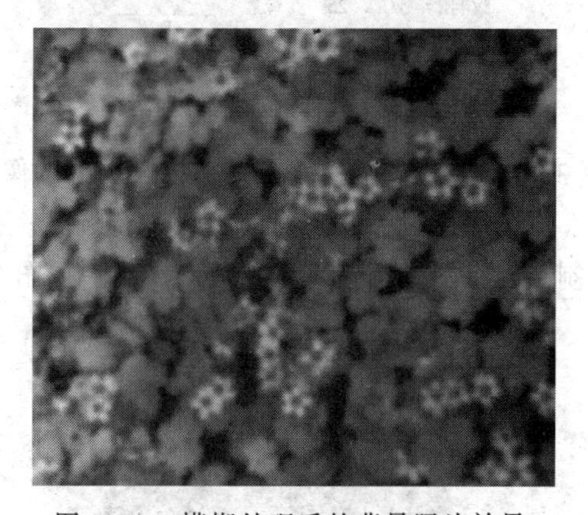

图 2-63　模糊处理后的背景照片效果

### 5．将人物置入背景图像

（1）切换到 015 图像窗口，选择“矩形选框工具”，绘制一个矩形选区，如图 2-64 所示。选择“椭圆选框工具”，并单击该工具选项栏中的“添加到选区”按钮，绘制椭圆形选区，释放鼠标左键，即可将椭圆形选区添加到矩形选区中，效果如图 2-65 所示。

（2）选择“选择”→“修改”→“羽化”命令，弹出“羽化选区”对话框，将“羽化半径”选项设置为 25 像素，如图 2-66 所示。单击“确定”按钮，选区效果如图 2-67 所示。

图 2-64 绘制矩形选区

图 2-65 添加选区

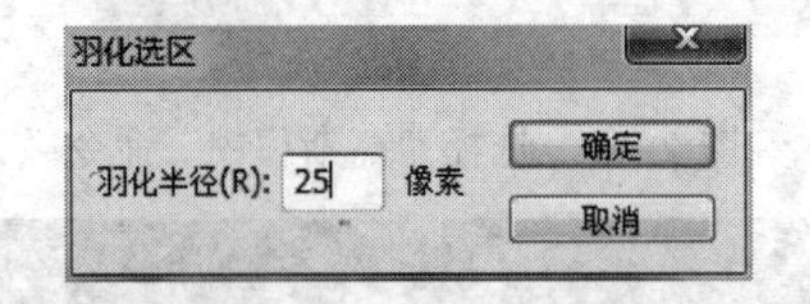

图 2-66 “羽化选区”对话框

图 2-67 羽化后的选区效果

（3）选择“移动工具”，将选中的图像拖入背景图像中。此时的工作区显示如图 2-68 所示。由于图像过大，需对其大小进行调整。按【Ctrl+T】组合键，按住【Shift】键的同时拖动控制点，将图像调整直至合适的大小，如图 2-69 所示。

图 2-68 将人物拖入背景图像

图 2-69 调整人物大小后的效果

（4）选择“图层”→“向下合并”命令（见图 2-70），将“图层 1”和“背景”图层合并。此时，“图层”面板显示如图 2-71 所示。

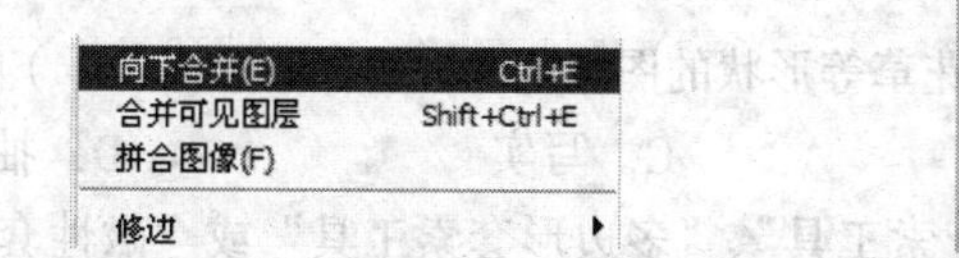


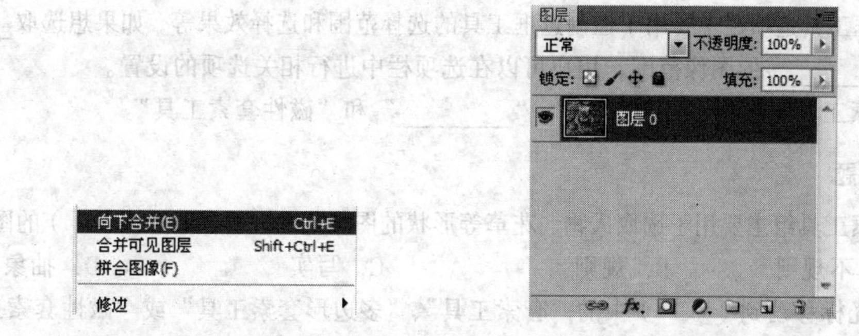


图 2-70　选择“向下合并”命令　　图 2-71　合并图层后的“图层”面板

（5）选择“滤镜”→“模糊”→“高斯模糊”命令，将“半径”值设置为 0.5 像素，对人物与背景进行色彩的柔和化处理，如图 2-72 所示。得到图 2-73 所示的照片处理效果。至此，案例 2——“更换人物照片背景”制作完毕。

图 2-72　“高斯模糊”对话框

图 2-73　“更换人物照片背景”最终效果

## 案例总结

本案例主要运用了 Photoshop CS5 软件中的选区调整相关知识来更换人物照片背景。一分耕耘，一分收获，相信用心制作的效果是大不一样的。在更换照片背景时应该注意以下几点：

（1）照片背景选区的造型应该根据照片主题的需要来设计。

（2）照片的背景应该与照片本身的主色调相和谐，采用同色相、不同纯度的色彩或者同明度、不同色相的色彩相搭配，可以达到画面色调协调的效果。

（3）为了突出画面的柔和，营造温馨气氛，对背景进行模糊柔化处理是不错的选择。

# 本章理论习题

**1. 填空题**

（1）选框工具组包括“________”、“________”、“________”和“________”，选框工具组主要用于选取规则的图像范围，如矩形图像范围、椭圆形图像范围等，不适合选取不规则图像范围。

（2）选框工具选项栏主要用于控制选框工具的选择范围和选择效果等，如果想选取________、________或________的图像范围，用户可以在选项栏中进行相关选项的设置。

（3）套索工具组包括“________”、“________”和“磁性套索工具”。

**2．选择题**

（1）套索工具组主要用于选取人物、花草等形状的图像范围，适合选取（　　）的图像范围。

A．不规则　　B．规则　　C．写实　　D．抽象

（2）将光标移动到（　　）中的“套索工具”、“多边形套索工具”或“磁性套索工具”按钮上，按住鼠标稍等片刻，即可弹出其他选取工具。

A．工作区　　B．状态栏　　C．背景色　　D．工具箱

（3）当要结束选择操作，却找不到起点时，可以快速（　　）结束操作。

A．右击　　B．双击　　C．双击　　D．单击

（4）使用“魔棒工具”选取图像范围时，（　　）值决定了选取范围的大小，该值越大，选取范围越大，反之选取范围越小。

A．预设　　B．容差　　C．渐变　　D．替换

**3．简答题**

（1）请简述数码照片处理的特征。

（2）数码照片处理的原则是什么？

（3）选区的收展主要通过哪几个命令来完成？

（4）简要说明羽化选区有哪几种方法。

# 第3章 图像的绘制与插画设计

Photoshop CS5 提供了一系列绘图工具，使用它们可以绘制图像或对图像进行修改，绘制出优美的画面效果。插画作为现代设计的一种重要的视觉传达形式，以其直观的形象、真实的生活感和美的感染力，在现代设计中占有重要的地位，已广泛用于现代设计的多个领域。

本章知识重点：

- “画笔工具”的使用
- 设置画笔
- “铅笔工具”的使用
- “颜色替换工具”的使用
- “橡皮擦工具”的使用
- “油漆桶工具”的使用
- “渐变工具”的使用
- “历史记录画笔工具”的使用

## 3.1 插画设计的类型、特征与设计原则

在现代设计领域中，插画设计可以说是最具有表现意味的。它与绘画艺术有着紧密的联系，插画艺术的许多表现技法都借鉴了绘画艺术的表现技法。插画艺术与绘画艺术的联姻使得前者无论是在表现技法多样性的探求，还是在设计主题表现的深度和广度方面，都有着长足的进展，展示出更加独特的艺术魅力。纵观插画发展的历史，其应用范围在不断扩大。特别是在信息高速发展的今天，人们的日常生活中充满了各式各样的商业信息，插画设计已成为现实社会不可替代的艺术形式。

### 3.1.1 插画设计的类型

由于现代经济的发展，插画的意义不再停留在说明图的层面，而已经演化成为人们对于世界的理解和表现的工具和手段。特别是由于印刷技术的进步，插画领域得到空前发展，而插画的内容和形式也都体现了艺术性。人们已经不再满足于插画本身的设计，而更多地追求个性的表达，有可爱型的插画，也有古怪型的插画，有时还会出现丑恶型的插画。如今的插画更加突出可爱的感觉，正是由于这种可爱感，使插画的风格在现代社会获得广泛认同，插画越来越被人们重视。

现代插画的形式多种多样，可从传播媒体分类，亦可从功能分类。以传播媒体分类时，基本上分为两大部分，即印刷媒体与影视媒体。印刷媒体包括招贴广告插画、报纸插画、杂志书

籍插画、产品包装插画、企业形象宣传插画等；影视媒体包括电影、电视、计算机显示屏等。

（1）招贴广告插画：又称宣传画、海报。在广告还主要依赖于印刷媒体传递信息的时代，可以说它处于广告的主宰地位。但随着影视媒体的出现，其应用范围有所缩小。

（2）报纸插画：报纸是信息传递的最佳媒介之一。报纸插画最为大众化，具有成本低廉、发行量大、传播面广、传播速度快、制作周期短等特点。

（3）杂志书籍插画：包括封面、封底的设计和正文的插画，广泛应用于各类书籍，如文学书籍、少儿书籍、科技书籍等。这种插画正在逐渐减退。今后在电子书籍、电子报刊中将大量存在。

（4）产品包装插画：产品包装使插画的应用更广泛。产品包装设计包含标志、图形、文字3个要素。它具有双重使命：一是介绍产品，二是树立品牌形象。其最为突出的特点在于其介于平面与立体设计之间。

（5）企业形象宣传品插画：即企业的 VI 设计，包含在企业形象设计的基础系统和应用系统的两大部分中。

（6）影视媒体中的影视插画：是指电影、电视中出现的插画，一般在广告片中出现较多。影视插画的媒体还包括计算机屏幕。计算机屏幕如今成为商业插画的表现空间，众多的图形动画、游戏节目、图形表格都成为商业插画的一员。

### 3.1.2 插画设计的特征

插画设计有着自身的审美特征，最显而易见的有以下几种：

（1）目的性与制约性；

（2）实用性与通俗性；

（3）形象性与直观性；

（4）审美性与趣味性；

（5）创造性与艺术想象；

（6）多样化、多元化。

现代插画由于媒体、内容、表现手法、诉求对象的多样性，其审美标准也具有多样化、多元化的特征。

### 3.1.3 商业插画的功能

商业插画是指具有商业目的并被应用于商业领域的插画形式。它是平面设计中一种重要的表现手段。作为一种图像的表达方式，商业插画具有直观、生动的塑造商品个性形象的能力，有图解与记录的功能，具有很强的表现力，能给人丰富的想象空间，已成为一种普遍、直观的视觉媒介形式，被广泛应用于现代设计的各个领域。

商业插画的主要功能包括吸注功能、解读功能和诱导功能。

（1）吸注功能。吸注功能主要是指吸引消费者注意力的能力。

（2）解读功能。解读功能则主要指快速、有效地传达商品信息的能力。

（3）诱导功能。诱导功能指抓住消费者心理，将其视线引至文案的能力。

商业插画要明确地传达信息，就离不开以下3个基本要素：① 色彩要素；② 形态要素；③ 材质要素。

## 3.2 画 笔 工 具

选择工具箱中的“画笔工具”，右击工具按钮，将弹出画笔工具组的隐藏工具，如图 3–1 所示。

图 3–1　画笔工具组

“画笔工具”选项栏如图 3–2 所示。

图 3–2　“画笔工具”选项栏

（1）画笔：选择画笔样式和大小。

（2）模式：选择颜色的混合模式。

（3）不透明度：设置绘图颜色对图像的掩盖程度。“不透明度值”为 100%时，绘图颜色完全覆盖图像，当“不透明度”值为 1%时，绘图颜色基本上是透明的。

打开本书配套光盘“素材\第 3 章”目录中的 001 图片，用“画笔工具”绘制不同的效果，如图 3–3 所示。

不透明度为 100%

不透明度为 50%

图 3–3　不同不透明度时的不同效果

（4）流量：数值越大画笔颜色越深。

（5）喷枪：加入或取消喷枪效果。

## 3.3 设 置 画 笔

在使用画笔前要先选择合适的画笔，才能达到满意的绘画效果。选取画笔时，可以选择 Photoshop CS5 自带的各种画笔，也可以对这些画笔进行修改，还可以通过“画笔”面板自定义画笔。

### 3.3.1 画笔种类

Photoshop CS5 中的画笔主要分为笔触式画笔和图案式画笔两种形式。笔触式画笔又分为实体式画笔和毛边式画笔。实体式画笔是指画笔笔触边缘对比明显；而毛边式画笔绘制的线条则会产生晕开效果，像用毛笔在宣纸上作画一样。图案式画笔则是指将图案来作为画笔形状，不同图案的画笔效果如图 3-4 所示。

图 3-4 不同图案的画笔效果

## 3.3.2 选取画笔

可以在“画笔预设”选取器中选择画笔。当使用“画笔工具”时，工具选项栏上会显示“画笔”按钮，单击该按钮，将会显示“画笔预设”选取器，如图 3-5 所示。“画笔预设”选取器下半部分显示的是可以选择的画笔样式，单击要选择的画笔样式即可以将其选中。拖动“大小”滑块或直接在文本框中输入数值，可以设置画笔的大小（直径）。单击右侧的按钮，可将修改后的画笔添加到“画笔预设”选取器中，这时将弹出“画笔名称”对话框，如图 3-6 所示。在“名称”文本框中输入新建画笔的名称即可。

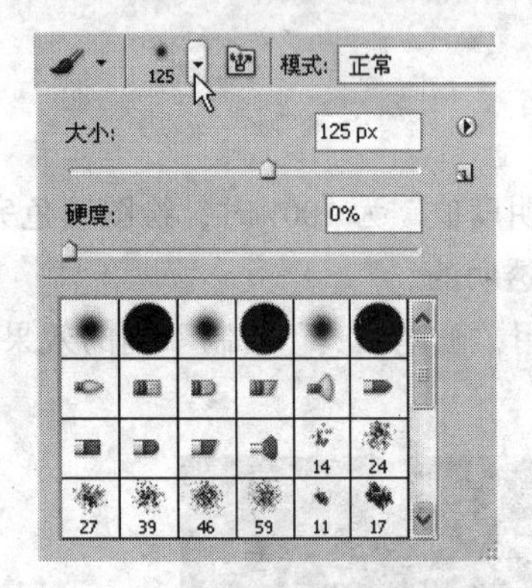

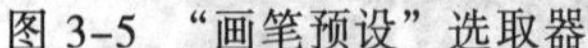

图 3-5 “画笔预设”选取器　　图 3-6 “画笔名称”对话框

单击“画笔预设”选取器右上角的向右三角形按钮，将弹出画笔菜单，如图 3-7 所示。

主要命令的功能如下：

（1）新建画笔预设：用于新建画笔。

（2）重命名画笔：可以在“画笔名称”对话框的“名称”文本框中输入新的画笔名称。

（3）删除画笔：选中一种画笔后选择此命令，可以将所选画笔删除。

（4）预设管理器：可以对画笔预设进行管理。

（5）复位画笔：可以使画笔预设管理器恢复为软件最初的设置。

（6）载入画笔：Photoshop CS5 自带了多组画笔，可以通过“载入画笔”命令将其载入到画笔预设管理器中。

（7）存储画笔：建立新画笔后，可以选择“存储画笔”命令对新画笔进行存储。

（8）替换画笔：可以载入系统自带的任何一种画笔样式替换当前画笔样式。

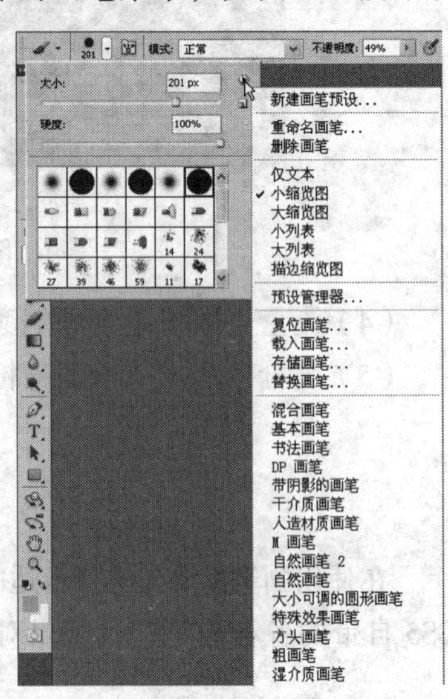


图 3-7 画笔菜单

### 3.3.3　创建画笔

虽然 Photoshop CS5 自带了多种样式的画笔，在“画笔预设”选取器中也可以调整画笔的大小，但有时仍不能满足绘图的需要，可以通过“画笔”面板创建自定义的画笔。选择“窗口”→“画笔”命令可以显示出“画笔”面板，如图 3-8 所示。

**1. 画笔预设**

“画笔预设”按钮与“画笔预设”选取器的功能基本相同。单击该按钮后，画笔样式显示在右边的列表框中，通过“大小”选项调节画笔的大小，可以输入数值，也可以拖动滑块，底部的预览区域显示选中的画笔样式。

**2. 画笔笔尖形状**

（1）画笔笔尖形状：用于设置画笔笔尖的形状，如图 3-9 所示。在“大小”文本框中输入数值或调节滑块可设置画笔的大小。“角度”和“圆度”可以在右侧的预览区域直接调节，如图 3-10 所示。图 3-11 所示为不同角度和圆度的画笔。

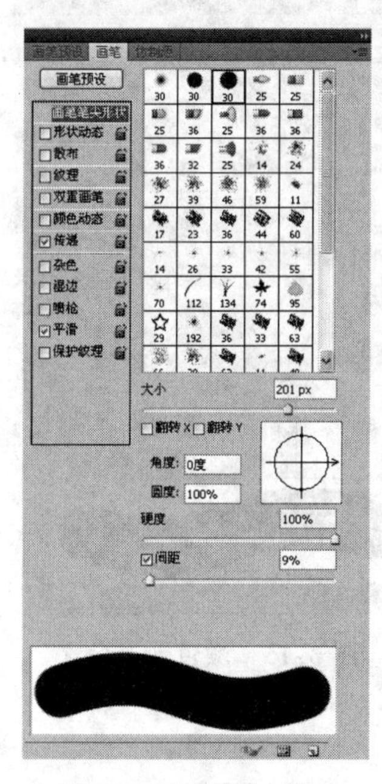


图 3-8　“画笔”面板

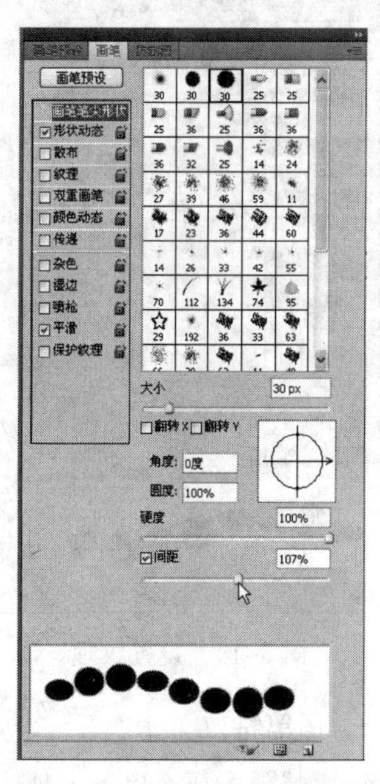


图 3-9　设置画笔笔尖形状

对于毛边式画笔，可以通过“硬度”选项来设置画笔的饱和度，如图 3-12 所示。“间距”选项可以设置画笔在连续的一画中每个图形间的距离，如图 3-13 所示。

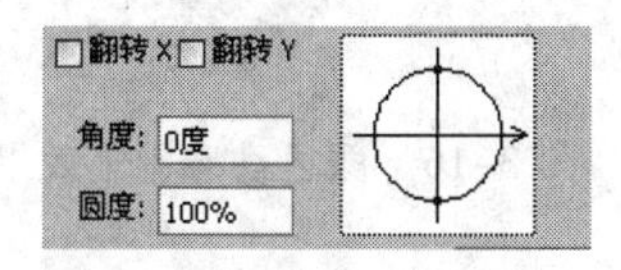


图 3-10　设置“角度”和“圆度”

图 3-11　不同角度和圆度的画笔

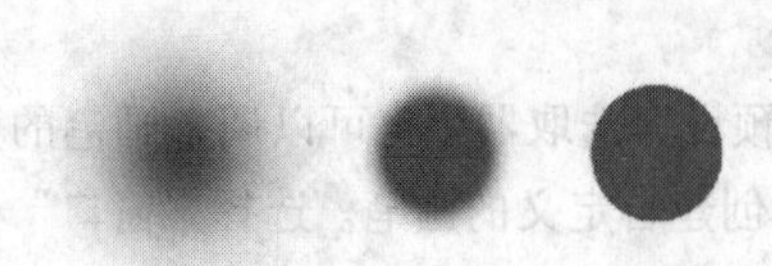

图 3-12　不同硬度的画笔

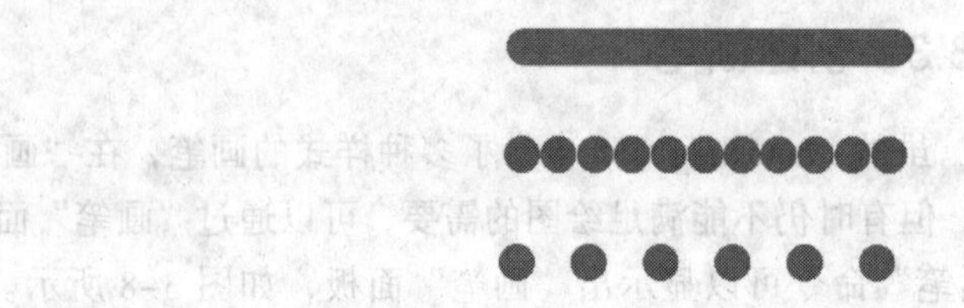

图 3-13　不同间距的画笔

（2）形状动态：用于设置画笔绘图时尺寸、角度和圆度的动态变化。

（3）散布：用于设置画笔绘图时产生的散射效果，可配合动态画笔使用。

（4）纹理：可以在画笔中加入纹理效果，如图 3-14 所示。除了可以加入系统自带的纹理效果外，还可以选择“编辑”→“定义图案”命令将选区中的图像定义为图案。

（5）双重画笔：形成双重画笔效果。

（6）颜色动态：设置画笔颜色动态效果，包括色相、饱和度、亮度和纯度等，如图 3-15 所示。颜色动态画笔效果如图 3-16 所示。

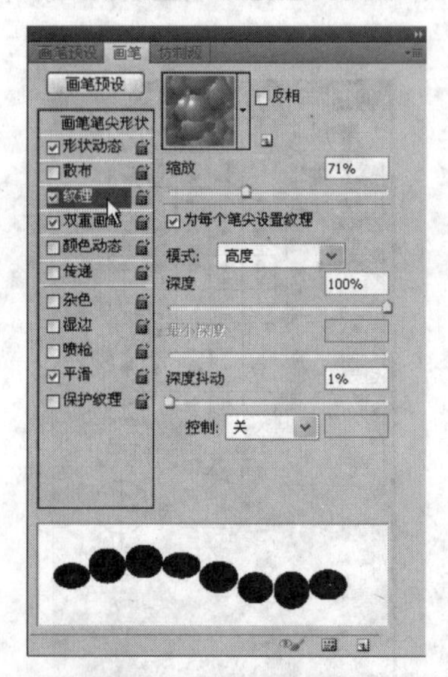


图 3-14　设置纹理

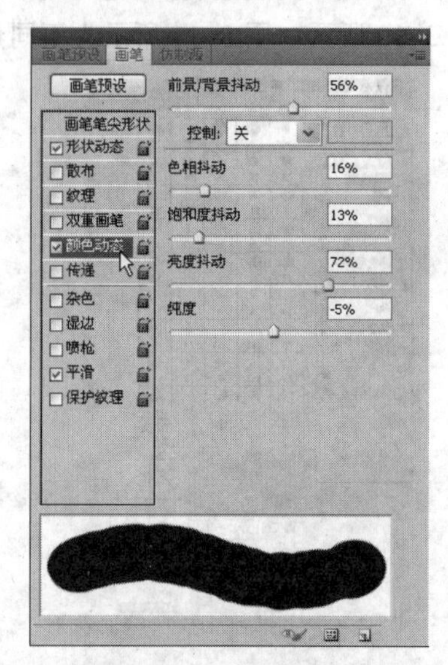


图 3-15　颜色动态设置

3. 画笔特效

画笔特效主要有以下 5 种：

（1）杂色：给画笔加入杂色效果。

（2）湿边：给画笔加入湿边效果，绘制出类似水彩画的感觉。

（3）喷枪：给画笔加入喷枪效果。

（4）平滑：给画笔加入平滑效果。

（5）保护纹理：给画笔加入保护纹理效果。

图 3-16　颜色动态画笔效果

4. 自定义图案式画笔

除系统自带的图案式画笔外，还可以自定义图案式画笔。其步骤如下：

（1）打开本书配套光盘“素材\第 3 章”目录中的 002 图片，选择工具箱中的“椭圆选框工具”，在素材中选择要定义为画笔的部分，按住【Shift】键可绘制出圆形选区，如图 3-17 所示。

（2）选择“编辑”→“定义画笔预设”命令定义图案画笔，这时弹出“画笔名称”对话框，如图 3-18 所示。在“名称”文本框中定义图案画笔的名称。

图 3-17　创建画笔选区

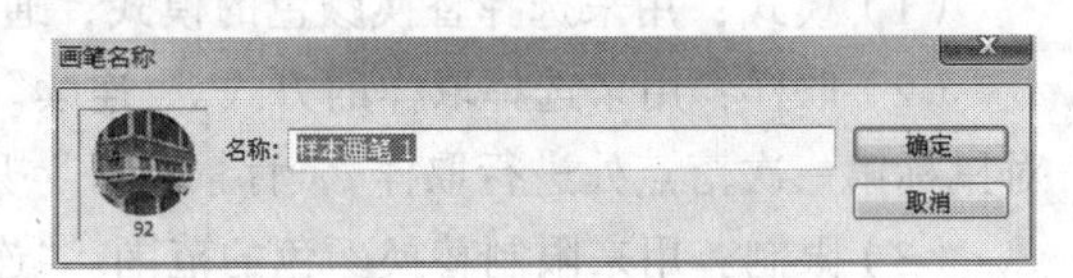


图 3-18 “画笔名称”对话框

（3）单击“确定”按钮，选择“画笔工具”，新定义的画笔会出现在“画笔预设”选取器中，如图 3-19 所示。

图 3-19　选择自定义的画笔

**小技巧**

自定义的画笔只有通过“存储画笔”命令存储后，才能在下次使用时载入“画笔预设”选取器；否则，当执行“复位画笔”命令或重新启动 Photoshop CS5 后，自定义的画笔都会消失。

## 3.4　铅 笔 工 具

“铅笔工具”属于实体式画笔，主要用于绘制硬边笔触。其选项栏如图 3-20 所示。

“铅笔工具”选项栏和“画笔工具”选项栏基本相似，其中“自动抹除”是“铅笔工具”的特殊功能。选中该项时，所绘制效果与绘画起始点的像素有关。当绘画起始点的像素颜色与前景色相同时，“铅笔工具”可以表现橡皮擦功能，并以背景色绘图；若绘画起始点的像素颜色不是前景色，则用前景色绘图。打开本书配套光盘“素材\第 3 章”目录中的 003 图片，用“铅笔工具”书写字母，效果如图 3-21 所示。

图 3-20 “铅笔工具”选项栏

图 3-21　用“铅笔工具”书写字母

## 3.5 颜色替换工具

“颜色替换工具”是专门针对颜色进行修改的工具，可以用工具箱中的前景色替换图像中的颜色，即用替换颜色在目标颜色上绘画。其选项栏如图 3-22 所示。

图 3-22 “颜色替换工具”选项栏

（1）模式：用来选择替换颜色的模式，通常情况下选用“颜色”。

（2）取样：用来选择取样的方式。“连续”用于在拖动鼠标时对颜色连续取样，“一次”只对鼠标第一次落点处进行取样，“背景色板”只替换包含当前背景色的区域。

（3）限制：用来限制替换颜色的范围。“连续”替换与鼠标指针下的颜色邻近的颜色；“不连续”替换出现在鼠标指针下任何位置的样本颜色；“查找边缘”替换与鼠标落点处颜色相连的区域，同时更好地保留形状边缘的锐化程度。

（4）容差：用于设置被替换颜色与鼠标落点处颜色的相似度。

（5）消除锯齿：能使替代的区域边缘平滑。

“颜色替换工具”的使用方法如下：

（1）打开素材文件夹“第 3 章”中的 004 图片，用“魔棒工具”选中要替换颜色的图像区域，如图 3-23 所示。

（2）选择工具箱中的“颜色替换工具”，根据图像大小在其选项栏中设置画笔大小。在“色板”面板中选择黄色作为替换颜色。在建立好的选区内进行涂抹，如图 3-24 所示。

图 3-23 选中选区

图 3-24 颜色替换

## 3.6 橡皮擦工具

选择工具箱中的“橡皮擦工具”，右击该工具按钮将弹出橡皮擦工具组的工具，如图 3-25 所示。

“橡皮擦工具”可以擦除图像中的图案或颜色，同时填入背景色，其选项栏如图 3-26 所示。

图 3-25 橡皮擦工具组

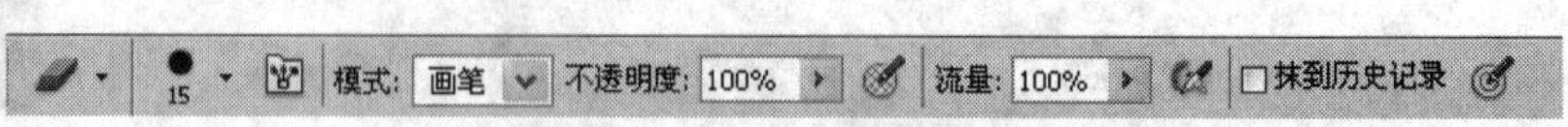

图 3-26 “橡皮擦工具”选项栏

（1）画笔：选择画笔和设置画笔大小。

（2）模式：设置橡皮擦的笔触特性，包括“画笔”、“铅笔”、“块”。打开素材文件夹“第 3 章”中的 005 图片，其效果如图 3–27 所示。

（3）不透明度：其值越接近 1%，橡皮擦的擦除能力越弱；反之，数值越接近 100%，橡皮擦的擦除能力就越强。

（4）流量：画笔绘画时的流量，数值越大画笔颜色越深。

（5）抹到历史记录：选中此项，被擦拭的区域会自动还原为上一次操作的状态。

图 3–27　依次用画笔、铅笔和方块绘图的效果

## 3.6.1　背景橡皮擦工具

“背景橡皮擦工具”用来去除图像背景，可以将要擦除的区域变为透明，其选项栏如图 3–28 所示。

图 3–28　“背景橡皮擦工具”选项栏

（1）限制：设置擦除模式，包括“不连续”、“连续”和“查找边缘”。“不连续”方式将图层上所有取样颜色擦除，“连续”方式只将与擦拭区域相连的颜色擦除，“查找边缘”方式则可提供主体边缘较佳的处理效果。

（2）容差：通过输入数值或拖动滑块来调节，数值越大，擦除的颜色范围就越大。

（3）保护前景色：可以使与前景色相同的区域不会被擦除。

（4）取样：设置所要擦除颜色的取样方式。

打开素材文件夹“第 3 章”中的 005 图片，使用“背景橡皮擦工具”后的效果如图 3–29 所示。

图 3–29　用“背景橡皮擦工具”擦除图像

## 3.6.2　魔术橡皮擦工具

“魔术橡皮擦工具”与“背景橡皮擦工具”的用途类似，也是用来去除图像背景的，其选项栏如图 3–30 所示。

容差: 32　消除锯齿　连续　对所有图层取样　不透明度: 100%

图 3–30　“魔术橡皮擦工具”选项栏

（1）容差：设置擦除颜色范围。

（2）消除锯齿：选中该项时，“魔术橡皮擦工具”会自动在区域边缘进行消除锯齿处理。

（3）连续：选中该项时，只对连续区域进行擦除。

（4）对所有图层取样：选中该项时，“魔术橡皮擦工具”对所有可见图层进行处理；否则，只对当前图层进行操作。

（5）不透明度：设置删除色彩的不透明度。

打开素材文件夹“第 3 章”中的 006 图片，使用“魔术橡皮擦工具”擦除后的效果如图 3-31 所示。

图 3-31 用“魔术橡皮擦工具”擦除图像

# 本章案例 1 “梦的彼岸”插画设计

## 案例描述

插画已成为现实社会不可替代的艺术形式，它不但能够突出主题思想，还能增强艺术感染力。插画艺术不仅扩展了人们的视野，丰富了人们的头脑，给人们以无限的想象空间，还开阔了人们的心智。本例主要运用 Photoshop CS5 软件中的填充工具和画笔工具完成图 3-32 所示的“梦的彼岸”插画设计。

图 3-32 “梦的彼岸”插画设计

梦是一种意象语言，这些意象从平常事物到超现实事物都有。事实上，梦常常对艺术等方面激发出灵感，如果能很好地利用它，它能成为艺术创作的好素材。

## 案例分析

梦是心灵的思想。在绘制“梦的彼岸”插画时，首先要让画面体现出梦的意境——这是一个甜美的梦，月亮和星星都甜甜地入睡了，梦的彼岸是什么呢？通过使用“画笔工具”、“铅笔工具”及“橡皮擦工具”处理背景，加上临近色的运用，使整个画面色彩搭配协调，营造出梦的意境，丰富画面效果。

## 操作步骤

下面来完成“梦的彼岸”插画的具体制作。

### 1．新建与保存文件

（1）选择“文件”→“新建”命令，新建 A4 大小的图像文档，如图 3-33 所示。选择“图像”→“图像旋转”→“90 度（顺时针）”命令，旋转画布。

（2）以“梦的彼岸”为文件名保存图像。

## 2. 绘制背景

（1）在“图层”面板中选择“背景”图层，选择“渐变工具”，在其选项栏中设置渐变类型为“线性渐变”，如图 3-34 所示。单击“渐变工具”选项栏中的渐变颜色图标，将弹出“渐变编辑器”窗口，设置为“前景色到背景色渐变”，前景色为（R:31,G:59,B:134），背景色为（R:6,G:112,B:177），如图 3-35 所示。使用“渐变工具”在图像中由上至下拖动鼠标，渐变填充效果如图 3-36 所示。

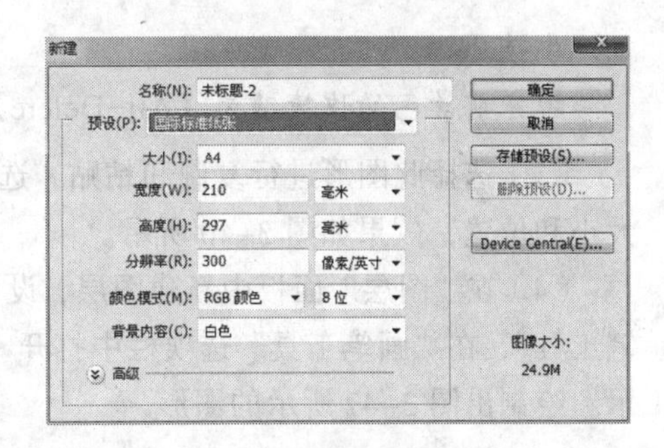


图 3-33　新建 A4 文档

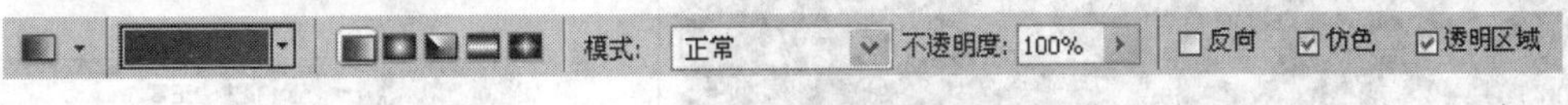


图 3-34　“渐变工具”选项栏

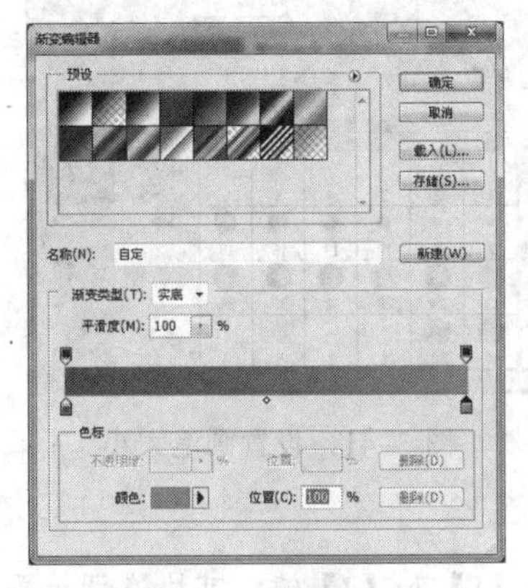


图 3-35　渐变编辑器

图 3-36　背景渐变填充效果

**小技巧**

按住【Shift】键可以进行水平、垂直渐变色填充。

（2）在“图层”面板中新建图层，用“钢笔工具”绘制出图 3-37 所示的路径，按【Ctrl+Enter】组合键，将绘制好的路径转换为选区，如图 3-38 所示。设置前景色为（R:27,G:71,B:136），为选区填充前景色，取消选区后，填充效果如图 3-39 所示。

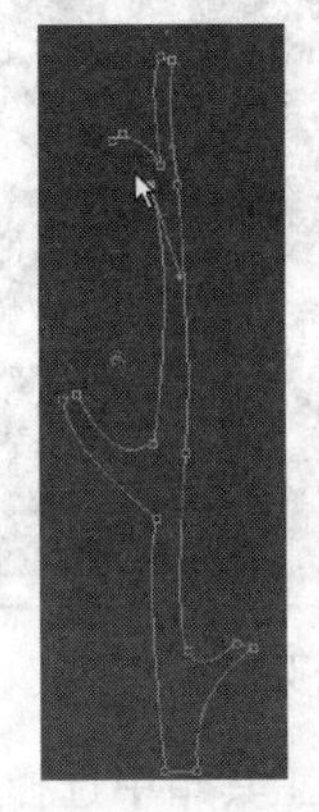

图 3-37　绘制路径

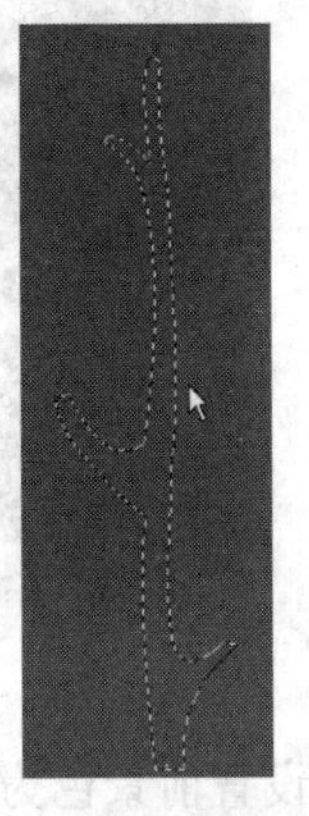

图 3-38　路径转换为选区

图 3-39　填充颜色

**小技巧**

填充前景色的快捷键为【Alt+Delete】，取消选区的快捷键为【Ctrl+D】。

（3）选择此图形进行复制和粘贴，选择“编辑”→“变换”→“水平翻转”命令，并调整大小和位置，效果如图 3-40 所示。

（4）在“图层”面板中新建图层，设置前景色为（R:27,G:71,B:136）。在工具箱中选择“画笔工具”，在“画笔工具”选项栏中打开“画笔预设”选取器，设置画笔的大小，如图 3-41 所示。绘制出图 3-42 所示的图形。

图 3-40 复制图形

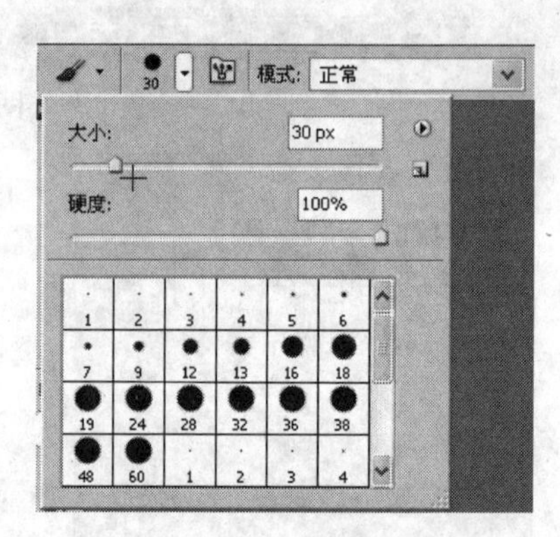


图 3-41 设置画笔大小

**小技巧**

使用“画笔工具”时，在英文输入法状态下，按键盘上的【[】和【]】键，可快速调节画笔的大小。

（5）继续绘制云朵图形，如图 3-43 所示。

图 3-42 用画笔绘制图形

图 3-43 绘制深色云朵

（6）在“图层”面板中新建图层，设置前景色为（R:16,G:90,B:159）。在工具箱中选择“画笔工具”，在“画笔工具”选项栏中打开“画笔预设”选取器，设置画笔的大小，绘制出云朵图形，如图 3-44 所示。

**小技巧**

在制作过程中，当一个图形被另一个图形遮挡时，请检查“图层”面板中相应图形所在图层的叠放次序，调整图层叠放次序可以调整图形层叠的上下关系。

**3．处理图片效果**

（1）打开素材文件夹“第 3 章”中的 010 图片，用“魔棒工具”选取图片中的白色部分，选择“选择”→“反向”命令，反选选区，以选中图像，如图 3-45 所示。用“移动工具”将选取的图像移至“梦的彼岸”插画文件中，调整图像所在的图层位置和图像大小，效果如图 3-46 所示。

图 3-44　绘制浅色云朵

图 3-45　选中图像

（2）选中此图像，设置前景色为（R:91,G:135,B:184），在工具箱中选择“颜色替换工具”，打开“画笔预设”选取器，设置“颜色替换工具”的画笔大小，如图 3-47 所示。对图像中的“小星星”进行颜色替换，效果如图 3-48 所示。

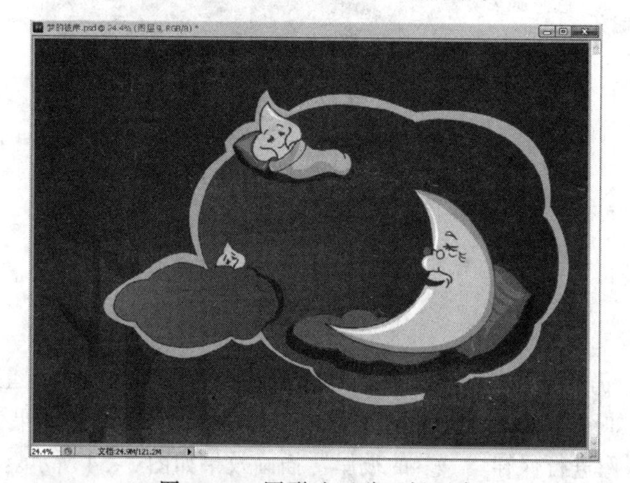

图 3-46　图形选区移至插画中

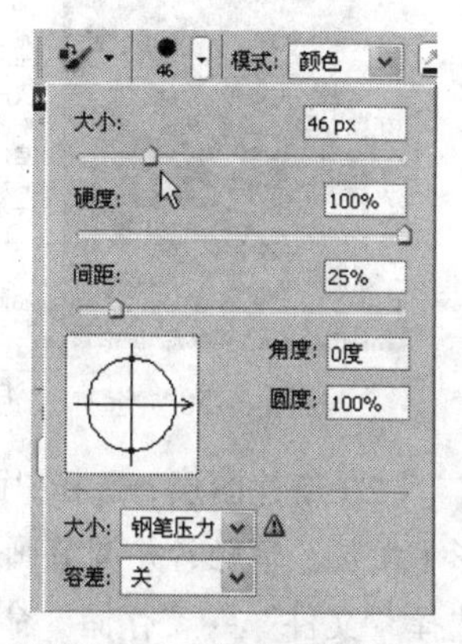


图 3-47　设置画笔大小

（3）用“颜色替换工具”分别对图中的星星替换颜色，效果如图 3-49 所示。

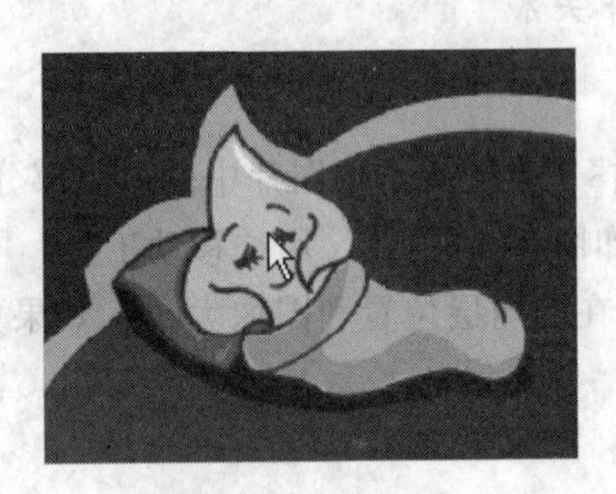

图 3-48　替换颜色

图 3-49　替换颜色后的效果

**4．设置画笔效果**

（1）新建图层，选择“画笔工具”，在“画笔工具”选项栏中设置画笔参数，选择“混合画笔”，如图 3-50 所示。在混合画笔列表框中选择“交叉排线 1”笔触，并调节画笔的大小，如图 3-51 所示。设置前景色为淡黄色，在星星图形旁边绘制出闪光效果，如图 3-52 所示。

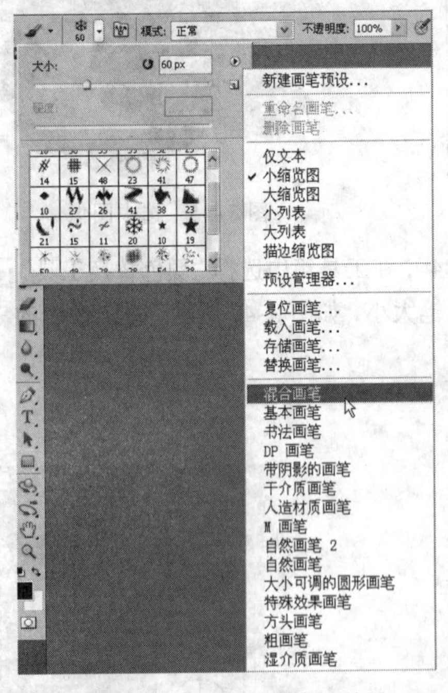


图 3-50　选择“混合画笔”

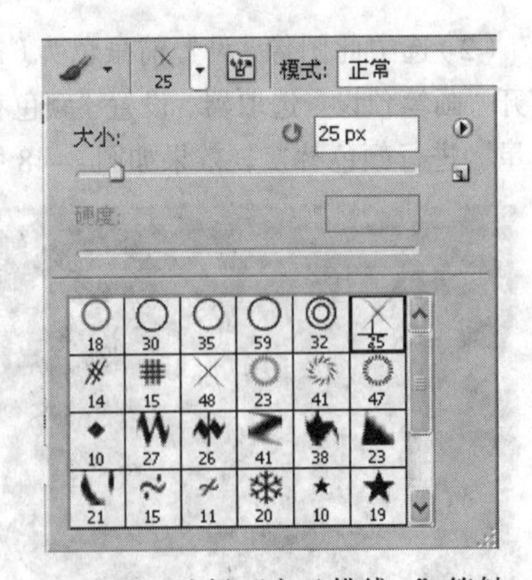


图 3-51　选择“交叉排线 1”笔触

（2）新建图层，选择“画笔工具”，仍然选择“混合画笔”，在混合画笔列表框中选择“星形（大）”笔触，并调节画笔的大小，如图 3-53 所示。设置前景色，在图像中添加繁星效果。选择“文件”→“存储”命令，对该图像进行保存。“梦的彼岸”插画效果如图 3-54 所示。

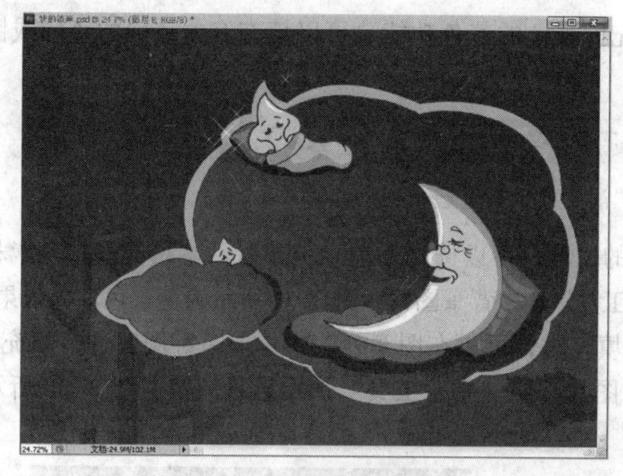

图 3-52　绘制闪光效果

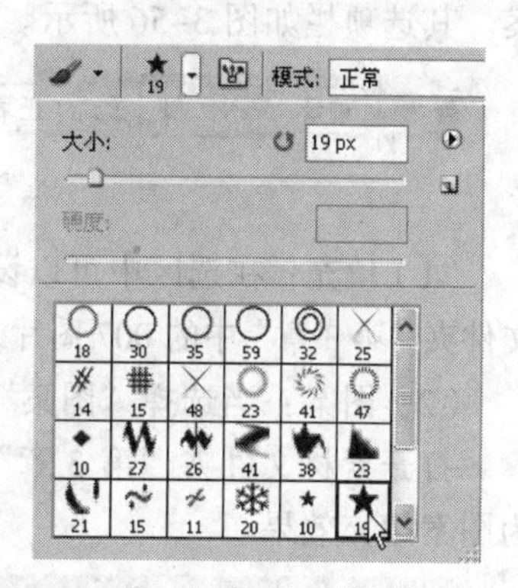


图 3-53　选择“星形（大）”笔触

图 3-54 “梦的彼岸”插画设计

## 案例总结

通过插画“梦的彼岸”的制作，主要学习了“画笔工具”、“铅笔工具”及“颜色替换工具”的使用方法，表达出梦的意境。在设计此类插画时应该注意以下几点：

（1）在设计作品之前要进行构思，构思是否巧妙、是否合理对作品的创作有一定影响。

（2）要领会主题的含义，可通过颜色和与主题相关的图形来进行设计。

（3）色彩的搭配尤为重要，和谐的色彩关系能产生强烈的视觉效果，因此在色调的选择上要符合画意的主题，通过色彩营造出梦的意境。

# 3.7　油漆桶工具

“油漆桶工具”所在工具组有两种工具，即“油漆桶工具”和“渐变工具”，如图 3-55 所示。

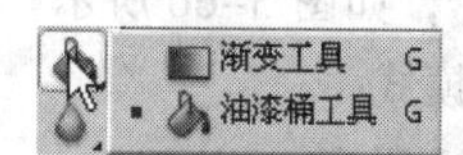


图 3-55 “油漆桶工具”所在工具组

“油漆桶工具”具有快速地为选区填充前景色的着色功能，可以填充容差范围的色彩或图案。其选项栏如图 3-56 所示。

图 3-56 “油漆桶工具”选项栏

（1）填充：在选区中可以设置要填充的内容，可以选择用前景色或者图案填充。打开素材文件夹“第 3 章”中的 007 图片，用“魔棒工具”选中背景图案，图 3-57 所示为前景色填充效果。

（2）图案：当选择“图案”方式进行填充时，可以在图案列表中选取一种图案进行填充。

打开素材文件夹“第 3 章”中的 007 图片，用“魔棒工具”选中背景图案，图 3-58 所示为图案填充效果。

图 3-57 前景色填充效果

图 3-58 图案填充效果

（3）模式：设置“油漆桶工具”的笔触特性。

（4）不透明度：设置图像填充的不透明度。

（5）容差：指控制被填充区域颜色的近似范围，取值范围是 0～255，数值越大，可填充的范围越广。

（6）连续的：选中此项，表示只填充于相邻的像素上；取消此项，则表示填充整个图像，即使是不相邻的像素，只要在容差范围内就可以进行填充。

（7）所有图层：在所有可见图层上填充。

## 3.8 渐变工具

渐变是指由一种颜色逐渐转换至另外一种颜色的效果。“渐变工具”可以创建多种颜色的渐变效果。其工具选项栏如图 3-59 所示。

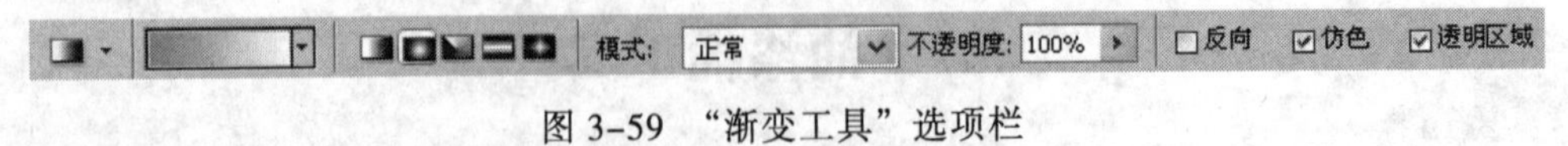


图 3-59 “渐变工具”选项栏

在选项栏中，Photoshop CS5 提供了 5 种渐变方式，分别为“线性渐变”、“径向渐变”、“角度渐变”、“对称渐变”和“菱形渐变”，如图 3-60 所示。

（1）模式：设置渐变色彩的混合模式。

（2）不透明度：设置渐变色的不透明度。

（3）反向：使渐变色方向与设置的渐变色方向相反。

（4）仿色：使渐变效果过渡得更加平缓。

（5）透明区域：可以打开透明蒙版，绘图时保持透明填色效果。

（a）线性渐变　（b）径向渐变　（c）角度渐变

（d）对称渐变　（e）菱形渐变

图 3-60　各种渐变效果

使用“渐变工具”填充渐变色的方法如下：

（1）在工具箱中选择“渐变工具”，单击选项栏中的渐变颜色图标，将弹出“渐变编辑器”窗口，如图 3-61 所示。

（2）在“预设”列表框中可以任选一种颜色进行编辑，单击“预设”列表框上方的向右小三角形，将会弹出图 3-62 所示的菜单。菜单中的最后一组命令就是 Photoshop CS5 自带的一系列渐变色。

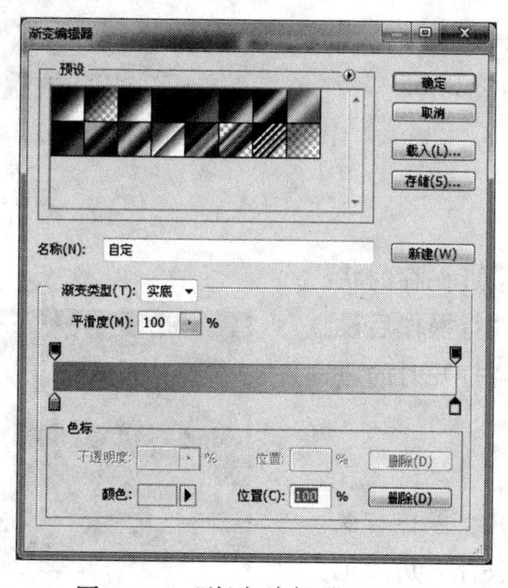


图 3-61　“渐变编辑器”窗口

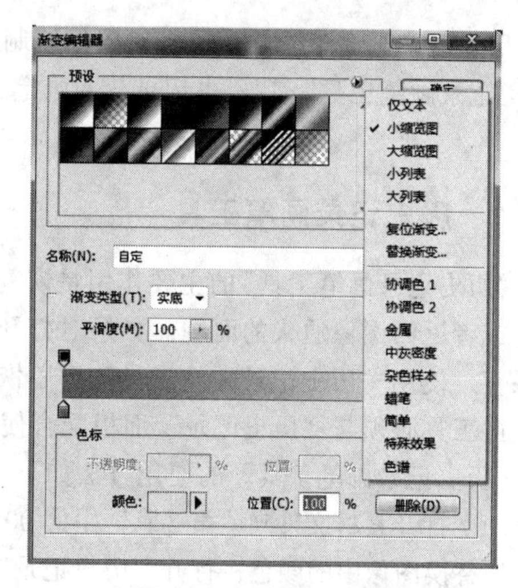


图 3-62　“预设”菜单

（3）设置渐变类型。渐变类型分为“实底”类型和“杂色”类型。当选择“实底”类型时，渐变色控制条如图 3-63 所示，可以通过该控制条对渐变的颜色和不透明度进行调节。控制条下面的色标控制渐变色的颜色和位置，单击“颜色”色框，将弹出“拾色器”对话框，选取一种颜色并单击“确定”按钮，即可设置当前色标的颜色。

当选择渐变类型为“杂色”时，渐变色控制条如图 3-64 所示。“粗糙度”选项用于设置“杂色”渐变色的平滑度，数值越小，色彩过渡越平滑；数值越大，色彩过渡边缘越清晰。“颜色模型”选项用于选择颜色模式，通过拖动下面颜色条的滑块，限制随机产生的色彩范围。在“选项”选项区，选中“限制颜色”复选框，则在渐变色产生时将会有更多的过渡颜色，使渐变比较平滑；选中“增加透明度”复选框，则渐变色产生时，将会以色彩的灰阶成分作为透明区域；单击“随机化”按钮，可以产生不同的随机渐变色。

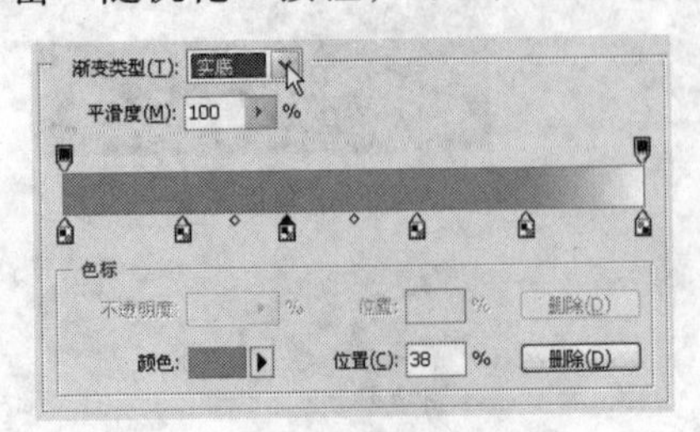


图 3-63 “实底”类型

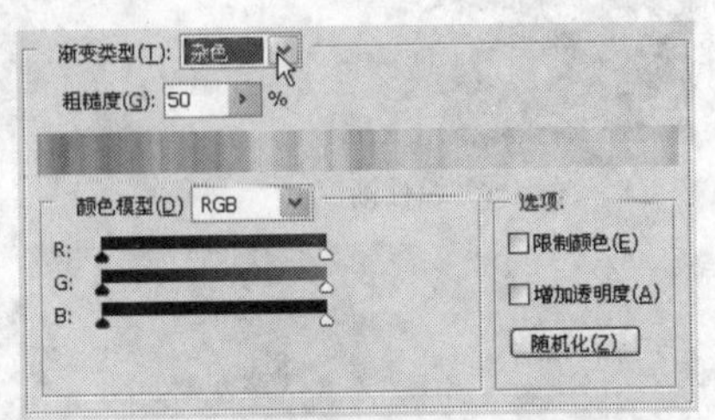


图 3-64 “杂色”类型

（4）单击“存储”按钮，可存储编辑好的渐变色。单击“确定”按钮，完成对渐变色的编辑，或单击“取消”按钮取消编辑。

（5）在图像中拖动鼠标，会显示出渐变线，释放鼠标，即可沿渐变色方向填充渐变色。

**小技巧**

如果在使用“渐变工具”之前没有选择填充区域，那么渐变填充会应用在当前整个图层上。

# 3.9 历史记录画笔工具组

历史记录画笔工具的作用是对图像绘制特殊效果，包括“历史记录画笔工具”和“历史记录艺术画笔工具”，如图 3-65 所示。

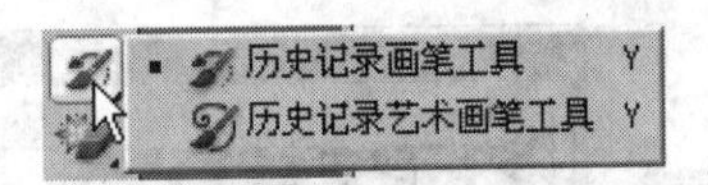


图 3-65 历史记录画笔工具组

## 3.9.1 历史记录画笔工具

“历史记录画笔工具”的主要作用是恢复图像到最近保存的状态，或者返回图像原来的面貌。如果对打开的图像进行操作后没有保存，使用“历史记录画笔工具”可以恢复图像到打开时的原貌。此工具必须与“历史记录”面板配合使用。

“历史记录画笔工具”的使用方法如下：

（1）打开素材文件夹“第 3 章”中的 008 图片，用“颜色替换工具”替换图像中的颜色，打开“历史记录”面板，使用“历史记录画笔工具”在“历史记录”面板上标记记录源，如图 3-66 所示。

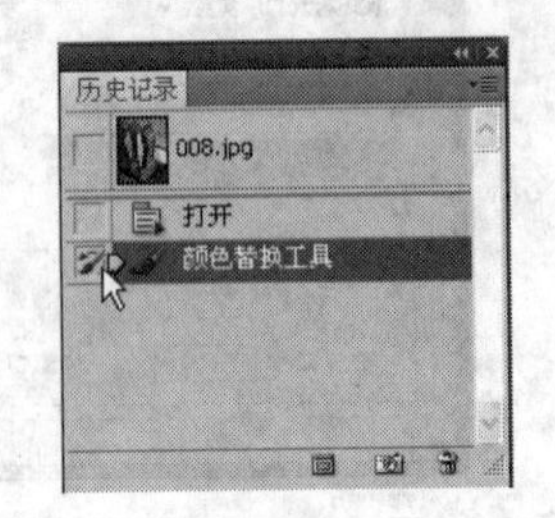


图 3-66 “历史记录”面板

（2）选择工具箱中的“历史记录画笔工具”，其选项栏的设置如图 3-67 所示。用“历史记录画笔工具”处理图像，效果如图 3-68 所示。

图 3-67 “历史记录画笔工具”选项栏

图 3-68　源图像与处理后的图像

### 3.9.2　历史记录艺术画笔工具

“历史记录艺术画笔工具”的使用方法和“历史记录画笔工具”相同。所不用的是，“历史记录画笔工具”能将局部图像恢复到指定的某一步操作，而“历史记录艺术画笔工具”却能将局部图像依照指定的历史记录状态转换成手绘图效果。“历史记录艺术画笔工具”可以设置各种艺术风格，其选项栏如图 3-69 所示。打开素材文件夹“第 3 章”中的 009 图片，用“历史记录艺术画笔工具”处理图像，效果如图 3-70 所示。

图 3-69　“历史记录艺术画笔工具”选项栏

图 3-70　用“历史记录艺术画笔工具”绘制的图像效果

## 本章案例 2　“秋之叶韵”插画设计

### 案例描述

前面学习了在 Photoshop CS5 软件中用绘图工具绘制“梦的彼岸”插画的方法，同时也了解了插画的应用范围和表现方式。下面用绘图工具中的“油漆桶工具”和“渐变工具”绘制“秋之叶韵”插画，浓浓的秋意，寓意好收成，如图 3-71 所示。

图 3-71 “秋之叶韵”插画设计

## 案例分析

在开始绘制插画前，先要根据题意在脑海里构思一幅金秋的画面。秋天是秋高气爽的季节，也是丰收的季节，因此画面的主色调应以黄色为主，金黄色寓意收成。其次，红红的枫叶也能表示秋天的到来。画面中再配上金黄色的连绵起伏的田野，一幅金灿灿的秋天画面展示在我们的眼前。使用“油漆桶工具”、“渐变工具”、“历史记录画笔工具”进行背景颜色填充和图形的绘制，表现出秋天丰富的色彩。

## 操作步骤

以上学习了“油漆桶工具”、“渐变工具”、“历史记录画笔工具”的使用方法，下面开始绘制“秋之叶韵”插画，对相关知识进行巩固与练习，加深对所学基础知识的印象。

### 1. 新建与保存文件

（1）选择“文件”→“新建”命令，新建 A4 大小的文档，如图 3-72 所示。选择“图像”→“图像旋转”→“90 度（顺时针）”命令，旋转画布。

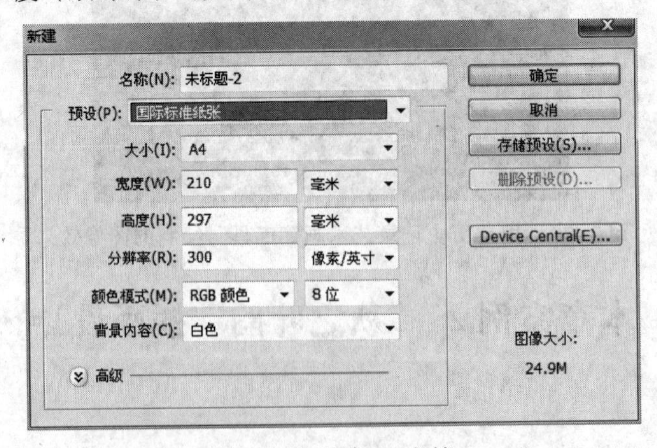


图 3-72 新建 A4 文档

（2）选择“文件”→“存储”命令，以“秋之叶韵”为文件名保存文件。

## 2. 填充背景

（1）在“图层”面板中选择“背景”图层，选择“渐变工具”，在其选项栏中设置渐变类型为“线性渐变”，如图 3-73 所示。单击选项栏中的渐变颜色图标，将弹出“渐变编辑器”窗口，设置“前景色到背景色渐变”，前景色为（R:236,G:230,B:134），背景色为（R:255,G:252,B:208），如图 3-74 所示。使用“渐变工具”在图像中由上至下拖动鼠标，渐变填充效果如图 3-75 所示。

图 3-73　“渐变工具”选项栏

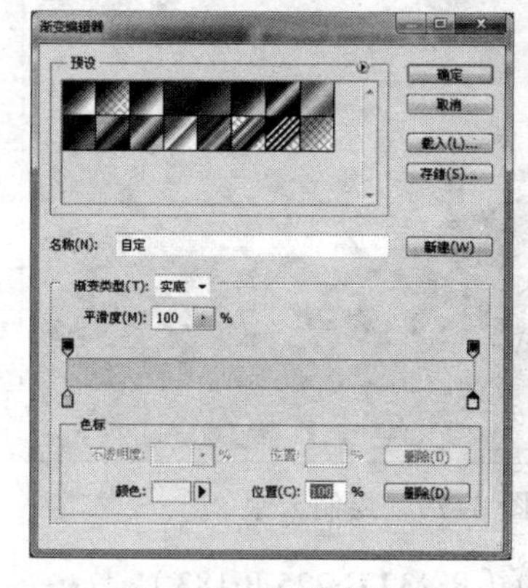


图 3-74　渐变编辑器

图 3-75　背景渐变填充效果

（2）新建图层，绘制半圆形图形。选择“渐变工具”，在其选项栏中设置渐变类型为“线性渐变”。单击选项栏中的渐变颜色图标，将弹出“渐变编辑器”窗口，设置“前景色到背景色渐变”，前景色为（R:226,G:119,B:39），背景色为（R:246,G:187,B:3）。使用“渐变工具”在半圆形选区中由上至下拖动鼠标，渐变填充效果如图 3-76 所示。

（3）新建图层，绘制另一个半圆图形。选择“渐变工具”，在其选项栏中设置渐变类型为“线性渐变”。单击选项栏中的渐变颜色图标，将弹出“渐变编辑器”窗口，设置“前景色到背景色渐变”，前景色为（R:231,G:176,B:13），背景色为（R:245,G:214,B:2）。使用“渐变工具”在半圆形选区中由上至下拖动鼠标，渐变填充效果如图 3-77 所示。

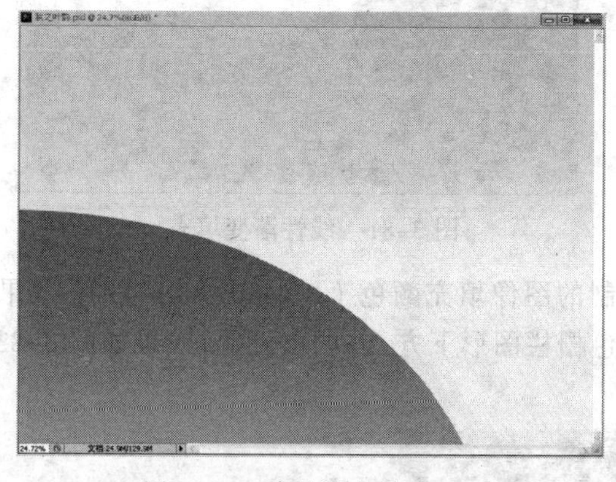

图 3-76　线性渐变填充一

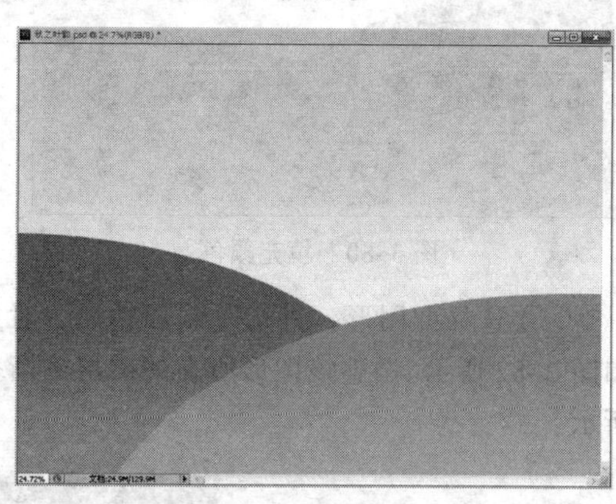

图 3-77　线性渐变填充二

3. 绘制图形

（1）在“图层”面板中新建图层，用“钢笔工具”绘制出云朵路径，按【Ctrl+Enter】组合键，将绘制好的路径转换为选区，并填充为白色，效果如图 3-78 所示。

（2）新建图层，用“钢笔工具”绘制出其他云朵路径，按【Ctrl+Enter】组合键，将绘制好的路径转换为选区，并填充为白色，然后调整图形大小。对于相同的图形，可通过复制和粘贴得到，效果如图 3-79 所示。

图 3-78 将选区填充为白色

图 3-79 绘制云朵

（3）新建图层，绘制出图 3-80 所示的图形，填充前景色为（R:232,G:225,B:183）。

（4）新建图层，绘制栅栏图形，选择“渐变工具”，在其选项栏中设置渐变类型为“线性渐变”。单击选项栏中的渐变颜色图标，将弹出“渐变编辑器”窗口，设置“前景色到背景色渐变”，前景色为（R:175,G:129,B:80），背景色为（R:216,G:174,B:124）。使用“渐变工具”在栅栏图形选区中由上至下拖动鼠标，渐变填充效果如图 3-81 所示。

图 3-80 填充颜色

图 3-81 线性渐变填充

（5）选择此图形，进行复制和粘贴，对复制的图像填充颜色（R:143,G:88,B:43），效果如图 3-82 所示。调整该图形所在的图层到渐变色栅栏图形下方，并调整位置，效果如图 3-83 所示。

图 3-82 填充颜色

（6）新建图层，设置前景色为黑色，选择“画笔工具”，调整画笔大小，绘制出图 3-84 所示的图形。

图 3-83　调整图形所在的图层位置

图 3-84　用“画笔工具”绘制图形

（7）用“钢笔工具”绘制出枫叶图形路径，按【Ctrl+Enter】组合键，将绘制好的路径转换为选区，如图 3-85 所示。设置前景色为（R:203,G:58,B:75），填充颜色，如图 3-86 所示。

**小技巧**

除使用“油漆桶工具”进行颜色填充外，还可以使用快捷键进行颜色填充。填充前景色可以使用【Alt+Delete】组合键，填充背景色可以使用【Ctrl+Delete】组合键。

图 3-85　将路径转换为选区

图 3-86　填充秋叶颜色

（8）重复上一步，绘制出多个枫叶图形，分别用“油漆桶工具”和“渐变工具”为枫叶填充橘黄色、金黄色等颜色，调整枫叶图形的位置和大小，效果如图 3-87 所示。选择“文件”→“存储”命令，对该文件进行保存。“秋之叶韵”插画设计到此结束。

图 3-87 “秋之叶韵”插画设计最终效果

## 案例总结

本案例除了运用 Photoshop CS5 软件中的填充颜色外，还较多地运用了渐变色来设计插画“秋之叶韵”。在设计此类插画时应该注意以下几点：

（1）Photoshop CS5 软件中的“渐变工具”可以让画面之间的色彩过渡更加自然，应该根据画面的需要来选择适合的渐变填充类型，使用不同的渐变类型能使画面呈现丰富的色彩效果。掌握填充渐变色的方法很重要，对能否绘制出优美的画面效果起决定性作用。

（2）对于色彩的搭配运用，要不断提高自身艺术修养和审美情趣，把对色彩的理解和感受融入作品，这样创作出来的作品才更能吸引人。

# 本章理论习题

### 1. 填空题

（1）Photoshop CS5 的绘图工具包括“画笔工具”、“铅笔工具”、“橡皮擦工具”、________、“颜色替换工具”、________等。

（2）Photoshop CS5 中的画笔主要分为笔触式画笔和________画笔两种形式。

（3）“________工具”属于实体式画笔，主要用于绘制硬边画笔的笔触。

（4）在“油漆桶工具”所在工具组中有两种工具，即“油漆桶工具”和“________”。

（5）在“渐变工具”选项栏中，Photoshop CS5 提供了 5 种渐变方式，分别为“________”、“________”、“角度渐变”、“对称渐变”和“菱形渐变”。

（6）________是指由一种颜色逐渐过渡到另外一种颜色的效果。

（7）“________”可以擦去图像中的图案或颜色。

### 2. 选择题

（1）“不透明度”是指绘图颜色对图像的掩盖程度。不透明值为（　　）时，绘图颜色完全覆盖图像；当不透明值为1%时，绘图颜色基本上是透明的。

A．50%　　B．70%

C．100%　　D．0%

（2）(　　)工具的主要作用是恢复图像最近保存的状态，或者返回打开图像时的原貌。

A．油漆桶　　B．历史记录画笔

C．橡皮擦　　D．铅笔

（3）(　　)工具用来去除图像背景，可以将要擦除的区域变为透明。

A．抓手　　B．吸管

C．渐变　　D．背景橡皮擦

（4）(　　)工具是专门针对颜色进行修改的工具，可以用工具箱中的前景色替换图像中的颜色，即用替换颜色在目标颜色上绘画。

A．油漆桶　　B．吸管

C．颜色替换　　D．背景橡皮擦

3．简答题

（1）请简述自定义图案式画笔的方法。

（2）请简述插画设计的类型

（3）请简述插画设计的功能。

# 第 4 章 图像的编辑与创意广告设计

随着经济的发展，市场竞争日益激烈，商战已开始进入“智”战时期，广告也从以前的所谓“媒体大战”、“投入大战”上升到广告创意的“战争”，“创意”一词成为广告界最流行的常用词。广告让越来越多的年轻人投身广告行业，用自己的智慧与创意为生活、为社会增添色彩。Photoshop 是制作广告的常用工具之一，下面就来体会一下广告的制作吧。

本章知识重点：

- 图像的剪切、复制和粘贴
- 图像的合并复制与贴入
- 移动、移除、裁剪、变换图像
- 图像的修饰与编辑

## 4.1 创意广告设计的分类、表现手法与设计原则

Creative 在英语中表示“创意”，其意思是有创造力的、启发想象力的。“创意”从字面上理解是“创造意象”之意，从这一层面进行挖掘，则广告创意是介于广告策划与广告制作之间的艺术构思活动。即根据广告主题，经过精心思考和策划，运用艺术手段，对所掌握的材料进行创造性的组合，以塑造一个意象的过程。简而言之，即广告主题意念的意象化。广告设计的最终目的是通过广告来吸引注意力。

### 4.1.1 广告的分类

广告可以按各种不同的方式进行分类，而系统分类有助于对广告进行全面深入的研究。

通常，广告分类简介如下：

（1）按目的分可以分为商业广告、公益广告、行政公告、团体和个人声名启事等。

（2）按广告传播范围分为全国性广告、地区性广告、城市广告、农村广告等。

（3）按传播对象分为儿童广告、妇女广告、情侣广告、青年广告等。

（4）按产品进入市场的周期分为导入期广告、成长期广告、成熟期广告、衰退期广告等。

（5）按企业广告策略分为产品广告、品牌广告、企业形象广告、企业服务广告等。

（6）按传播媒介可分为报纸广告、广播广告、电视广告、杂志广告、户外广告、卖点（POP）广告、直邮（DM）广告等。

### 4.1.2 创意广告设计的表现手法

创意广告设计的方法很多，在此介绍一些常用的方法。有许多广告作品是综合运用各种方

法来进行创意设计的。

### 1. 直接展示法

直接展示是最常见的、运用十分广泛的表现手法。它将某产品或主题直接如实地展示在广告版面上，充分运用摄影或绘画等技巧的写实表现能力，细致刻画和着力渲染产品的质感、形态和功能用途，将产品精美的质地引人入胜地呈现出来，给人以逼真的现实感，使消费者对所宣传的产品产生一种亲切感和信任感。

### 2. 对比法

对比是一种趋向于对立冲突的艺术美最突出的表现手法。它把作品中所描绘的事物的性质和特点放在鲜明的对照和直接对比中来表现，借彼显此，互比互衬，从对比所呈现的差别中，达到集中、简洁、曲折变化的表现。这种手法可以更鲜明地强调或提示产品的性能和特点，给消费者以深刻的视觉感受。

### 3. 合理夸张法

夸张就是借助想象，对广告作品中所宣传的对象的品质或特性的某个方面进行过分夸大，以加深或扩大这些特征。

按表现的特征，夸张可以分为形态夸张和神情夸张两种类型，前者为表象性的处理品，后者则为含蓄性的情态处理品。夸张手法的运用，为广告的艺术美注入了浓郁的感情色彩，使产品的特征性鲜明、突出、动人。

### 4. 比喻法

比喻就是将一种事物比作另一种事物，即“以此物喻彼物”。用做比喻的称为喻体，被比喻的为称本体。一般来说，喻体的形象与本体的某一特性应有相似之处，比喻才可以成立。

### 5. 象征法

象征是一种与其对象没有相似性或直接联系的符号，注重自然中的人文内容以及与人有关的象征手法，通过艺术化了的视觉形象来传达某种特定的意念。

### 6. 拟人法

拟人就是把人以外有生命甚至无生命的物类人格化，使之具有人的某些特性，用于表达广告的主题，引起消费者对商品的注意，从而达到广告传播的目的。

### 7. 幽默法

幽默是指在广告作品中巧妙地再现喜剧特征，抓住生活现象的局部特性，通过人们的性格、外貌和举止的某些可笑的特征表现出来。幽默的表现手法，往往运用饶有风趣的情节、巧妙的安排，把某种需要肯定的事物无限延伸到漫画的程度，造成一种充满情趣、引人发笑而又耐人寻味的幽默意境。幽默的矛盾冲突可以达到既出乎意料、又在情理之中的艺术效果，引起观赏者会心的微笑，以别具一格的方式，发挥艺术感染力的作用。

### 8. 利用名人、名作法

利用名人、名作就是利用名人或著名的艺术作品，包括绘画、雕塑等，加以局部变异或置换，使之服务于广告的需要。由于这些艺术作品已经在人们的脑海中留下深刻的印象，加之局部的变异和置换，又能进一步引起受众的注意。

### 4.1.3 创意广告设计的设计原则

**1. 真实性原则**

真实性是广告的生命和本质，是广告的灵魂。作为一种负责任的信息传递，真实性原则始终是广告设计首要和基本的原则。

广告所宣传的内容、形象、感情必须是真实。无论如何在平面广告中进行艺术处理，都应该与推销的产品或提供的服务相一致，不能夸大与歪曲。

**2. 创新性原则**

广告设计的创新性原则实质上就是个性化原则，它是一个差别化设计策略的体现。个性化内容和独创表现形式和谐统一，显示出广告作品的个性与设计的独创性。

广告设计的创新性原则有助于塑造鲜明的品牌个性，能让此品牌从众多的竞争中脱颖而出，能强化其知名度，并鼓动消费者选择此品牌。

**3. 形象性原则**

形象性就是品牌和企业所给消费者留有的印象，包括消费者对商品和企业的主观评价，它往往成为消费者购买行为的指南。因此，如何创造品牌和企业的良好形象，是现代广告设计的重要课题。

在广告设计中注重品牌和企业形象的创造，充分发挥形象的感染力与冲击力，让经过创造的独特形象根植于消费者的心目中，这样才能使商品的销售立于不败之地。

**4. 感情性原则**

感情是人们受外界刺激而产生的一种心理反应。通常人们在购买活动中的心理活动规律可概括为引起注意、产生兴趣、激发欲望和促成行动等 4 个过程，这 4 个过程自始至终充满着感情的因素。

广告设计中极力渲染感情色彩，烘托商品给人们带来的精神享受，诱发消费者的感情，使其沉醉于商品形象所给予的欢快愉悦中，从而产生购买欲望。

## 4.2 图像的剪切、复制和粘贴

在 Photoshop 中，图像的剪切、复制和粘贴操作类似于在 Windows 环境下对文件或文件夹做相应操作。其命令集合在“编辑”菜单中，如图 4-1 所示。

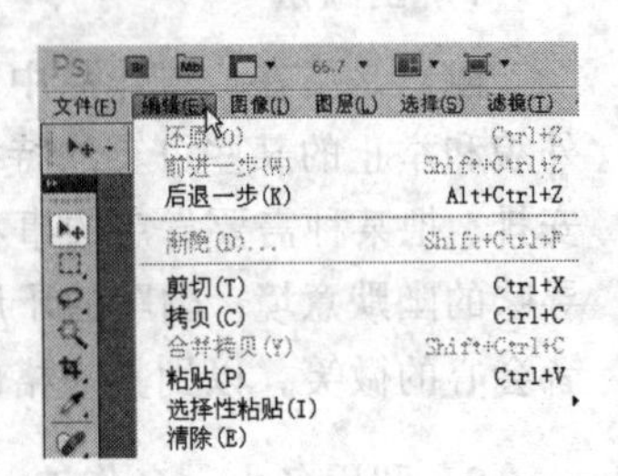

图 4-1 “编辑”菜单

**小技巧**

只有用户建立选区后，“编辑”菜单中的“剪切”、“拷贝”等命令才能被激活。“剪切”的快捷键为【Ctrl+X】，“拷贝”的快捷键为【Ctrl+C】，“粘贴”的快捷键为【Ctrl+V】，熟记快捷键可以很大程度地提高用户的工作效率。

下面通过一个简单操作，学习图像复制、粘贴的方法，很多软件的复制、粘贴方法与此相同，读者可以自己尝试操作。

（1）打开素材文件夹“第 4 章”中的 001 图片，选取小狗所在范围，如图 4–2 所示。

（2）选择“编辑”→“复制”命令或按【Ctrl+C】组合键，复制当前选择范围中的图像。

（3）打开素材文件夹“第 3 章”中的 002 图片，如图 4–3（左）所示。选择“编辑”→“粘贴”命令或按【Ctrl+V】组合键，可以将当前选择范围中的图像粘贴到图像的中心位置，如图 4–3（右）所示。

图 4–2　选取小狗所在范围

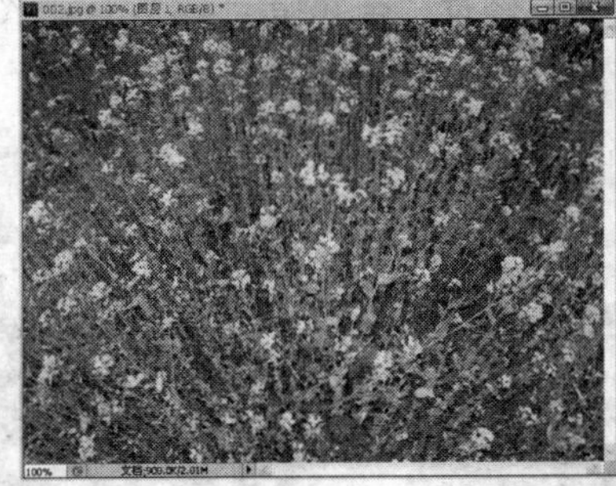

图 4–3　粘贴图像

**小技巧**

“剪切”命令的使用方法与“拷贝”命令的方法相似，选取图像后，选择“编辑”→“剪切”命令或按【Ctrl+X】组合键，通过“编辑”→“粘贴”命令或【Ctrl+V】组合键粘贴当前所选择范围中的图像。“剪切”命令与“拷贝”命令的区别在于，“剪切”后图像文件中不再有选择范围中的图像，如图 4–4（左）所示，它被暂时存放在系统的剪贴板中，而“拷贝”命令是将选择范围中的图像进行备份存放在系统的剪贴板中，图像文件中仍保留选择范围中的图像，如图 4–4（右）所示。

图 4–4　执行“剪切”与“拷贝”命令后图像文件的区别

## 4.2.1　图像的合并复制与贴入

“拷贝”命令是指复制当前图层上的选区，而“合并拷贝”命令是指建立选区中所有可见图层的合并副本。下面进行操作练习，以体会两者的区别与作用。

（1）打开素材文件夹“第 4 章”中的 003 图片，选取小狗所在范围，如图 4–5 所示。

（2）选择“编辑”→“合并拷贝”命令或按【Shift + Ctrl+C】组合键复制当前选择范围中的图像。

（3）打开素材文件夹“第 4 章”中的 004 图片，选择“编辑”→“粘贴”命令或按【Ctrl+V】组合键，可以将当前选择范围中的图像粘贴在图像中，如图 4–6 所示（通过“拷贝”方式粘贴如左图，经过“合并拷贝”方式粘贴如右图）。

图 4–5　003.psd 文件

图 4–6　“拷贝”与“合并拷贝”方式的区别

## 4.2.2　移动图像

粘贴图像后，其位置往往不能满足要求，因此必须进行移动。通常使用工具箱中的“移动工具”将图像移动到适当的位置。

首先，在工具箱中选择“移动工具”或按住【Ctrl】键以临时启用“移动工具”，然后在“图层”面板中确保选中当前要移动的图层（要移动的图层高亮显示，如图 4–7（左）所示），然后移动鼠标指针至图像窗口中，按住鼠标左键拖动就可以移动图像（移动中的图像如图 4–7（右）所示）。

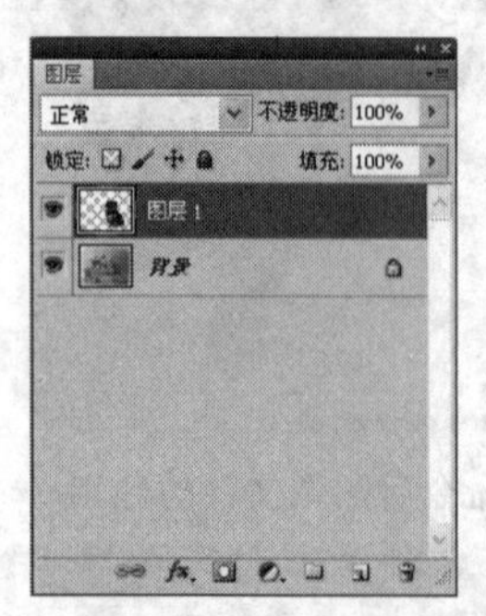

图 4–7　用“移动工具”移动图像

在 Photoshop 中还可以移动当前图层中选中的范围，但必须在移动前先选中要移动的范围，然后使用“移动工具”进行移动，如图 4–8 所示。

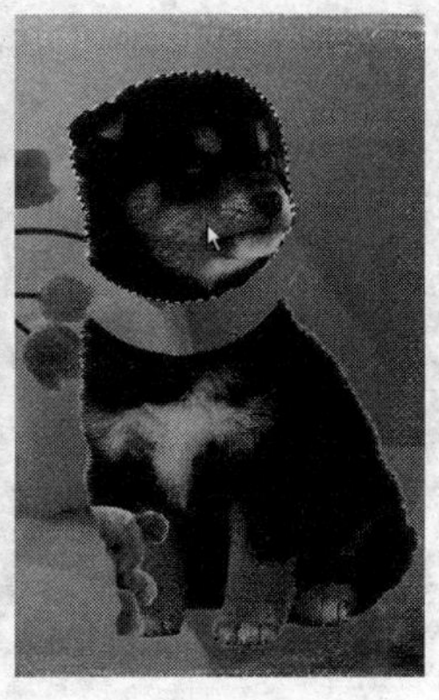

图 4-8　移动当前图层中选中的范围

一般来说，如果图像中有选区，则移动选区中的图像。如果未选择任何内容，则移动整个当前图层。

**小技巧**

使用“移动工具”移动图像时，若要复制选区并以每次 1 像素为基准位移副本，可按住【Alt】键，然后按方向键。若要复制选区并以每次 10 像素为基准位移副本，按住【Alt+Shift】组合键，然后按方向键。

### 4.2.3　移除图像

要清除选择范围中的图像，可以选择“编辑”→“清除”命令（见图 4-9）或按【Delete】键，此时被清除的区域将以背景色填充。此操作类似于“剪切”，但两者并不完全相同，“剪切”操作将选择范围中的图像剪切后放入剪切板中，还可以通过“粘贴”操作找到，而清除操作是将选择范围中的图像删除。

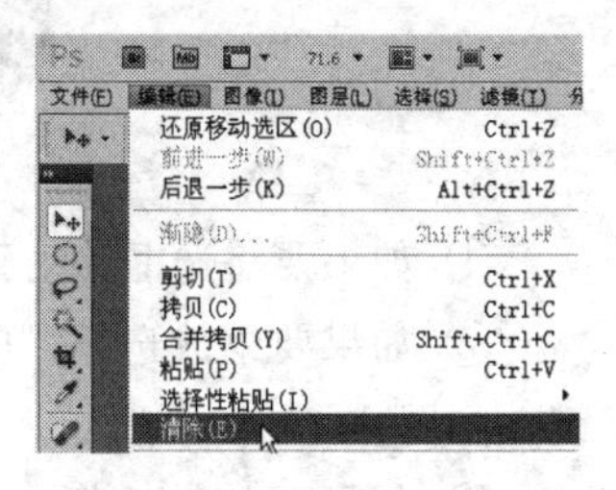


图 4-9　“清除”命令

无论是复制、剪切、粘贴或清除选择范围中的图像，都支持羽化效果。因此在做这些操作时可配合使用羽化功能。

### 4.2.4　裁剪图像

裁剪是移去部分图像以形成突出或加强构图效果的过程，如图 4-10 所示。可以使用“裁剪工具”和“裁切”命令裁剪图像。

图 4-10　使用“裁剪工具”

下面进行一些操作练习，以体会裁剪工具的作用。

（1）打开素材文件类“第 4 章”中的 005 图片，如图 4-11 所示。

（2）激活工具箱中的“裁剪工具”，如图 4-12 所示。

（3）在图像中拖动鼠标绘制一个矩形选框，如图 4-13 所示。

图 4-11　打开的素材文件

图 4-12　激活“裁剪工具”

图 4-13　裁剪图像

① 如果要将选框移动到其他位置，应将鼠标指针放在选框内并拖动，如图 4-14（a）所示。

② 如果要缩放选框，应拖动控制点；要约束比例缩放，应在拖动角控制点时按住【Shift】键，如图 4-14（b）所示。

③ 如果要旋转选框，应将鼠标指针放在选框外（鼠标指针变为弯曲的箭头）并拖动，如图 4-14（c）所示。

④ 如果要移动选框旋转时所围绕的中心点，应拖动位于选框中心的控制点，如图 4-14（d）所示。旋转后的效果如图 4-14（e）所示。

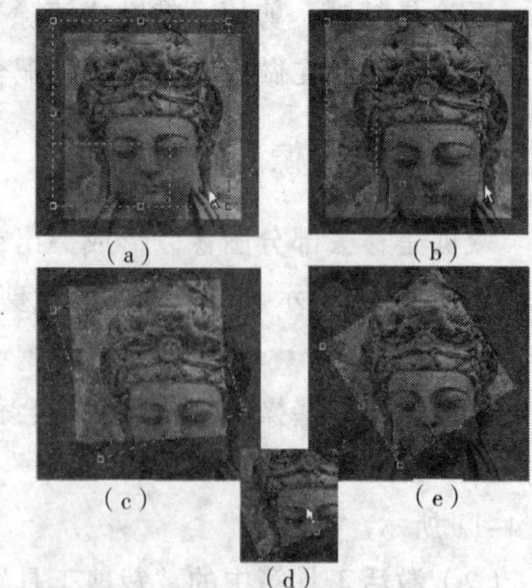

图 4-14　裁剪命令的使用

**小技巧**

在位图模式下不能旋转选框。

（4）要完成裁剪，应按【Enter】键，或者在裁剪选框内双击。

**小技巧**

要取消裁剪操作，可按【Esc】键或单击选项栏中的“取消”按钮。

（5）裁剪透视变换：再次打开素材文件夹“第 4 章”中的 005 图片，激活“裁剪工具”，并选中选项栏中的“透视”复选框，如图 4–15 所示。

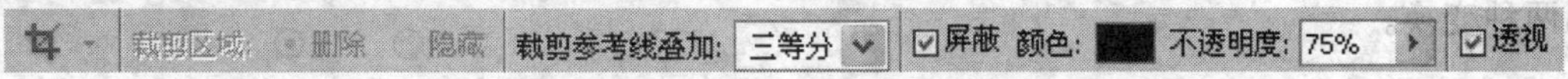

裁剪区域：删除 隐藏 裁剪参考线叠加：三等分 ☑屏蔽 颜色： 不透明度：75% ☑透视

图 4–15　选中“透视”复选框

该项允许用户对图像进行透视变换，这在处理扭曲的图像时非常有用。当从一定角度而不是以平直视角拍摄对象时，会发生扭曲现象。通过透视变换可以实现透视效果，如图 4–16 所示。

按【Enter】键，或单击选项栏中的“提交”按钮✓，或者在裁剪选框内双击，即可完成裁剪与变换，效果如图 4–17 所示。

图 4–16　透视变换

图 4–17　透视变换后的效果

## 4.2.5　变换图像

变换图像可以选择“编辑”→“变换”命令，可以对图像进行缩放、旋转、斜切、扭曲或变形处理，以及旋转 180°、顺时针旋转 90°、逆时针旋转 90°等变换，如图 4–18 所示。

（1）缩放：相对于对象的参考点（围绕其执行变换的固定点）增大或缩小对象。可以水平、垂直或同时沿这两个方向缩放。

（2）旋转：围绕参考点转动对象。默认情况下，此点位于对象的中心；可以将它移动到另一个位置。

（3）斜切：垂直或水平倾斜对象。

（4）扭曲：将对象向各个方向伸展。

（5）透视：对对象应用单点透视。

（6）变形：变换对象的形状。

（7）旋转 180 度、旋转 90 度（顺时针）、旋转 90 度（逆时针）：按指定度数，沿顺时针或逆时针方向旋转对象。

（8）翻转：垂直或水平翻转对象。

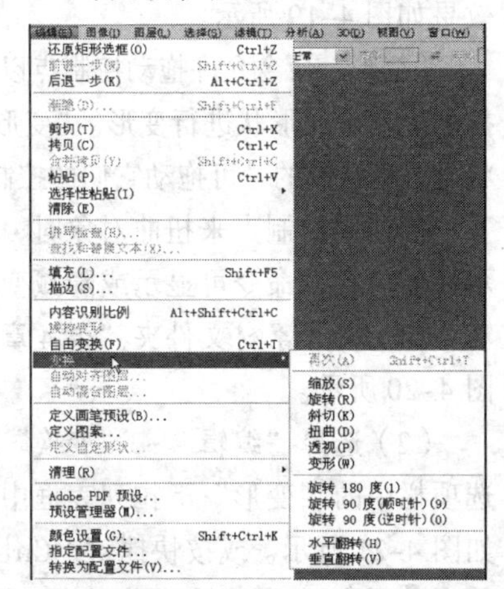


图 4–18　“变换”子菜单

要进行变换，首先应选择要变换的对象，然后选取变换命令。必要时，可在处理变换之前调整参考点位置。在应用变换之前，可以连续执行若干操作。例如，可以选择“缩放”命令并拖动控制点进行缩放，然后选择“扭曲”命令并拖动控制点进行扭曲。最后按【Enter】键以应用两种变换。

小技巧

Photoshop 将使用在“首选项”对话框的“常规”区域中选定的插值方法，以便计算在变换期间添加或删除的像素的颜色值。插值设置将直接影响变换的速度和品质。默认的“两次立方”插值速度最慢，但生成的效果最好。

可变换的对象有很多，如果要变换整个图层，应先选中该图层，并确保没有选中任何对象。

重要说明：

（1）不能变换背景图层。要变换背景图层，应先将其转换为常规图层。

（2）变换图层的一部分：在“图层”面板中选择该图层，然后选择该图层上的部分图像。

（3）变换多个图层：在“图层”面板中将多个图层链接在一起；或按住【Ctrl】键并单击多个图层来选择多个图层；也可按住【Shift】键并单击，以选择多个连续的图层。

（4）变换图层蒙版或矢量蒙版：在“图层”面板中取消蒙版链接，并选择蒙版缩略图。

（5）变换路径或矢量形状：使用“路径选择工具”选择整个路径，或使用“直接选择工具”选择路径的一部分。如果选择了路径上的一个或多个锚点，则只变换与这些锚点相连的路径段。

（6）变换选区边界：建立或载入一个选区，然后选择“选择”→“变换选区”命令。

（7）变换 Alpha 通道：在“通道”面板中选择相应的通道。

（8）调整完毕后，如果希望取消变形，可以按【Esc】键；如果希望确认变形，可以按【Enter】键。

下面进行一些操作练习，以体会“变形”命令的使用，效果如图 4-19 所示。

图 4-19　练习效果

“变形”命令允许拖动控制点以变换图像的形状或路径等。也可以使用选项栏中的“变形”下拉列表框中的形状进行变形。“变形”下拉列表框中的形状也是可延展的，可拖动它们的控制点。

当使用控制点来扭曲对象时，选择“视图”→“显示额外内容”命令可显示或隐藏变形网格和控制点。

（1）打开素材文件夹“第 4 章”中的 006 图片，如图 4-20 所示。

（2）选择“编辑”→“变换”→“变形”命令，从选项栏中的“变形”下拉列表框中选取一种变形样式，如图 4-21 所示。或按快捷键【Ctrl+ T】后，在选项栏中单击按钮。拖动控制点可将网格变形，在调整曲线时，可使用控制点。这类似于调整矢量图形曲线线段中的控制点，变形结果如图 4-22 所示。

图 4-20　006 素材图片

**小技巧**

要还原上一次控制点调整，可选择“编辑”→“还原”命令。要更改从“变形”下拉列表框中选取的变形样式的方向，可单击选项栏中的“更改变形方向”按钮 。要更改参考点，可单击选项栏中参考点定位符上的方块。要使用数值指定变形量，可在选项栏中的“弯曲”(设置弯曲)、“H”(设置水平扭曲)和“V”(设置垂直扭曲)文本框中输入值。如果从“变形”下拉列表框中选择了“无”或“自定”选项，则无法输入数值。

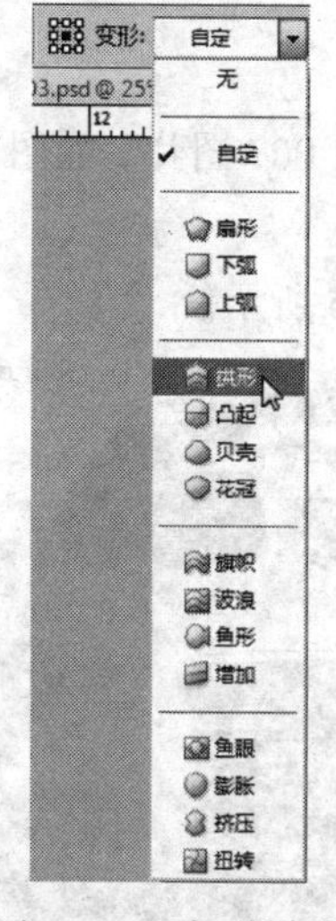


图 4-21　变形样式

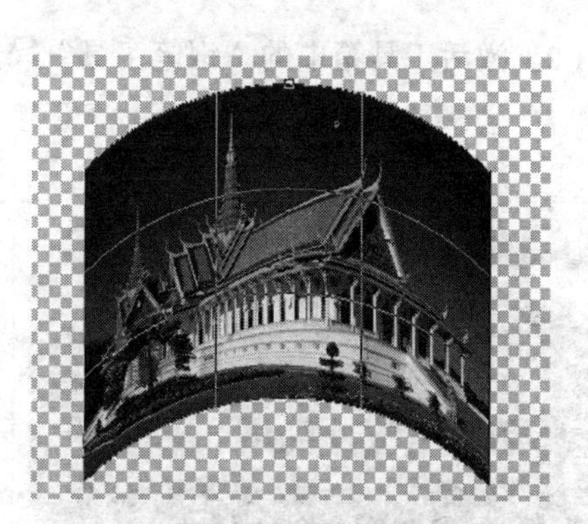

图 4-22　变形后的效果

# 本章案例 1　“飞跃达”汽车广告设计

## 案例描述

本例将制作一个汽车广告——“飞跃达”汽车广告，如图 4-23 所示。相信现在的年轻人都能说出几款自己心中喜欢的车，如宝马、奔驰、标致，它们的外观很赏心悦目，广告也简洁大方，大多都是大气、简单，质感很强，这就是汽车广告的特点，不管画面的形式如何，最主要的还是要表现车的品质，这样才能吸引更多人的注意力。

图 4-23　“飞跃达”汽车广告设计

## 案例分析

本案例的构思就是以变化的蓝色作为背景，渲染一种宁静高雅的氛围，画面的中心是一辆车，车是画面中唯一的焦点，突出该车优秀的性能，最后输入本案例的广告语：“卓越不凡的享受……”点题。

制作本案例的方法很简单，主要步骤是建立一个图像并填充颜色，再对汽车素材进行处理，并移动到填充颜色后的图像中，输入文字即可。主要使用选框工具、渐变工具，以及图像的剪切、复制与粘贴，图像的合并复制与贴入，移动图像，移除图像，裁剪图像，变换图像等基本的图像编辑命令。

## 操作步骤

前面学习了剪切、粘贴、移动、变换图像等基本图像编辑知识，下面开始制作“飞跃达”汽车广告，对相关知识进行巩固练习，同时掌握 Photoshop 图像编辑的常用知识。

### 1. 处理素材

（1）选择“文件”→“打开”命令，打开素材文件夹“第 4 章”中的 007 图片，如图 4-24 所示。

（2）激活工具箱中的“钢笔工具”，将汽车勾选出来，如图 4-25 所示。

图 4-24 打开的素材文件

图 4-25 用“钢笔工具”勾画出的汽车路径

如果要对勾画的路径做调整，可选择图 4-26 所示的“直接选择工具”。调整完成后将路径转换为选区，如图 4-27 所示。这时弹出一个对话框，如图 4-28 所示。对话框中的“羽化半径”选项可以使由路径转换的选区边缘更柔和，可根据需要输入数值，本例“羽化半径”为 1 像素。

路径选择工具 A
直接选择工具 A

图 4-26 直接选择工具

（3）将路径转换为选区后，选择“编辑”→“拷贝”命令或按快捷键【Ctrl+C】，对选区中的汽车图像进行复制，然后选择“编辑”→“粘贴”命令或按快捷键【Ctrl+V】，得到“图层 1”，如图 4-29 所示。按【Ctrl+S】组合键保存图像。

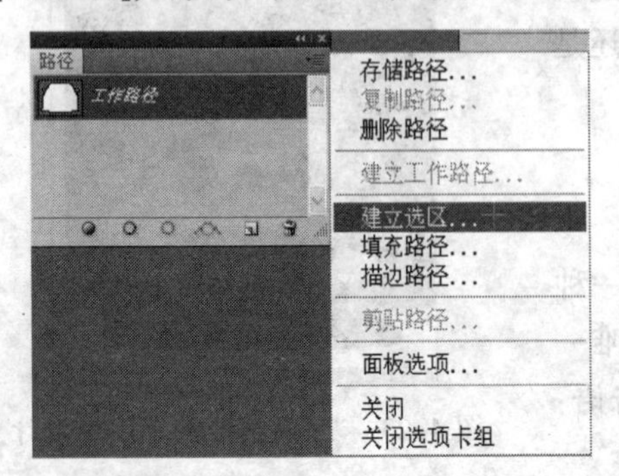


图 4-27 路径转换为选区

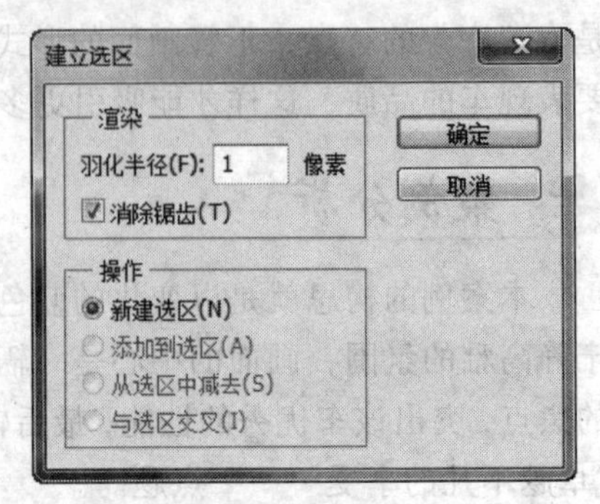


图 4-28 “建立选区”对话框

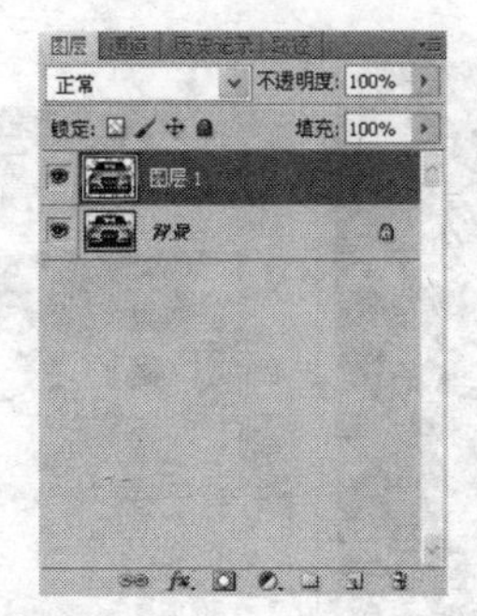


图 4-29　汽车被复制、粘贴后

## 2. 图像制作

（1）新建一个图像文件，参数设置如图 4-30 所示。

**小技巧**

*广告制品有很多，如果是制作易拉宝写真类型的广告，分辨率使用 96 像素/英寸即可。如果是户外大型海报喷绘类型的广告，分辨率使用 150 像素/英寸左右即可。如果是宣传册等印刷制品，分辨率则使用 300 像素/英寸。*

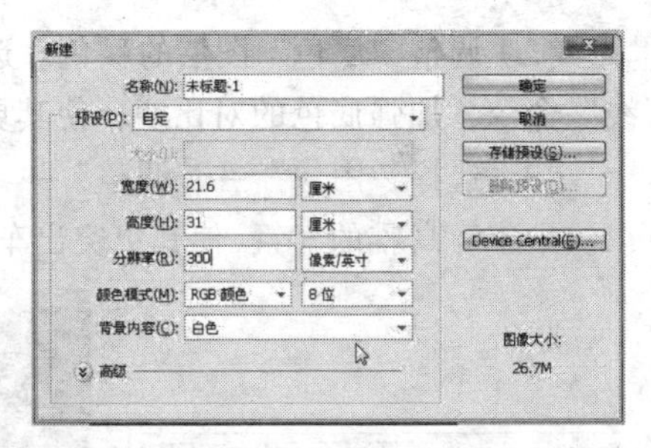


图 4-30　新建图像文件

（2）新建图层“底色”，选择“渐变工具”，将渐变色设置成图 4-31 所示的效果。渐变色的颜色以灰色为主。

（3）按住键盘上的【Shift】键，使用“渐变工具”从下到上填充垂直渐变色，效果如图 4-32 所示。“图层”面板如图 4-33 所示。保存文件，命名为“飞跃达汽车广告”。

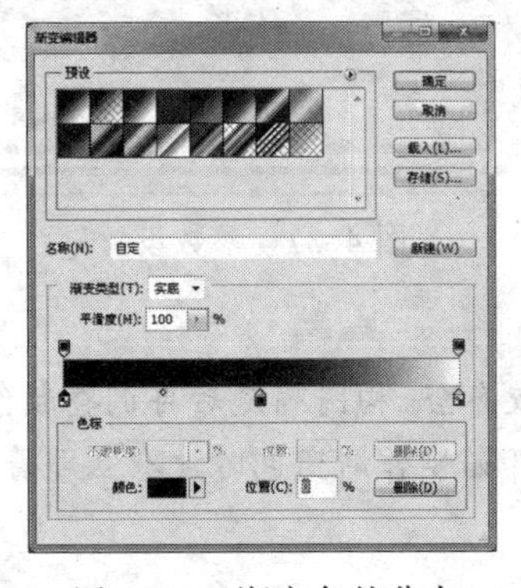


图 4-31　渐变色的分布

图 4-32　渐变色填充效果

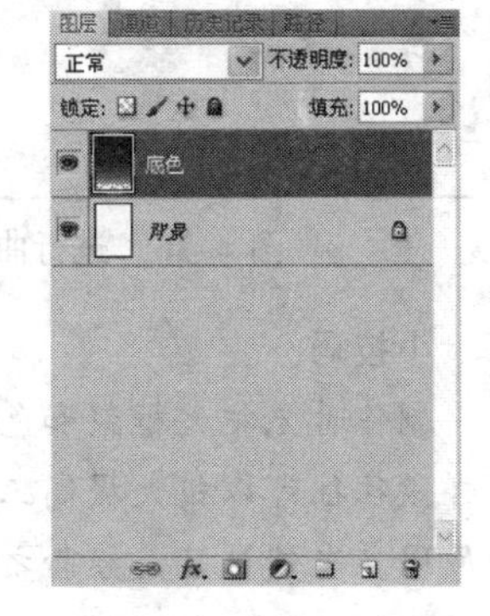


图 4-33　“图层”面板

（4）将勾选出来的汽车复制并粘贴到“飞跃达汽车广告”文件中，如图 4-34 所示。

## 3. 调整图像

（1）图中汽车较小，不符合需要，使用“编辑”→“变换”命令或按快捷键【Ctrl+T】进行调整，按住【Shift】键拖动控制点，将汽车等比例放大（按住【Shift+Alt】组合键可以中心点为中心等比例放大），最终结果如图 4-35 所示。

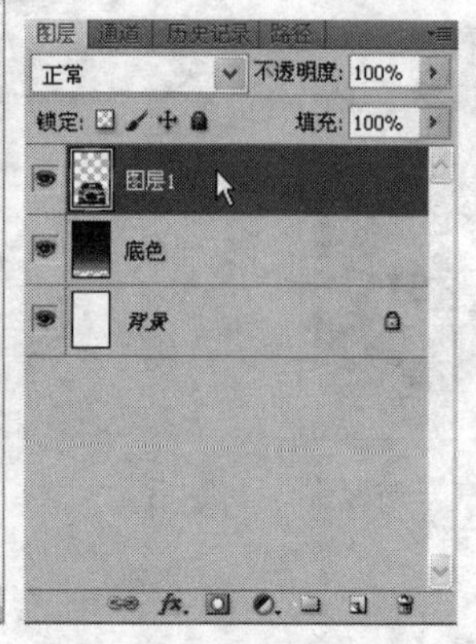

图 4-34　粘贴“汽车”后的图像及图层结构

图 4-35　使用“变换”命令调整汽车

（2）调整“底色”图层的颜色。选择“底色”图层，然后选择“图像”→“调整”→“曲线”命令，加强底色的对比度，使其更突出车的效果，最终结果如图 4-36 所示。

（3）选择“图像”→“调整”→“色相/饱和度”命令，将原灰底色着色成神秘的蓝紫色，以渲染宁静高雅的气氛，使其更突出车的效果，参数设置与最终结果如图 4-37 和图 4-38 所示。

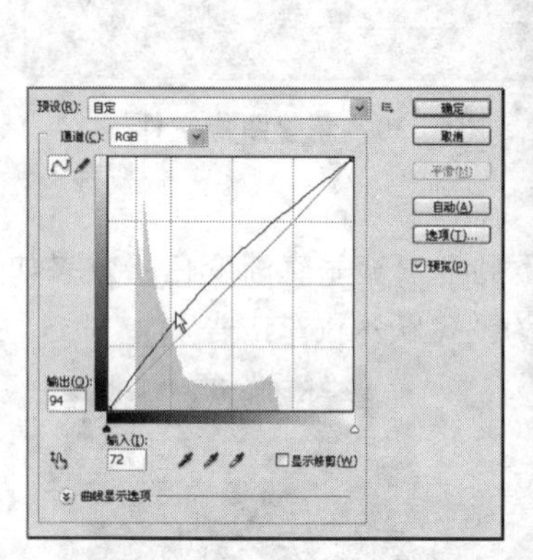

图 4-36　进行曲线调整，突出汽车

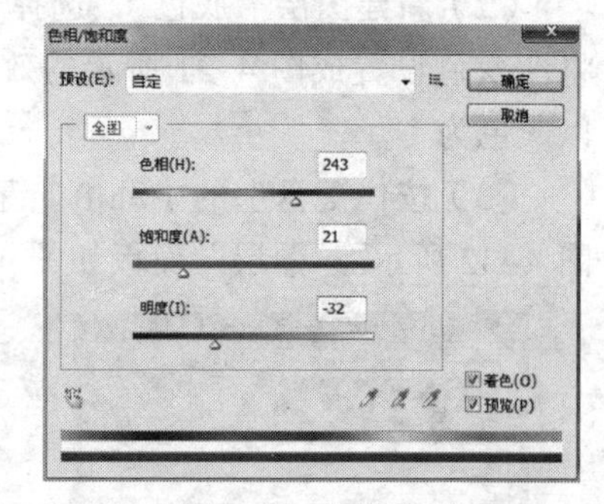

图 4-37　参数设置

小技巧

制作时先把大框架和色彩制作出来，等到画面中的元素比较齐全、构图确定后再调整颜色，这样做往往可以极大提高工作效率，也让制作更精确，这也是开始制作渐变色时没有立即着色的原因。当然这只是经验之谈，读者也可根据自己的习惯制作。

（4）在工具箱中找到“横排文字工具” T，输入文字“卓越不凡的享受……”“全新的发动引擎，自由你的生活”等广告语，并进行排版，最终结果如图 4-39 所示。

（5）制作背景光晕。新建一个图层，命名为“背景光晕”。使用“椭圆选框工具”绘制一个椭圆选区，其中“羽化”值为 20 像素，如图 4-40 所示，填充白色。调整光晕所在图层的位置。选择“背景光晕”图层，调整该图层的不透明度为 25%，如图 4-41 所示。最终效果如图 4-42 所示。至此，已完成本案例的制作。

图 4-38　调整后的效果

图 4-39　输入宣传文字

图 4-40　绘制椭圆选区并进行羽化

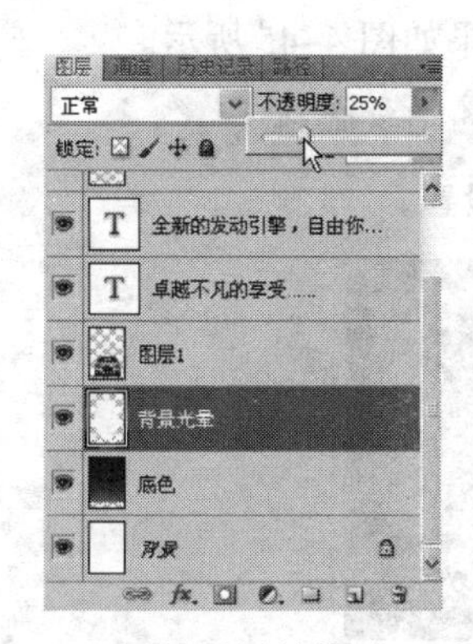


图 4-41　调整图层结构及不透明度

图 4-42　最终效果

## 案例总结

通过“飞跃达”汽车广告的设计与制作，应该掌握创建选区的方法，并使用快捷键和菜单命令对选区进行编辑。Photoshop 中选区的创建可以通过选取工具来完成，也可以通过菜单命令来完成。工作过程中绝大多数编辑操作都是在选区内进行的。通过编辑选区、移动选区、复制/粘贴、裁剪图像等方法来对图像的大小进行调整。由此可见，掌握图像编辑技巧对于图像的后期处理很重要。

# 4.3　编 辑 图 像

## 4.3.1　污点修复画笔工具

“污点修复画笔工具”可以快速移除照片中的污点和其他不理想的部分。“污点修复画笔工具”的工作方式与“修复画笔工具”类似：它使用图像或图案中的样本像素进行绘画，并将样本像素的纹理、光照、透明度和阴影与所修复的像素相匹配。与“修复画笔工具”不同，“污点修复画笔工具”不需要指定取样点，它将自动从所修饰区域的周围取样。下面做一些小练习来体会该工具的作用。

**1．打开素材**

打开素材文件夹“第 4 章”中的 008 图片，如图 4-43 所示。

图 4-43 打开素材

**2．使用“污点修复画笔工具”**

选择工具箱中的“污点修复画笔工具”，在选项栏中选取一种画笔大小，比要修复的区域稍大一些的画笔最为适合，这样，只需单击一次即可覆盖整个区域。从选项栏的“模式”下拉列表框中选取混合模式。选择“替换”选项可以在使用柔边画笔时，保留画笔描边时边缘处的杂色、胶片颗粒和纹理。在选项栏中选取一种“类型”：“近似匹配”是指使用选区周围的像素来替换要修补的图像区域。如果此选项的修复效果不能令人满意，可还原修复并尝试“创建纹理”选项。“创建纹理”是指使用选区中的所有像素创建一个用于修复该区域的纹理。如果纹理不起作用，可尝试再次拖过该区域。本练习的设置如图 4-44 所示，主要目的是除去人物脸上的斑点，可根据各斑点大小修改画笔大小，最终效果如图 4-45 所示。

19 模式: 正常 类型: ○近似匹配 ○创建纹理 ⊙内容识别 □对所有图层取样

图 4-44 “污点修复画笔工具”设置

图 4-45 “污点修复画笔工具”使用前后对比

## 4.3.2 修复画笔工具

“修复画笔工具”可用于校正瑕疵，使它们消失在周围的图像中。与“仿制图章工具”一样，使用“修复画笔工具”可以利用图像或图案中的样本像素来绘画。但是，“修复画笔工具”还可将样本像素的纹理、光照、透明度和阴影与所修复的像素进行匹配，从而使修复后的像素不留痕迹地融入图像的其余部分。该工具所在位置如图 4-46 所示。

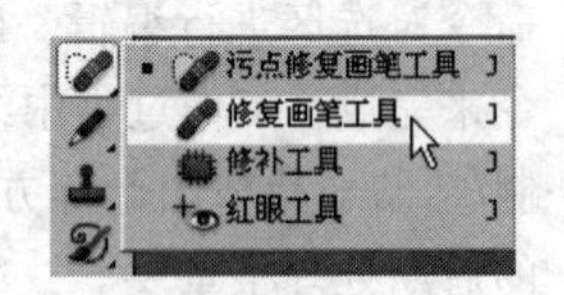


图 4-46 修复画笔工具

**1．“修复画笔工具”参数**

选择“修复画笔工具”后，其选项栏如图 4-47 所示。

图 4-47 “修复画笔工具”选项栏

（1）画笔：“大小”选项改变修复画笔的大小。“硬度”选项改变画笔的柔软程度。如果使用压力敏感的数字绘图板，可从“大小”下拉列表框中选取一个选项，以便在描边的过程中改变修复画笔的大小。选择“钢笔压力”选项将根据钢笔压力而变化。选择“光笔轮”选项，将根据钢笔拇指轮的位置而变化。如果不想改变大小，应选择“关”选项，如图 4–48 所示。

（2）模式：指定混合模式。选择“替换”选项，可以在使用柔边画笔时，保留画笔边缘处的杂色、胶片颗粒和纹理。

（3）源：指定用于修复像素的源。“取样”可以使用当前图像的像素，而“图案”可以使用某个图案的像素。如果选择了“图案”选项，应从“图案”下拉面板中选择一个图案。

（4）对齐：连续对像素进行取样，即使释放鼠标按键，也不会丢失当前取样点。如果取消“对齐”复选框，则会在每次停止并重新开始绘制时使用初始取样点中的样本像素。

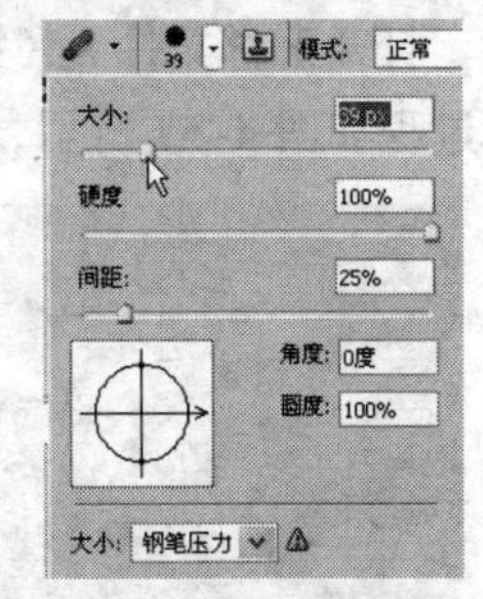


图 4–48　“修复画笔工具”的画笔设置

（5）样本：从指定的图层中进行取样。要从当前图层及其下方的可见图层中取样，应选择“当前和下方图层”选项。要仅从当前图层中取样，应选择“当前图层”选项。要从所有可见图层中取样，应选择“所有图层”选项。要从调整图层以外的所有可见图层中取样，也应选择“所有图层”选项，然后单击“样本”下拉列表框右侧的“忽略调整图层”按钮。

**2. “修复画笔工具”的使用**

下面做一个小练习来体会“修复画笔工具”的使用。打开素材文件夹“第 4 章”中的 009 图片，选择“修复画笔工具”后，将鼠标指针定位在图像区域的上方，然后按住【Alt】键并单击来设置取样点。如果要从一幅图像中取样并应用到另一幅图像，则这两个图像的颜色模式必须相同。取样后，每次释放鼠标按键时，取样的像素都会与现有像素混合。图 4–49 所示为图像处理前后的效果对比。

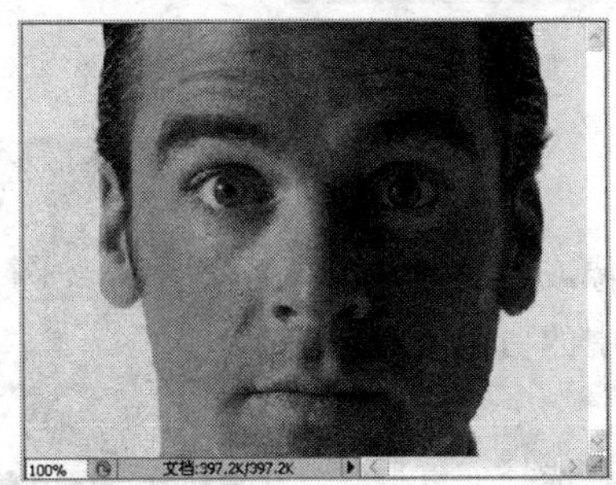


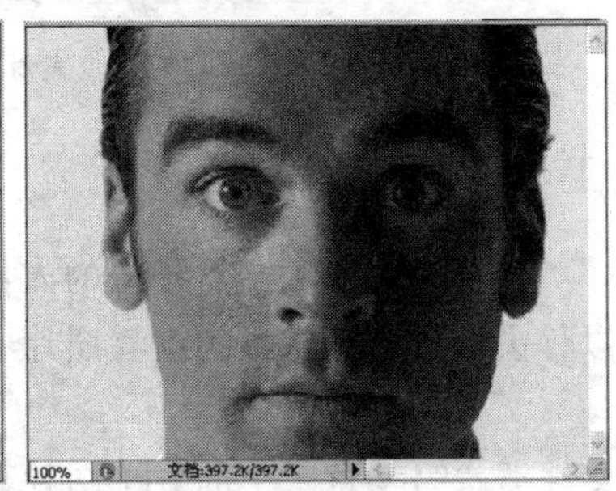


图 4–49　使用“修复画笔工具”处理前后对比

**小技巧**

如果要修复的区域边缘有强烈的对比度，则在使用“修复画笔工具”之前，先建立一个选区。选区应该比要修复的区域大，但是要精确地遵从对比像素的边界。当用“修复画笔工具”绘画时，该选区将防止颜色从外部渗入。

## 4.3.3 修补工具

通过使用“修补工具”，可以用其他区域或图案中的像素来修复选中的区域。像“修复画笔工具”一样，“修补工具”会将样本像素的纹理、光照和阴影与源像素进行匹配。可以使用“修补工具”来仿制图像的隔离区域。“修补工具”可处理8位/通道或16位/通道的图像。修复图像中的像素时，应选择较小区域以获得最佳效果。

打开素材文件夹“第4章”中的010图片，如图4-50所示。使用“修补工具”替换像素，其过程如图4-51所示，修补后的图像如图4-52所示。

图4-50 打开素材

图4-51 将要修复区域移动到替换区域

图4-52 使用“修补工具”修复后的图像

## 4.3.4 红眼工具

“红眼工具”可移去用闪光灯拍摄的人像或动物照片中的红眼，也可以移去用闪光灯拍摄的动物照片中的白色或绿色反光。

打开素材文件类“第4章”中的011图片，选择“红眼工具”后，在红眼区域单击即可，如图4-53所示。

图4-53 消除红眼后

**小技巧**

红眼是由于相机闪光灯在主体视网膜上反光引起的。在光线暗淡的房间里照相时，由于主体的虹膜张开得很宽，因此会出现红眼现象。为了避免红眼现象，可使用相机的红眼消除功能，但最好使用可安装在相机上并远离相机镜头位置的独立闪光装置。

## 4.3.5 仿制图章工具

“仿制图章工具”可将图像的一部分绘制到同一图像的另一部分，或绘制到具有相同颜色模式的任何打开的图像的另一部分，也可以将一个图层的一部分绘制到另一个图层中。“仿制图章工具”对于复制对象或移去图像中的缺陷很有效。

使用“仿制图章工具”，可以对当前图像文档或 Photoshop 中任何打开的图像文档中的源进行取样。在“仿制源”面板中，一次可以设置最多 5 个不同的取样源。“仿制源”面板将存储样本源，直到关闭图像文档。要设置取样点，先选择“仿制图章工具”，然后在任意打开的图像窗口中按住【Alt】键单击。要设置另一个取样点，应单击“仿制源”面板中的其他仿制源按钮。通过设置不同的取样点，可以更改仿制源按钮的取样源。

## 4.3.6　模糊工具与锐化工具

“模糊工具”可柔化硬边缘或减少图像中的细节。使用此工具在某个区域上方绘制的次数越多，该区域就越模糊。

### 1.“模糊工具”选项栏中的参数

选择“模糊工具”后，其选项栏如图 4-54 所示。

（1）画笔：可选择画笔样式、画笔大小与画笔硬度，如图 4-55 所示。

图 4-54　“模糊工具”选项栏

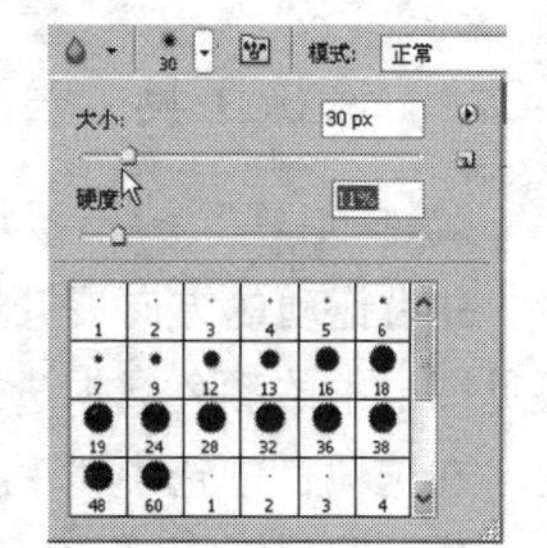


图 4-55　选择画笔

（2）强度：控制模糊程度。

（3）对所有图层取样：对所有可见图层中的数据进行模糊处理。如果取消此项，则模糊工具只使用当前图层中的数据。

### 2.“模糊工具”的使用

打开素材文件夹“第 4 章”中的 012 图片，如图 4-56 所示。选择“模糊工具”，在选项栏中选取画笔样式，并设置混合模式和强度，在花朵周围进行模糊处理，如图 4-57 所示。拖动次数越多则越模糊，如图 4-58 所示。

图 4-56　打开的素材

图 4-57　用“模糊工具”进行处理

图 4-58　一次模糊与多次模糊的比较

### 3．锐化工具

“锐化工具”（见图 4-59）用于增加边缘的对比度以增强外观上的锐化程度。用此工具在某个区域绘制的次数越多，增强的锐化效果就越明显。

“锐化工具”的使用方法与“模糊工具”类似。选择“锐化工具”，在选项栏中选取画笔样式，并设置混合模式和强度，在要进行锐化处理的图像区域拖动，拖动次数越多则越锐利，如图 4-60 所示。

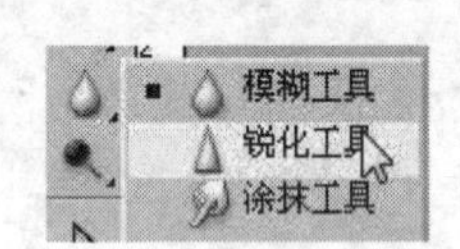


图 4-59 “锐化工具”的位置

图 4-60 锐化前与锐化后对比

## 4.3.7 涂抹工具

“涂抹工具”模拟将手指拖过湿油漆时所看到的效果。该工具可拾取描边开始位置的颜色，并沿拖动的方向展开这种颜色。在选项栏中选中“对所有图层取样”复选框，可利用所有可见图层中的颜色数据进行涂抹。如果取消此项，则“涂抹工具”只使用当前图层中的颜色。

在选项栏中选中“手指绘画”复选框，可使用每个描边起点处的前景色进行涂抹。如果取消该项，“涂抹工具”会使用每个描边的起点处指针所指的颜色进行涂抹。

打开素材文件夹“第 4 章”中的 013 图片，选择工具箱中的“涂抹工具”，对图像中的花朵进行涂抹，效果如图 4-61 所示。

用“涂抹工具”拖动，同时按住【Alt】键启用“手指绘画”功能，按照自己所想绘制一幅抽象画，如图 4-62 所示。

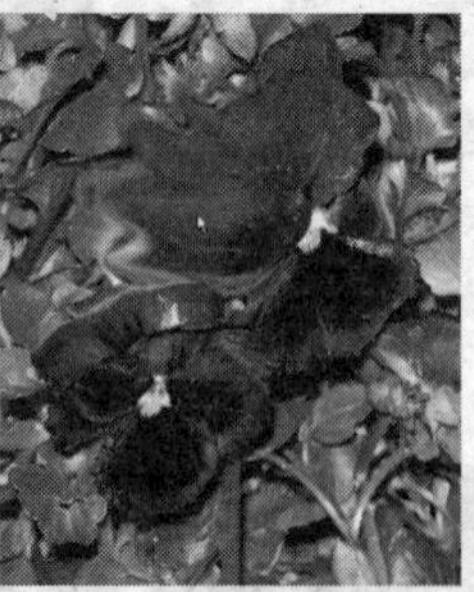

图 4-61 “涂抹工具”使用前后对比

图 4-62 用“涂抹工具”绘制的抽象画

## 4.3.8 减淡工具与加深工具

“减淡工具”和“加深工具”基于调节照片特定区域曝光度的传统摄影技术，可用于使图像区域变亮或变暗。摄影师可遮挡光线以使照片中的某个区域变亮（减淡），或增加曝光度以使照片中的某些区域变暗（加深）。用减淡或加深工具在某个区域绘制的次数越多，该区域就会变得越亮或越暗。它们的各项功能如下：

（1）画笔：用于设置“减淡工具”或“加深工具”涂抹时的画笔尺寸和样式。

（2）范围：为“减淡工具”或“加深工具”指定要修改的区域。单击其下拉按钮，可弹出下拉列表，其中有 3 个不同的范围选项：阴影、中间调、高光。

（3）曝光度：最好不要将此选项的值设置得过高，否则会使图像曝光过度而失去细节。可以将该值设置得低些，用鼠标反复涂抹，以达到需要的效果。对于特别暗的图像，可以加大该值，以达到理想效果。

（4）喷枪：可以将画笔用做喷枪。

（5）保护色调：选中该项可以使减淡或加深的区域颜色不变，只是变亮或变暗，而不会褪色或让颜色变饱和。

### 4.3.9　海绵工具

“海绵工具”可精确地更改区域的色彩饱和度。当图像处于灰度模式时，该工具通过使灰阶远离或靠近中间灰色来增加或降低对比度。

打开素材文件夹“第 4 章”中的 014 图片，选择“海绵工具”，在选项栏中选取画笔笔尖并设置画笔选项，从“模式”下拉列表框中选取更改颜色的方式：饱和（增加颜色饱和度）、降低饱和度（减少颜色饱和度），在此选择“降低饱和度”选项，如图 4-63 所示。

图 4-63　“海绵工具”选项栏

在要修改的图像区域拖动，效果如图 4-64 所示。

图 4-64　处理前后对比

## 本章案例 2　“甜味橙”果味饮料广告设计

### 案例描述

很多时候，广告设计制作仅靠基本的图像编辑是不够的，很多参差不齐的素材需要我们去处理。本例将制作图 4-65 所示的“甜味橙”果味饮料广告。学习使用 Photoshop CS5 中的修饰编辑功能，学习改变图像以完成各种任务：合成、校正扭曲或缺陷，创造性地处理图片元素，锐化或模糊等，趣味无穷。

## 案例分析

该案例的设计构思与制作很简单，只要将各素材按照设计构思调整并放到相应位置，输入相应广告语即可。但看到“毛病”多多的素材时，会觉得很吃力，其实这些素材的处理也很简单，主要使用一些修饰编辑图像的命令即可实现。

图 4-65 “甜味橙”果味饮料广告

## 操作步骤

下面开始制作“甜味橙”果味饮料广告案例，对相关知识进行巩固练习，加深对所学基础知识的印象。

### 1. 处理素材

（1）选择“文件”→“打开”命令，打开素材文件夹“第 4 章”中的 015、016、017 图片，如图 4-66 所示。

（2）处理 015 图片。可以看到该图片中有很明显的局部曝光，面对像这样有些曝光过度的图像，可以使用“加深工具”使曝光过度区域变暗。激活工具箱中的“加深工具”，选择边缘柔和的画笔，设置好画笔大小，“范围”设置为“中间调”，并选中“保护色调”复选框，按住鼠标左键反复涂抹曝光过度的部分，如图 4-67 所示。

图 4-66 打开素材文件

（3）加深后的素材仍有一块很亮的白色块没有办法去除。激活工具箱中的“修补工具”，勾选白色块区域，范围尽可能小，贴合白色块区域，如图 4-68 所示。选项栏中的参数设置如图 4-69 所示，将选区移动到替换部分，如图 4-70 所示，最终得到图 4-71 所示的效果。

图 4-67 使用“加深工具”涂抹前后对比

图 4-68 使用“修补工具”绘制区域

（4）处理 016 图片。图片中有一块颜色较灰暗，影响了橙子甜蜜新鲜的感觉，可以使用

"减淡工具"使色泽灰暗区域变亮。"减淡工具"也常在画漫画角色时用来提亮画面，作为人物的高光。激活工具箱中的"减淡工具"。选择边缘柔和的画笔，设置好画笔大小，"范围"设置为"中间调"，并选中"保护色调"复选框，如图 4–72 所示。按住鼠标左键反复涂抹色泽灰暗部分，最终得到图 4–73 所示的效果。

图 4–69　"修补工具"参数设置　　图 4–70　将白色块移到目标源　图 4–71　使用"修补工具"后的效果

图 4–72　"减淡工具"参数设置

图 4–73　"减淡工具"处理前后对比

（5）处理 017 图片。可以看到小孩的眼睛有红眼，首先去掉红眼。激活工具箱中的"红眼工具"，设置参数，如图 4–74 所示，在红眼处单击即可，效果如图 4–75 所示。

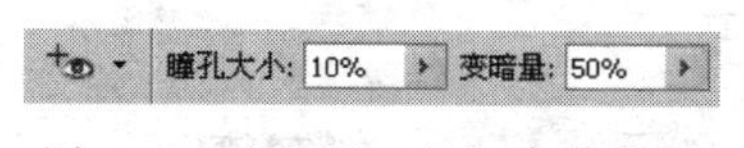


图 4–74　"红眼工具"参数设置

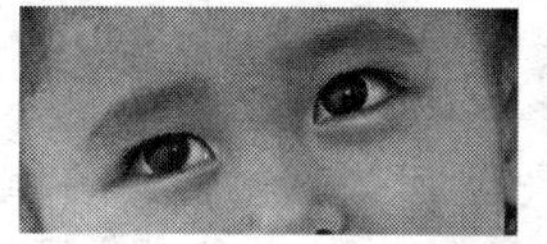

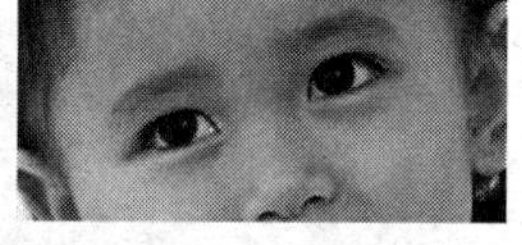

图 4–75　去除红眼前后的效果

（6）激活工具箱中的"污点修复画笔工具"，在选项栏中选取一种画笔大小，比要修复的区域稍大一点的画笔最为适合，单击要去除的斑点，如图 4–76 所示。根据斑点适时调节画笔大小，完成斑点去除工作，最终结果如图 4–77 所示。

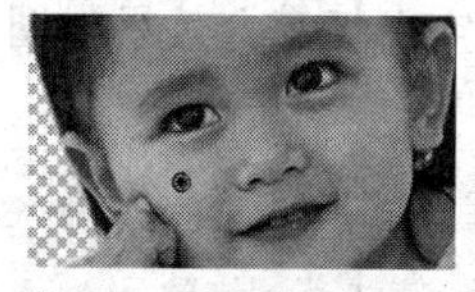

图 4–76　使用"污点修复工具"去除斑点

图 4–77　使用"污点修复工具"后的效果

**2．组合素材，制作广告**

（1）新建文件，尺寸设置如图 4–78 所示。

（2）打开素材文件夹"第 4 章"中的 018 图片，将其复制到新建的文件中，软件自动生成

"图层 1"，选择"编辑"→"变换"→"缩放"命令或快捷键【Ctrl+T】进行底图调整，按住【Shift】键拖动控制控制点，将底图等比例放大，并移动到适当的位置，结果如图 4-79 所示。

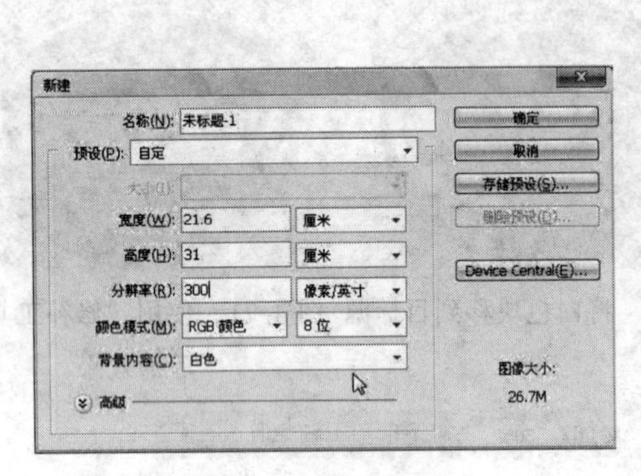


图 4-78 新建文件

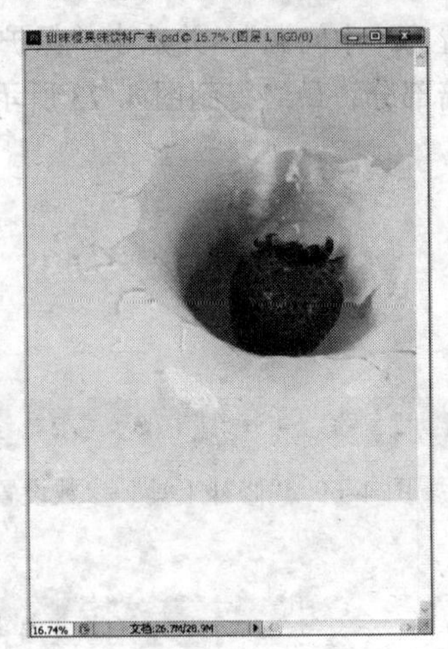

图 4-79 调整并移动到适当的位置

（3）激活工具箱中的"钢笔工具"，新建"图层 2"，命名为"渐变色块"，在该图层上绘制图 4-80 所示的形状。将其转换为选区，并选择"渐变工具"，设置渐变色并填充，如图 4-81 所示。

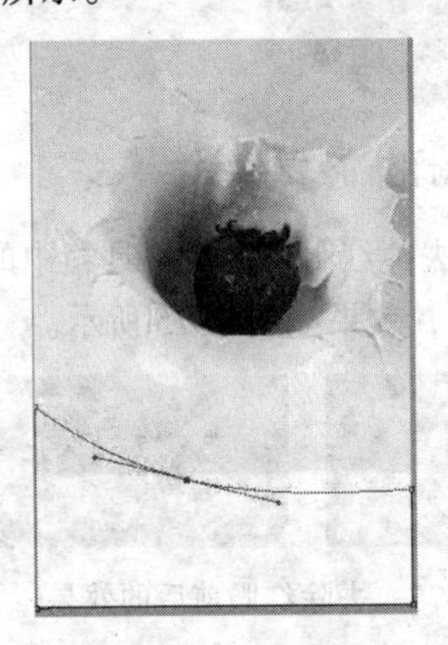

图 4-80 使用"钢笔工具"勾选色块区域

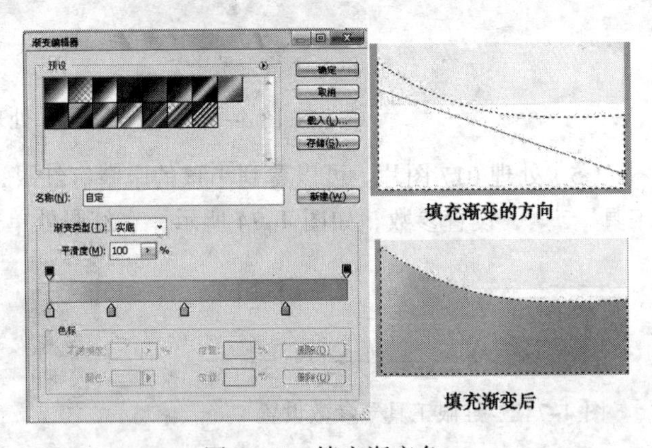


图 4-81 填充渐变色

（4）填色完毕后，会看到底图与刚画好的渐变色块有空白，如图 4-82 所示。激活工具箱中的"仿制图章工具"，选择底图上与要仿制部分比较接近的地方，按住【Alt】键选择取样点，然后拖动鼠标进行涂抹，即可将底图与渐变色块间的空白填满，效果如图 4-83 所示。

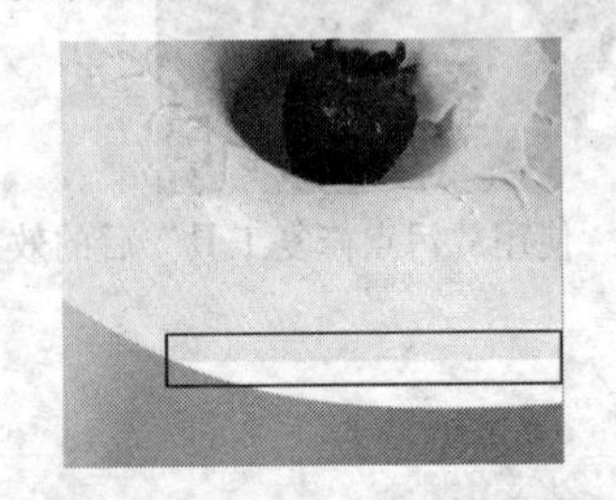

图 4-82 底图与色块间的空白

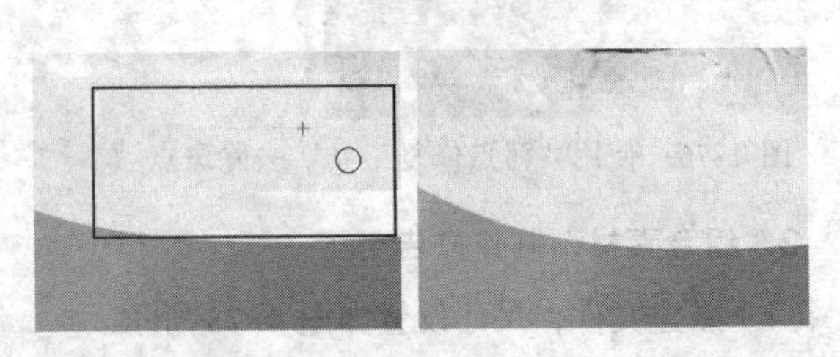

图 4-83 使用"仿制图章工具"修补后的效果

（5）打开素材文件夹“第 4 章”中的 019 图片，使用“移动工具”将其拖入到新建文件中，软件自动生成“图层 3”，将图层名称改为“色条 2”，使用“移动工具”拖动色条 2 到图 4-84 所示的位置。

（6）将 015、016、017、020 图片使用“移动工具”拖动到新建文件中。使用“编辑”→“变换”→“缩放”命令或按快捷键【Ctrl+T】对它们进行调整，并移动到相应位置，如图 4-85 所示。

（7）可以看到橙子压在了牛奶上，没有水果投进牛奶中的感觉。进入底图所在图层“图层 1”，在工具箱中选择“钢笔工具”，隐藏橙子所在图层，将橙子挡住的牛奶用“钢笔工具”选出，并转换为选区，如图 4-86 所示。对该部分进行复制、粘贴，软件自动建立一个图层，调整图层顺序，如图 4-87 所示。这样牛奶便遮挡住了水果，效果如图 4-88 所示。

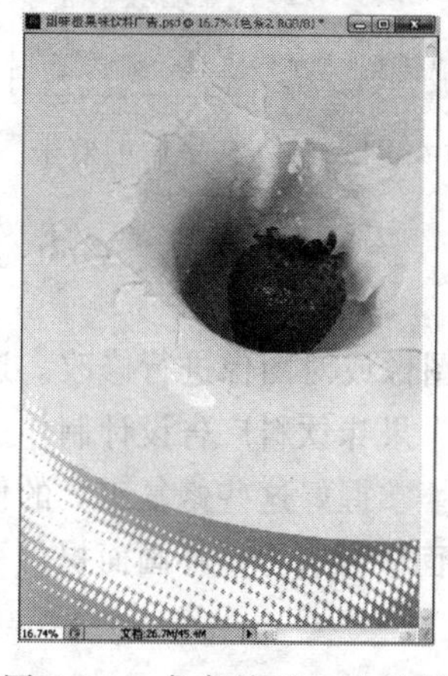

图 4-84　色条放置后的效果

图 4-85　橙子变换后的效果

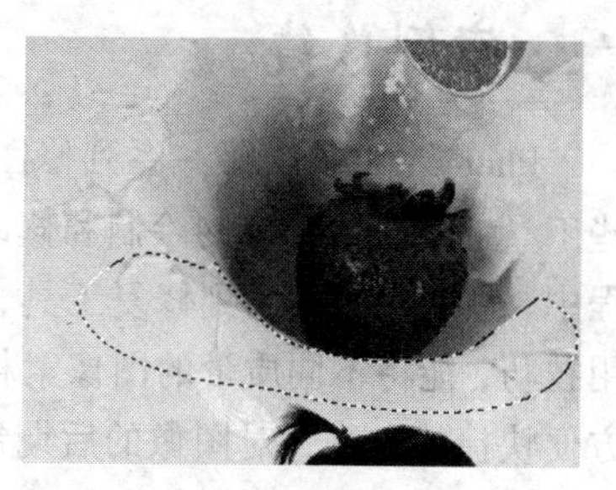

图 4-86　选区的形状

（8）新建图层，用“钢笔工具”绘制一条路径，如图 4-89 所示。再用“横排文字工具”输入文字“甜味橙，营养又美味！”，则文字会按照路径排列，如图 4-90 所示。“快乐的享受，我们都爱喝！”制作同上。输入其他文字，并放到相应位置。用“矩形选框工具”在底部绘制长方形选区，并填充橙色，即完成制作，效果如图 4-91 所示。

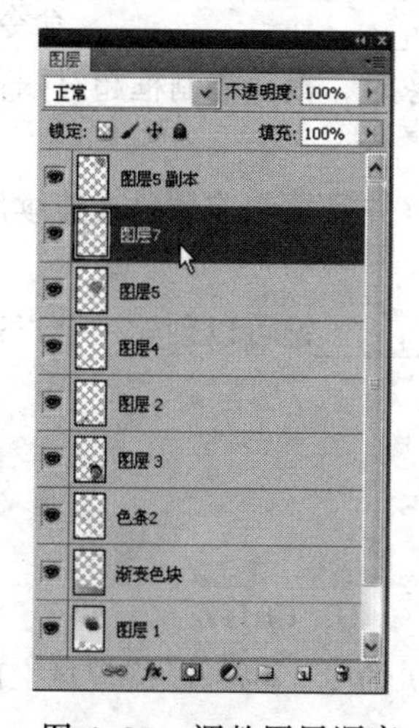


图 4-87　调整图层顺序

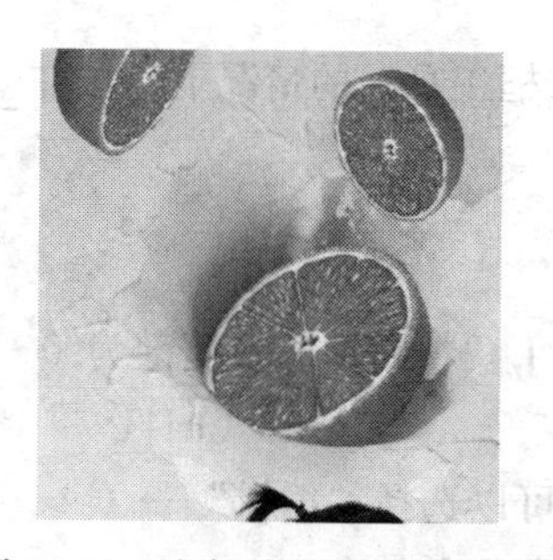

图 4-88　牛奶遮挡橙子后的效果

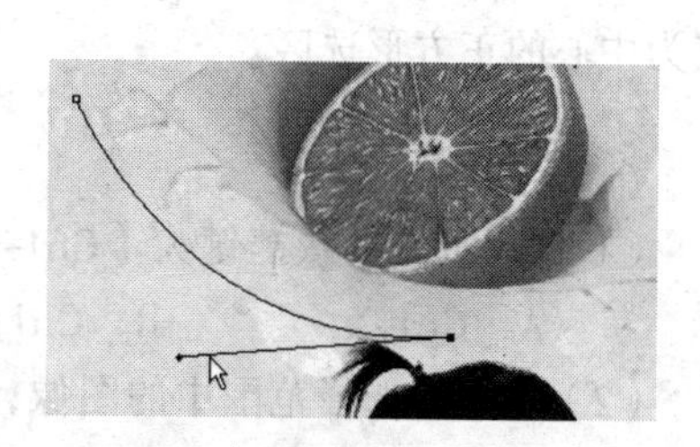

图 4-89　绘制文字路径

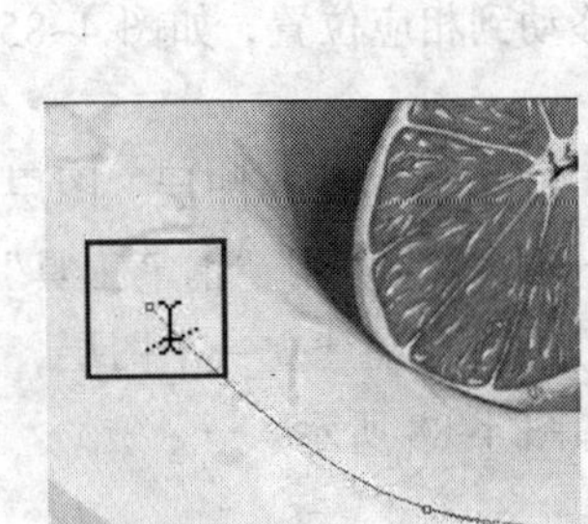

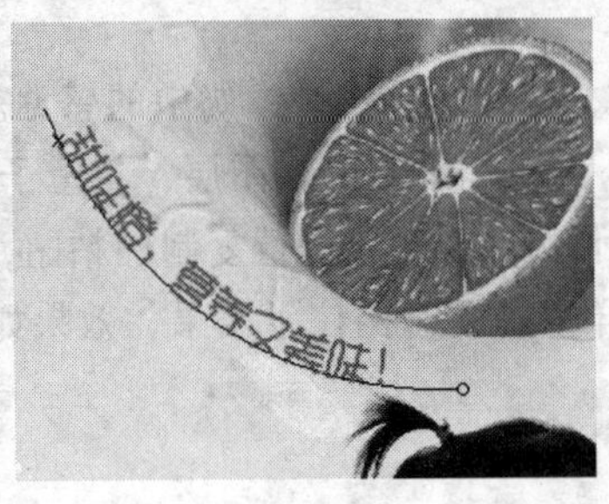


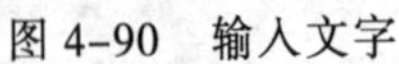

图 4-90　输入文字

图 4-91　输入文字后的效果

## 案例总结

Photoshop 提供了一系列修图工具，使用它们可以轻松地绘制图像或对图像进行修改。这些工具的使用为图像的绘制和修改提供了极大的方便。在“甜味橙”果味饮料广告设计制作过程中，就运用了一系列修复工具，对有缺陷的图像进行了修复处理。掌握好这些修复工具的使用技巧，能将不同质量的图像素材经过修复处理后呈现出完美的画面效果，为修补画面提供了方便快捷的方法，对图像的后期制作也起着非常重要的作用。

# 本章理论习题

**1. 填空题**

（1）不规则选区可由 3 种套索工具创建，即________、________、________。

（2）在 Photoshop 中修改选区，可以使用________、________、________、________命令。

（3）在 Photoshop 中利用“裁剪工具”裁切没有背景图层的图像时，裁剪控制框超过图像范围的区域用________颜色显示。

（4）在 Photoshop 中可以根据像素颜色的近似程度来填充颜色，并且填充前景色或连续图案的工具是________。

（5）Photoshop 中在使用“矩形选框工具”的情况下，按住________键可以创建一个以落点为中心的正方形选区。

**2. 多选题**

（1）“拷贝”的快捷键为【Ctrl+C】，“粘贴”的快捷键为（　　）。

A．Ctrl+X　　B．Ctrl+V　　C．Ctrl+U　　D．Ctrl+Z

（2）要清除选择范围中的图像，可以选择“编辑”→（　　）命令，也可以按键盘上的【Delete】键，此时被清除的区域将以背景色填充。

A．剪切　　B．清除　　C．复制　　D．粘贴

（3）使用“裁剪工具”拖动角手柄的同时按住（　　）键可以等比例缩放范围。

A．Ctrl　　B．Alt　　C．Shift　　D．Enter

（4）（　　）可移去用闪光灯拍摄的人像或动物照片中的红眼，也可以移去用闪光灯拍摄的动物照片中的白色或绿色反光。

A．红眼工具　　B．修补工具　　C．仿制图章工具　　D．污点修复画笔工具

（5）使用“仿制图章工具”进行取样时，要按住（　　）键进行仿制源的取样。

A．Ctrl　　B．Alt　　C．Shift　　D．Enter

**3．简答题**

（1）请简述裁剪图像的方法。

（2）请简述变换图像的方法。

（3）请简述创意广告设计原则。

# 第 5 章　文字的操作与海报招贴设计

文字是人们直观表达其思想的重要途径，海报中的文字能够让观看者更好地了解海报的意图，让观看者了解时间、地点、事件等重要信息。在本章中，要学习怎样运用 Photoshop CS5 中的工具创建、编排文字等，使用好这些工具，能够有效地编排任何文字，更直观地表达图像的意图。

本章知识重点：

- 文本的创建
- 文字参数设置
- 路径文字
- 文字变形

## 5.1　户外海报设计的类型、特征与设计原则

海报也称为招贴或者宣传画，是一种由文字、绘画、摄影等视觉艺术元素组成的艺术作品，以鲜明、生动、准确的构图介绍影片的内容、表现影片的主题，张贴后产生直接的宣传效应。海报作为一种视觉传达艺术，最能体现平面设计的形式特征。它具有视觉设计最主要的基本要素，它的设计理念、表现手段及技法较之其他广告媒介更具典型性。

### 5.1.1　户外海报的类型

户外海报贴在街头或公共场所，以达到宣传目的。它分为几种类型：

（1）社会公共海报（非营利性）；

（2）商业海报（营利性）；

（3）艺术海报。

### 5.1.2　户外海报的特征

户外海报的特征如下：

（1）作为户外海报，其画面非常大，插图大，文字字号大。

（2）宣传视觉效果强，能够向距离遥远的人们传达信息，起到很好的宣传效果。

（3）户外海报的内容很广泛，能够用于运动、环保、房屋、艺术、教育等众多方面的宣传。

（4）户外海报能够同时张贴在多个地方，可以重复和密集地张贴，能够起到很好的宣传效果。

### 5.1.3　户外海报的设计原则

户外海报的设计原则如下：

（1）一致原则：在设计过程中，设计师必须对整个流程有一个清晰的认识并逐一落实。海报设计必须从一开始就要保持一致，包括大标题、资料的选用、相片及标志。如果没有统一，海报将会变得凌乱不堪。

（2）关联原则：设计中看到的文字、人和物等信息，能够让观看者联想到与之相关联的产品或事件。

（3）重复原则：设计中对形状、颜色或某些数值进行重复，不断重复主要元素就可以产生一种力量感，让观看的人能够关注海报想传达的所有信息。

（4）延续性原则：让简单的图形带领人们看到海报所表达的信息。

（5）协调原则：不管是对称还是不对称，在颜色的搭配上，都要让人有种均衡感。

## 5.2　文字的创建

在 Photoshop 中可以输入两种文字格式："点文字"和"段落文字"。下面分别进行介绍。

### 5.2.1　创建点文字

将鼠标指针移动到工具箱中的文字工具按钮上并右击，弹出菜单，分别为"横排文字工具"T（文字水平排列）、"直排文字工具"IT（文字垂直排列）、"横排文字蒙版工具"T（创建水平的文字选区）、"直排文字蒙版工具"IT（创建垂直的文字选区）4 种文字创建工具，如图 5-1 所示。

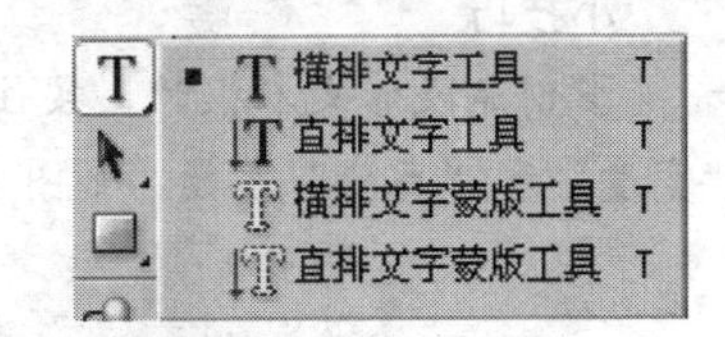


图 5-1　文字工具

打开"第 5 章素材图片"文件夹中的 001 素材图片，选择工具箱中的"横排文字工具"T，然后设置文字的字体、大小、颜色，如图 5-2 所示。

图 5-2　设置文字参数

在图像上单击，出现闪烁的输入标记（光标），直接输入文字即可，如图 5-3 所示。

选择"横排文字蒙版工具"T，然后设置好文字的字体、大小、颜色，在图像上单击，出现闪烁的输入标记，直接输入文字即可，如图 5-4 所示。

"横排文字蒙版工具"作用是建立文字选区，如图 5-5 所示。选区建立好之后，可以对选区进行颜色填充。"直排文字工具"IT和"直排文字蒙版工具"IT与此类似，仅方向不同。

图 5-3　横排文字输入

图 5-4　横排蒙版文字输入

图 5-5　文字选区

### 5.2.2　创建段落文字

选择文字工具后，用鼠标拖动出文本框，并输入一段或多段文字，文字会根据文本框的尺寸自动换行，称为段落文字。

文本框的大小也可以自由调整，文字会根据文本框的变化而更新排列。除此以外，还可以对文本框做旋转、缩放和斜切处理。

打开“第 5 章素材图片”文件夹中的 002 素材图片，选择工具箱中的“横排文字工具” T，在图像中按住鼠标拖动鼠标，拖出文本框并释放鼠标，为文字定义一个边界，输入需要的段落文字，如图 5-6 所示。同样，可以调节文字的大小和颜色等参数。

**小技巧**

当创建段落文本框时，按住【Alt】键，会显示“段落文字大小”对话框。可以预先输入“宽度”和“高度”参数，如图 5-7 所示。

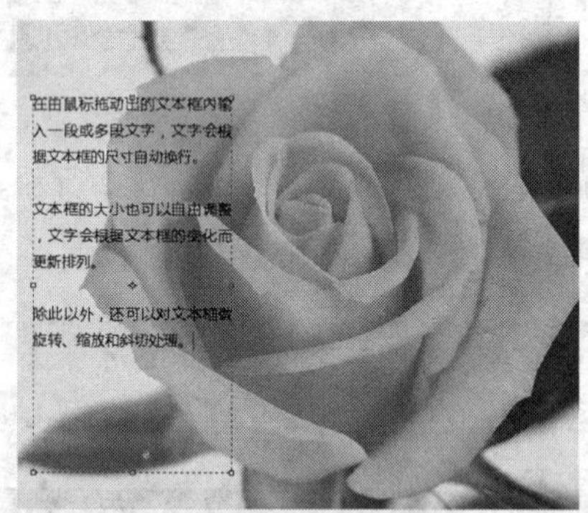


图 5-6　输入段落文本

图 5-7　自定义文本框

## 本章案例 1　“苏亚电器”开业海报设计

### 案例描述

本例将制作图 5-8 所示的海报招贴——“苏亚电器”开业海报。画面色彩鲜明，图片精美，配以优美的文字，加强了广告的视觉效果。只有使消费者产生好感和信任，才能刺激他们消费。

图 5-8 “苏亚电器”开业海报

## 案例分析

该海报的操作主要是文字排版和标题的设计，首先需要打开两幅素材文件，通过图像合成制作出背景图像，进行位置调整，完成大致的构图，最后使用文字工具输入文本和标题，添加商场标志，该海报就完成了。

要想实现该海报处理后的效果，首先需要掌握使用选择工具选取图像的方法，同时需要掌握图像合成的一般技巧，以及文本编排等知识。

## 操作步骤

以上学习了使用文本工具创建点文字和段落文字的相关操作知识，下面开始制作“苏亚电器”开业海报，对相关知识进行巩固练习，同时也掌握海报制作的常用知识。

### 1. 绘制背景

（1）选择“文件”→“新建”命令，新建一个横向版面，命名为“苏亚电器开业海报”，激活工具箱中的“渐变工具”，在选项栏中选择渐变方式“线性渐变”。单击选项栏中的渐变颜色图标，打开渐变编辑器，修改颜色及相应参数，如图 5-9、图 5-10 所示。

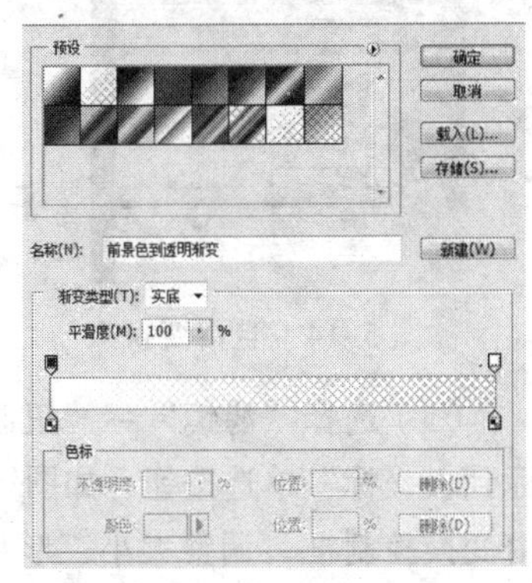


图 5-9 渐变编辑器

（2）回到图像中，用鼠标从左上方向右下方拖动，效果如图 5-11 所示。

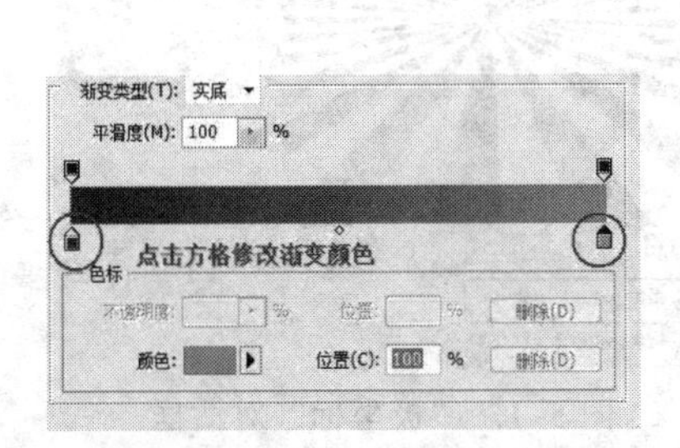


图 5-10 修改渐变颜色及参数

图 5-11 绘制渐变效果

（3）新建一个图层，并填充为白色。在工具箱中设置前景色为黑色、背景色为白色，选择“滤镜”→“素描”→“半调图案”命令，相应参数设置如图 5-12 所示，效果如图 5-13 所示。

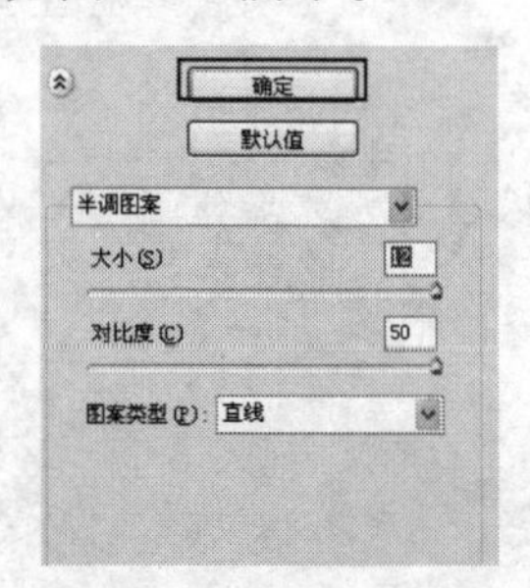


图 5-12　滤镜参数设置

图 5-13　半调图案

（4）选择“编辑”→“自由变形”命令（快捷键为【Ctrl+T】），如图 5-14 所示。在图像范围内右击，在弹出的快捷菜单中选择“旋转 90 度（顺时针）”命令，改变图层方向，如图 5-15 所示。然后向左、向右拉动自由变换框，改变竖条纹的大小（见图 5-16），按【Enter】键确认。

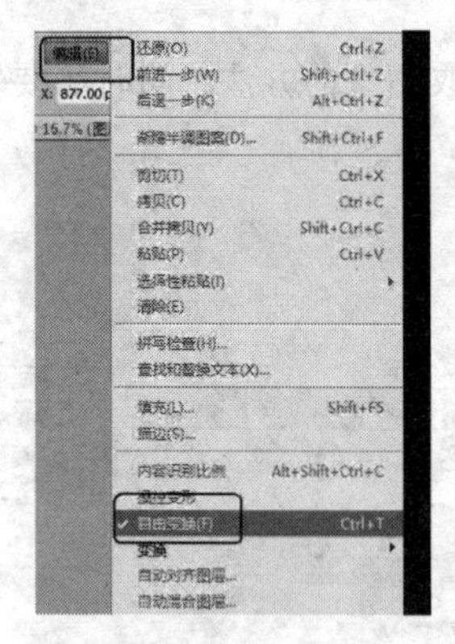

图 5-14　自由变换

图 5-15　旋转 90°

（5）选择“滤镜”→“扭曲”→“极坐标”命令，打开“极坐标”对话框，选中“平面坐标到极坐标”单选按钮，如图 5-17 所示。单击“确定”按钮。然后按【Ctrl+T】组合键打开自由变换控制框，调整大小、形状，结束后按【Enter】键确认，如图 5-17、图 5-18 所示。

图 5-16　改变竖条纹大小

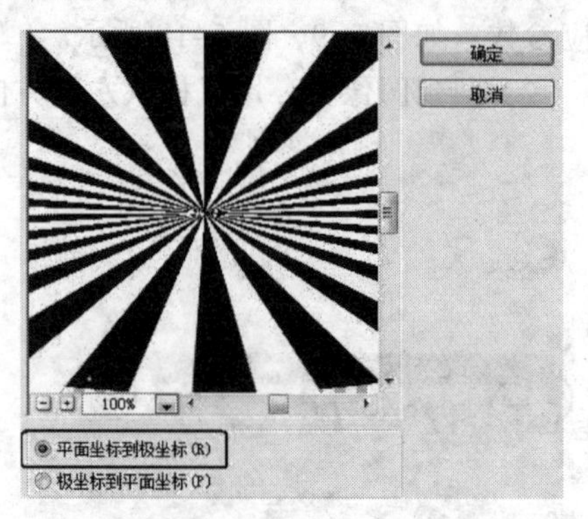


图 5-17　“极坐标”对话框

（6）选择“选择”→“色彩范围”命令，打开“色彩范围”对话框，调节“颜色容差”值，选择图层中的黑色部分，单击“确定”按钮，如图 5-19、图 5-20 所示。

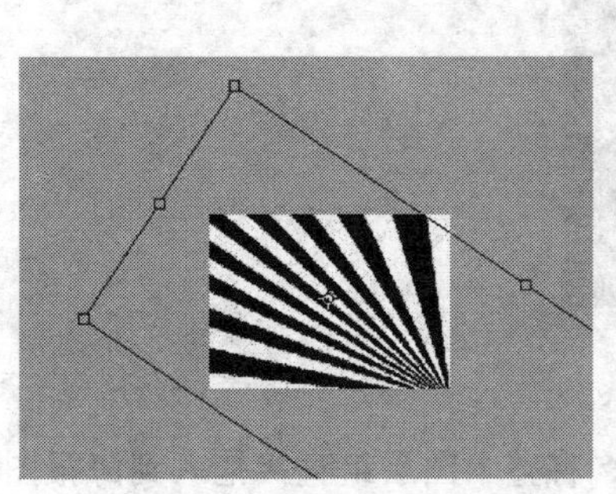

图 5-18　自由变换

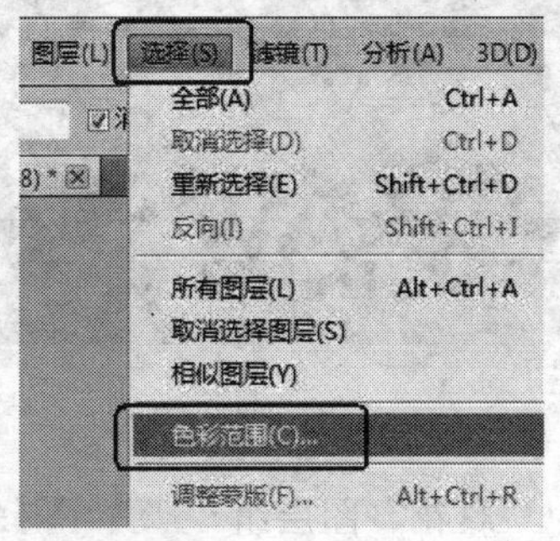


图 5-19　选择“色彩范围”命令

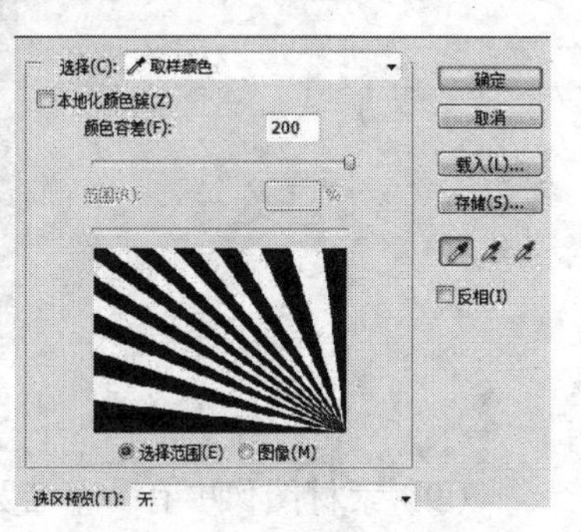


图 5-20　“色彩范围”对话框

选择“选择”→“修改”→“扩展”命令，“扩展”对话框如图 5-21 所示，单击“确定”按钮。按【Delete】键，删除选区内的黑色，最后改变其透明度，如图 5-22、图 5-23 所示。

图 5-21　“扩展”对话框

图 5-22　删除黑色后的效果

图 5-23　调节透明度后的效果

（7）打开“第 5 章实例素材”文件夹中的 006 素材图像，如图 5-24 所示。选择“光”图层，将素材直接拖入到海报图像中，放置在右上角，如图 5-25 所示。注意图层的排列，如图 5-26 所示。

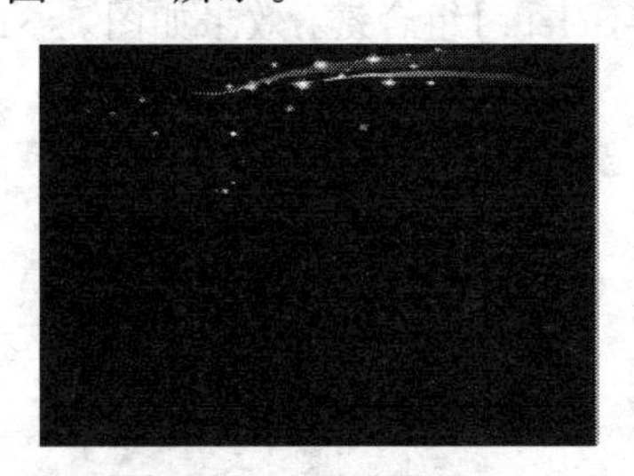

图 5-24　素材图像一

图 5-25　拖入海报图像中的效果一

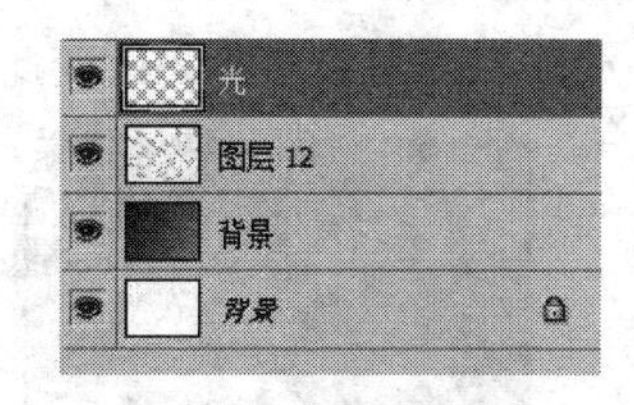


图 5-26　图层排列一

（8）打开“第 5 章实例素材”文件夹中的 001 素材图像，如图 5-27 所示。

**小技巧**

在 Photoshop 中，对于几个相似的图层，可以为它们建立一个共同的文件夹（图层组）。选择多个图层，然后单击“图层”面板底部的“创建新组”按钮，快捷键为【Ctrl+G】。建立图层组后，可以右击，在弹出的快捷菜单中选择“组属性”命令，然后给组命名。这样就可以很好地整理图层了。

图 5-27　素材图像二

（9）素材图像中有一个名为“藤花”图层组 ，将整个图层组直接拖入到海报图像中，然后调整图层组中两个花纹在海报中的位置，如图 5-28、图 5-29 所示。

图 5-28　拖入到海报图像中的效果二

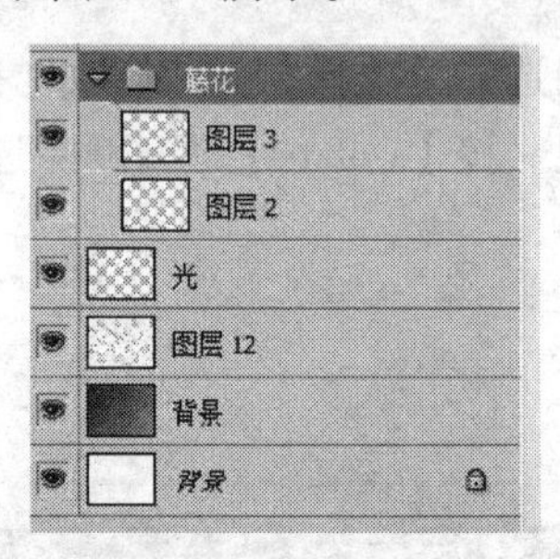


图 5-29　图层排列二

（10）新建立一个图层 ，选择工具箱中的“椭圆选框工具” ，在海报右上方绘制一个圆形选区，在选项栏中选择选区计算方式“添加到选区” ，或者按住【Shift】键不放，当鼠标指针变成两个“+”的时候，表示可以添加选区（按住【Ctrl】键不放，表示减去选区），如图 5-30 所示。（取消选区的快捷键为【Ctrl+D】。）

然后在选区中填充白色。把背景色改为白色，然后按【Ctrl+Delete】组合键，效果如图 5-31 所示。

双击图层名称，改变此图层的名称为“渐变填充”，如图 5-32 所示。

图 5-30　添加选区

图 5-31　填充选区效果

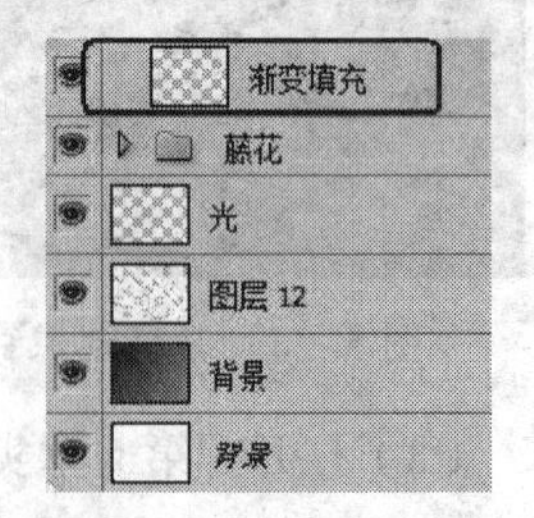


图 5-32　改变图层名称

**小技巧**

在 Photoshop 中，复制图层有以下几种方法：

第一种方法：用鼠标拖动图层到“图层”面板底部的 按钮上释放。

第二种方法：选择所需要的图层，选择工具箱中的“移动工具”，当图层处于未锁定状态时，按住【Ctrl+Alt】组合键不放，用鼠标拖动该图层在工作区中的图像，即可完成该图层的复制。

（11）选中“渐变填充”图层，然后用鼠标拖动图层到“图层”面板底部的按钮处释放，如图 5-33 所示。然后按住【Ctrl】键不放，单击图层缩略图，就能选取到此图层的选区，如图 5-34 所示。

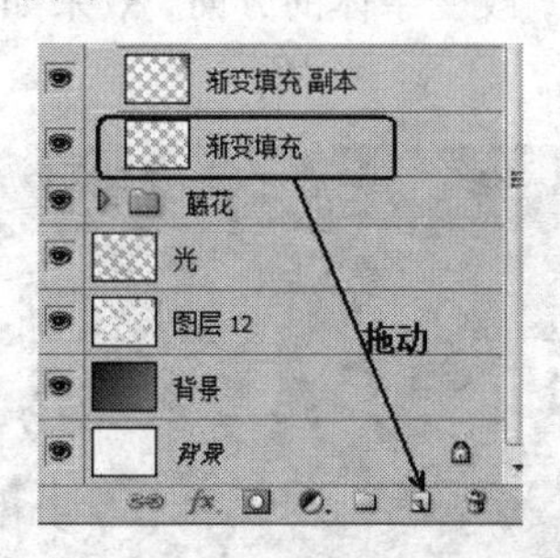


图 5-33　复制“渐变填充”图层

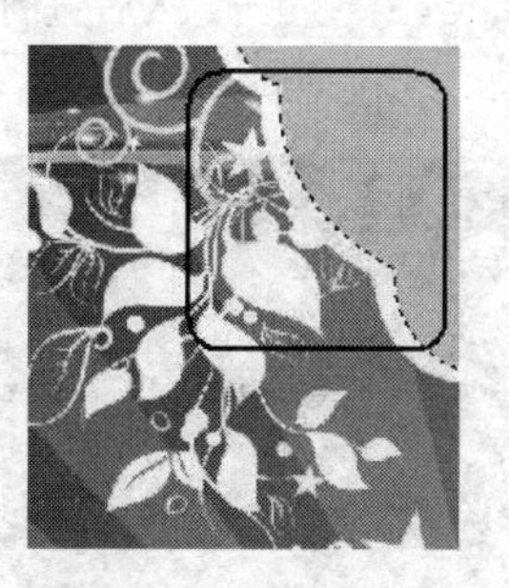

图 5-34　载入选区

（12）选择“渐变填充副本”图层，改变其透明度，然后复制该图层，多复制几个，按住【Shift】键不放选取所有渐变填充图层，按【Ctrl+G】组合键给渐变填充图层建立组。制作出的颜色效果如图 5-35 所示，图层结构如图 5-36 所示。

图 5-35　颜色渐变效果

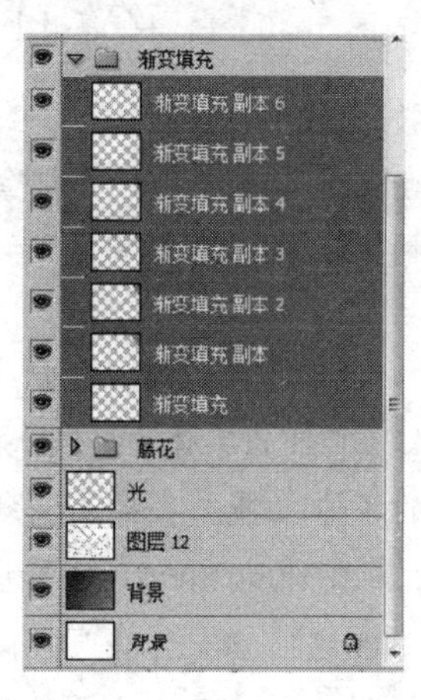


图 5-36　渐变图层和渐变组

（13）打开“第 5 章实例素材”文件夹中的 003 素材，如图 5-37 所示。其中的图层如图 5-38 所示。

（14）选择 003 素材中的一个图层，直接拖动复制到海报图像中，然后建立组，更改组的名称为“白圈圈”（右击组，选择“组属性”命令），如图 5-39 所示。

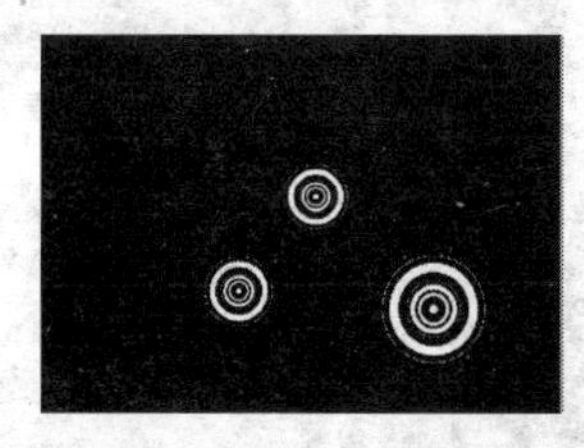

图 5-37　003 素材

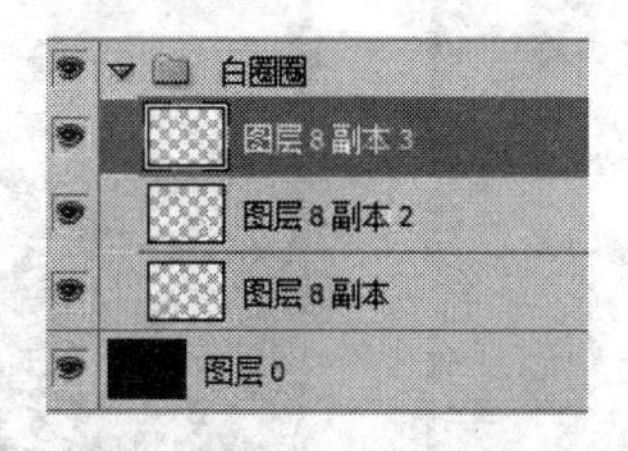


图 5-38　003 素材图层

图 5-39　右击更改组属性

然后自由变换改变其大小。多复制几个并改变其大小，如图 5-40 所示。

## 2. 文字标题制作

（1）选择“横排文字工具” T，在图像上单击，输入文字“盛大开业”，设置字体 方正超粗黑简体、字号 103.53点 锐利，然后进行自由变换（快捷键【Ctrl+T】），改变字体的方向，效果如图 5-41 所示。

图 5-40　白圈在海报上的效果

图 5-41　字体效果和所在位置

**小技巧**

在 Photoshop 中，计算机会自带多种字体，但是对于 Photoshop 设计是远远不够的，所以要把从网上下载的字体安装到计算机中。

方法：

① 打开“控制面板”，双击“字体”图标，这时看到的就是计算机中已安装的字体。

② 把下载的字体文件（如果是 RAR 等压缩文件，须先解压，得到的是扩展名为.ttf、.ttc、.otf 或.fon 的字体文件）直接复制到第①步中打开的字体文件夹即可。

③ 重启 Photoshop，就可以在 Photoshop 的字体列表中找到下载的字体了。

（2）选择“盛大开业”图层，然后单击“图层”面板底部的“添加图层样式”按钮，选择 ✓ 描边... 样式，打开“图层样式”对话框。其参数设置、颜色选择和效果如图 5-42～图 5-45 所示。

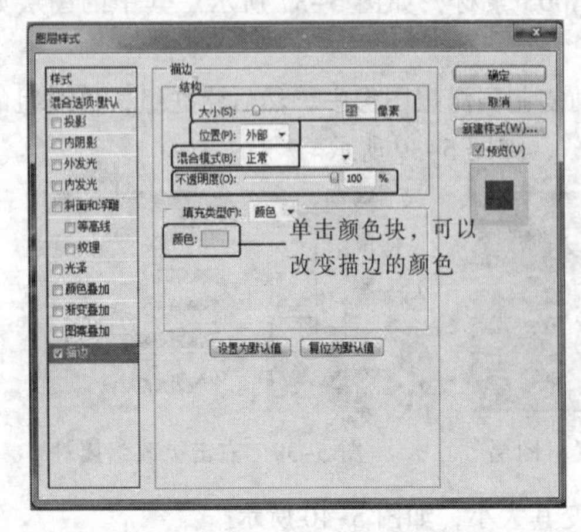


图 5-42　图层样式参数

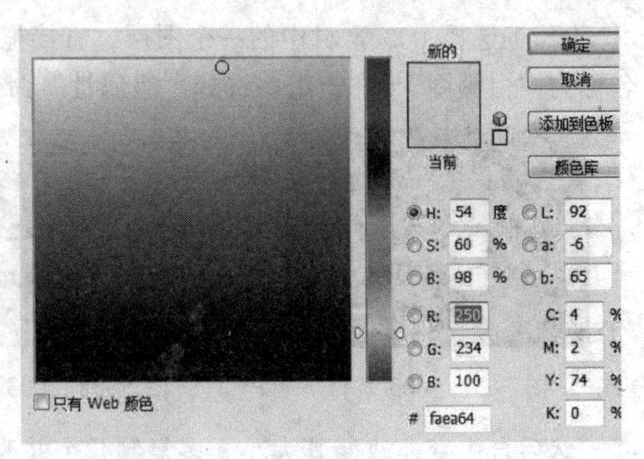


图 5-43　颜色参数

（3）按住【Ctrl】键不放单击“盛大开业”图层缩略图，以选取此图层文字的选区（或者选择工具箱中“魔棒工具”，按住【Shift】键不放依次单击“盛大开业”文字），效果如图 5-46 所示。

图 5-44　此时图层的显示

图 5-45　文字效果

图 5-46　选取文字选区

（4）在“盛大开业”图层上方新建图层，选择“椭圆选框工具”，在选项栏中单击“与选区交叉”按钮，在文字左上角创建椭圆选区，效果如图 5-47、图 5-48 所示。

图 5-47　绘制选区

图 5-48　选区交叉效果

（5）选择“渐变工具”，打开渐变编辑器，参数设置如图 5-49 所示，渐变颜色设置如图 5-50、图 5-51 所示。

图 5-49　渐变参数

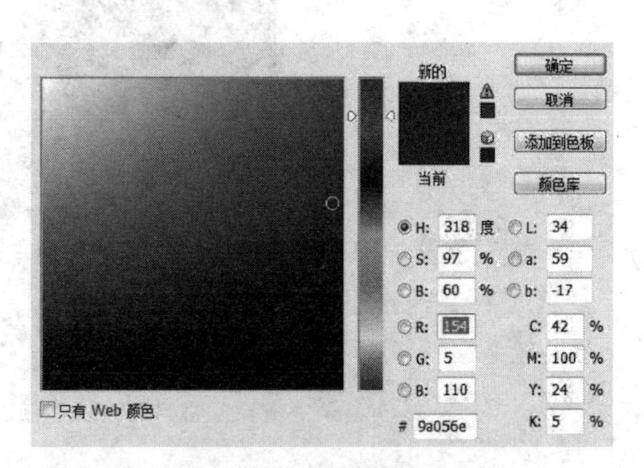


图 5-50　深紫色参数

（6）在选区中从左到右填充渐变，然后取消选区（快捷键【Ctrl+D】），效果如图 5-52 所示。

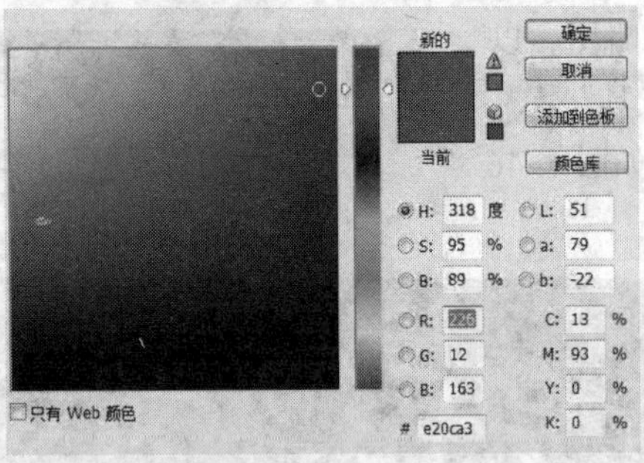

图 5-51　浅紫色参数

图 5-52　选区中渐变后的效果

（7）其余文字如上所述，全部创建选区并填充渐变色，效果如图 5-53 所示。

（8）选择“横排文字工具” T，建立“苏亚电器”文字。然后同“盛大开业”一样制作文字效果，如图 5-54 所示。

图 5-53　字体渐变后的效果

图 5-54　“苏亚电器”文字的效果

（9）选择“横排文字工具” T，在图像上单击，输入文字“6 月 21 日，苏亚电器靓丽开幕!”，设置字体 方正超粗黑简体、字号 24点，然后进行自由变换，改变文字的位置，效果如图 5-55 所示。

图 5-55　输入文字并调整

**小技巧**

在 Photoshop 中，创建的文本对象是按矢量格式显示的，而 Photoshop 只能对像素图像做效果处理，所以，需要将文本对象“栅格化”为像素对象。

**3．创建段落文本**

选择“横排文字工具” T，在图像上单击鼠标左键，输入文字“开业大酬宾　惊喜乐不停，活动时间：……”，设置字体 黑体 、字号 12点 ，然后自由变换，改变文字的位置。然后调整“开业大酬宾　惊喜乐不停”的大小和字体，效果如图 5-56 所示。

图 5-56　所有字体的效果

**4．补充素材让画面更完善**

（1）打开“第 5 章实例素材”文件夹中的 002 素材，然后将素材拖入海报图像中，改变它们的位置、大小和颜色，如图 5-57 所示。

（2）打开“第 5 章实例素材”文件夹中的 004、005 素材，将素材分别拖入海报图像中，然后排列它们的图层顺序，如图 5-58 所示，可以将能够放在一起的图层建立组（快捷键【Ctrl+G】）。

图 5-57　改变素材颜色

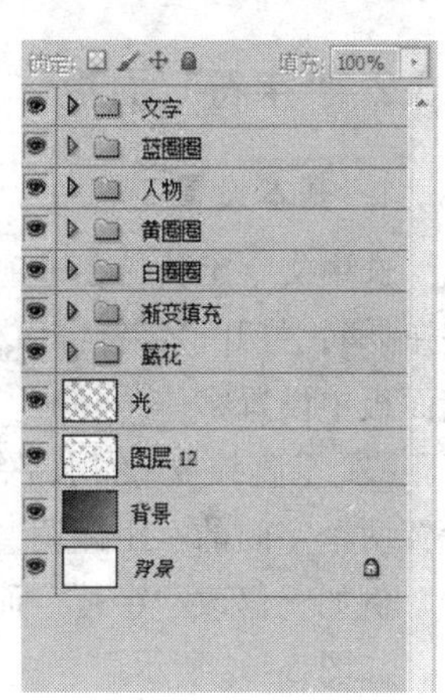


图 5-58　最终的图层排列

最终效果如图 5-59 所示。

图 5-59　海报最终效果

## 案例总结

该海报根据内容的轻重，改变文字大小和颜色，灵活运用文字。注意素材的运用要有时尚的感觉。

# 5.3 文字参数设置

在 Photoshop 中，可以使用文字工具的选项栏、“字符”面板、“段落”面板对点文字或段落文字做进一步的调整。

## 5.3.1 文字工具选项栏

在文字工具激活的状态下，双击窗口中的文字，然后设置选项栏中的字体和字号属性，如图 5-60 所示。

图 5-60 修改字体和字号属性

## 5.3.2 “字符”面板

### 1. 基本设置

选中文字工具，在选项栏中单击“字符”面板按钮，打开“字符”面板，如图 5-61 所示。在该面板中设置字体 方正准圆简体，设置字号，设置行距、垂直缩放、水平缩放，设置所选字符的比例间距，设置所选字符的字距调整，设置两个字间的字距微调，设置基线偏移，设置颜色 颜色:。

例如，修改“字符”面板中的“垂直缩放”和“水平缩放”参数，可拉长或压扁文字，如图 5-62 所示。

### 2. 特殊设置

在“字符”面板的下方，还可以设置点文字样式，单击不同的按钮可应用不同的字符样式，样式可以重叠。分别有“仿粗体”、“仿斜体”、“全部大写字母”、“小型大写字母”、“上标”、“下标”、“下画线”、“删除线”。图 5-63 所示为“仿粗体”、“小型大写字母”和“下画线”效果。

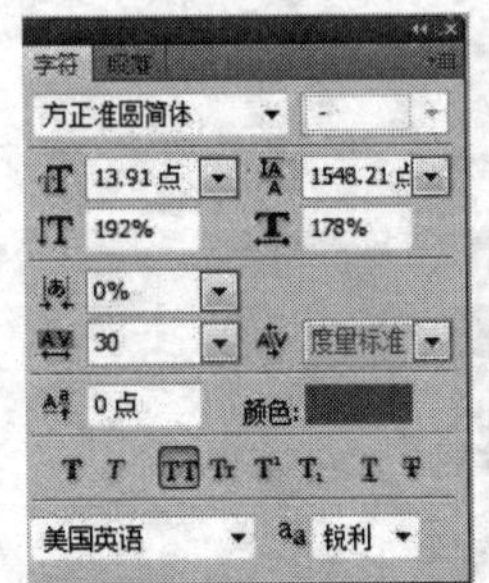

图 5-61 “字符”面板

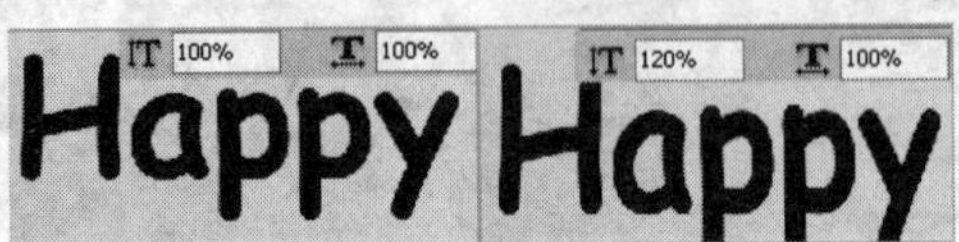

图 5-62 字符缩放效果

HAPPY NEW YEAR

图 5-63 字符样式应用

## 5.3.3 “段落”面板

选中文字工具，选择段落文本，在文字工具选项栏中单击“段落”面板按钮，打开“段落”面板，如图 5-64 所示。

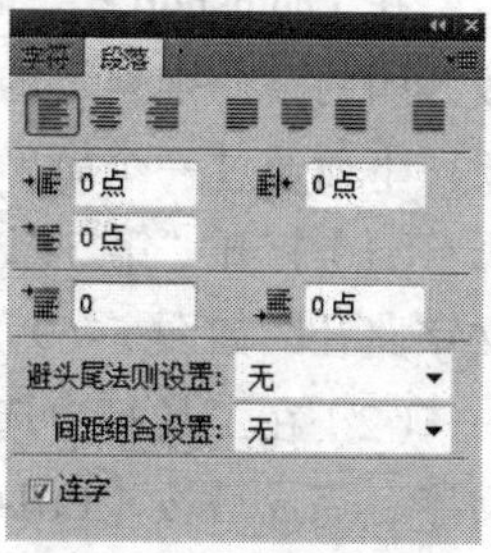

### 1. 文本对齐方式

“段落”面板主要针对多行文字进行修改，如果需要对一段文字按指定的方式对齐，可使用“左对齐文本”、“居中对齐文本”、“右对齐文本”按钮。图 5-65 所示为居中对齐效果。

如果需要设置文本框中的段落，可使用“最后一行左对齐”、“最后一行居中对齐”、“最后一行右对齐”、“全部对齐”按钮。图 5-66 所示为全部对齐效果。

图 5-64　“段落”面板

图 5-65　居中对齐效果

图 5-66　全部对齐效果

### 2. 文本缩进设置

文字缩进设置可设置段落与文本框之间的距离，也可以设置段落首行文字的缩进数值。缩进值只影响选中的段落文本。段落缩进设置有“左缩进”、“右缩进”、“首行缩进”。图 5-67 所示为首行缩进效果。

### 3. 文本段落间距设置

调节“段落”面板中的段落间距选项可控制段落的上下间距。选择需要设置的段落，然后单击“段落”面板中的“段落前添加空格”按钮，效果如图 5-68 所示。

图 5-67　段落首行缩进效果

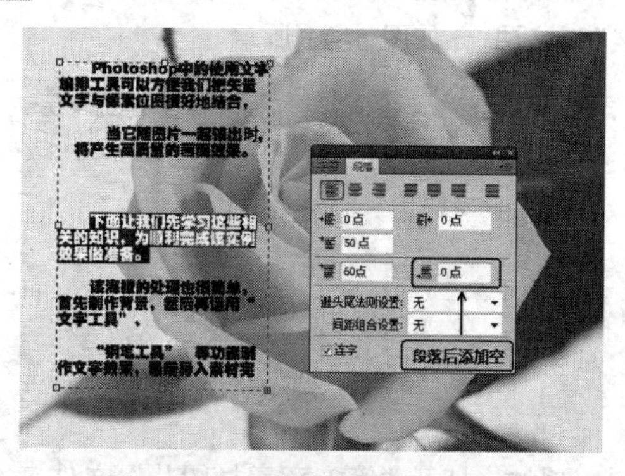


图 5-68　段落前添加空格效果

## 5.4 路径文字

在 Photoshop 中，让输入的文字按照事先创建好的路径排列，称为路径文字。文字既可以按封闭的路径排列，也可以按未封闭的路径排列。

下面通过一个简单的例子来学习下路径文字的创建方法。

（1）打开“第 5 章素材图片”文件夹中的 003 素材，选择“钢笔工具” ，在图像中创建文字路径，如图 5-69 所示。

（2）在工具箱中选择“横排文字工具” T，单击路径，出现闪烁的输入光标。直接输入文字，完成后按【Ctrl+Enter】组合键确认，如图 5-70 所示。

图 5-69 创建路径

图 5-70 创建路径文字

## 5.5 文字变形

使用文字工具创建的文字可以通过“创建文字变形”功能变换不同的外形。文字变形应用于文字图层上的所有文字，不可对单一文字进行修改。

**小技巧**

如果文字图层中的文字已经使用了“字符”面板中的“仿粗体”样式，就无法再应用文字变形。

下面来认识下文字变形的具体应用。

选择需要变形的文字图层，然后单击选项栏中的“创建变形文字”按钮 ，打开“变形文字”对话框，如图 5-71 所示。

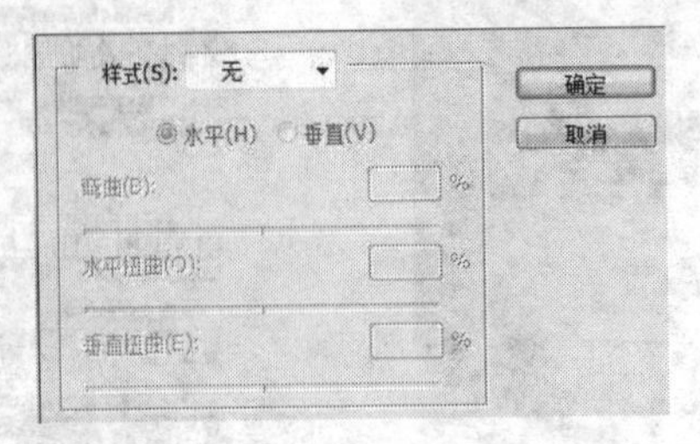


图 5-71 “变形文字”对话框

例如，打开“第 5 章素材图片”文件夹 004 素材，选择“横排文字工具” T，单击选项栏中的“变形文字”按钮，在“变形文字”对话框中选择“波浪”样式，修改“弯曲”参数为+20%，效果如图 5-72 所示。

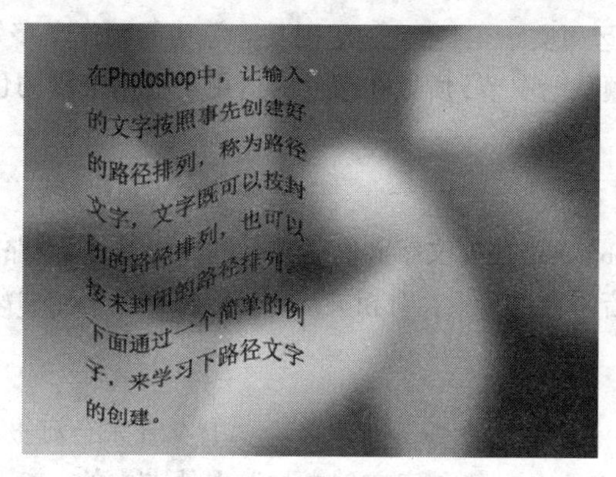


图 5-72　应用“波浪”样式变形文字

# 本章案例 2 “七夕音乐会”海报设计

## 案例描述

本例将制作音乐会海报，如图 5-73 所示。利用 Photoshop 强大的图片处理功能，制作一些特殊效果，同时将文字变形以及路径文字功能应用到海报中，让海报更加灵动。制作的海报背景也可以很有个性，优雅如入灵境。

图 5-73　“七夕音乐会”海报

## 案例分析

首先制作背景，然后运用文字工具、“钢笔工具”等功能制作文字效果，最后导入素材完善海报效果。注意海报的主题是七夕节，所以在颜色的运用上要用浪漫的色调，让人有恋爱的感觉。

## 操作步骤

以上学习了怎样在 Photoshop 中对文字和段落文字进行调整，以及路径文字和文字的变形等功能，下面开始制作“七夕音乐会”海报，对相关知识进行巩固练习，加深对所学基础知识的印象。

### 1. 背景图像制作

（1）选择“文件”→“新建”命令，新建名为“七夕音乐会海报”的文件。

（2）打开本书配套光盘中的“第 5 章实例素材”文件夹中的 010 素材，将素材拖入到海报图像中，进行自由变换（快捷键【Ctrl+T】）改变其大小，如图 5-74 所示。

（3）在“图层”面板右下角单击“创建新图层”按钮，然后选择“画笔工具”，设置画笔类型和画笔大小，在工具箱中设置前景色为玫瑰红，用画笔在画布上绘画。颜色参数如图 5-75 所示。“图层”面板及图像效果如图 5-76、图 5-77 所示。

图 5-74　将素材进行自由变换

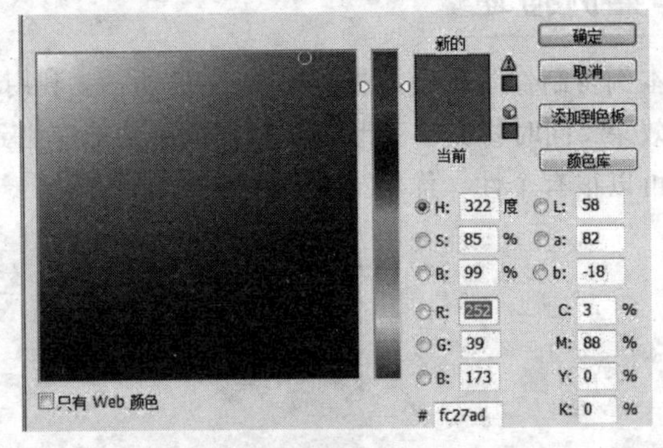


图 5-75　玫瑰红颜色参数

（4）分别改变画笔颜色为蓝、黄，继续绘画，效果如图 5-78 所示。

图 5-76　图层状态

图 5-77　画笔绘画效果一

图 5-78　画笔绘画效果二

（5）在“图层”面板中设置图层的混合模式为“滤色”，效果如图 5-79 所示。

（6）在“图层”面板底部单击按钮，建立一个色阶调整图层，色阶从左至右依次有灰度、平衡、高光 3 个滑块可以调节，参数及色阶图层位置如图 5-80、图 5-81 所示。

图 5-79　“滤色”效果

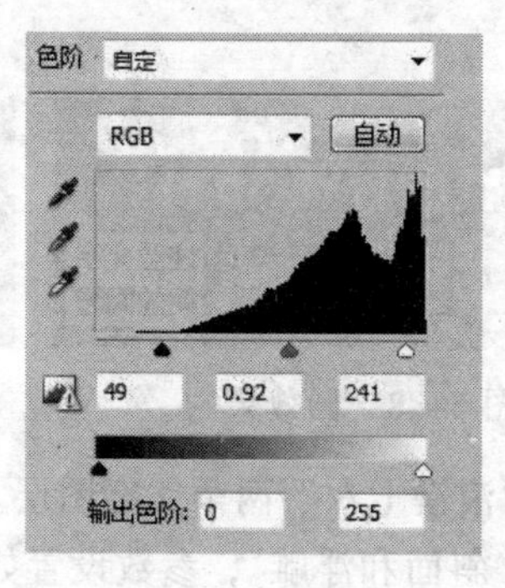


图 5-80　色阶参数

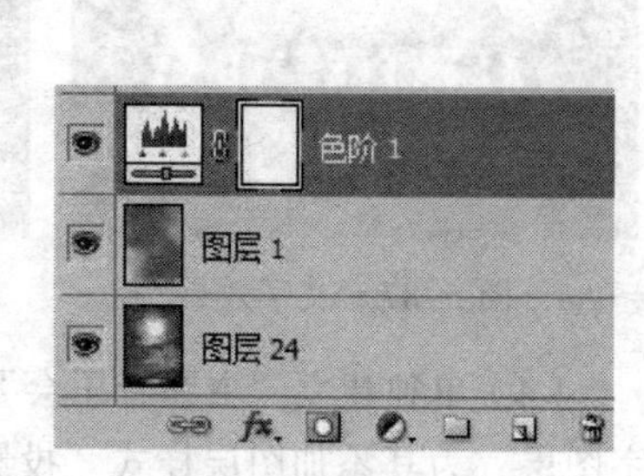


图 5-81　色阶图层位置

**2．文字与段落文字的创建**

（1）选择“横排文字工具”，调节文字字体 Bernard MT Condensed 和字号 26.46 点，在画布中建立“VALENTINE'S DAY”文字。为此图层添加图层样式“投影”、“斜面和浮雕”、“描边”，参数设置如图 5-82、图 5-83、图 5-84 所示。文字效果如图 5-85 所示。

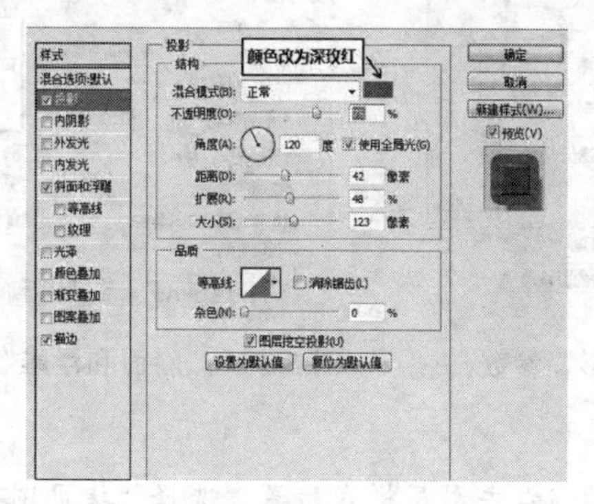


图 5-82　“投影”参数

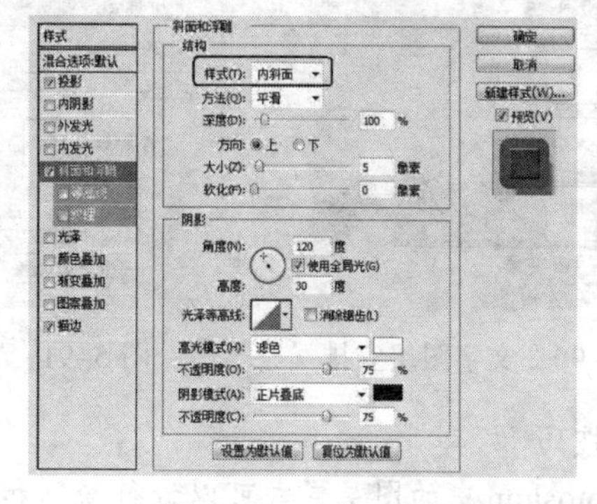


图 5-83　“斜面和浮雕”参数

（2）再次选择“横排文字工具”，调节文字字体微软雅黑和字号 27.12 点 浑厚，在画布中建立“8/6（两个空格）-8/7（两个空格）”文字。为此图层添加图层样式“描边”，参数设置如图 5-86 所示，文字效果如图 5-87 所示。

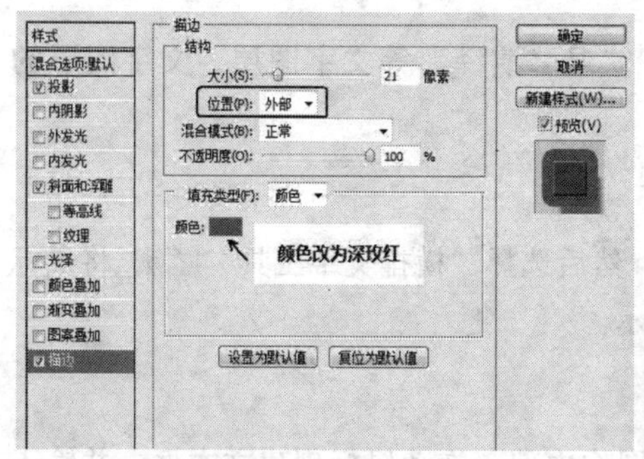


图 5-84　“描边”参数一

图 5-85　文字效果

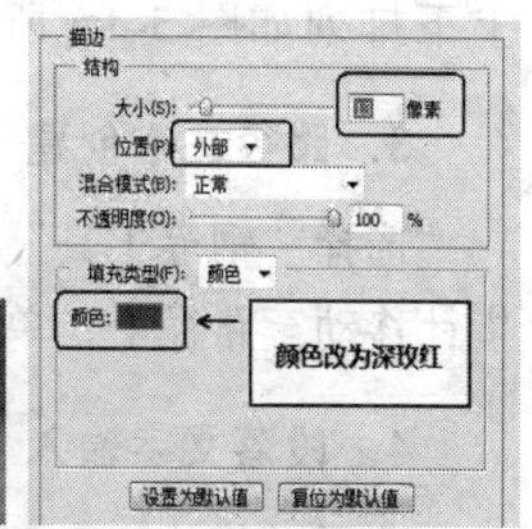


图 5-86　“描边”参数二

（3）在“8/6（两个空格）-8/7（两个空格）”文字空格处使用“椭圆选框工具” 绘制选区，并填充为与“8/6”描边颜色一样的深玫红，如图 5-88 所示。在深玫红圆形中输入文字，如图 5-89、图 5-90 所示。

图 5-87 文字效果

图 5-88 圆效果

图 5-89 文字效果

（4）单独建立“主题音乐会”和“浪漫七夕”两个文字图层。然后选择“主题音乐会”文字图层，为其添加图层样式“投影”、“斜面和浮雕”，参数设置如图 5-91、图 5-92 所示。

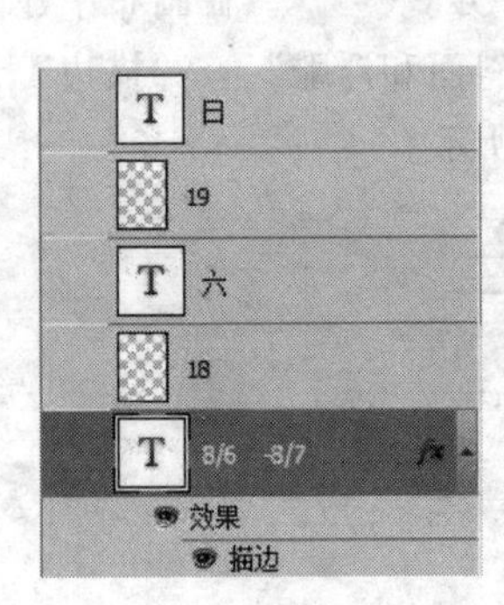


图 5-90 文字图层安排

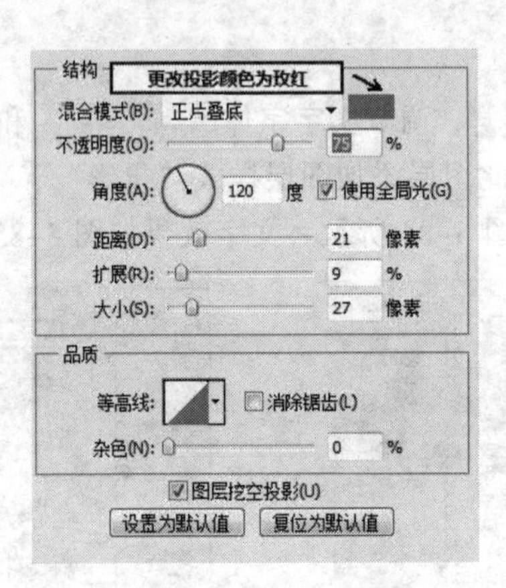


图 5-91 “投影”参数

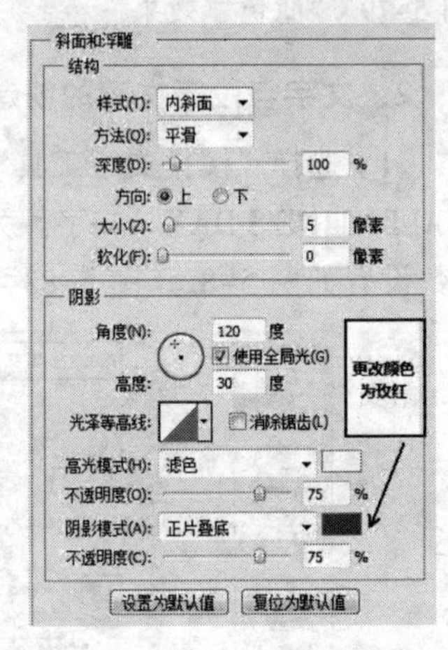


图 5-92 “斜面和浮雕”参数

**小技巧**

Photoshop 中的图层样式可以进行复制和粘贴。右击图层样式位置，选择“拷贝图层样式”命令。然后选择需要相同图层样式的图层并右击，选择“粘贴图层样式”命令。

（5）选择“主题音乐会”文字图层，然后右击，选择“拷贝图层样式”命令。单击“浪漫七夕”文字图层并右击，选择“粘贴图层样式”命令，这样可以让两个文字图层拥有相同的图层样式，如图 5-93、图 5-94 所示。

（6）同样，单独建立“给我一个不爱的理由”“温馨演绎”等文字图层，文字图层的上下排列如图 5-95 所示。

### 3. 路径文字创建

选择“钢笔工具” ，在图像中创建文字路径，然后选择“横排文字工具” ，将鼠标指针移动至路径上，单击并输入文字，如图 5-96 所示。

### 4. 段落文字输入

选择“横排文字工具” ，将鼠标指针移动至图像中部，拖动鼠标创建文本框，并输入文字，如图 5-97 所示。

图 5-93　文字效果

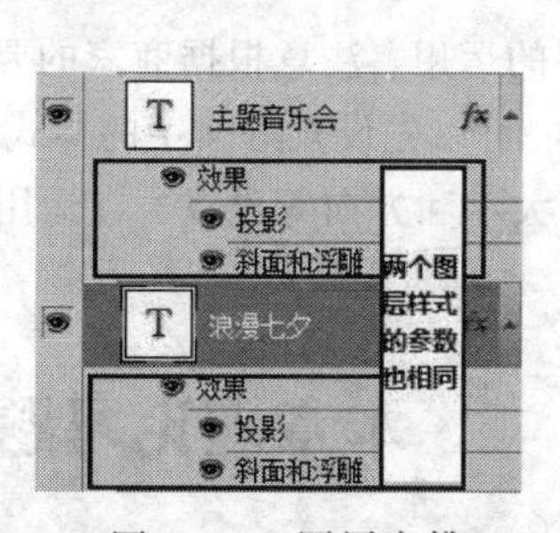


图 5-94　图层安排

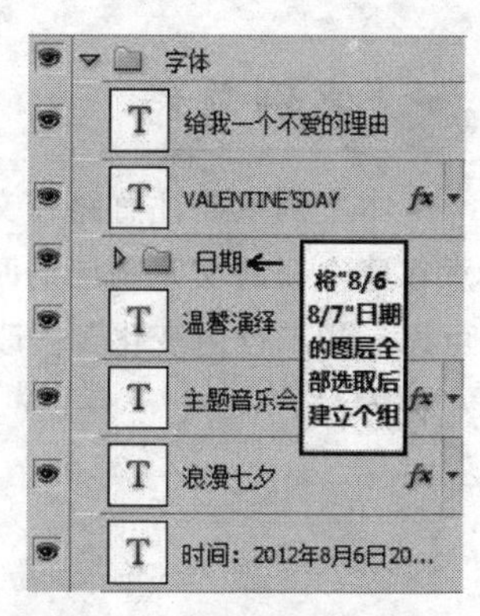


图 5-95　文字图层排列

图 5-96　路径文字效果

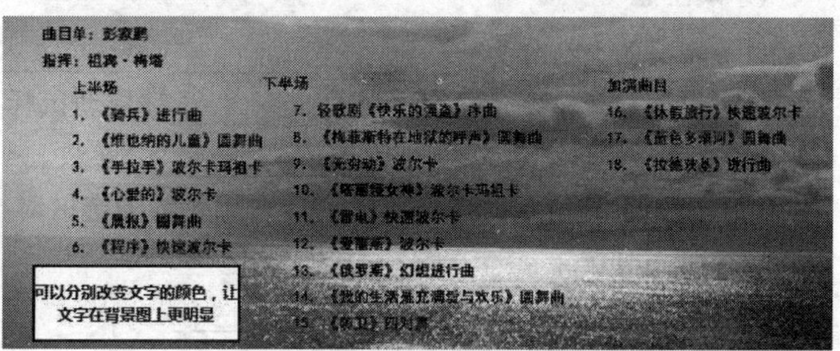


图 5-97　段落文字效果

5．添加特效素材

打开“第 5 章实例素材”文件夹中的 007、008、009 素材，然后将每个素材都拖入海报图像中，并用“自由变换”命令改变素材的大小、位置，最终的海报效果如图 5-98 所示。

图 5-98　海报最终效果

## 案例总结

本案例主要注意路径文字的运用。注意根据商家的要求和主题设计海报的颜色、字体。注意在建立新的文字图层的时候，可以先设置好文字的样式和文字的大小，当然文字建立好以后，可以运用“自由变化”去改变大小和方向等设置，在运用文字的时候，一定要灵活，不能死记一种方法。

# 本章理论习题

**1．填空题**

（1）海报的类型分为________、________、________。

（2）当创建段落文本框时，按住________键拖动鼠标，显示“段落文字大小”对话框，可以预览输入“________”“________”参数。

（3）选择工具箱中的任意选框工具，想要增加选区时按住________键，当需要从选区中减去时按________键。

（4）在“字符”面板中，IT表示________。

**2．选择题**

（1）在“字符”面板中AV表示（　　）。

A．所选字符的字距调整　　B．设置基线偏移

C．设置字体大小　　D．水平缩放

（2）在“段落”面板中“全部对齐”对应（　　）按钮。

A．　　B．　　C．　　D．

（3）取消选区的快捷键是（　　）。

A．Ctrl+T　　B．Ctrl+G　　C．Ctrl+D　　D．Ctrl+B

（4）T图标表示（　　）。

A．文字垂直排列　　B．创建水平的文字选区

C．文字水平排列　　D．创建垂直的文字选区

**3．简答题**

（1）简述海报的设计原则。

（2）简述海报设计的特征。

（3）简述制作有色水晶字体的步骤。

（4）在一个图片上设计一段路径文字，简述操作步骤。

# 第 6 章　图层与商品包装设计

图层作为 Photoshop 中非常重要的功能，理解图层的概念和灵活运用，对于用 Photoshop 设计平面作品会减少很多的工作。相反，不理解图层运用，经常会做无用功。利用 Photoshop 的图层功能能够制作一些特殊的效果，使设计更灵活，有层次感。

本章知识重点：

- 图层的概念
- 图层的类型
- 图层的基本操作
- 图层样式

## 6.1　商品包装设计的类型、特征与设计原则

包装是商品外在的感观形象，代表着一种商品甚至一个品牌的形象。包装设计即选用合适的包装材料，运用巧妙的工艺手段，为商品进行的容器结构造型和包装的美化装饰设计。包装设计除了可以保护商品、方便存储和运送商品外，也可以使商品具备艺术观赏性，在强化包装视觉效应的同时，吸引消费者的注意力，引起购买欲望和激发购买行为，从而达到销售的目的。

### 6.1.1　商品包装设计的类型

包装设计可以应用到很多商品中，而世界上的商品种类繁多，其功能作用、外观造型也各有千秋。所以，包装设计有几种分类：

（1）按产品内容分：日用品类、食品类、烟酒类、化妆品类、医药类、文体类、工艺品类、化学品类、五金家电类、纺织品类、儿童玩具类、土特产类等。

（2）按包装材料分：不同的商品，考虑到运输过程与展示效果等，所以使用材料也不尽相同，如纸包装、金属包装、玻璃包装、木质包装等。

（3）按产品性质分：

① 销售包装：又称商业包装，可分为内销包装、外销包装、礼品包装、经济包装等。

② 储运包装：也就是以商品的储存或运输为目的的包装。它主要在厂家与分销商、卖场之间流通，便于产品的搬运与计数。

### 6.1.2　商品包装设计的特征

商品包装设计有三大特征：外形、构图、材料。

（1）外形：指的是商品包装展示面的外形，包括展示面的尺寸和形状。要注意在包装时外在形态是否新颖。外在形态分为圆柱体类、长方体类、圆锥体类等各种形体，有关形体的组合，以及因不同切割构成的各种形态。包装外在形态的新颖性对消费者的视觉引导起着十分重要的作用，奇特的视觉形态能给消费者留下深刻的印象。

（2）构图：构图是将商品包装展示面的商标、图形、文字和色彩组合排列在一起的一个完整的画面。这 4 方面构成了包装装潢的整体效果。商品包装设计构图要素——商标、图形、文字和色彩的运用正确、适当、美观，就可称为优秀的设计作品。

（3）材料：指的是商品包装所用材料表面的纹理和质感。它往往影响到商品包装的视觉效果。利用不同的材料可以使商品外包装有不同的效果。运用材料时妥善地加以组合配置，可给消费者以新奇、冰凉或豪华等不同的感觉。材料要素是包装设计的重要因素，它直接关系到包装的整体功能和经济成本、生产加工方式及包装废弃物的回收处理等多方面的问题。

### 6.1.3 商品包装设计的原则

商品包装有三大原则：醒目、理解、好感。

（1）醒目：包装要起到促销的作用，首先要能引起消费者的注意，因为只有引起消费者注意的商品才有被购买的可能。因此，包装要使用新颖别致的造型、鲜艳夺目的色彩、美观精巧的图案、各有特点的材质，使包装能出现醒目的效果，使消费者一看到就产生强烈的兴趣。

（2）理解：成功的包装不仅要通过造型、色彩、图案、材质的使用引起消费者对产品的注意与兴趣，还要使消费者通过包装精确理解产品。因为人们购买的目的并不是包装，而是包装内的产品。

（3）好感：好感来自两个方面，首先是实用方面，即包装能否满足消费者的各方面需求，这涉及包装的大小、多少、精美程度等方面。其次是包装设计的美观程度，包装精美的产品容易被人选作礼品。当产品的包装提供了方便时，自然会引起消费者的好感。

## 6.2 图层简介

在 Photoshop 中，一幅图像通常是由多个不同类型的图层通过一定的组合方式自下而上叠放在一起组成的，它们的叠放顺序以及混合方式直接影响着图像的显示效果。

### 6.2.1 图层的概念

图层就好比一层透明的胶片，每张透明胶片上都有不同的画面，无论在这层胶片上如何涂画，都不会影响其他图层中的内容。通过对图层的操作，改变图层的顺序、属性，使用它的特殊功能可以创建很多复杂的图像效果，如图 6-1 所示。

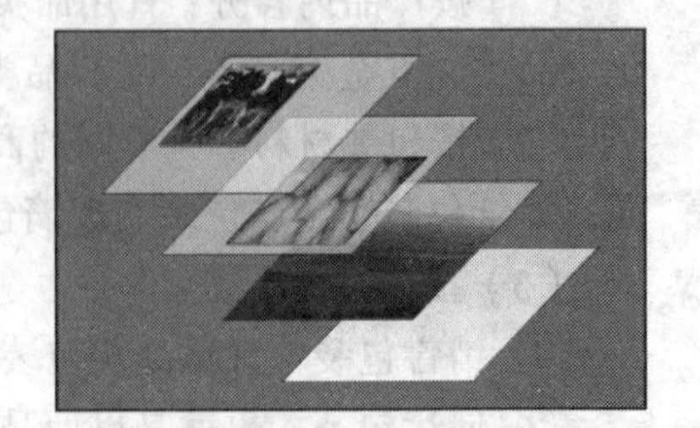

图 6-1 透明胶片似的图层

### 6.2.2 图层的类型

#### 1. 背景图层

每次新建一个 Photoshop 文件时，系统会自动建立一个背景图层（使用白色背景或彩色背景创建新图像时），该图层是被锁定的图像的最底层。我们无法改变背景图层的排列顺序，也不能修改它的不透明度或混合模式。如果按照透明背景方式建立新文件，图像就没有背景图层，最下面的图层不会受到功能上的限制，如图 6–2 所示。

图 6–2　透明背景方式与白色背景方式建立文件时的区别

**小技巧**

如果不愿意使用 Photoshop 强加的背景图层，可以将其转换成普通图层，使其不再受到限制。具体方法：在“图层”面板中双击背景图层，打开“新建图层”对话框（见图 6–3），然后根据需要设置图层选项，单击“确定”按钮后，“图层”面板中的背景图层已经转换成普通图层了。

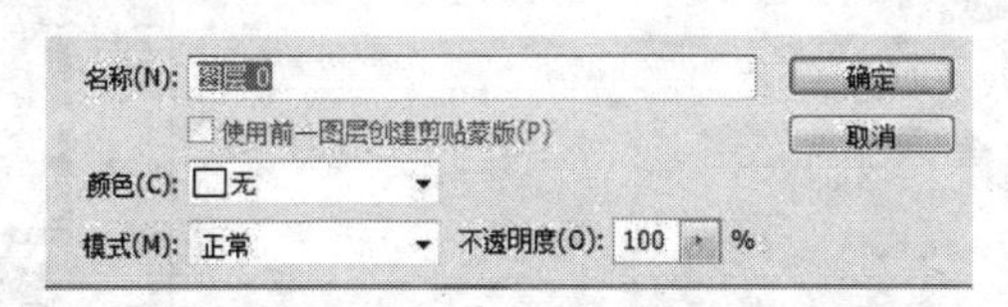


图 6–3　将背景图层转换成普通图层

**2．图层**

可以在“图层”面板中添加新图层，然后向其添加内容，也可以先添加内容再创建图层。一般创建的新图层会显示在所选图层的上面或所选图层组内，如图 6–4 所示。

**3．文字层**

文字层是用于存放文字的图层，对文字起到保护作用。要对其进行位图类的编辑，必须将其转换为普通图层。

**4．图层组**

图层组（见图 6–5）可以帮助组织和管理图层。使用图层组可以很容易地将多个图层一起移动、应用属性和蒙版，以及使“图层”面板变得清爽。

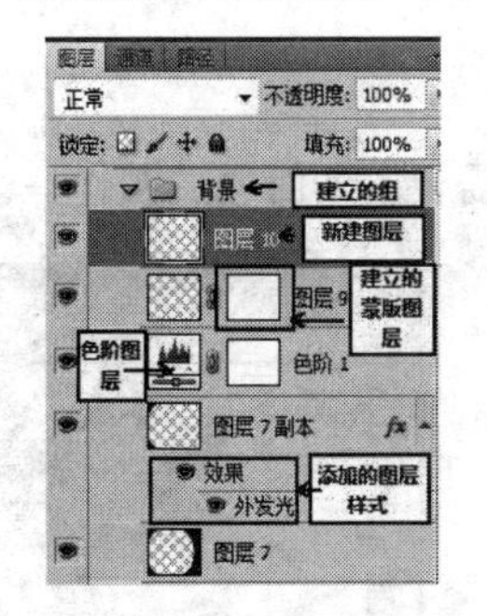


图 6–4　各个图层的结构图

图 6–5　图层组

## 6.2.3 “图层”面板

“图层”面板中显示图像中的所有图层、图层组和图层效果。可以使用“图层”面板的各种功能来完成一些图像编辑任务，如创建、隐藏、复制和删除图层等；还可以使用图层样式改变图层上图像的效果，如阴影、外发光、浮雕等；也可对图层的光照、色相、透明度等参数进行修改来制作不同的效果。“图层”面板如图 6-6 所示。

图 6-6 中显示出“图层”面板最简单的功能：①是图层菜单，包括新建、复制、删除图层，建立图层组，设置图层属性、混合选项，图层合并等功能；②就是图层；③是可以看到图层上图像的缩略图。

在 Photoshop 中，选择“窗口”→“图层”命令，就可以打开“图层”面板。如果想改变缩略图的大小，可以单击右上角的按钮，展开功能菜单，选择“面板选项”命令，打开“图层面板选项”对话框（见图 6-7），即可设置缩略图的显示大小。

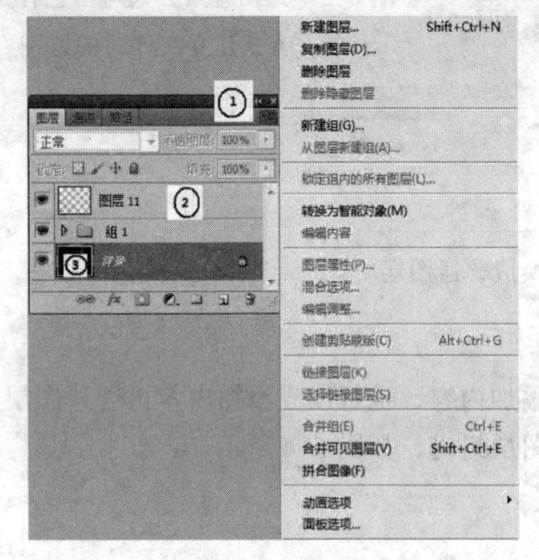

图 6-6 “图层”面板

图 6-7 “图层面板选项”对话框

**小技巧**

为了使计算机运行的速度加快，可以关闭“缩略图”功能，即在图 6-7 所示对话框中选择“无”选项。

## 6.3 图层的基本操作

在实际创作中，经常需要进行较多的图层操作来满足设计的需要。下面通过制作一个水晶按钮来体会图层的创建、复制、删除等基本操作。

### 6.3.1 图层的创建、复制与删除

单击“图层”面板中的“创建新图层”按钮，新建一个空白图层，这个新建的图层会自动依照建立的次序命名，第一次新建的图层为“图层 1”，如图 6-8 所示。

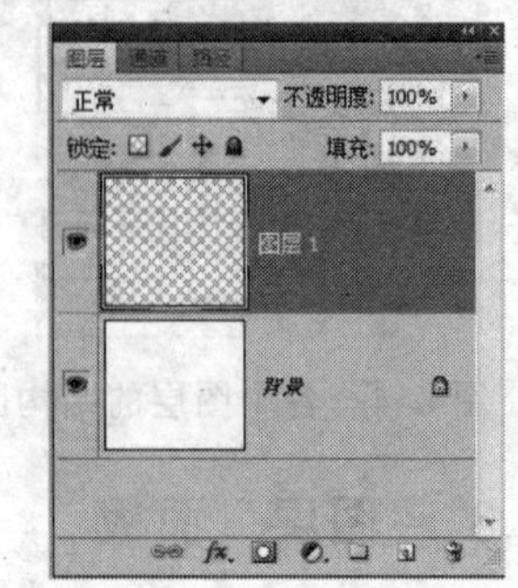

图 6-8 新建图层后的图层结构

在新建的图层上创建一个带有渐变颜色的圆形，作为水晶按钮的底色，效果如图 6-9 所示。

复制图层是较为常用的操作。先选中“图层 1”，再用鼠

标将“图层 1”的缩略图拖动至“创建新图层”按钮上，如图 6-10 所示。释放鼠标，“图层 1”即被复制，复制出的图层为“图层 1 副本”，它位于“图层 1”的上方，两个图层中的内容一样，如图 6-11 所示。

图 6-9　填充渐变后的选区

对于没有用的图层，可以将它删除。先选中要删除的图层，然后单击“图层”面板上的“删除图层”按钮，在弹出的对话框中单击“是”按钮，选中的图层就被删除了。还可以在“图层”面板功能菜单中选择“删除图层”命令，如图 6-12 所示。

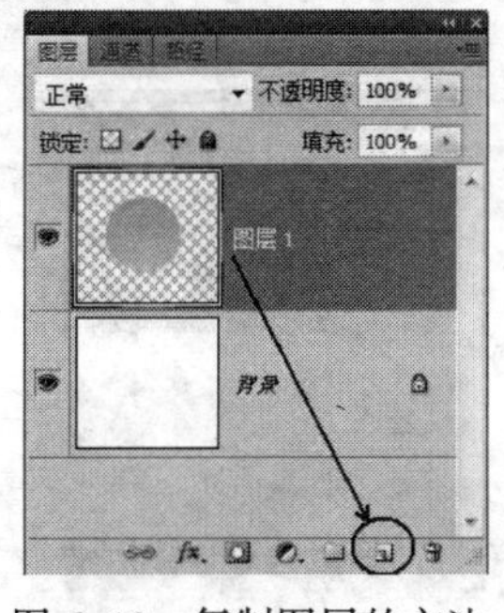


图 6-10　复制图层的方法

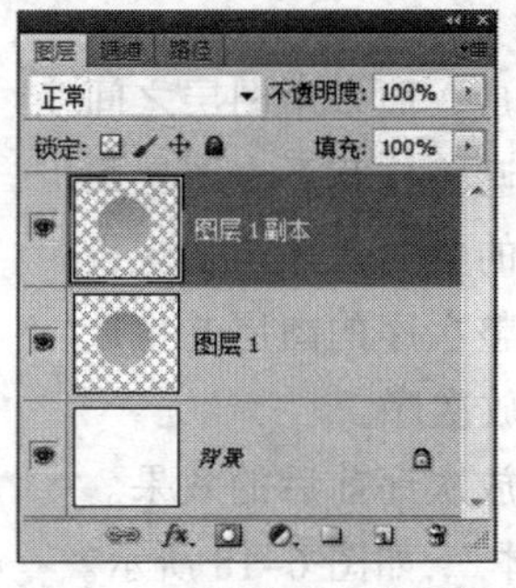


图 6-11　复制图层后的效果

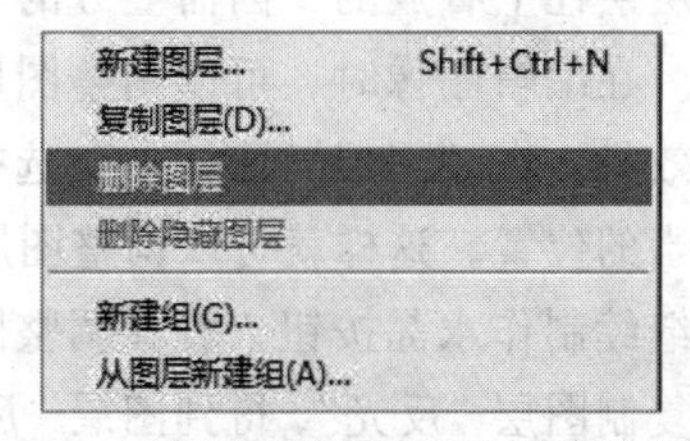


图 6-12　通过图层面板功能菜单删除图层

**小技巧**

还可以在“图层”面板中直接用鼠标将图层的缩略图拖放到“删除图层”按钮上来删除图层，如图 6-13 和图 6-14 所示。

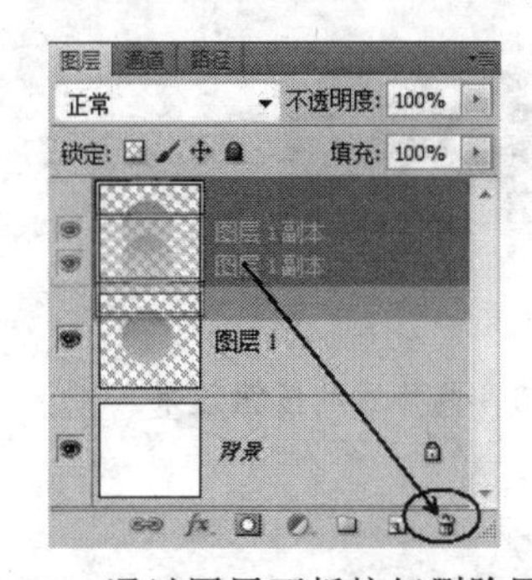


图 6-13　通过图层面板按钮删除图层

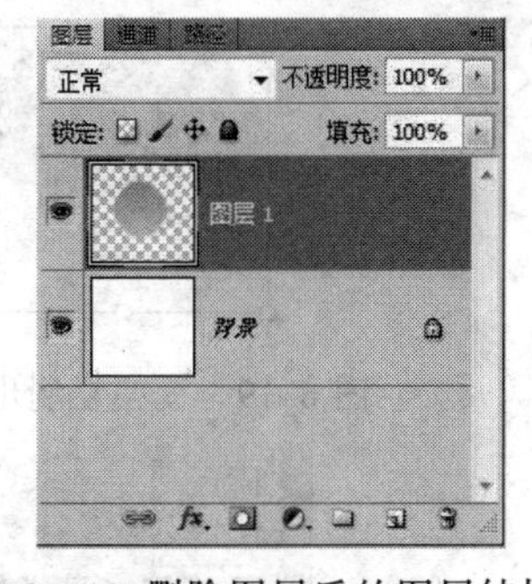


图 6-14　删除图层后的图层结构

在处理图像时，为了得到合适的画面效果，可以对图像中的各个图层进行缩放、旋转、倾斜、扭曲和透视等变形操作，图层的变形功能可以用“自由变换”命令来实现。

首先新建一个图层，并填充由粉红到白色的渐变色，然后双击此图层名称，重新命名为“反光”，如图 6-15 所示。进行自由变换（快捷键【Ctrl+T】），在变换控制框内右击，在弹出的快捷菜单中选择“垂直翻转”命令，然后改变大小和位置，调整结束后按【Enter】键退出变换状态，如图 6-16 所示。

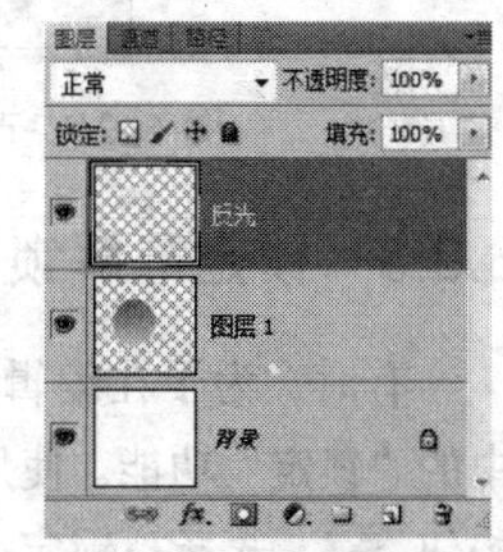


图 6-15　重命名图层

使用“橡皮擦工具”轻轻擦去生硬部分，得到图 6-17 所示效果。

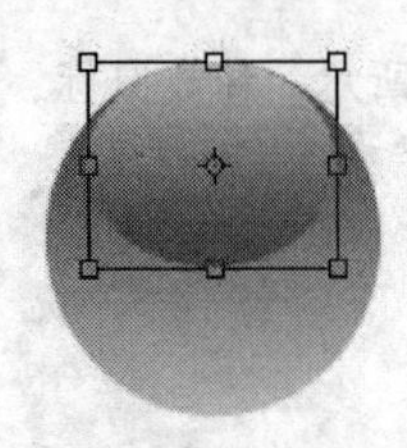

图 6-16　自由变换后的效果

图 6-17　使用橡皮擦擦去生硬部分后的效果

## 6.3.2　调整图层叠放顺序

Photoshop 中的图像一般由多个图层组成，而多个图层之间是一层层往上叠放的，因而上方的图层会遮盖住其下方图层的内容。在编辑图像时，可以调整图层之间的叠放次序来实现设想的效果。在“图层”面板中，选择要调整次序的图层并拖放至适当的位置，这样就可以调整图层的叠放次序。

继续制作水晶按钮，看看调整图层叠放次序前后的效果。首先复制图层“反光”，得到图层“反光副本”，如图 6-18 所示。

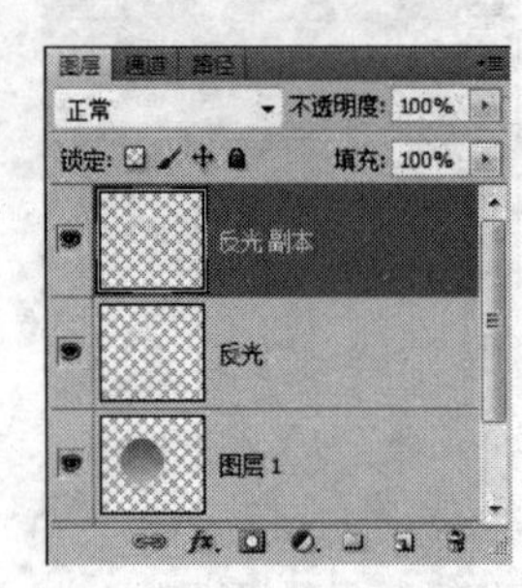


图 6-18　复制“反光”图层

然后选择“编辑”→“自由变换”命令，进入自由变换状态，对“反光副本”图层进行翻转，如图 6-19 所示，并将其缩小，如图 6-20 所示。接着将“反光副本”图层调整到“反光”图层的下方，如图 6-21 所示。这样“反光副本”图层就被“反光”图层遮住了，效果如图 6-22 所示。

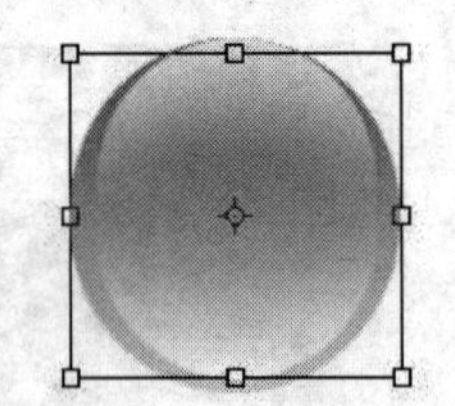

图 6-19　变换复制出的图层

图 6-20　调整后的按钮效果

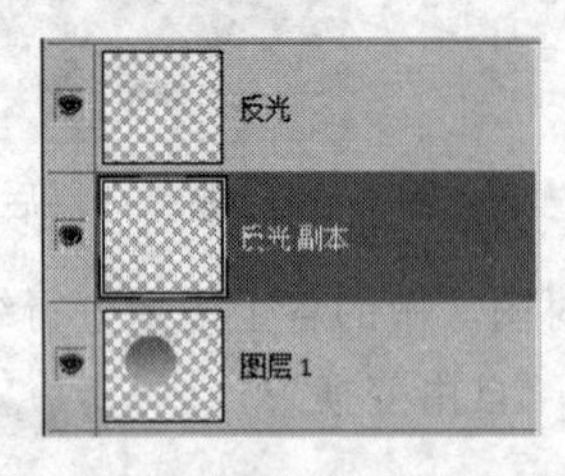


图 6-21　改变顺序后的图层结构

图 6-22　调整后按钮的效果

## 6.3.3　锁定与解锁图层

有时，为了在编辑图像时避免选择了不需要编辑的图层进行编辑，常常使用“图层”面板中的“锁定”功能。使用锁定功能时，必须先选择所要锁定的图层，然后才能单击“锁定全部”按钮 。选择被锁定图层，再次单击“锁定全部”按钮 ，则图层解锁。以水晶按钮为例，选择“反光副本”图层，单击“图层”面板中的“锁定全部”按钮 ，则“反光副本”图层被锁定，锁定后的图层如图 6-23 所示。再次单击“锁定全部”按钮 ，则“反光副本”图层被解锁，解锁后的图层如图 6-24 所示。

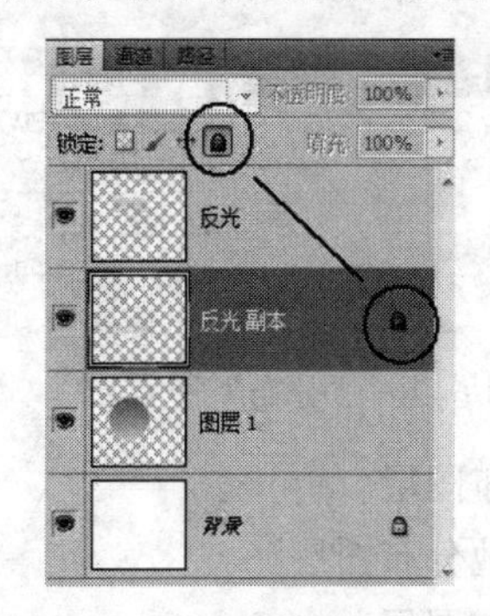


图 6-23　被锁定的图层状态

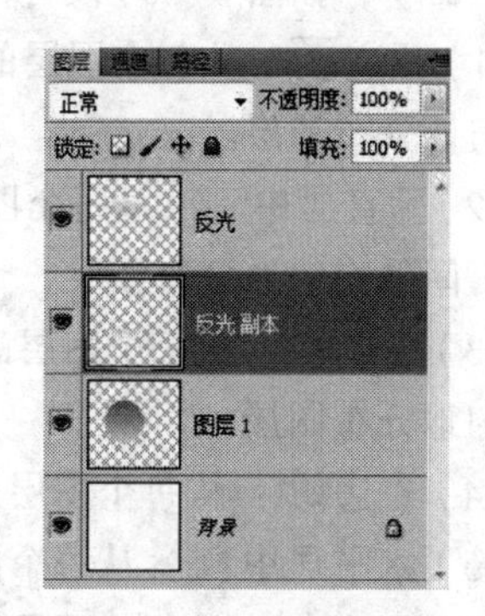


图 6-24　解锁后的图层状态

## 6.3.4　对齐与分布图层

在图层操作中可以使用“移动工具”来调整图层中的内容在图像中的位置，还可以应用“图层”菜单中的“对齐”和“分布”命令来排列这些内容的位置。

### 1. 对齐图层

要对齐多个图层，首先用“移动工具”或在“图层”面板中选择图层，或者选择一个组。然后选择“图层”→“对齐”命令，从子菜单中选取一个命令，如图 6-25 所示。在“移动工具”选项栏中，这些命令作为“对齐”按钮出现。

如果要将一个或多个图层的内容与某个选区边界对齐，首先在图像内建立一个选区，然后在“图层”面板中选择图层。使用此方法可对齐图像中任何指定的点，选择“图层”→“将图层与选区对齐”命令，然后从子菜单中选取一个命令。

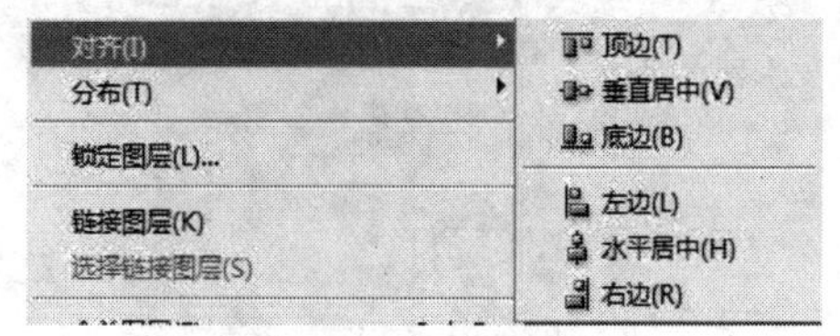


图 6-25　“对齐图层”命令的位置

（1）顶边：将选定图层上的顶端像素与所有选定图层上顶端的像素对齐，或与选区边界的顶边对齐。

（2）垂直居中：将每个选定图层上的垂直中心像素与所有选定图层的垂直中心像素对齐，或与选区边界的垂直中心对齐。

（3）底边：将选定图层底端的像素与底端图层的底端像素对齐，或与选区边界的底边对齐。

（4）左边：将选定图层上左端像素与左端图层的左端像素对齐，或与选区边界的左边对齐。

（5）水平居中：将选定图层上的水平中心像素与所有选定图层的水平中心像素对齐，或与选区边界的水平中心对齐。

（6）右边：将链接图层上的右端像素与所有选定图层上的右端像素对齐，或与选区边界的右边界对齐。

### 2. 分布图层

要均匀分布图层，首先要选择 3 个以上的图层，然后选择“图层”→“分布”命令，并选择一个命令，如图 6-26 所示；或者选择“移动工具”，并单击选项栏中的分布按钮。

(1) 顶边：从每个图层的顶端像素开始，间隔均匀地分布图层。

(2) 垂直居中：从每个图层的垂直中心像素开始，间隔均匀地分布图层。

(3) 底边：从每个图层的底端像素开始，间隔均匀地分布图层。

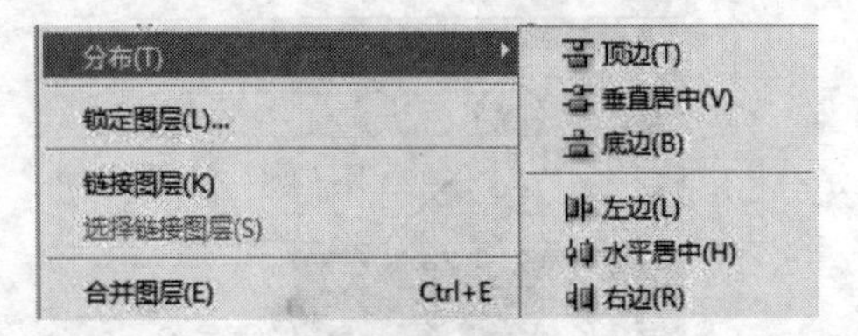


图 6-26 “分布”子菜单

(4) 左边：从每个图层的左端像素开始，间隔均匀地分布图层。

(5) 水平居中：从每个图层的水平中心开始，间隔均匀地分布图层。

(6) 右边：从每个图层的右端像素开始，间隔均匀地分布图层。

## 6.3.5 链接与合并图层

使用图层的链接功能可以方便地移动多层图像以及合并图层。要使几个图层成为链接的图层，方法如下：先选定一个图层，使它成为当前图层，然后按住【Ctrl】键，单击想要链接的图层，则“图层”面板下的“链接图层”按钮被激活，如图 6-27 所示。单击该按钮，被链接图层的右侧出现一个链锁图标，表示此图层已经与当前图层链接起来了，如图 6-28 所示。

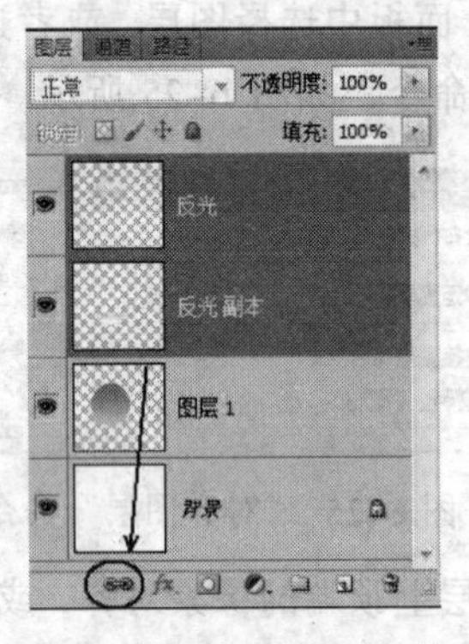


图 6-27 选中多个图层后“链接图层”按钮的状态

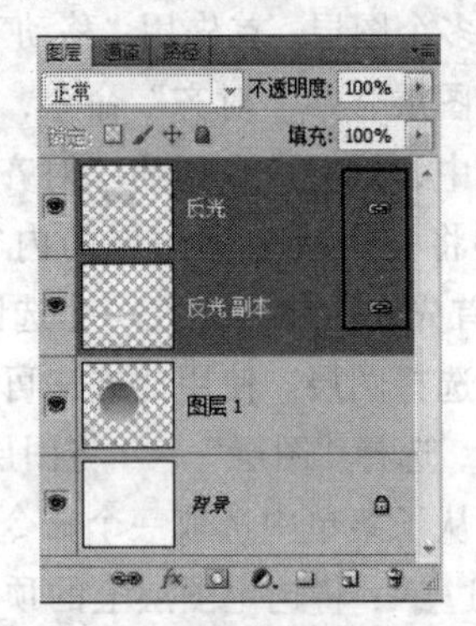


图 6-28 链接图层后的状态

**小技巧**

如果要选择连续的图层，可按住【Shift】键单击头尾两个图层，这一系列图层即被选中；如果要选择不连续的图层，则按住【Ctrl】键多选。当要将链接的图层取消链接时，则可单击“链接图层”按钮，当前图层即取消链接。

要将图层合并，则打开“图层”面板菜单，执行其中的命令即可，如图 6-29 所示。

(1) 向下合并：执行此命令，可以将当前图层与其下一层图像合并，其他图层保持不变。使用此命令合并图层时，需要将作用层的下一层图像设为显示状态。

(2) 合并可见图层：执行此命令，可将图像中所有显示的图层合并，而隐藏的图层则保持不变。

(3) 拼合图像：执行此命令，可将图像中的所有图层合并。

选择“合并可见图层”命令，原来的 4 个图层都集中到一个图层中了，图层结构如图 6-30 所示。

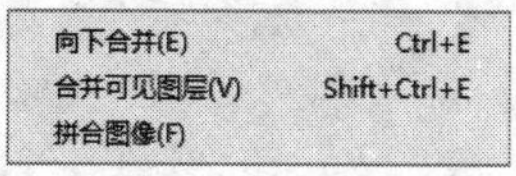

向下合并(E)　Ctrl+E
合并可见图层(V)　Shift+Ctrl+E
拼合图像(F)

图 6-29　图层合并命令

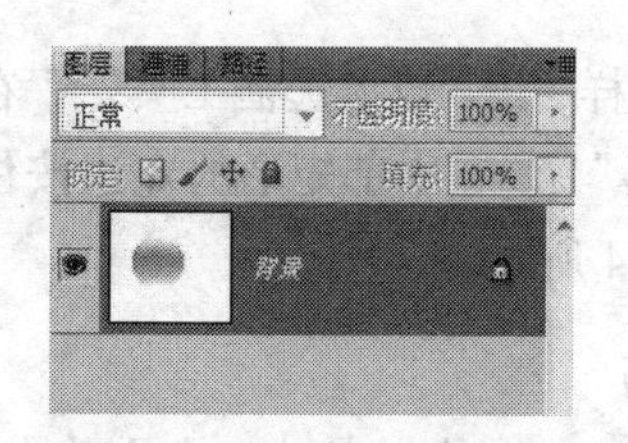


图 6-30　合并后的图层结构

# 本章案例 1 “老白干”酒包装设计

## 案例描述

本例将制作图 6-31 所示的“老白干”酒包装。“美酒佳肴”是人们常说的一句话，很多家庭或者场合都离不开酒，因此酒包装是包装设计中一个很常见的类别。酒的种类很多，有激情、充满活力的啤酒，有醇厚干烈的白酒，也有香甜醉人的葡萄酒。下面就让我们为酒穿上漂亮的“衣服”吧。

图 6-31　“老白干”酒包装设计

## 案例分析

本案例的“老白干”是一种香醇的白酒，为了体现该酒的醇厚、历史悠久的格调，使用了青花瓷作为包装的主体，并使用了一些中国传统花纹。制作该案例主要运用了图层的相关知识，通过图片及图层组合完成酒的包装设计。

## 操作步骤

以上学习了图层的相关知识，下面开始制作酒包装，对相关知识进行巩固练习。

**1. 背景制作**

（1）新建一个文件，命名为“老白干酒包装”，参数设置如图 6-32 所示。

（2）在图像中间添加垂直参考线，在工具箱中选择“矩形选框工具”，然后在画布上方、下方选择一个矩形选区进行填充，填充颜色参数如图 6-33 所示。再次用“矩形选框工具”在画布下方选中一个细的矩形选区，然后按【Delete】键删除。

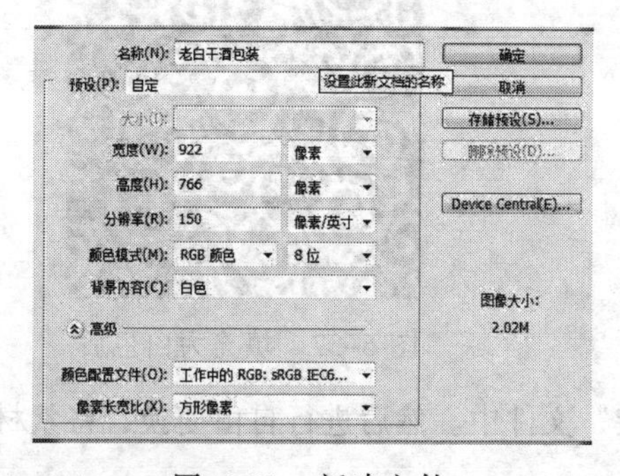


图 6-32　新建文件

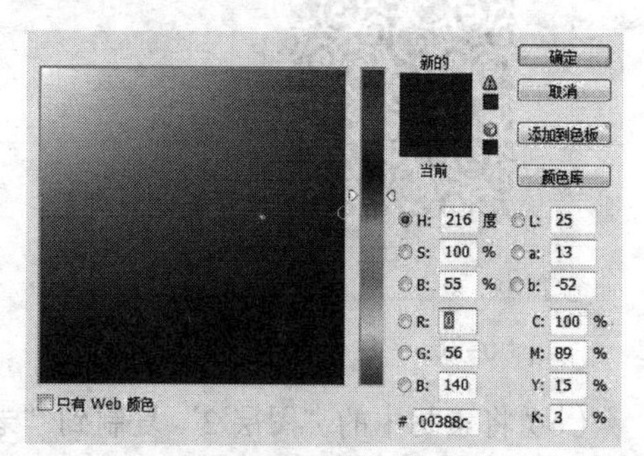


图 6-33　填充颜色参数

（3）同样，用“矩形选框工具”在画布中间画一个宽些的矩形选区，并进行填充。用“椭圆选框工具”在中部矩形的左边按住【Shift】键画一个正圆选区，按【Delete】键删除，效果如图 6-34 所示。

**小技巧**

在 Photoshop 中，想将一个文件中的图层复制到另一个文件中的时候，可以选择“移动工具”，然后选择到要移动的图层，将鼠标指针移动到此图层的图像上，按住鼠标左键不放进行拖动。这样可以直接将想移动的图层拖到另一个文件中。

（4）打开“第 6 章”素材文件夹中的 001 素材，将素材拖入到“老白干酒包装”文件中。然后进行自由变换（快捷键【Ctrl+T】），将素材调整为适当大小，效果如图 6-35 所示。

图 6-34　删除后的效果

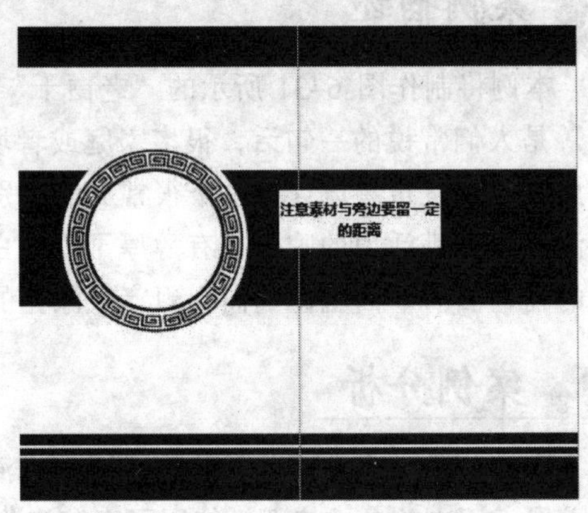


图 6-35　导入素材后的效果

（5）使用“椭圆选框工具”在圆圈内画一个正圆选区然后填充。进行自由变换，改变其大小和位置，将圆圈放在图案的正中央。打开“第 6 章”素材文件夹中的 002 素材，选择“选择”→“色彩范围”命令，出现吸管形鼠标指针后，单击素材中的黑色，单击“确定”按钮。将选区填充为白色，如图 6-36、图 6-37 所示。

图 6-36　“色彩范围”对话框

图 6-37　填充为白色后

（6）将素材中的“图层 2”复制到“老白干酒包装”文件中。然后进行自由变换，将素材放在画布上、下边缘，如图 6-38、图 6-39 所示。

图 6-38　拖动素材到“老白干酒包装”图像中

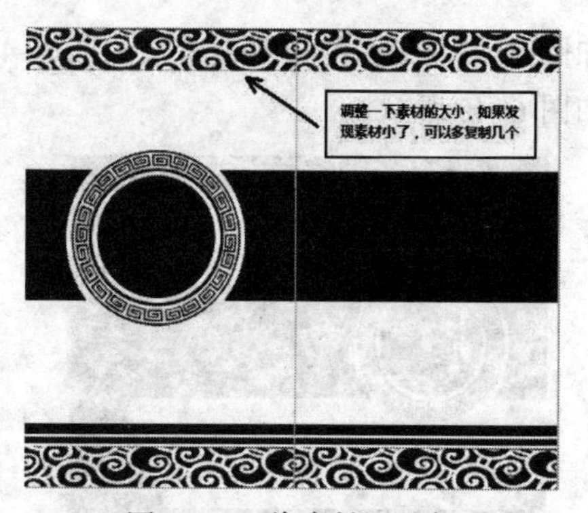


图 6-39　将素材调整好

（7）选择工具箱中的“椭圆选框工具”，在画布中选取一个大圆选区，然后右击，选择“选择反向”命令，并填充蓝色，如图 6-40、图 6-41 所示。

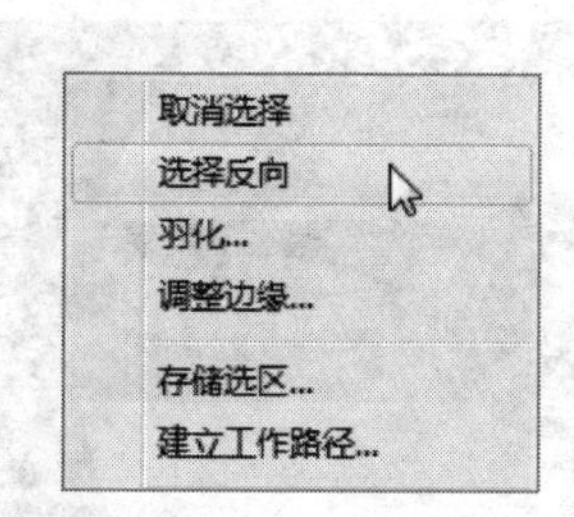


图 6-40　选择反向

图 6-41　反向填充效果

（8）打开“第 6 章”素材文件夹中的 003 素材，然后将素材中的“青花瓷”图层拖入到“老白干酒包装”文件中，将图层放在所有图层之上，然后更改图层混合模式为“变亮”。用“魔棒工具”选择图层中的图像，反选选区，并删掉多余的花。最后将所有的背景图层（快捷键【Ctrl+G】）建立一个组，然后将组命名为“背景”，如图 6-42 所示。

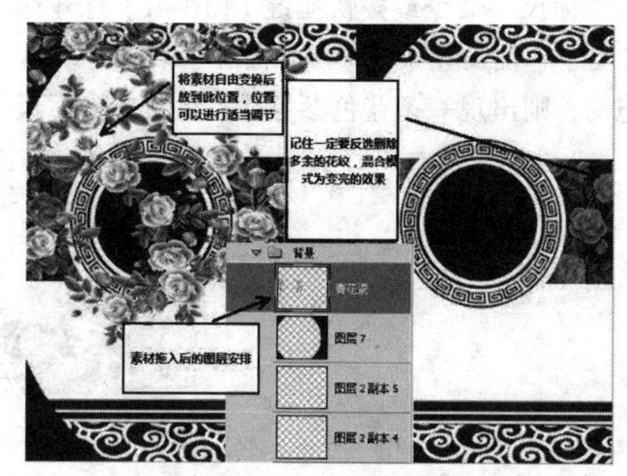


图 6-42　素材图层的安排

**2．文字创建**

（1）选择“横排文字工具”，修改文字的字体和大小，文字颜色为白色。单独建立文字“老”“白”“干”，然后在“老”字图层上添加“描边”图层样式，如图 6-43 所示。描边颜色参数如图 6-44 所示。然后将“老”“白”“干”3 个图层建立链接，如图 6-45 所示。

图 6-43　加入“老白干”字体效果

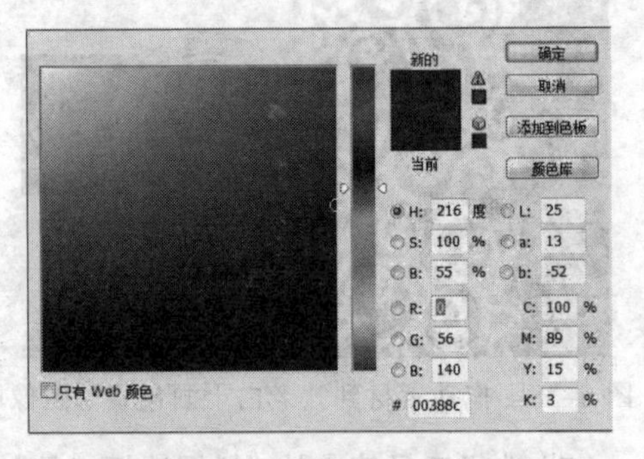


图 6-44　描边颜色参数

（2）同样，单独建立“百年”“老字号”文字。对“百年”文字图层进行“描边”。文字位置如图 6-46 所示。

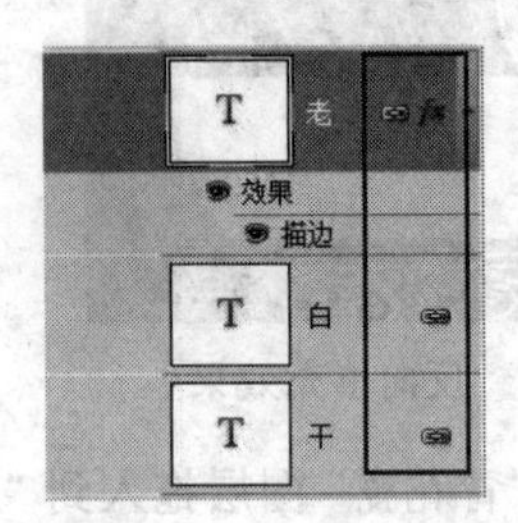


图 6-45　链接图层

图 6-46　所有字体效果

### 3．制作立体包装盒

（1）选择“视图”→“标尺”命令或按快捷键【Ctrl+R】打开标尺，将鼠标指针放在垂直标尺上，右击弹出标尺的尺寸单位设置快捷菜单，将尺寸单位更改为“像素”，如图 6-47 所示。按住鼠标左键不放进行拖动，则出现一条蓝色参考线，将其拖到标尺 460 处，如图 6-48 所示。

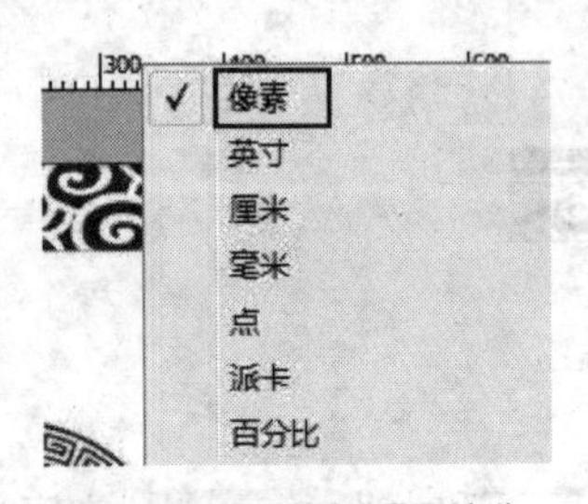


图 6-47　选择标尺单位

图 6-48　标尺线

（2）合并所有图层，使用“矩形选框工具” 框选图 6–48 参考线左边的矩形区域，该区域为包装盒正面图像。右击，选择“通过拷贝的图层”命令，如图 6–49 所示，“图层”面板自动新建一个图层。使用同样的方法复制出包装盒侧面图像，图层排列如图 6–50 所示。

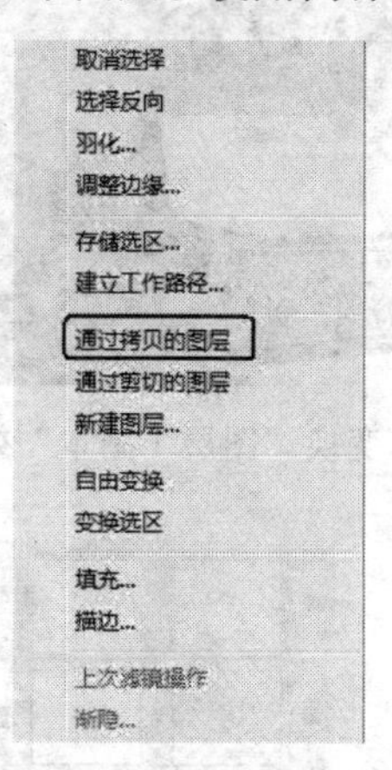


图 6–49　复制框选的区域至新图层

图 6–50　图层排列

（3）选择“图层 1”，选择“编辑”→“自由变换”命令或按快捷键【Ctrl+T】，按住【Ctrl】键不放拖动“图层 1”、“图层 2”中图像的控制点，调整图像成图 6–51 所示的效果。

（4）选择“图层 1”，选择“图像”→“调整”→“曲线”命令，通过“曲线”调节，将包装盒正面提亮，让包装盒更具光感，参数及调节后的效果如图 6–52 所示。

（5）新建“图层 3”，填充蓝白渐变色以便观察下面的制作效果。复制“图层 1”得到“图层 1 副本”，复制“图层 2”得到“图层 2 副本”，图层排列如图 6–53 所示。

图 6–51　调节控制点

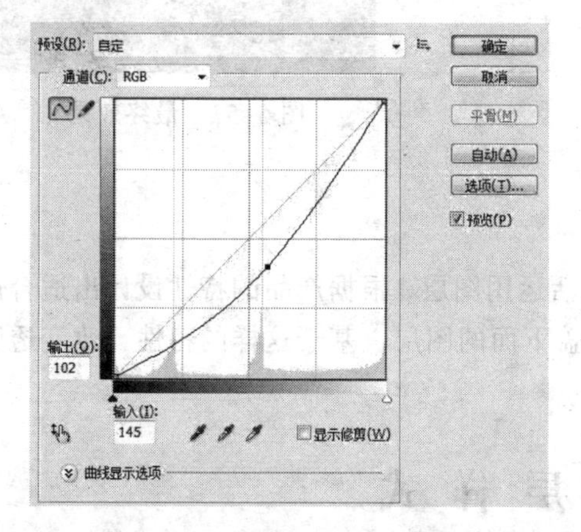

图 6–52　“曲线”命令的参数设置及调整后的效果

（6）选择“编辑”→“自由变换”命令或按快捷键【Ctrl+T】，按住【Ctrl】键不放拖动“图层 1 副本”中的图像控制点，如图 6–54 所示。

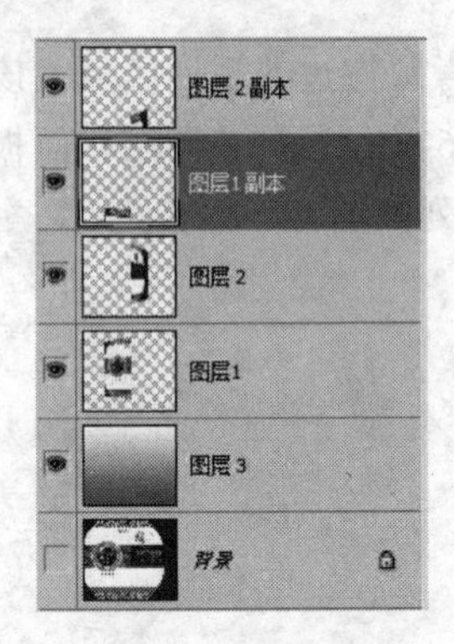


图 6-53　图层排列

图 6-54　自由变换“图层 1 副本”效果

（7）依次选择“图层 1 副本”和“图层 2 副本”图层，然后单击“图层”面板底部的“添加图层蒙版”按钮，图层显示如图 6-55 所示。

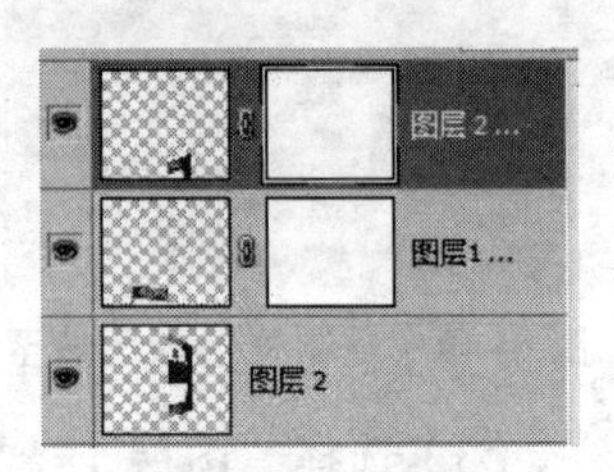


图 6-55　图层变化

（8）选择“渐变工具”，选择蒙版缩略图，并在图像中拖动鼠标，图层变化如图 6-56 所示。此时，原本清晰的图像产生了从清晰到渐渐变淡的效果，用来模拟包装盒受光后出现的倒影图像，让包装盒的立体感更真实。使用同样的方法完成包装盒侧面的倒影效果，最终效果如图 6-57 所示。

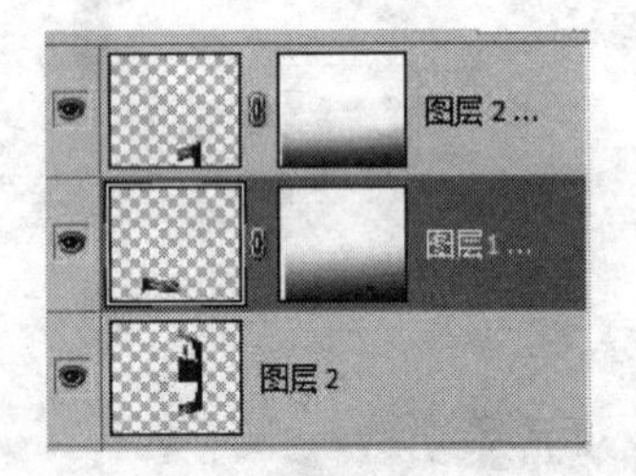


图 5-56　图层的变化

图 5-57　最终效果

## 案例总结

一定要完全理解图层的概念，并且能够灵活运用图层，根据产品的特性设计出适合产品的包装。在运用 Photoshop 时，上面的图层会覆盖下面的图层，基于这样的特性，改变透明度，可以做出很多效果。

# 6.4　图层样式

图层样式是应用于一个图层或图层组的一种或多种效果。在“图层”面板的底部单击“添加图层样式”按钮，在弹出的菜单（见图 6-58）中选择一个命令即可打开“图层样式”对话框，如图 6-59 所示。

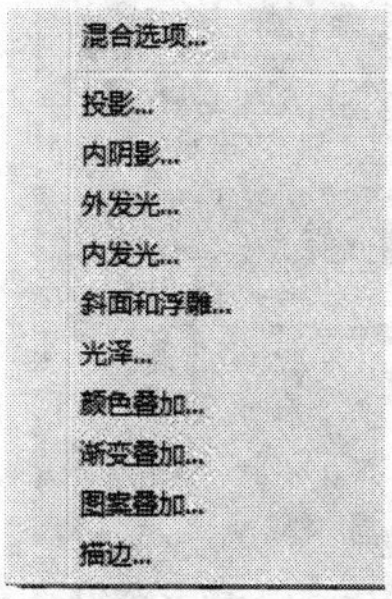

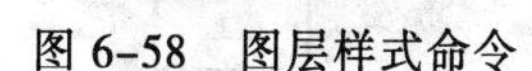

图 6-58 图层样式命令

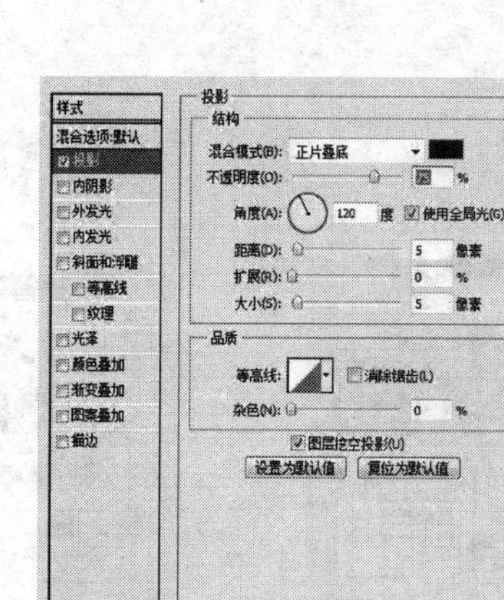


图 6-59 “图层样式”对话框

可以应用 Photoshop 提供的某一种预设样式，或者使用“图层样式”对话框来创建自定义样式。图层效果图标 *fx* 将出现在“图层”面板中添加了样式的图层名称右侧。可以在“图层”面板中展开样式，以便查看或编辑合成样式的效果，如图 6-60 所示。

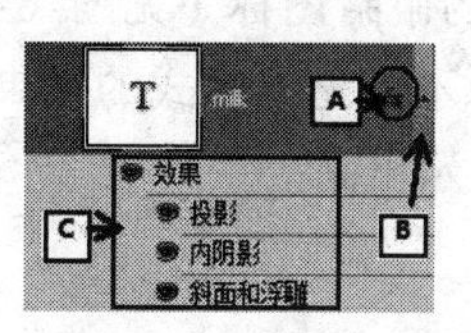


图 6-60 添加图层样式后的“图层”面板状态

A—图层效果图标 B—单击以展开和显示图层效果 C—图层效果

存储自定义样式时，该样式成为预设样式。预设样式出现在“样式”面板中，只需单击一次便可将其应用于图层或组。

可以使用多种方式为图层添加图层样式：

（1）选中图层，然后单击“图层”面板下方的“添加图层样式”按钮 *fx*，选择需要添加的样式，如图 6-61 所示。

（2）在“图层”面板中双击图层缩略图，打开“图层样式”对话框，在其中可以通过选中或取消样式前的复选框添加或者清除样式。

（3）如果要重复使用一个已经设置好的样式，可以在“图层”面板中按住【Alt】键不放，拖动该样式的图标到其他图层上释放，如图 6-62 所示。

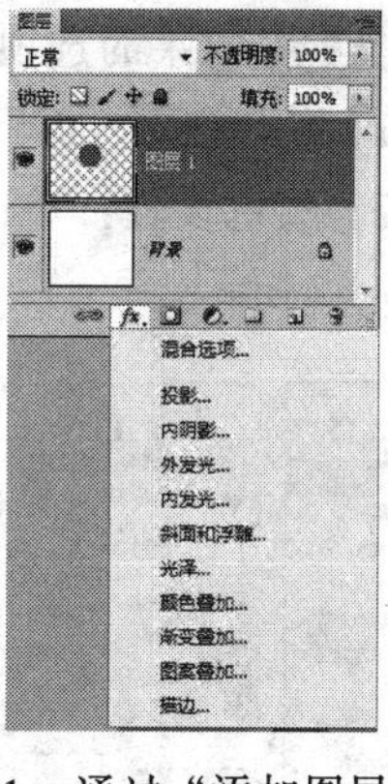

图 6-61 通过“添加图层样式”按钮添加图层样式

选择“图层”→“图层样式”→“拷贝/粘贴样式”命令可以实现同样的效果，不过这种方法只能用于复制一个图层的所有样式，而不能用来复制某一种样式。如果只需要复制一种样式，应该使用拖动的方式。如果要通过拖动的方法复制所有的图层样式，可以按住【Alt】键不放，拖动图层右侧的样式图标来实现，如图 6-63 所示。同样，要删除样式，可以将其直接拖放到“图层”面板底部的删除按钮上。

（4）将“样式”面板中 Photoshop 预定义的样式直接拖动到“图层”面板中的图层上，如图 6-64 所示。

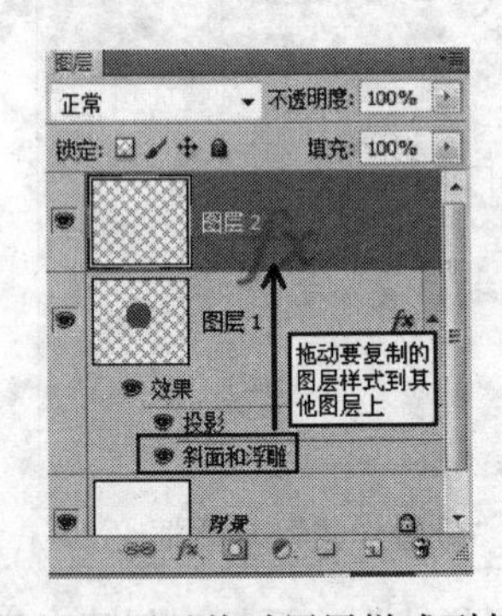


图 6-62 通过拖动图层样式到其他图层上来复制图层样式

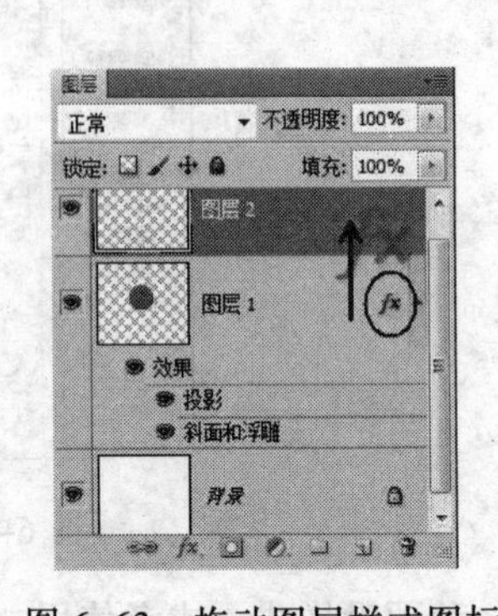


图 6-63 拖动图层样式图标复制图层样式

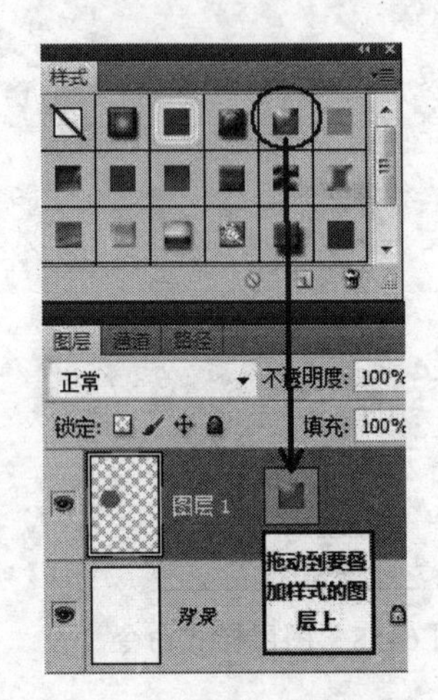


图 6-64 将预定义样式直接拖动到图层上

“图层”面板左侧的眼睛图标（见图 6-65）用来设置样式可见或者不可见，如果设置为不可见，样式的效果将不会显示在图像中，但是可以随时使其重新显示出来。

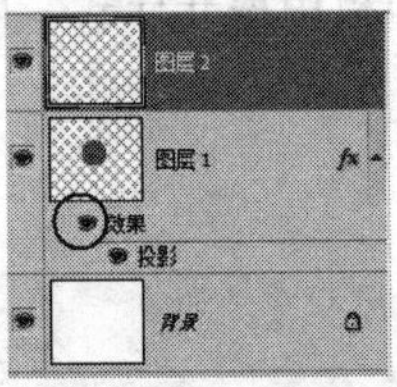

图 6-65 眼睛图标

## 6.4.1 投影效果

添加“投影”效果后，图层下方会出现一个轮廓与图层内容相同的“阴影”，阴影有一定的偏移量，默认情况下会向右下角偏移。阴影的默认混合模式是“正片叠底”，不透明度为 75%，如图 6-66 所示。

“投影”效果的选项有：

（1）混合模式：由于阴影的颜色一般偏暗，因此该项通常被设置为“正片叠底”，不必修改。

（2）颜色设置：单击“混合模式”下拉列表框右侧的颜色框可以对阴影的颜色进行设置，如图 6-67 所示。

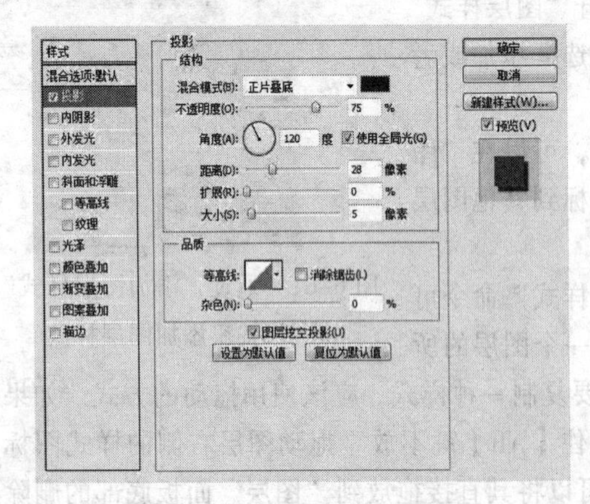


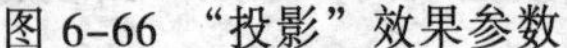

图 6-66 “投影”效果参数

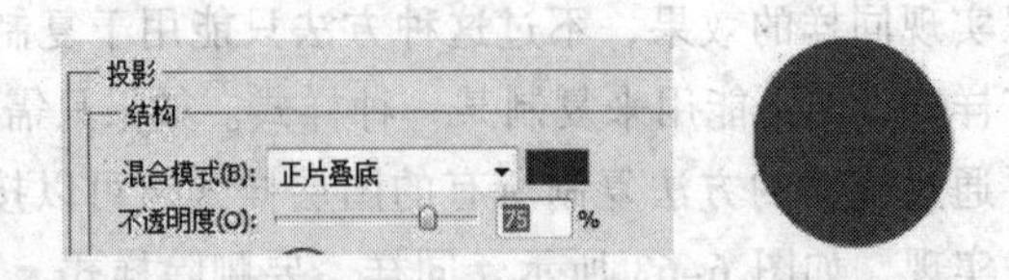


图 6-67 “正片叠底”混合模式下的图像投影效果

（3）不透明度：默认值是 75%，通常不需要调整该值。如果希望阴影的颜色显得深一些，应当增大该值，反之减小该值。

（4）角度：设置阴影的方向，如果要进行微调，可以使用右边的文本框直接输入角度。在圆形指示器中，指针指向光源的方向，显然，相反的方向就是阴影出现的位置，阴影角度的调节如图 6–68 所示，效果如图 6–69 所示。

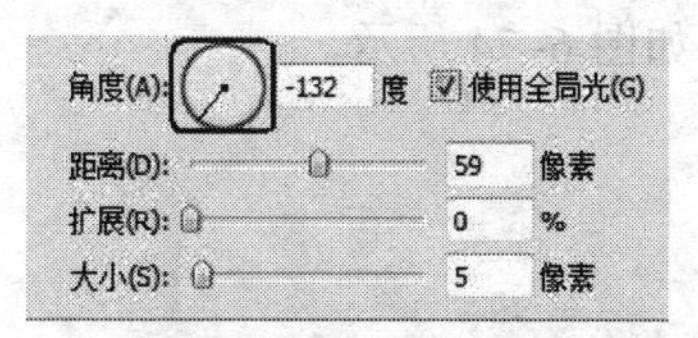


图 6–68　阴影角度的调节

图 6–69　阴影角度的调节效果

（5）距离：是指阴影和图层内容之间的偏移量，该值设置得越大，会让人感觉光源的角度越低，反之越高，就好比傍晚时太阳照射出的影子总是比中午时的长。

（6）扩展：这个选项用来设置阴影的大小，其值越大，阴影的边缘显得越模糊，可以将其理解为光的散射程度比较高（如白炽灯照射），反之，其值越小，阴影的边缘越清晰，如同探照灯照射一样。注意，“扩展”的单位是百分比，具体效果和“大小”相关，“扩展”值的影响范围仅仅在“大小”所限定的像素范围内，如果“大小”值比较小，“扩展”的效果会不是很明显，如图 6–70 所示。

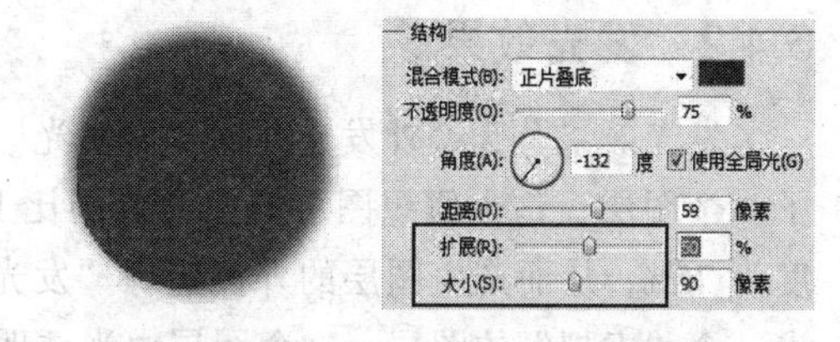


图 6–70　“扩展”参数的调节及效果

（7）大小：这个值可以反映光源距离图层内容的距离。其值越大，阴影越大，表明光源距离图层的表面越近；反之，阴影越小，表明光源距离图层的表面越远。

（8）等高线：等高线用来对阴影部分进行进一步的设置，等高线的高处对应阴影上的暗圆环，低处对应阴影上的亮圆环，可以将其理解为“剖面图”。如果不好理解等高线的效果，可以将“图层挖空投影”复选框取消，就可以看到等高线的效果了。

假设设计一个含有两个波峰和两个波谷的等高线。这时的阴影中就会出现两个亮圆环（白色）和两个暗圆环（红色）。注意，为了使效果更加明显，对投影进行了比较夸张的设置，看上去更像发光效果了，不过事实上仍然是阴影效果，设置及效果如图 6–71 所示。

（9）杂色：对阴影部分添加随机的透明点，效果如图 6–72 所示。

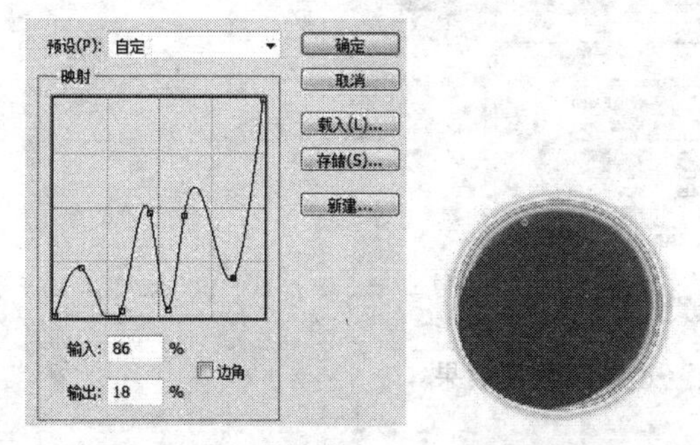


图 6–71　等高线的设置及阴影效果

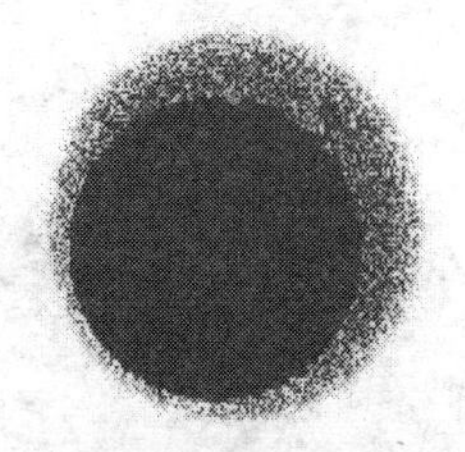

图 6–72　添加杂色后的阴影效果

（10）图层挖空阴影：如果选中这个复选框，当图层的不透明度小于 100%时，阴影部分仍然是不可见的，也就是说使透明效果对阴影失效。例如，将图层的不透明度设置为小于 100%

的值，下面的阴影应该显示出来一部分，但是由于选中了“图层挖空阴影”复选框，阴影将不会被显示出来。通常必须选中这个复选框，道理很简单，如果物体是透明的，它怎么会留下阴影呢？

取消“图层挖空投影”复选框，并将不透明度减小，效果如图 6-73 所示。如果选中“图层挖空投影”复选框，减小不透明度时得到的效果如图 6-74 所示。

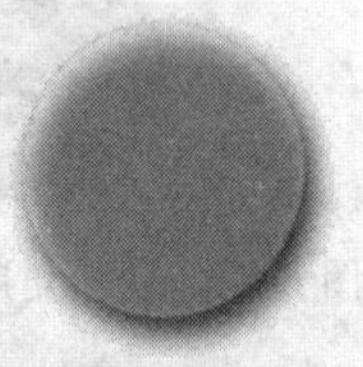

图 6-73 取消“图像挖空投影”复选框的图像效果

图 6-74 选中“图像挖空投影”复选框的图像效果

其他图层样式的参数与“投影”效果相似，之后不再详细叙述，请读者自行尝试。

## 6.4.2 发光效果

发光效果分为“外发光”和“内发光”两种，添加了“外发光”效果的图层好像下面多出了一个图层，这个假想图层的填充范围比上面的略大，默认混合模式为“屏幕”，默认不透明度为 75%，从而产生图层的外侧边缘“发光”的效果。添加了“内发光”样式的图层上方会多出一个“虚拟”的图层，这个图层由半透明的颜色填充，沿着下面图层的边缘分布。“内发光”就像一个内侧边缘安装有照明设备的隧道的截面。

## 6.4.3 斜面和浮雕效果

“斜面和浮雕”可以说是 Photoshop 图层样式中最复杂的，其中包括内斜面、外斜面、浮雕、枕形浮雕和描边浮雕，虽然每一种包含的设置选项都是一样的，但是制作出来的效果却大相径庭，在此不再详述，仅给出示例图请读者尝试，如图 6-75 所示。

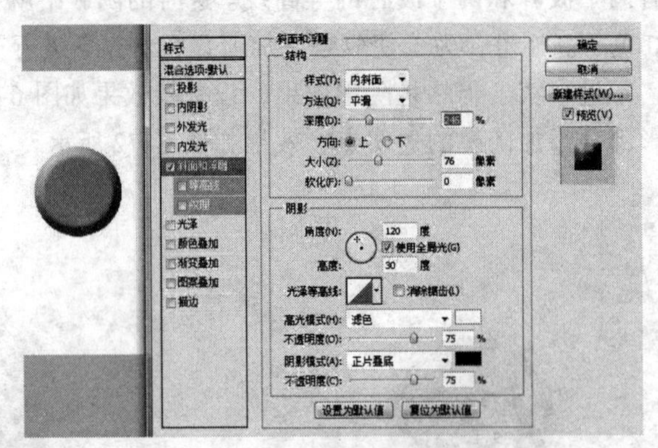


图 6-75 “斜面和浮雕”效果参数及效果

## 6.4.4 光泽效果

“光泽”效果的选项虽然不多，但是很难准确把握，微小的设置差别会导致截然不同的效果。“光泽”样式用来在图层的上方添加一个波浪形效果。也可以将“光泽”效果理解为光线照射下反光度比较高的波浪形表面（如水面）呈现出来的效果，参数如图6-76所示。

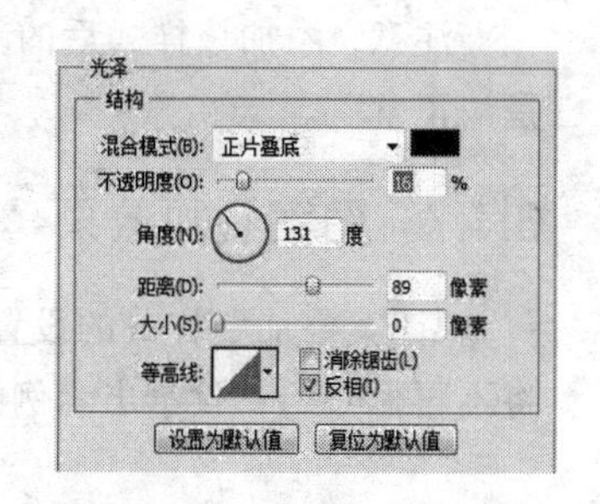


图6-76　“光泽”效果参数

“光泽”效果之所以容易让人琢磨不透，主要是其效果会和图层的内容直接相关，也就是说，图层的轮廓不同，添加“光泽”样式之后产生的效果完全不同（即便参数设置完全一样）。如果图层中的内容是一个圆，添加光泽样式后效果可能如图6-77所示；将同样的样式赋予一个内容为矩形的图层时，效果如图6-78所示；而如果赋予一个外形不规则的图层，效果更加特别，如图6-79所示。

图6-77　圆形添加“光泽”效果后的效果

图6-78　矩形添加“光泽”效果后的效果

图6-79　不规则图形添加“光泽”效果后的效果

通过不断调整这几种图形的设置值，可以逐渐发现“光泽”样式的规律：有两组外形轮廓和图层的内容相同的多层光环彼此交叠构成了光泽效果。

## 6.4.5　描边效果

“描边”样式很直观简单，就是沿着图层中非透明部分的边缘描边，这在实际应用中很常见，如图6-80所示。案例1中的酒包装中的“老”“百年”文字就是使用“描边”效果完成的。

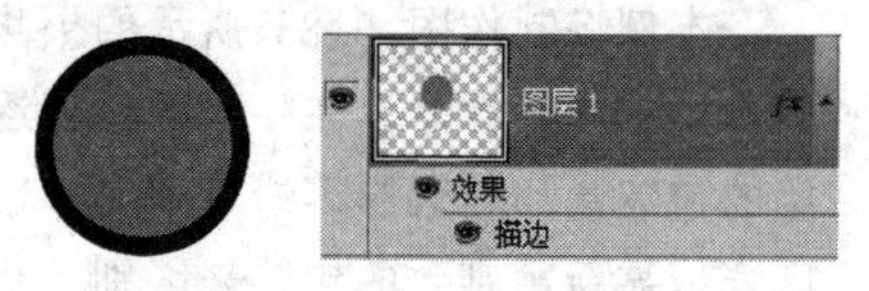


图6-80　“描边”效果

## 6.4.6　颜色叠加效果

这是一个很简单的样式，其作用相当于为图层着色，也可以认为这个样式在图层的上方加了一个混合模式为“正常”、不透明度为100%的“虚拟”图层。

例如，为一个图层添加“颜色叠加”样式，并将叠加的颜色设置为红色，不透明度设置为37%，可以得到图6-81所示的效果。

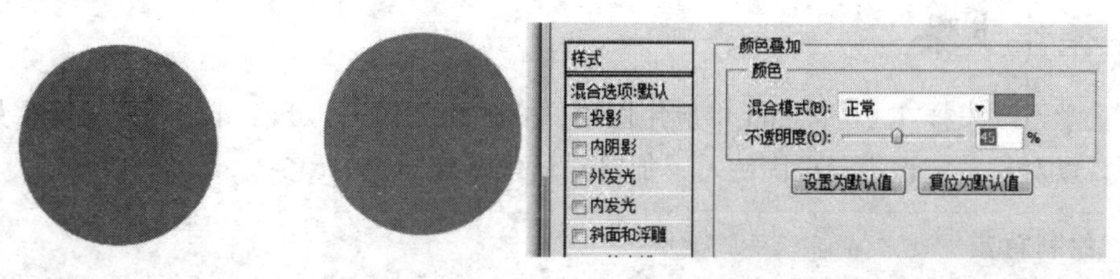


原始颜色　　叠加颜色后的效果

图6-81　图像添加“颜色叠加”样式前后效果对比

注意，添加该样式后的颜色是图层原有颜色和“虚拟”图层颜色的混合（这里的混合模式是“正常”）。

### 6.4.7 图案叠加效果

“图案叠加”样式的设置方法和前面“斜面和浮雕”样式的“纹理”效果完全一样，这里将不再做介绍，仅给出示例图片，如图 6-82 所示。

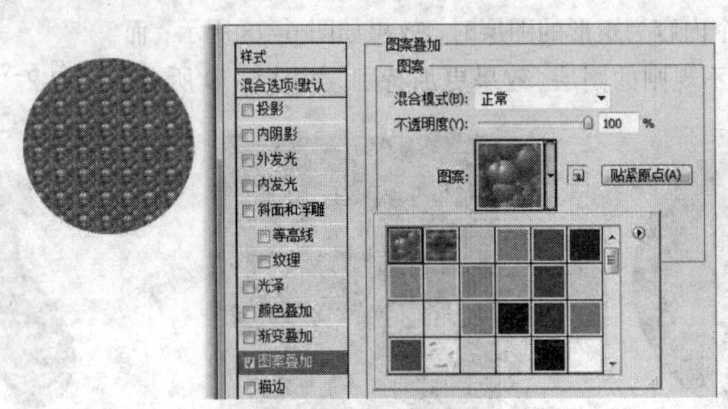


图 6-82 “图案叠加”参数及效果

## 本章案例 2 果味牛奶包装设计

### 案例描述

本例将制作图 6-83 所示的果味牛奶包装。牛奶是生活中的常见饮品，在牛奶的口味逐渐趋同的时代，牛奶的包装盒却是五彩缤纷、绚丽多彩，越来越多的牛奶厂家依靠新颖别致的包装来区别于货架上的同类产品。下面就来制作牛奶包装盒吧。

图 6-83 果味牛奶包装设计

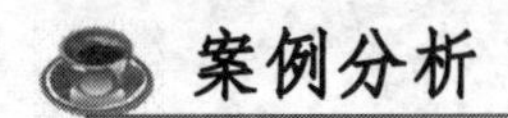

### 案例分析

该案例主要色调为粉红色等鲜明的颜色，因为是“果味”牛奶，这里选用了草莓，加上纯白的牛奶、粉红的背景，让人看到就会感受到草莓香甜、牛奶顺滑的口感。通过图层样式的应用，让包装富有立体感。

### 操作步骤

以上学习了怎样在 Photoshop 中应用图层样式的相关知识，下面开始制作果味牛奶包装设计实例，以对相关知识进行巩固练习，加深对所学基础知识的印象。

#### 1. 绘制背景

（1）选择“文件”→“新建”命令新建一个文件，命名为“果味牛奶包装”。将标尺显示出来（快捷键【Ctrl+R】），拉出一条蓝色的垂直参考线到画布中间位置（一定要计算好画布的大小），然后新建一个图层，选择工具箱中的“渐变工具”，填充渐变，效果如图 6–84 所示。

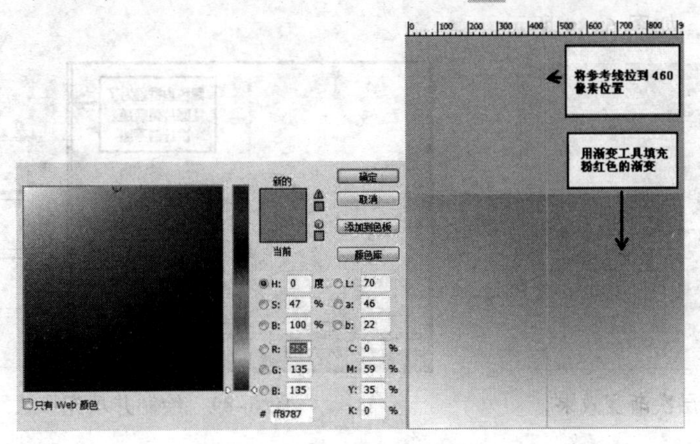


图 6–84　渐变填充效果

（2）新建一个图层，选择工具箱中的“钢笔工具”，在画布上绘画出一个弯曲的图形，如图 6–85 所示。然后选择工具箱中的“路径选择工具”，右击路径，选择“建立选区”命令，如图 6–86 所示。单击“确定”按钮。

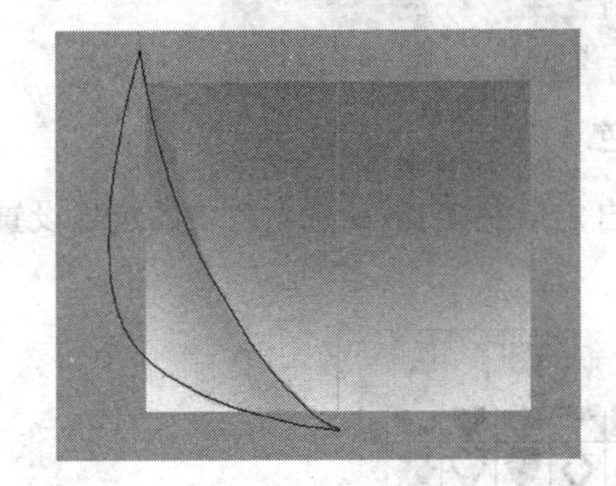

图 6–85　用“钢笔工具”绘画出的图形

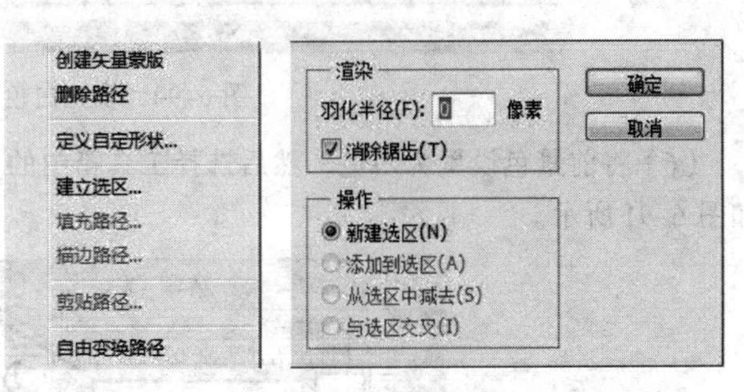


图 6–86　建立选区

（3）选择工具箱中的“渐变工具”，打开渐变编辑器，更改渐变颜色为深一些的粉红色，选择由粉红到透明渐变。然后用鼠标在画布上进行拖动对选区进行渐变填充，如图 6–87 所示。

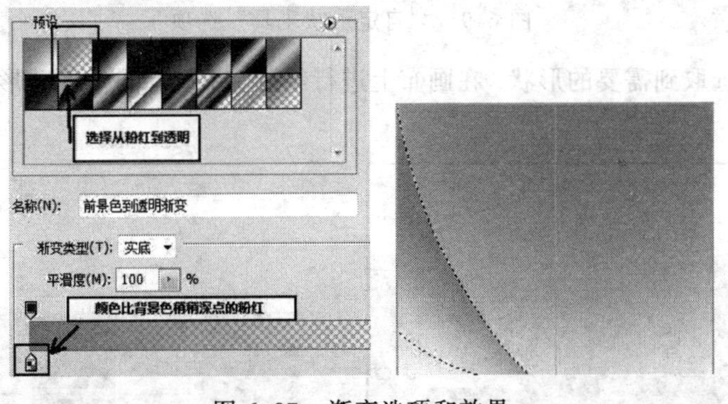


图 6–87　渐变选项和效果

（4）将此图层复制出两个，然后叠放在一起，进行自由变换，做出一个多层次的渐变效果，如图 6–88 所示。

（5）新建一个图层，分别选择“椭圆选框工具”和“矩形选框工具”，在此图层上选取后填充颜色，如图 6-89 所示。

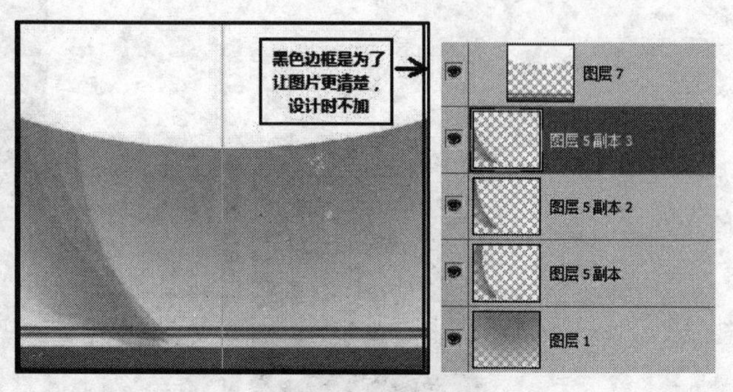


图 6-88　多层次渐变效果　　　　图 6-89　绘制并填充形状

在画布下面，我们发现横条纹的空隙处会透出下面不规整的图形。此时要用“矩形选框工具”选取后，填充白色，如图 6-90 所示。

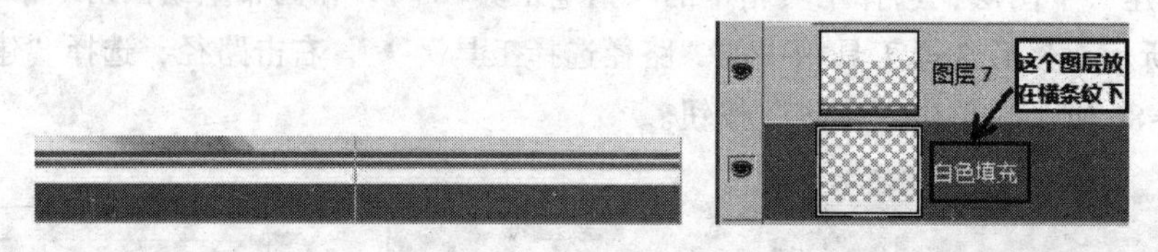


图 6-90　填充白色底色

（6）将前景色设置为白色，然后选择工具箱中的“自定形状工具”，选项栏中的选项设置如图 6-91 所示。

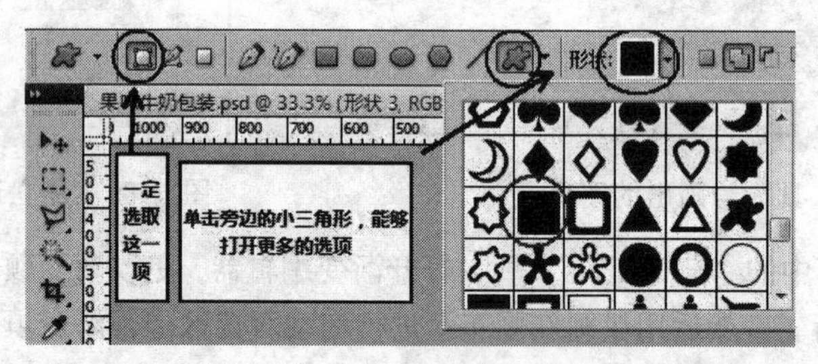


图 6-91　“自定形状工具”选项

然后就可以选取到需要的形状，在画布上进行绘画，系统会自动新建形状图层，如图 6-92 所示。

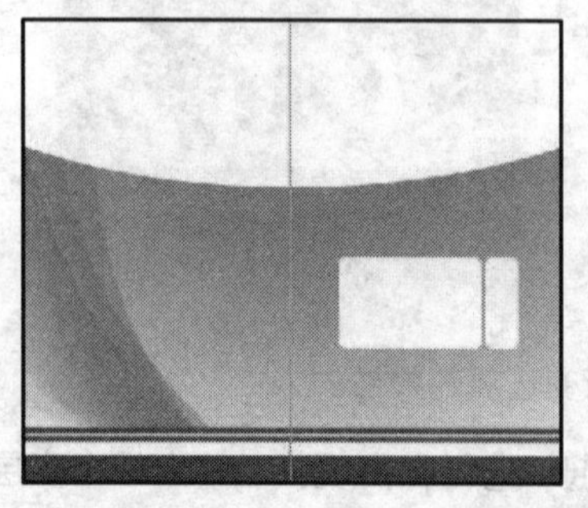

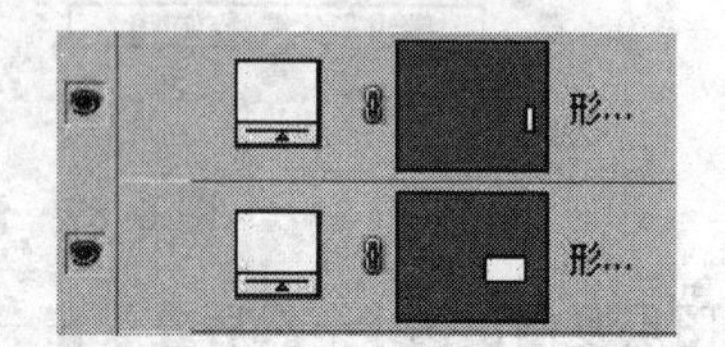


图 6-92　绘画效果和形状图层

（7）新建一个图层，将前景色设置为与画布边框一样的深粉红色，然后调节“画笔工具”为没有毛边的画笔，画笔大小为 10 像素。选择“钢笔工具”，此时要注意在选项栏上单击“路径”按钮，然后在画布上绘出一条圆弧线，如图 6–93 所示（绘画不对时，可以用“直接选择工具”调整锚点进行修改）。右击路径，选择“描边路径”命令进行描边，最后删除路径，如图 6–94 所示。

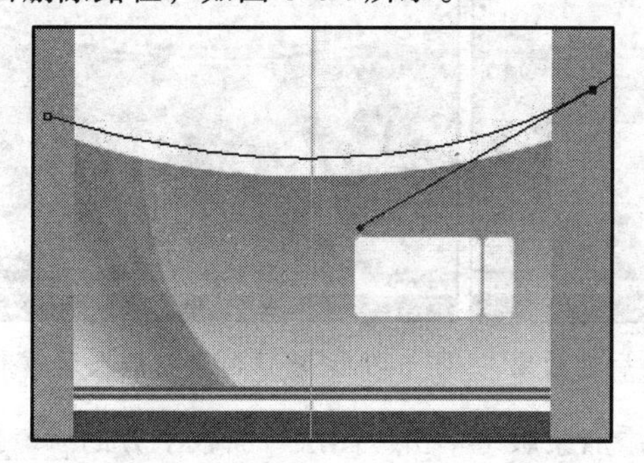

图 6–93　用“钢笔工具”绘圆弧线

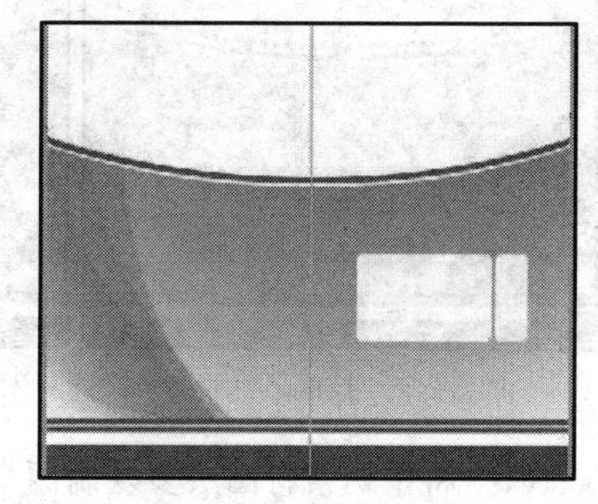

图 6–94　绘画后的效果

（8）新建一个图层，选择工具箱中的“画笔工具”，将前景色改为与画布边框一样的深粉红，然后调节画笔为没有毛边的画笔，画笔大小为 10 像素，打开“画笔”面板，如图 6–95 所示。更改画笔参数，如图 6–96 所示。

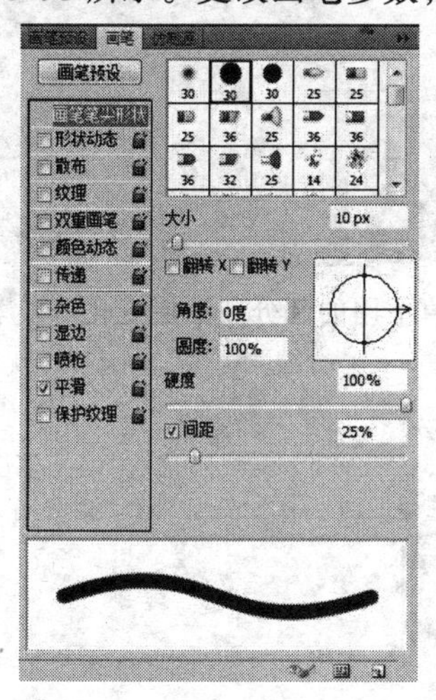


图 6–95　“画笔”面板

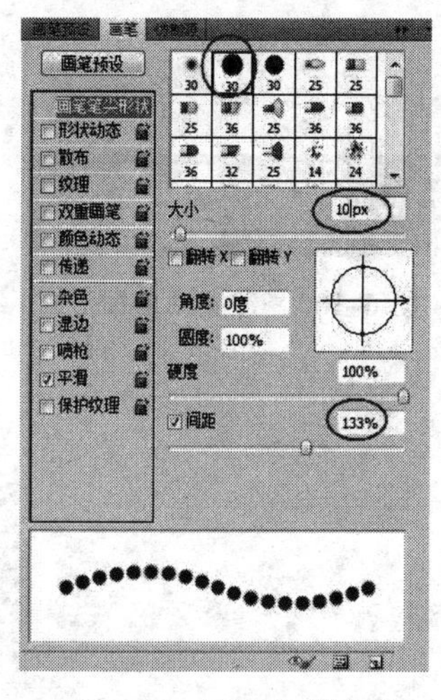


图 6–96　更改画笔参数

（9）选择“钢笔工具”，在画布上绘曲线，然后进行描边。选择“椭圆选框工具”，选取一个区域填充为深粉红色。选取绘制的所有背景图层，按快捷键【Ctrl+G】建立组，命名为“背景纹路” 背景纹路 。背景绘画效果如图 6–97 所示。

**2．导入素材**

（1）在“图层”面板下方单击按钮，建立一个组，命名为“素材” 素材 ，打开“第 6 章”素材文件夹中的 006、007 素材，然后将素材拖入“果味牛奶包装”的名为“素材”的图层组中，然后进行自由变换（按快捷键【Ctrl+T】），改变素材的位置和大小，效果如图 6–98 所示。

（2）打开“第 6 章”素材文件夹中的 005 素材，将素材中的草莓拖入“果味牛奶包装”的名为“素材”的图层组中，调整草莓素材图层的在图像中的位置，让牛奶可以挡住一部分的草莓，效果如图 6-99 所示。

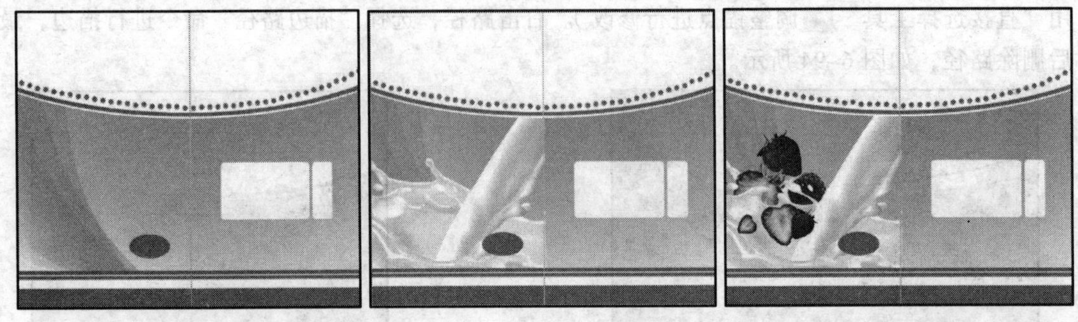

图 6-97　背景绘画效果　　图 6-98　导入素材后的效果　　图 6-99　将草莓素材放入后效果

（3）将牛奶素材图层多复制两个，然后为图层添加蒙版（单击“图层”面板下方的 按钮），如图 6-100 所示。将前景色改为黑色，选择蒙版缩略图，在画布上用画笔涂抹掉不用的部分，如图 6-101 所示。调整图层的叠放次序，最后的效果如图 6-102 所示。

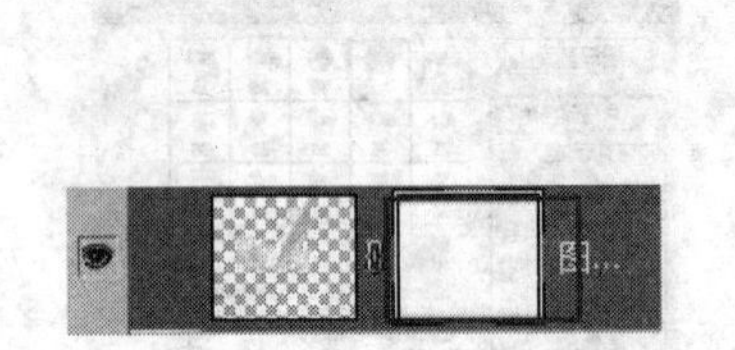

图 6-100　建立图层蒙版

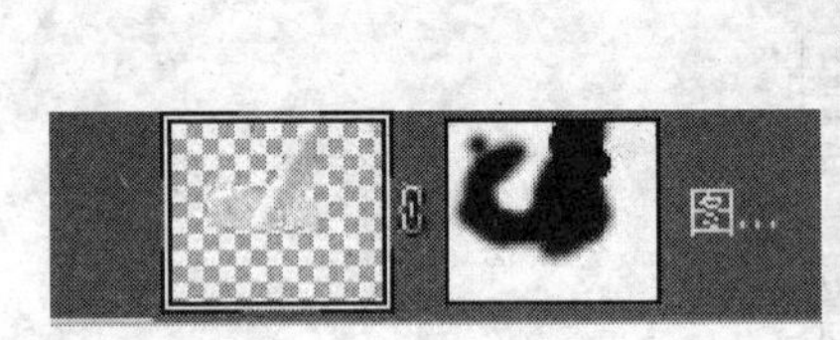

图 6-101　运用画笔涂抹掉不用的部分和图层变化

图 6-102　调整图层上下位置关系

### 3．建立文字

（1）选择工具箱中的“横排文字工具” T ，改变字体和大小，单独建立“草”“莓”“牛”“奶”4 个字，然后在“草”字图层上添加图层样式“斜面和浮雕”，参数设置如图 6-103 所示。然后将鼠标指针放在“草”图层的图层样式上，按住【Alt】键不放，分别复制图层样式到“莓”“牛”“奶”图层上，如图 6-104 所示。

（2）选择“钢笔工具”，在图像中创建文字路径，在工具箱中选择“横排文字工具”T，用鼠标单击路径，出现闪烁的输入光标。直接输入文字，如图 6–105 所示。完成后按【Ctrl+Enter】组合键确认。

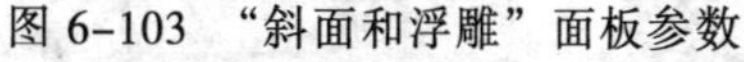


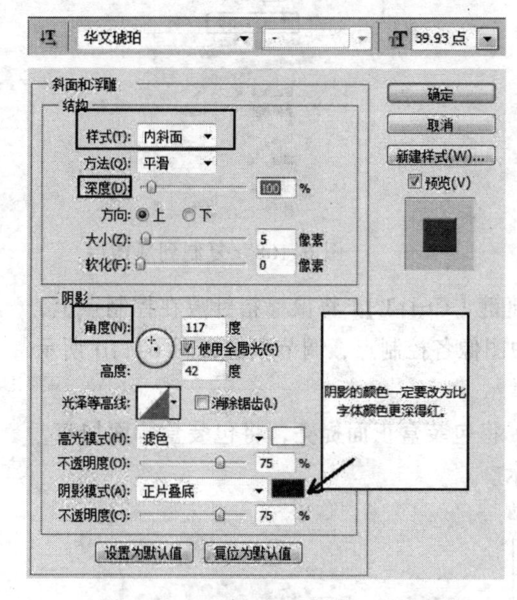


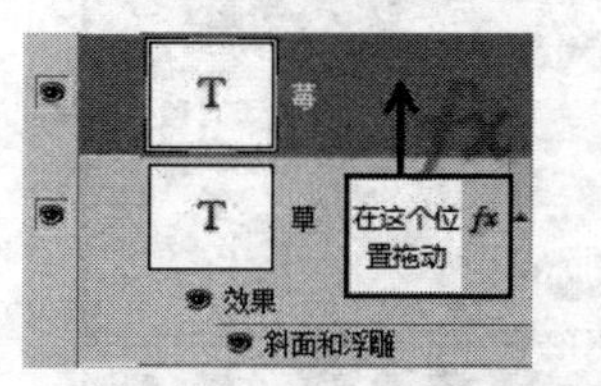

图 6–104　复制图层样式和最后的文字效果

图 6–103　“斜面和浮雕”面板参数

图 6–105　建立路径文字

（3）使用“横排文字工具”T 输入 MILK 字样，然后为图层添加图层样式，如图 6–106 所示。注意投影、内阴影、斜面和浮雕的选项，颜色一定要改成比文字深的红颜色。

图 6–106　MILK 文字制作

（4）打开“第 6 章”素材文件夹中的 004 素材，在“图层”面板中找到需要的草莓图层，然后直接拖入“果味牛奶包装”文件中，注意此图层要放在所有图层的顶端。最后在工具箱中选择“横排文字工具”T，分别建立各文字，让画面更为丰富。注意，添加文字的时候，可以改变文字的字体和大小。添加文字后的效果如图 6–107 所示。

### 4. 制作立体包装盒

（1）合并所有图层，使用矩形选框工具框选左侧矩形区域，该区域为包装盒正面图像。右击，选择“通过拷贝的图层”命令，如图 6–108 所示，“图层”面板自动新建一个图层。使用同样的方法复制出包装盒侧面图像，图层排列如图 6–109 所示。

图 6-107 文字和背景完成效果

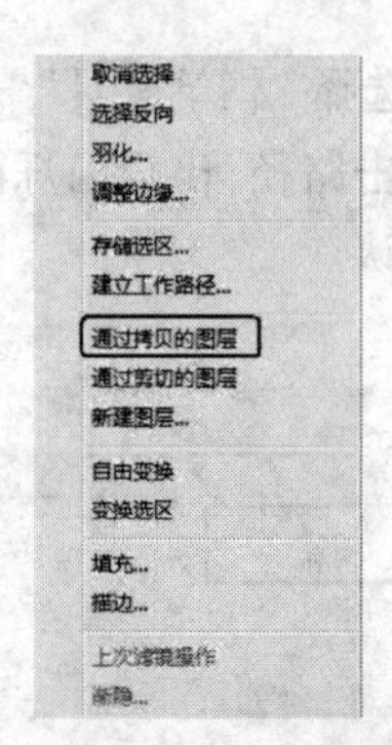


图 6-108 复制到新图层

（2）选择“编辑”→“自由变换”命令或按快捷键【Ctrl+T】，将鼠标指针放在控制点上，按住【Ctrl】键不放分别拖动“图层 1”、“图层 2”中图像各控制点，调节图像成图 6-110 所示的形状。

（3）选择“图像”→“调整”→“曲线”命令，将包装盒正面提亮，将包装盒侧面加暗，让包装盒更具立体感，调节后的效果如图 6-111 所示。

图 6-109 图层状态

图 6-110 自由变换效果

图 6-111 改变正、侧面色调

（4）新建“图层 3”，填充蓝白渐变色，以便观察下面的制作效果。复制“图层 1”得到图层“图层 1 副本”，复制“图层 2”得到“图层 2 副本”，图层排列如图 6-112 所示。

（5）选择“编辑”→“自由变换”命令或按快捷键【Ctrl+T】，按住【Ctrl】键不放拖动“图层 1 副本”中图像各控制点，如图 6-113 所示。

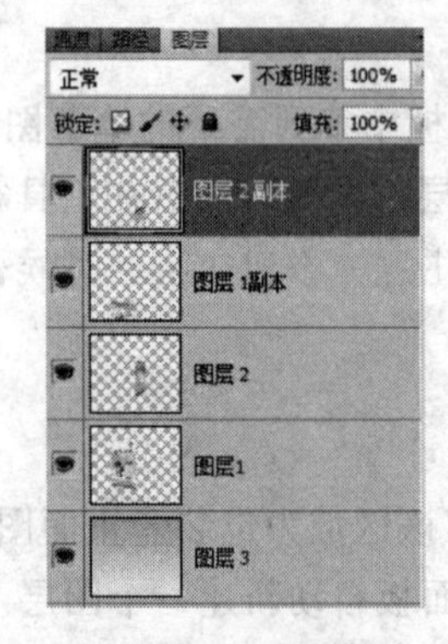


图 6-112 图层排列

图 6-113 自由变换“图层 1 副本”效果

（6）选择“图层 1 副本”，然后单击“图层”面板下方的“添加图层蒙版”按钮，图层上显示出蒙版缩略图，如图 6-114 所示。

（7）选择“渐变工具”，在图层蒙版中填充渐变，图层变化如图 6-115 所示。此时，原本清晰的图像产生了从清晰到渐渐变淡的效果，用来模拟包装盒受光后投射出的投影，让包装盒的立体感更真实。使用同样的方法，完成包装盒侧面的投影效果，最终效果如图 6-116 所示。

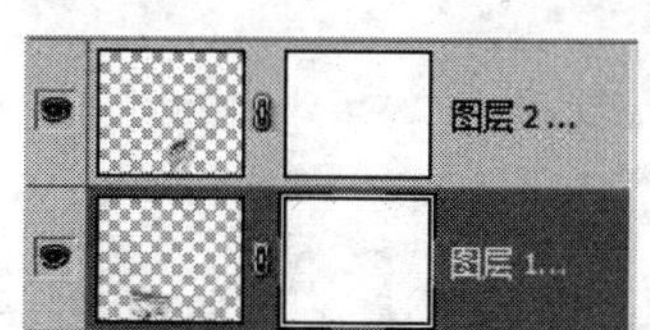

图 6-114　添加图层蒙版

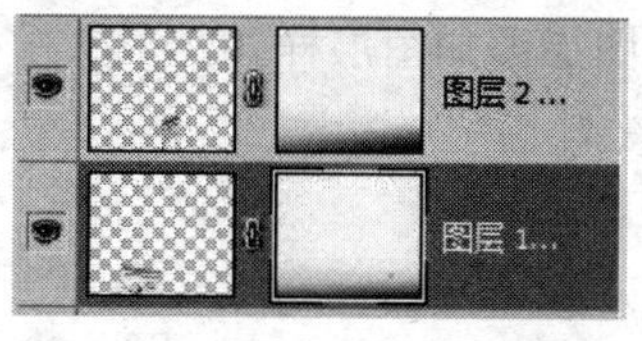


图 6-115　填充渐变

图 6-116　最终效果

## 案例总结

本产品是“果味牛奶”，这里以草莓为主题，当人们提到草莓的时候，就会想起草莓的可爱和酸酸甜甜的感觉，所以用粉红色作为主色调。在本案例中学习了添加图层样式，图层样式有很多种，每种图层样式调试出来的效果都不会一样，所以一定要每种都试一试，以后在设计的时候制作速度才会快。

# 本章理论习题

**1．填空题**

（1）商品包装设计有三大特征：________，________，________。

（2）商品包装设计有三大原则：________，________，________。

（3）当运用“自由变换”时，按住________键才能执行自由变换。

（4）将一个图层中的图层样式复制另一个图层中，需要按住________键才能进行复制，否则只能是移动。

**2．选择题**

（1）在对齐图层的选项中，（　　）图标是将所选图层上的底端像素对齐，或与选区边界的底边对齐。

A.　　B.　　C.　　D.

（2）为图层添加图层样式是（　　）图标。

A.　　B. *fx*　　C.　　D.

（3）将多个图层建立成一个组，快捷键是（　　）。

A．Ctrl+G　　B．Ctrl+M　　C．Ctrl+T　　D．Ctrl+B

（4）[icon]图标用于（　　）。

A．建立选区　　B．添加图层蒙版

C．添加图层样式　　D．替换颜色

**3．简答题**

（1）简述商品包装的三大原则。

（2）简述商品包装设计的类型有哪些。

（3）简述商品包装设计的特征。

（4）简述可以使用哪几种方式为图层添加图层样式。

# 第 7 章　路径的应用与网页按钮、导航栏设计

随着时代的进步和社会的发展，互联网走入千家万户，人们越来越多地使用互联网，使得网页设计越来越重要，越来越注重个性化、独特化的形式美外观，用简练的元素、独特的创意传递人们心中的意愿。

本章知识重点：

- 路径的概念
- “钢笔工具”的使用
- 路径的填充
- 路径的描边

## 7.1　网页按钮、导航栏设计的类型、特征与设计原则

#### 1. 网页按钮

网页按钮一般分为几种：一种是以文本内容为主的按钮，一种是以图案为主的按钮，还有综合使用文字和图案的按钮。

#### 2. 导航栏设计的类型

导航栏的风格多种多样，有顶部水平栏导航、竖直/侧边栏导航、选项卡导航、面包屑导航、标签导航等。

#### 3. 导航栏设计的特征

顶部水平栏导航的一般特征：导航项是文字链接，按钮形状，或者选项卡形状，水平栏导航通常直接放在邻近网站 logo 的地方。

侧边栏导航的一般特征：很少使用选项卡（除了堆叠标签导航模式），竖直导航菜单经常含有很多链接。

选项卡导航的一般特征：样式和功能都类似真实世界的选项卡（就像在文件夹、笔记本等中看到的一样），一般是水平方向的，但也有竖直的（堆叠标签）。

面包屑导航的一般特征：一般格式是水平文字链接列表，通常在两项中间伴随着左箭头以指示层次关系，从不用于主导航

标签导航的一般特征：标签是以内容为中心的网站（博客和新闻网站）的一般特性，仅有文字链接，当处于标签云中时，链接通常大小各异，以标识流行度，经常被包含在文章的元信息中。

#### 4. 导航栏的设计原则

网站导航栏在设计上通常遵循一些基本的原则：

（1）尽可能多地提供相关资源的链接。

（2）一致性原则。

（3）网站板块和层次划分合理。

（4）图形、符号既要简练、概括，又要讲究艺术性。

（5）色彩要单纯、强烈、醒目。

## 7.2 认识路径

完整地认识路径需要从路径的概念、路径的要素、“路径”面板这三大方面入手。下面分别进行介绍。

### 7.2.1 路径的概念

在学习路径之前，先来了解什么是路径。路径是由一个或多个线段勾勒出来的物体轮廓线。路径只是图像处理的一种辅助性轮廓，并不是一个真实的图像。图 7–1 所示为“路径”面板。路径一般只是用于图像的描边、填充及选区的转化。

### 7.2.2 路径的要素

路径包括锚点、线段、控制柄，如图 7–2 所示。

图 7–1 “路径”面板

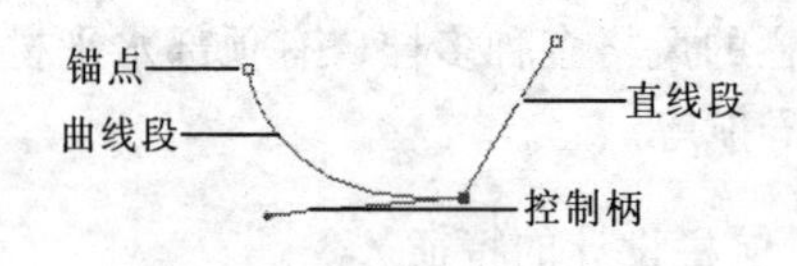


图 7–2 路径的基本元素

（1）锚点：路径中每条线段两端的点称为锚点，由小正方形表示，黑色实心的小正方形表示当前选择的锚点。锚点有平滑点和拐点两种，平滑点是平滑连接两条线段的锚点；拐点是非平滑连接两条线段的锚点。而白色空心小正方形表示未选中的锚点。

（2）线段：一条路径是由多条线段依次连接而成的，线段分为直线段和曲线段。

（3）控制柄：当选择一个锚点后，在该锚点上会显示 0～2 条控制柄，拖动控制柄一端的菱形就可以修改与之关联的线段的形状和曲率。

### 7.2.3 “路径”面板

选择“窗口”→“路径”命令，可弹出“路径”面板，如图 7–3 所示。

（1）路径缩略图：用于显示该路径的预览图，用户可以从中观察到路径的大致形状。

（2）当前路径：面板中以蓝色显示的路径为当前工作路径，用户所做的操作都是针对当前路径的。

（3）路径名称：显示该路径的名称，用户可以修改路径名称。

（4）“用前景色填充路径”按钮：单击该按钮，可以用前景色填充当前路径。填充的对象包括当前路径的所有子路径以及不连续的路径线段（开放的路径除外）。

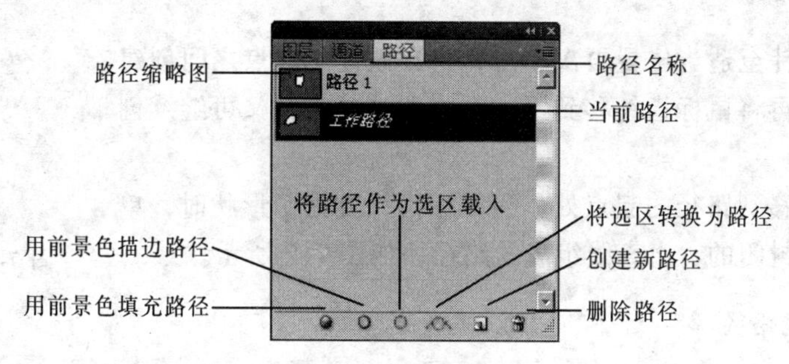


图 7-3　路径面板

（5）“用前景色描边路径”按钮：单击该按钮，将使用“画笔工具”和当前前景色为当前路径描边，用户也可使用其他绘图工具对路径进行描边。

（6）“将路径作为选区加载”按钮：单击该按钮，可以将当前路径转换成选区，并可进一步对选区进行编辑。

（7）“将选区转为路径”按钮：单击该按钮，可以将当前选区转换成路径。

（8）“创建新路径”按钮：单击该按钮，将建立一个新路径。

（9）“删除路径”按钮：单击该按钮，将删除当前路径。

**小技巧**

需要复制路径时，拖动“路径”面板中需要复制的路径至面板下方的“创建新路径”按钮上，Photoshop 将自动复制所选路径。

## 7.3　创建路径

路径是由一些带有锚点的线段组成的，那这些锚点和线段又是由什么来创建的呢？在 Photoshop 中，创建路径的工具主要有“钢笔工具”“自由钢笔工具”（见图 7-4）和形状工具（见图 7-5）；编辑路径工具主要有“添加锚点工具”“删除锚点工具”“转换点工具”（见图 7-4）及“路径选择工具”“直接选择工具”（见图 7-6）。

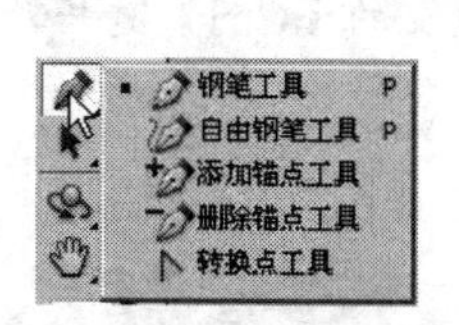


图 7-4　钢笔工具

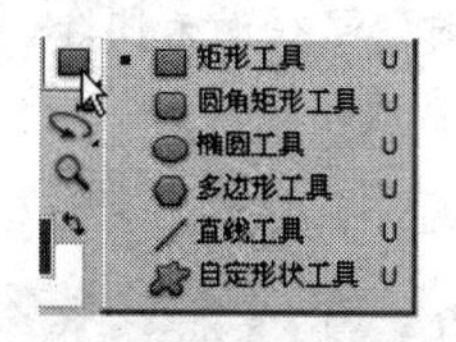


图 7-5　形状工具

图 7-6　路径选择工具

### 7.3.1　钢笔工具

“钢笔工具”用来绘制直线或曲线路径。单击“钢笔工具”按钮，在图像中单击即可放置一个锚点，在不同的位置再次单击，便会产生一个新的锚点，两个锚点之间会产生一条线段。根据锚点的不同，可以绘制多种类型的路径。

### 1. 绘制直线路径

单击工具箱中的“钢笔工具”按钮，在图像窗口中的适当位置处单击创建直线路径的起点，即第一个锚点。

移动鼠标指针至适当位置再次单击，将在该处与起点之间创建一条直线路径。再将鼠标指针移到下一个位置处单击，又可继续创建一条直线路径。

将鼠标指针移到路径的起点处，当鼠标指针变为形状时，单击即可创建一条封闭的、由直线组成的路径，如图 7-7 所示。

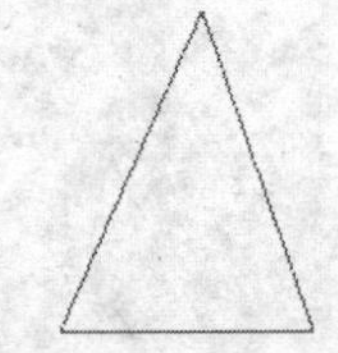

图 7-7 创建直线路径

### 2. 绘制曲线路径

单击工具箱中的“钢笔工具”按钮，在窗口中单击创建第一个锚点，按住鼠标左键并拖动该锚点，将从起点处建立一条方向线，如图 7-8 所示。

释放鼠标后将鼠标指针移到另一位置后单击并拖动，创建路径的第二个锚点，释放鼠标，在起点与第二个锚点间即可创建一条曲线路径，如图 7-9 所示。将鼠标光标移到路径的起点处，待鼠标光标变为形状时，单击即可创建一条封闭的曲线路径，如图 7-10 所示。

图 7-8 绘制曲线路径步骤 1

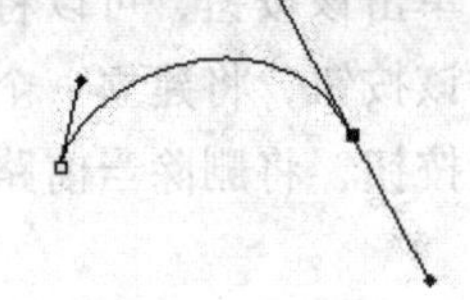

图 7-9 绘制曲线路径步骤 2

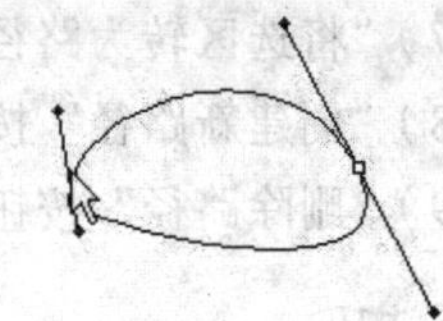

图 7-10 绘制曲线路径步骤 3

## 7.3.2 自由钢笔工具

“自由钢笔工具”主要用于绘制随意的曲线路径。使用“自由钢笔工具”绘制路径的方法与使用“套索工具”绘制选区相似。在图像上按住鼠标左键并拖动，拖动的轨迹就是路径的形状。拖动鼠标绘制所需要的形状后，将鼠标指针移至起点处，在鼠标指针变成形状后，释放鼠标，即可创建所需要的路径。

**小技巧**

使用“自由钢笔工具”绘制路径时，路径尚未闭合，按住键盘上的【Ctrl】键并释放鼠标，可以直接从当前位置至路径起点生成直线闭合路径。

在“自由钢笔工具”选项栏中注意“磁性的”复选框的勾选，如图 7-11 所示。

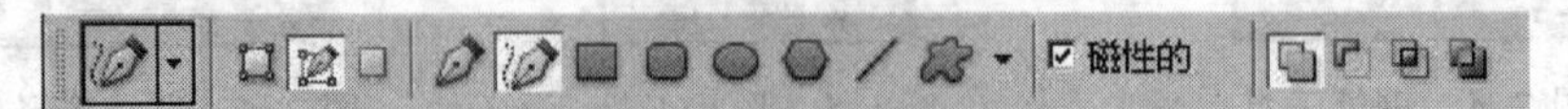


图 7-11 “磁性的”复选框

打开本书配套光盘“素材\第 7 章”目录下的 001 文件，如图 7-12 所示。选中“磁性的”复选框，“自由钢笔工具”会变成磁性钢笔工具。磁性钢笔工具可以绘制与图像中区域的边缘对齐的路径，如图 7–13 所示。

图 7–12　001 素材

图 7–13　用磁性钢笔工具绘制的路径

使用磁性钢笔工具时，注意钢笔选项中的“频率”参数，如图 7–14 所示。“频率”参数用来控制磁性钢笔生成锚点的密度，其取值范围为 0～100。频率越高，生成的锚点越多，产生的路径越精确。

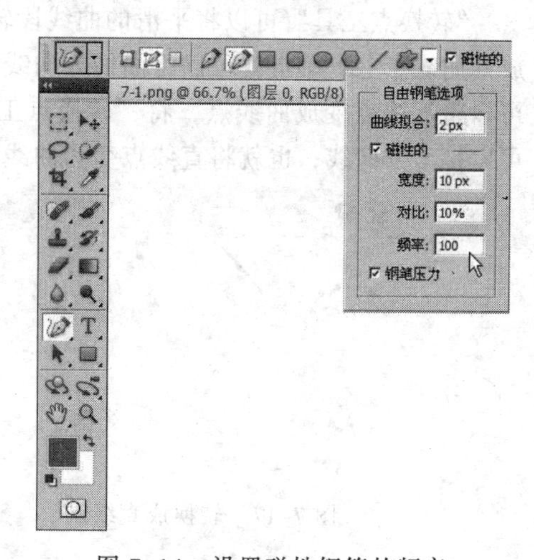


图 7–14　设置磁性钢笔的频率

## 7.3.3　添加锚点工具

在绘制路径后，有时需要对其进行修改。选择工具箱中的“添加锚点工具”，可以任意添加路径锚点，以更好地控制路径的形状。

要在选定路径段的指定位置上添加路径，首先用“路径选择工具”将路径选中，然后将“添加锚点工具”移动到路径上，当路径线段上出现符号时，单击即可增加一个锚点，如图 7–15 所示。

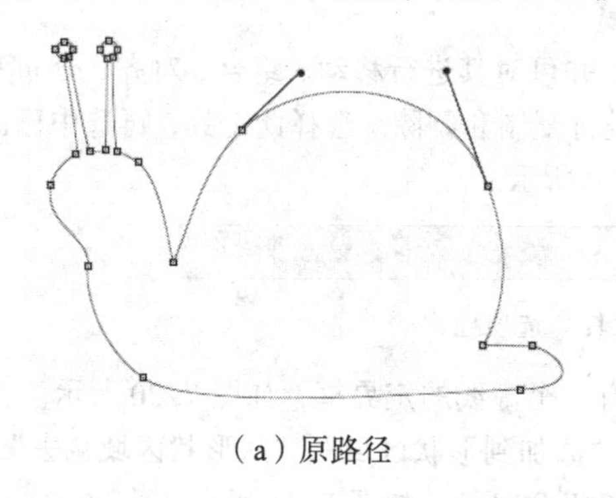

（a）原路径

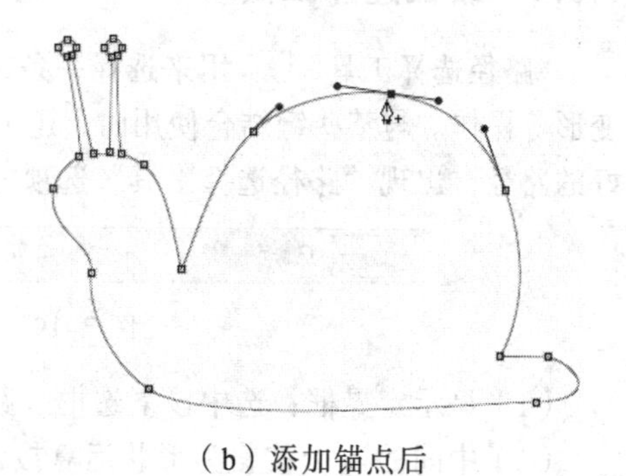

（b）添加锚点后

图 7–15　为路径添加锚点

## 7.3.4　删除锚点工具

路径绘制完成后，若要删除个别锚点，可选择“删除锚点工具”，将其移动到要删除的锚点上，当鼠标指针右下角出现减号时单击，即可删除这个锚点，如图 7–16 所示。

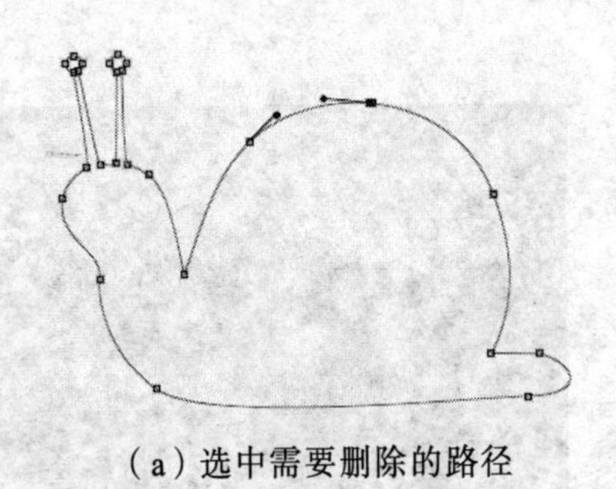

（a）选中需要删除的路径

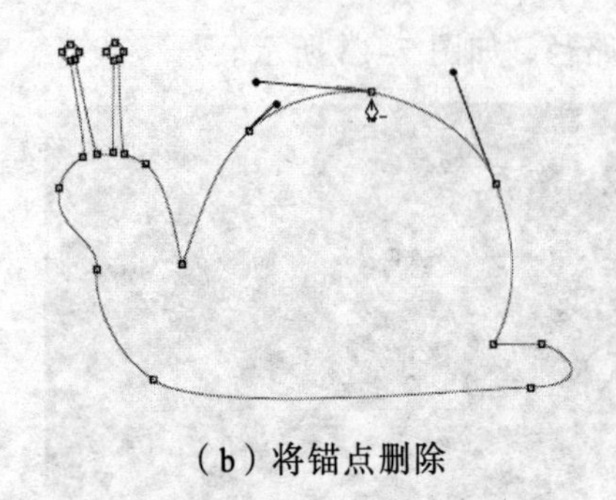

（b）将锚点删除

图 7-16　删除锚点

## 7.3.5　转换点工具

“转换点工具”可以将平滑的曲线段转换成锐角曲线或直角线段。当选中该工具后，将其放到曲线点上，单击就可以将曲线方向线收回，使之成为直线点，如图 7-17 所示。反之，也可以将直线点变成曲线点，将“转换点工具” 放在直线点上，按住鼠标左键进行拖动，就可以拉出方向线，也就将直线点变为曲线点，如图 7-18 所示。

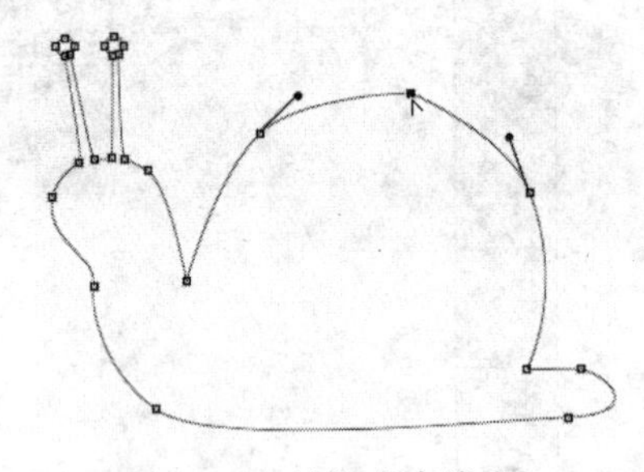

图 7-17　转换成直线点

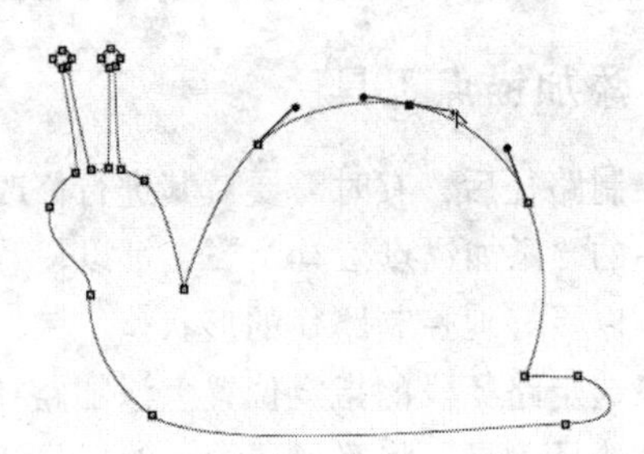

图 7-18　使用“转换点工具”拉出方向线

## 7.3.6　路径选择工具

“路径选择工具” 用来选择一条或多条路径，并可对其进行移动、组合、对齐、分布和变形等操作。与某些键结合使用时，还可以对路径进行复制和删除。选择此工具，再选中已画好的路径，出现“路径选择工具”选项栏，如图 7-19 所示。

图 7-19　“路径选择工具”选项栏

（1）显示定界框：选中该复选框，路径周围会有一个虚线的定界框，如图 7-20 所示。

（2）中间的 4 个按钮为形状运算按钮，依次为“添加到形状区域”、“从形状区域减去”、“交叉形状区域”和“重叠形状区域除外”，主要用于组合路径，如图 7-21 所示。

（3）组合路径：用“路径选择工具”框选需要组合的路径，再在选项栏的 中选择一种路径组合方式。图 7-22 选择的是添加到形状区域，单击 组合 按钮即可，如图 7-23 所示。

用“路径选择工具”也能直接对路径进行复制和删除。选择“路径选择工具” ，再选择要复制的路径，然后按住【Alt】键拖动所选路径，即可复制出一个新的路径。选中所要删除的路径，按【Delete】键，就可以把路径删除。

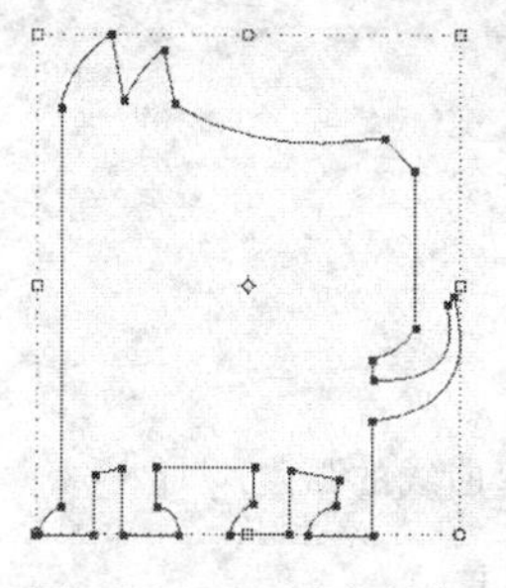

图 7-20　显示定界框

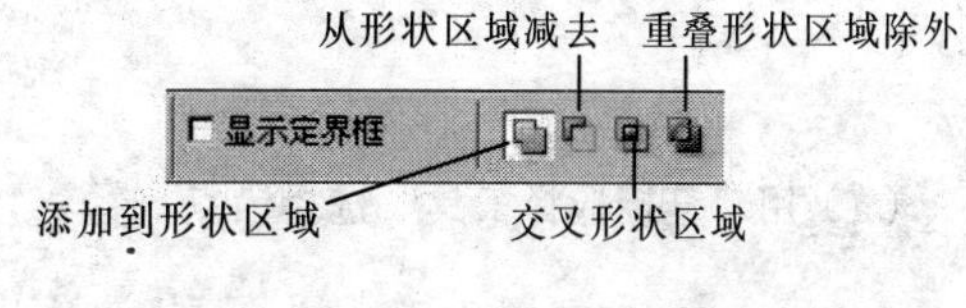


图 7-21　形状运算按钮

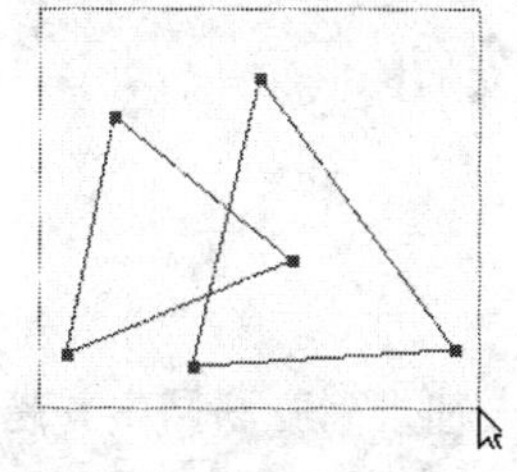

图 7-22　添加到形状区域

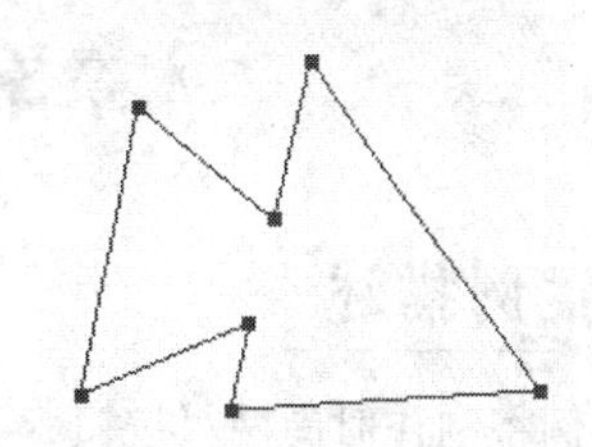

图 7-23　添加到形状区域的效果

## 7.3.7　直接选择工具

“直接选择工具” 用来对路径进行调整。

（1）移动一条曲线段而不改变其弧度。路径绘制完成后，选择“直接选择工具”，在需要移动的曲线段上单击，将锚点选中，然后按住【Shift】键在曲线段另一端的锚点处单击，这样就可以将曲线段两端的锚点都选中，如图 7-24 所示。然后按住鼠标左键拖动此曲线段就可以移动它，但不改变它的弧度，如图 7-25 所示。

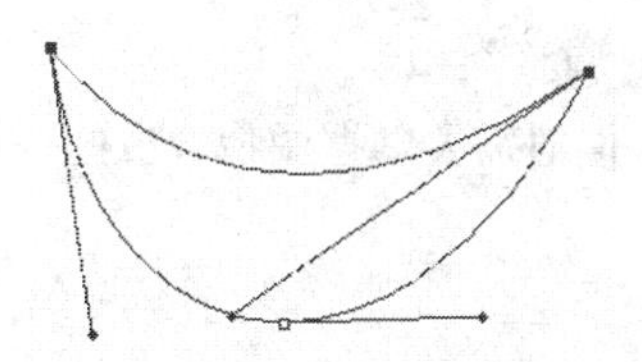

图 7-24　选择“直接选择工具”选择曲线段

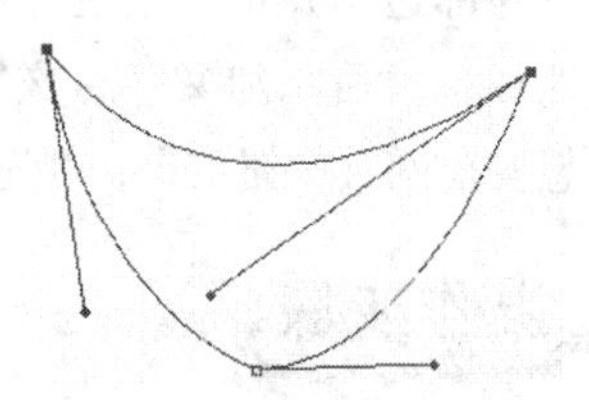

图 7-25　移动曲线段

（2）移动一条直线段。用“直接选择工具” 在直线段上单击，然后按住鼠标左键进行拖动，即可改变直线段的位置，如图 7-26 所示。

（3）用“直接选择工具”可以直接移动曲线锚点或方向线来改变曲线的弧度，如图 7-27 所示。

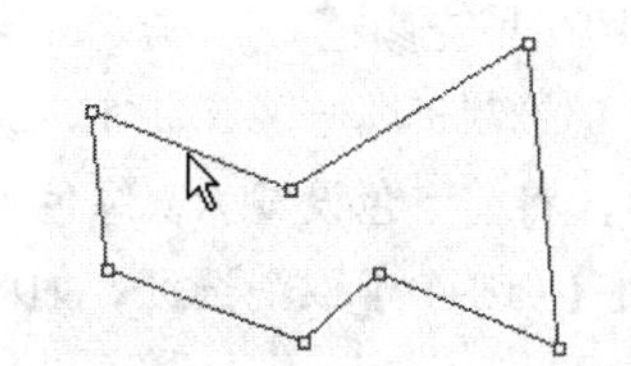

（a）用“直接选择工具”单击直线段

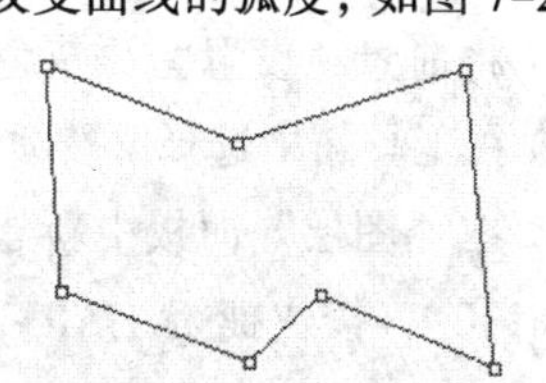

（b）改变直线段的位置

图 7-26　用“直接选择工具”移动直线段

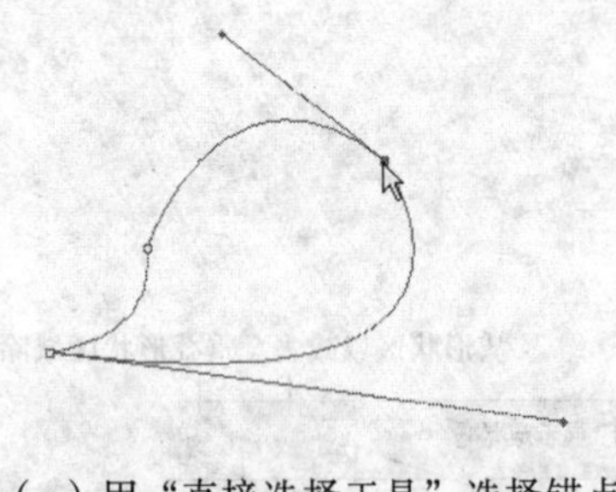

(a)用“直接选择工具”选择锚点

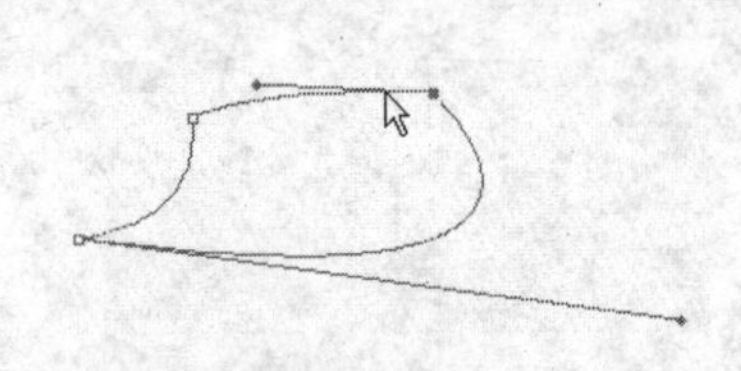

(b)改变曲线的弧度

图 7-27　用“直接选择工具”改变曲线的弧度

# 本章案例 1　绘制时尚网页按钮

## 案例描述

本例将制作时尚网页按钮，如图 7-28 所示。在越来越多的人加入到互联网中并越来越多地使用互联网的过程中，网页设计成为人们越来越关注的内容。如何制作一个精美的网页按钮、一个漂亮的导航栏，如何使网页在互联网浩瀚的海洋中脱颖而出，成为网页设计者越来越关注的问题。

图 7-28　绘制时尚网页按钮

## 案例分析

网页按钮的制作并不复杂，首先使用“椭圆选框工具”绘制按钮外部边框并填充颜色，然后使用“外发光”、“内发光”、“颜色叠加”等图层样式设置按钮的外观，最后添加文字，文字的样式同按钮外部边框的调整类似。

要想实现网页按钮效果，首先需要掌握形状工具的使用，同时需要掌握图像合成的一般技巧。

## 操作步骤

以上学习了怎样在 Photoshop 中绘制路径等知识，下面开始制作“时尚网页按钮”的实例，对相关知识进行巩固练习，加深对所学基础知识的印象。

(1)新建文件，文件大小为 250×150 像素，分辨率为 200 像素/英寸，RGB 模式，如图 7-29 所示。

(2)将前景色设置为深灰色（R:60,G:60,B:60)，对背景图层填充颜色。

(3)在工具箱中选择“椭圆选框工具” ，按住【Shift】键绘制正圆选区，如图 7-30 所示。

(4)在“图层”面板中新建一个图层，如图 7-31 所示。将前景色设置为灰绿色（R:100,G:110,B:110)，按快捷键【Alt+Delete】填充颜色，按快捷键【Ctrl+D】取消选区，如图 7-32 所示。

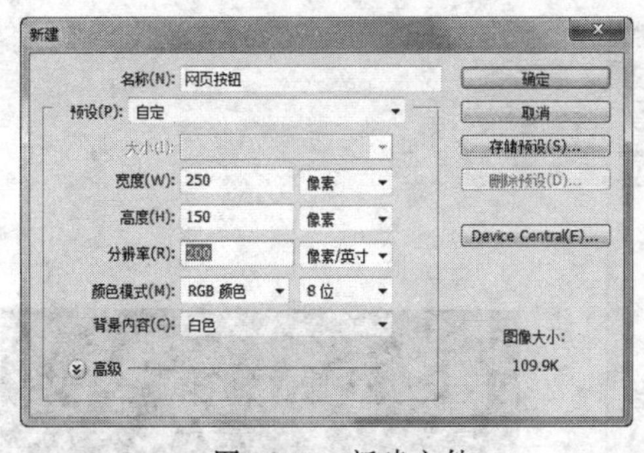


图 7-29　新建文件

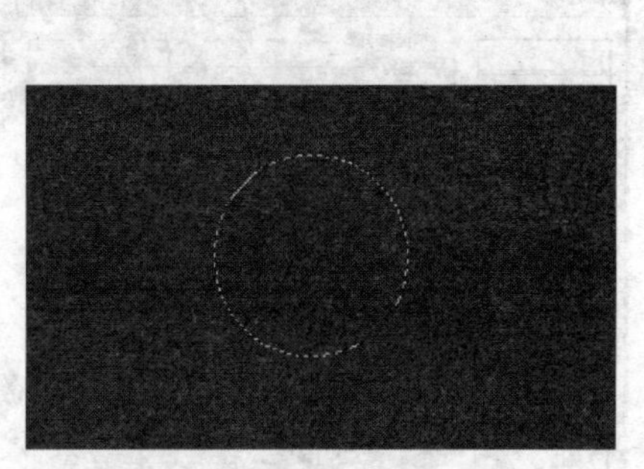

图 7-30　绘制正圆选区

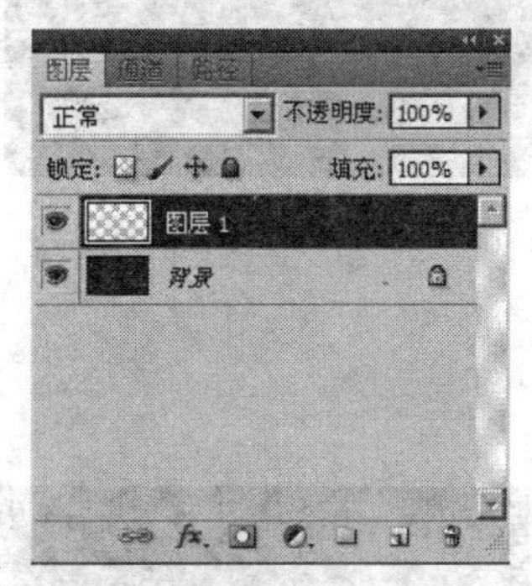


图 7-31　新建图层

图 7-32　填充颜色

（5）单击“添加图层样式”按钮 ，为该图层添加“描边”、“渐变叠加”、“斜面和浮雕”样式，参数设置如图 7-33、图 7-34、图 7-35 所示。最终效果如图 7-36 所示。

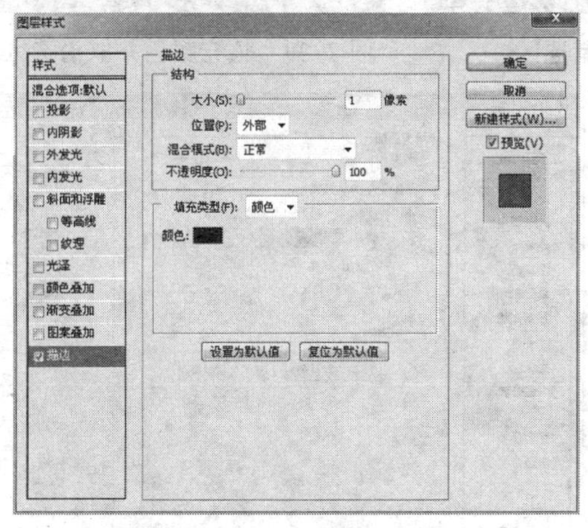


图 7-33　设置“描边”图层样式

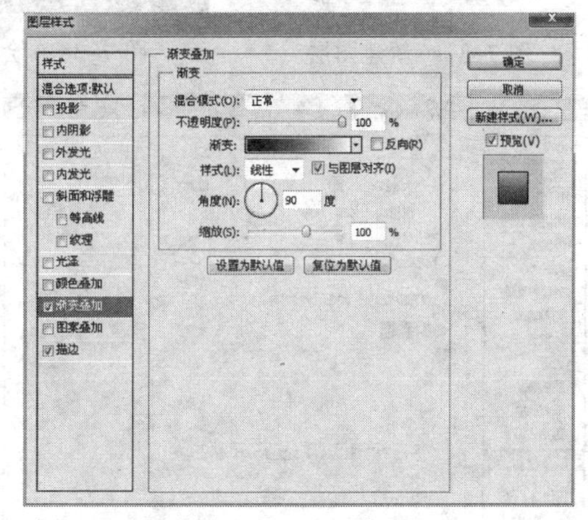


图 7-34　设置“渐变叠加”图层样式

（6）在“图层”面板中新建一个图层，如图 7-37 所示。在工具箱中选择“椭圆选框工具” ，按住【Shift】键绘制正圆选区，如图 7-38 所示。

（7）将前景色设置为灰绿色（R:100,G:110,B:110），按快捷键【Alt+Delete】填充颜色，按快捷键【Ctrl+D】取消选区，如图 7-39 所示。

（8）单击“添加图层样式”按钮 ，为该图层添加“描边”、“渐变叠加”、“斜面和浮雕”、“内发光”、“外发光”样式，参数设置如图 7-40～图 7-44 所示。最终效果如图 7-45 所示。

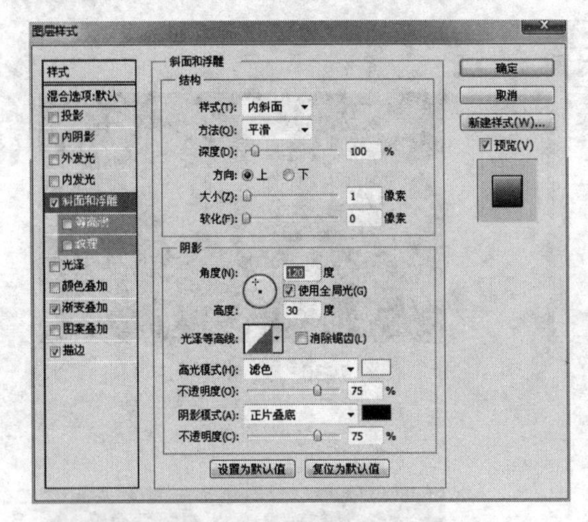


图 7-35 设置“斜面和浮雕”图层样式

图 7-36 设置效果

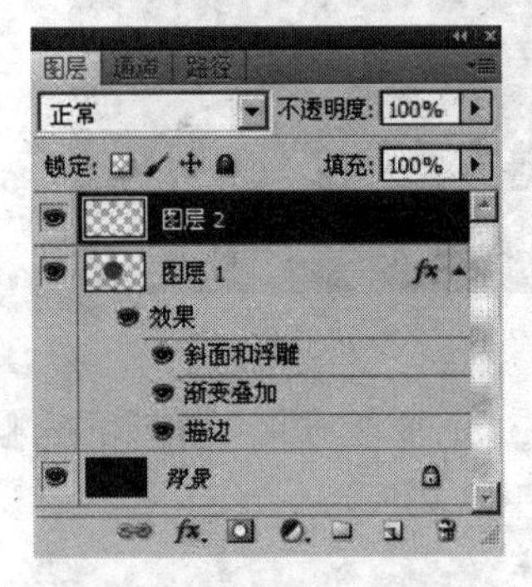


图 7-37 新建图层

图 7-38 绘制选区

图 7-39 填充颜色并取消选区

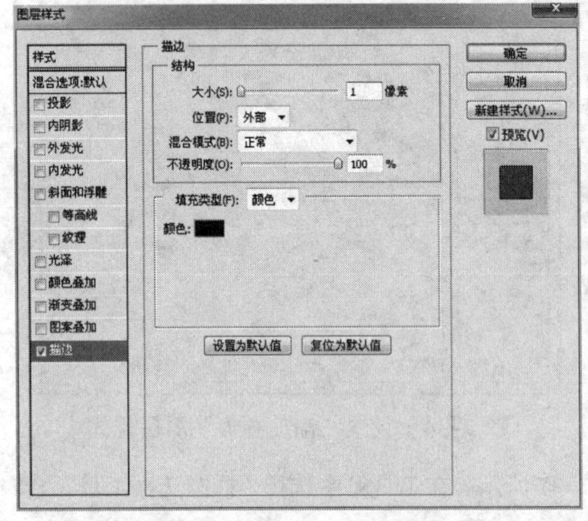


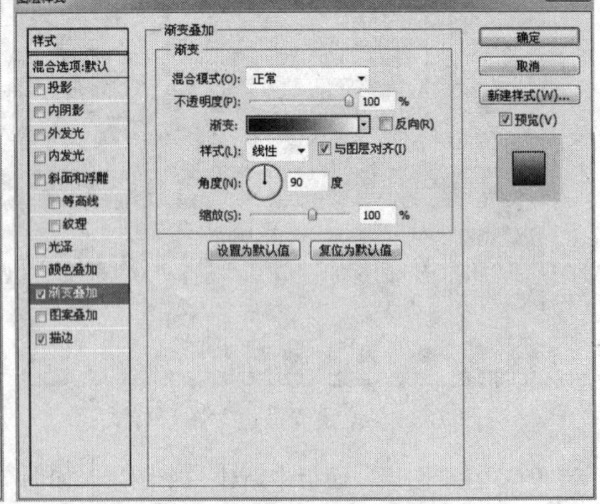


图 7-40 设置“描边”图层样式

图 7-41 设置“渐变叠加”图层样式

（9）在“图层”面板中新建一个图层，如图 7-46 所示。选择工具箱中的“椭圆选框工具” ◯，按住【Shift】键绘制正圆选区，如图 7-47 所示。

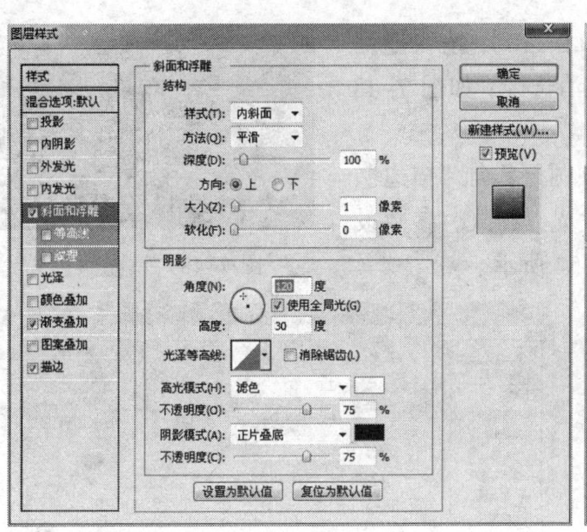


图 7-42　设置“斜面和浮雕”图层样式

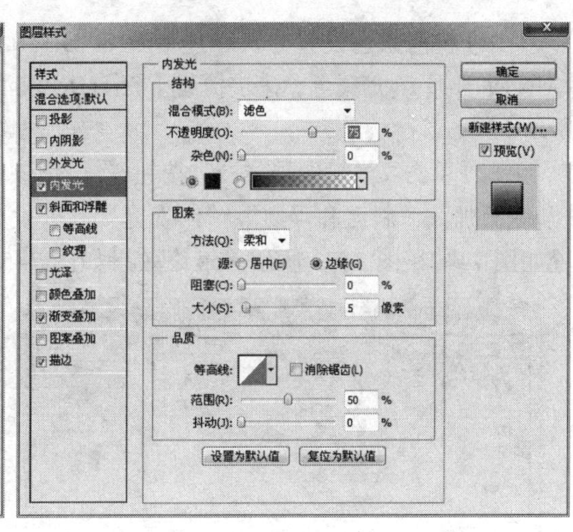


图 7-43　设置“内发光”图层样式

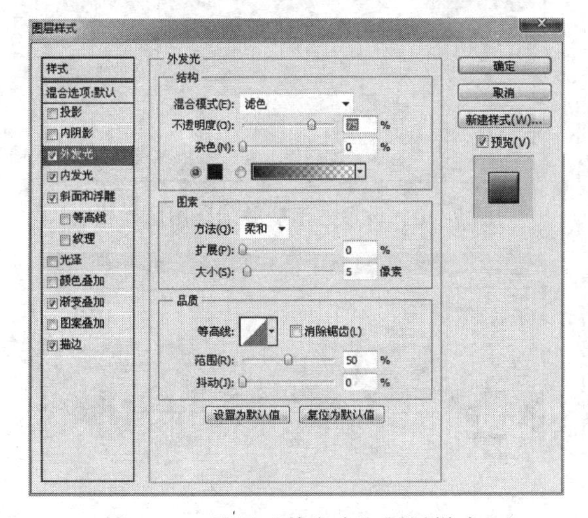


图 7-44　设置“外发光”图层样式

图 7-45　图层样式设置效果

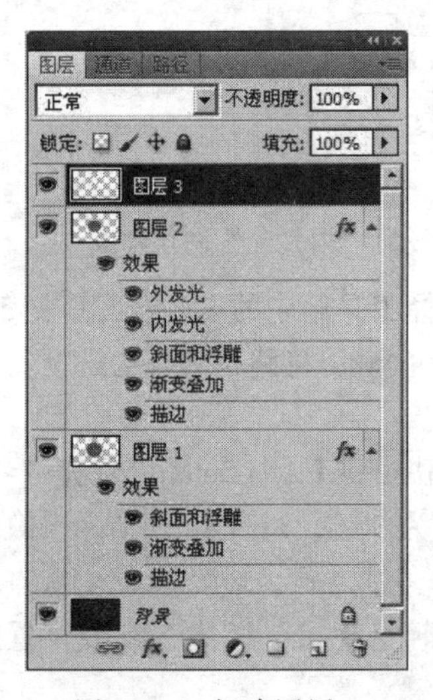


图 7-46　新建图层

图 7-47　绘制选区

（10）将前景色设置为灰绿色（R:100,G:110,B:110），按快捷键【Alt+Delete】填充颜色，按快捷键【Ctrl+D】取消选区，如图 7-48 所示。

图 7-48　填充颜色

（11）单击“添加图层样式”按钮 fx，为该图层添加“描边”、“渐变叠加”、“斜面和浮雕”、“内发光”、“外发光”样式，参数设置如图 7-49～图 7-53 所示。最终效果如图 7-54 所示。

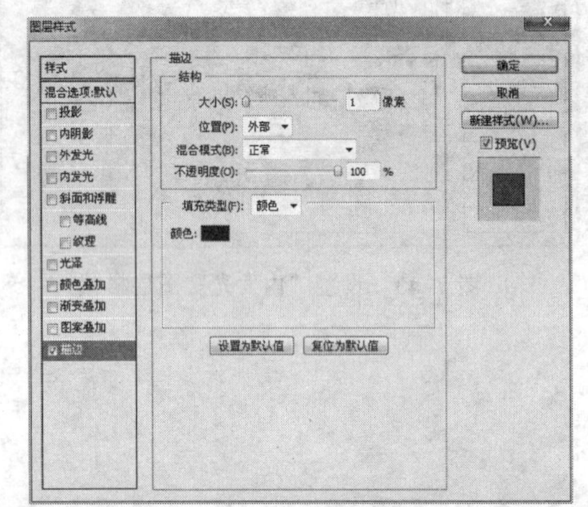


图 7-49　设置“描边”图层样式

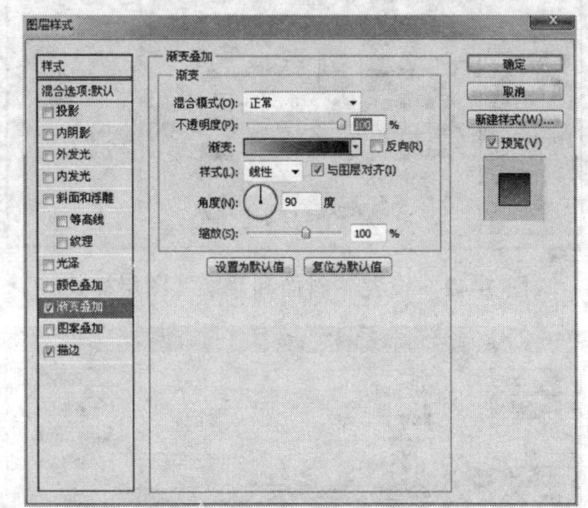


图 7-50　设置“渐变叠加”图层样式

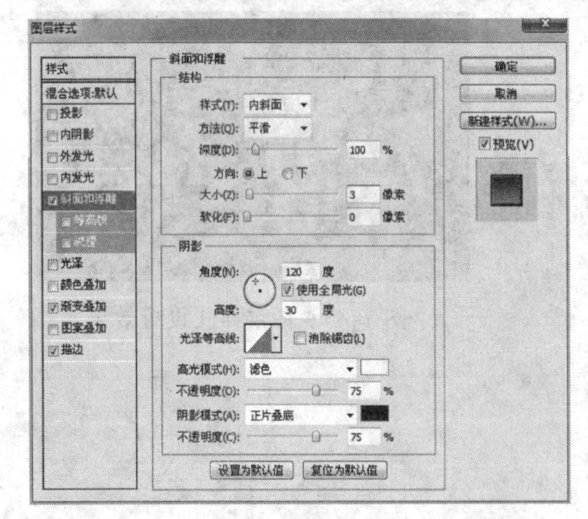


图 7-51　设置“斜面和浮雕”图层样式

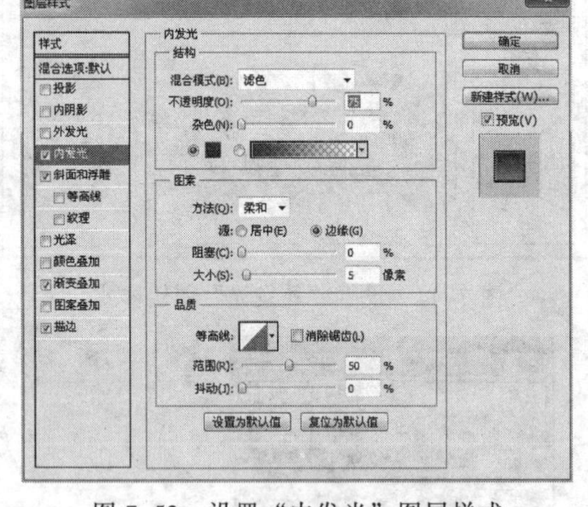


图 7-52　设置“内发光”图层样式

（12）在“图层”面板中新建一个图层，如图 7-55 所示。选择工具箱中的“钢笔工具”，绘制路径，在“路径”面板中单击“将路径作为选区载入”按钮，将路径转换为选区，效果如图 7-56 所示。

（13）将前景色颜色设置为灰绿色（R:100,G:110,B:110），按快捷键【Alt+Delete】填充颜色，按快捷键【Ctrl+D】取消选区，在“图层”面板中设置不透明度为 30%，如图 7-57 所示。效果如图 7-58 所示。

（14）单击“添加图层样式”按钮 fx，为该图层添加“渐变叠加”样式，参数设置如图 7-59 所示。最终效如图 7-60 所示。

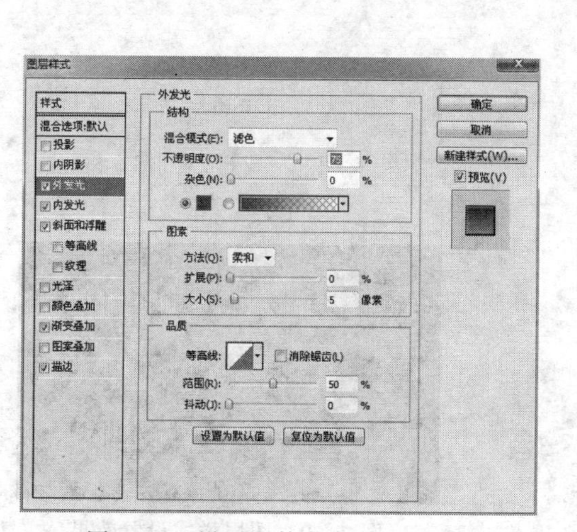


图 7–53　设置“外发光”图层样式

图 7–54　图层样式设置效果

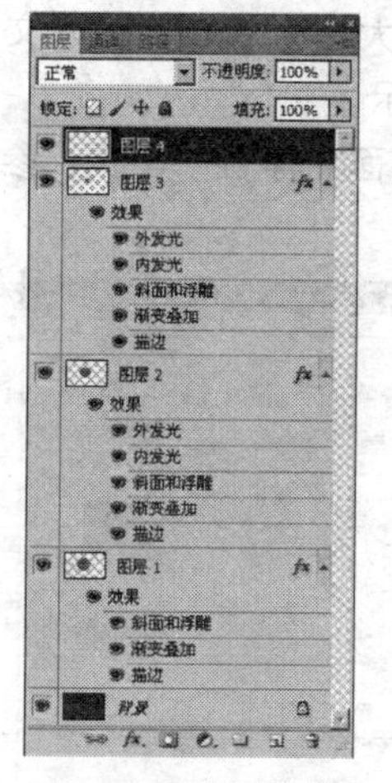


图 7–55　新建图层

图 7–56　将路径转换为选区

图 7–57　设置不透明度

图 7–58　设置后的效果

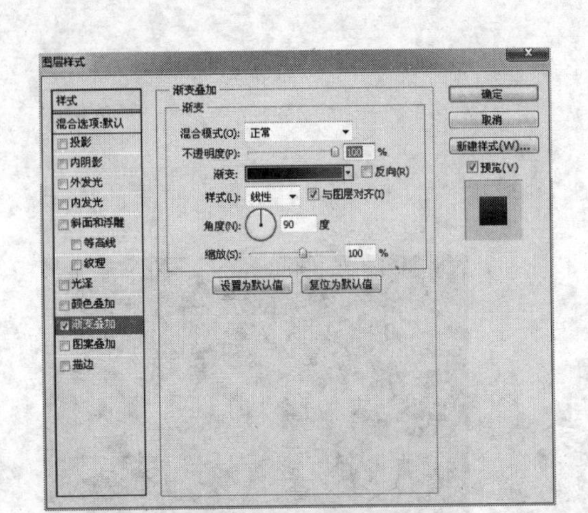


图 7-59 设置“渐变叠加”图层样式

图 7-60 图层样式设置效果

（15）在工具箱中选择“横排文字工具” T，设置字体为 Impact、大小为 5 点，输入文字 NEWS，设置字体颜色为灰色（R:190,G:180,B:180），效果如图 7-61 所示。

（16）单击“添加图层样式”按钮 fx，为该图层添加“描边”、“斜面和浮雕”样式，参数设置如图 7-62、图 7-63 所示。最终效果如图 7-64 所示。

图 7-61 添加文字

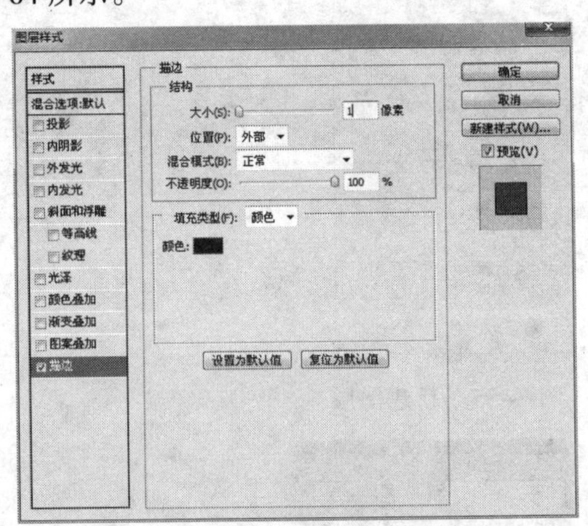


图 7-62 设置“描边”图层样式

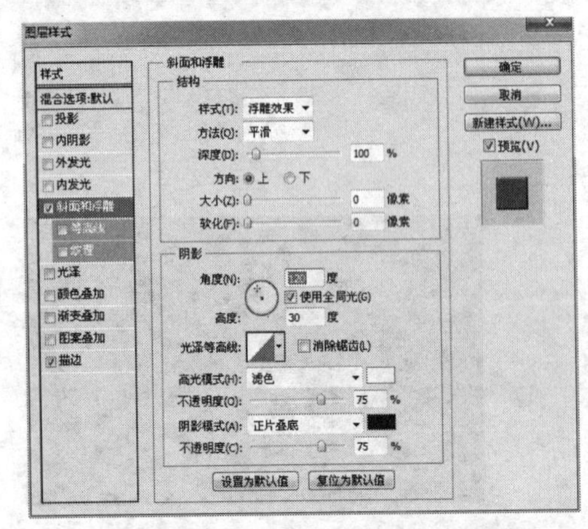


图 7-63 设置“斜面和浮雕”图层样式

图 7-64 最终效果

## 案例总结

本案例主要运用了 Photoshop CS5 软件中的“钢笔工具”、“椭圆选框工具”及图层样式等相关知识来设计网页按钮。在设计此类图像时应该注意以下几点：

（1）由于按钮部分是页面中的修饰内容，所以显示效果要醒目，但又不过于突出。

（2）在制作过程中，如果按钮的面积很小，最好使用对比度较大的鲜艳颜色；反之如果使用较大的按钮，最好不要制作得过于突出。

（3）要注意按钮的位置和作用，如果按钮部分不能表达任何信息，最好使用辅助文本来说明。

# 7.4　应用路径

### 7.4.1　填充路径

当路径创建或编辑完成后，可以对其进行填充操作，使其成为具有颜色的图像。路径的填充与图像选区的填充相似，用户可以将颜色或图案填充到路径内部的区域。

在“路径”面板中选中需要填充的路径，然后右击，选择“填充路径”命令，打开对话框，如图 7-65 所示。

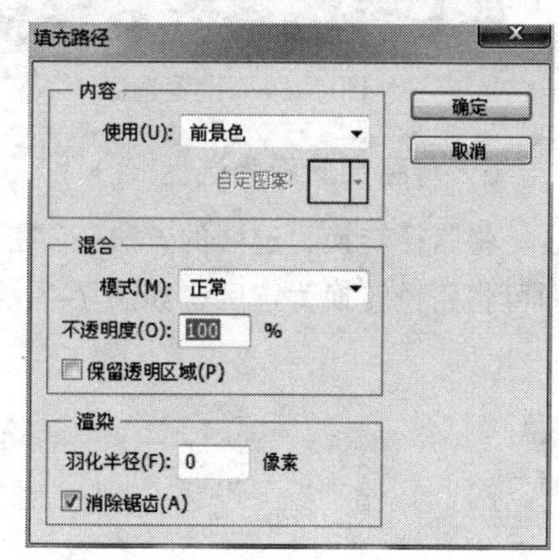


图 7-65　“填充路径”对话框

### 7.4.2　描边路径

使用画笔、铅笔、橡皮擦和图章等工具都可以描边路径，进行路径描边之前要先选择描边的工具，对工具进行属性设置，然后在“路径”面板中选中需要描边的路径，再右击，选择“描边路径”命令打开对话框，如图 7-66 所示。

在“描边路径”对话框中的“工具”下拉列表框中选择描边的工具，然后单击“确定”按钮即可，如图 7-67、图 7-68 所示。

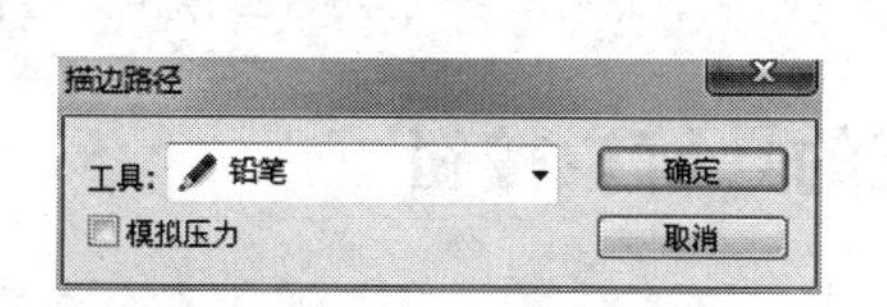


图 7-66　“描边路径”对话框

图 7-67　原路径

图 7-68　描边后的效果

**小技巧**

在工具箱中先选择描边路径的画笔、橡皮擦或图章等工具，并设置合适的参数，然后单击“路径”面板中的“用前景色描边路径”按钮，也可对路径进行描边。对于没有封闭的路径，用户可使用“画笔工具”对其进行描边。

### 7.4.3 路径与选区的转换

**1. 将选区转换为路径**

打开本书配套光盘"素材\第 7 章"目录下的 002 文件。在图像中创建一个选区(见图 7-69)，然后单击"路径"面板中的按钮，即可将选区转换为路径（见图 7-70)，同时"路径"面板中自动出现"工作路径"。

图 7-69 设置选区

图 7-70 将选区转换为路径

**2. 将路径转换为选区**

将路径转换为选区的方法是：在图像中创建一个路径，然后单击"路径"面板中的按钮，即可将路径转换为选区，如图 7-71、图 7-72 所示。

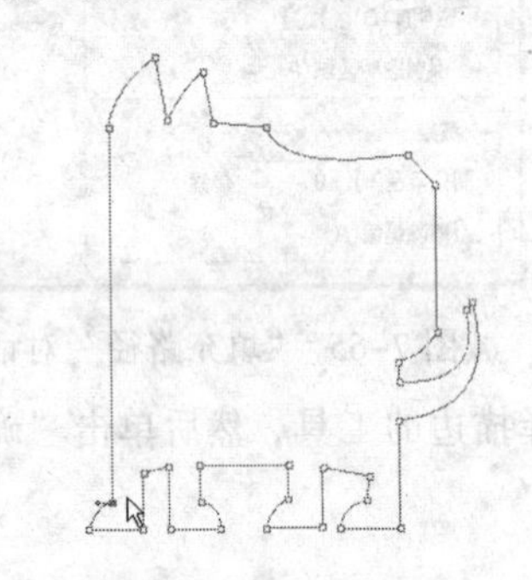

图 7-71 创建路径

图 7-72 将路径转换为选区

**小技巧**

按住【Ctrl】键不放，在"路径"面板中单击要转换选区的路径，也可将路径转换为选区。

## 本章案例 2 绘制精美的导航栏按钮

### 案例描述

本例将制作导航栏按钮，如图 7-73 所示。随着时代的进步和社会的发展，互联网走入千家万户。网页设计越来越重要，而且越来越注重个性化、形式美的外观，用简练的元素、独特的创意传递人们心中的意愿。

图 7-73　导航栏按钮

## 案例分析

该案例的制作要注意图像色彩处理的统一性，画面要协调，布局要规整，能够和网站其他内容相融合。

## 操作步骤

以上学习了路径与选区的相互转换，下面开始制作“精美导航栏按钮”实例，对相关知识进行巩固练习，加深对所学基础知识的印象。

（1）新建文件，名称为“导航栏按钮”，文件大小为 500×200 像素，分辨率为 200 像素/英寸，RGB 模式，如图 7-74 所示。

（2）设置前景色为深灰色（R:40,G:40,B:40），按快捷键【Alt+Delete】填充颜色，如图 7-75 所示。

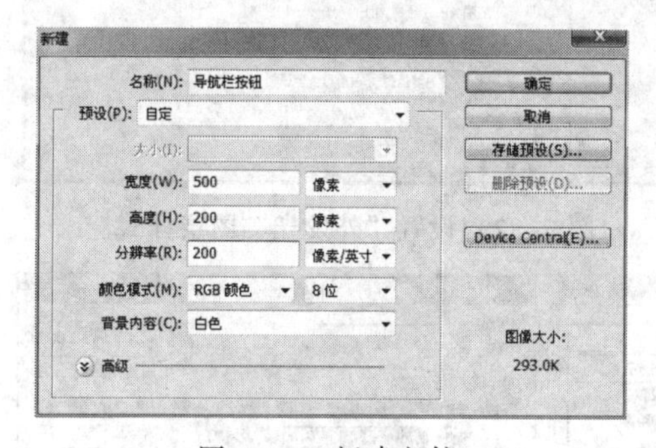


图 7-74　新建文件

图 7-75　填充背景

（3）在工具箱中选择“圆角矩形工具”，其设置如图 7-76 所示。在“图层”面板中新建一个图层，如图 7-77 所示。在图像中绘制一个圆角矩形路径，如图 7-78 所示。

图 7-76　设置半径

图 7-77　新建图层

（4）在“路径”面板中单击“将路径作为选区载入”按钮 ，将路径转换为选区，如图 7–79 所示。

（5）设置前景色为蓝色（R:10,G:70,B:130），按快捷键【Alt+Delete】填充颜色，如图 7–80 所示。

图 7–78　绘制路径

图 7–79　将路径转为选区

图 7–80　填充颜色

（6）单击“添加图层样式”按钮 fx，为该图层添加“投影”、“外发光”、“斜面和浮雕”、“渐变叠加”样式，参数设置如图 7–81～图 7–84 所示。最终效果如图 7–85 所示。

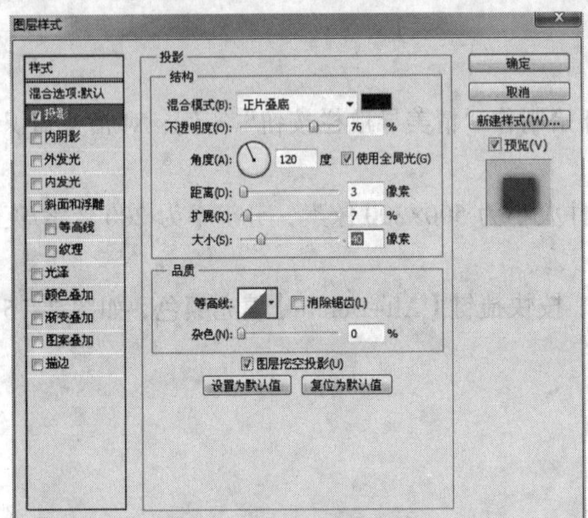


图 7–81　设置“投影”图层样式

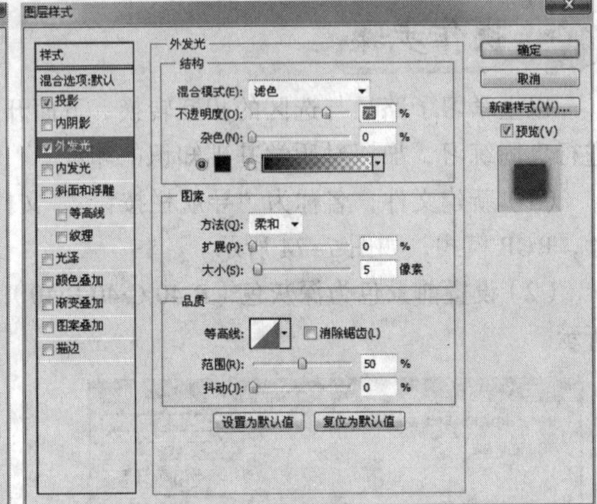


图 7–82　设置“外发光”图层样式

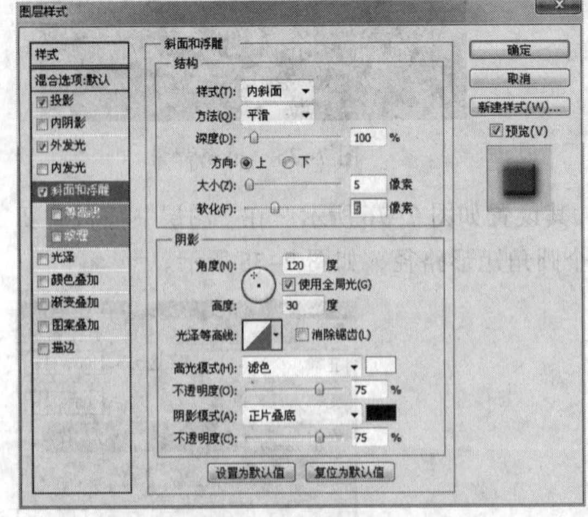


图 7–83　设置“斜面和浮雕”图层样式

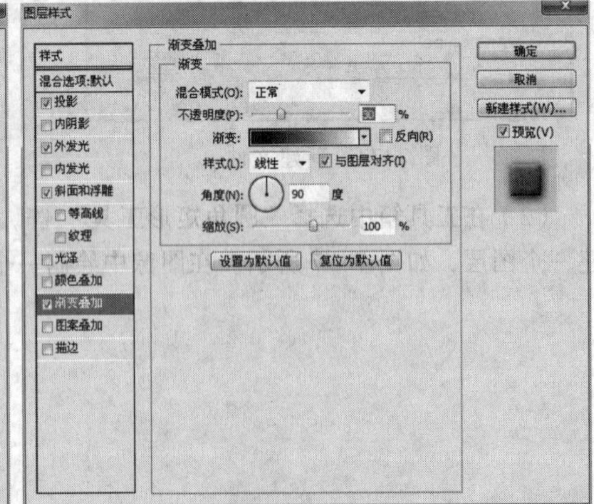


图 7–84　设置“渐变叠加”图层样式

（7）在“图层”面板中新建一个图层，如图 7–86 所示。在工具箱中选择“圆角矩形工具” ，其设置如图 7–87 所示。在图像中绘制一个圆角矩形路径，如图 7–88 所示。

图 7-85　设置后的效果

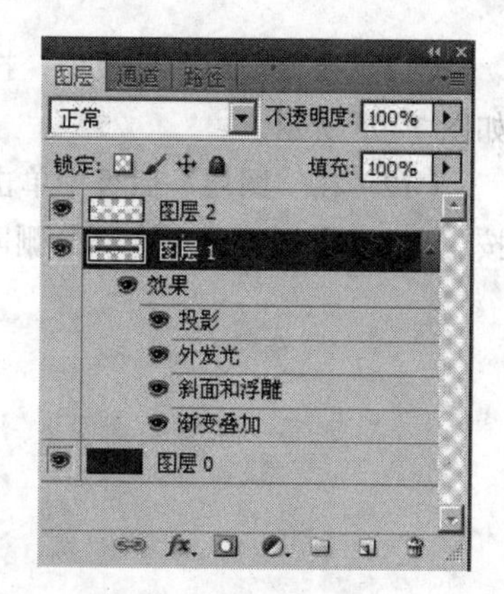


图 7-86　新建图层

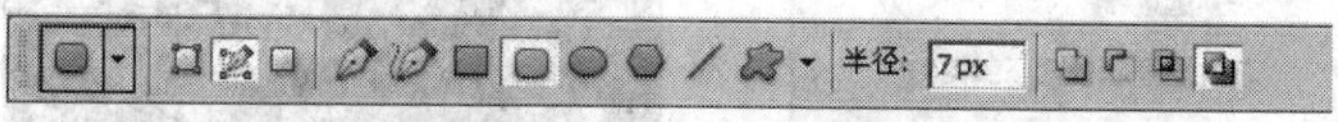

图 7-87　设置半径

图 7-88　绘制路径

（8）在“路径”面板中单击“将路径作为选区载入”按钮，将路径转换为选区，填充为白色，如图 7-89 所示。设置混合模式为“柔光”、不透明度为 15%（见图 7-90），效果如图 7-91 所示。

图 7-89　填充颜色

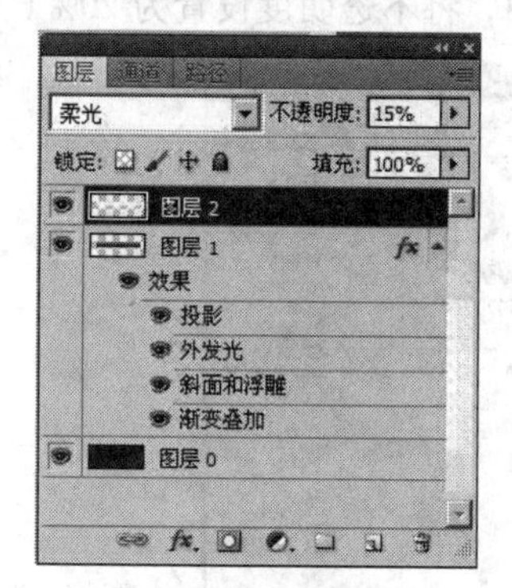


图 7-90　图层效果

图 7-91　按钮效果

（9）在“图层”面板中新建一个图层，选择“钢笔工具”，绘制路径，如图 7-92 所示。路径绘制结束后，在“路径”面板中单击“将路径作为选区载入”按钮，将路径转换为选区，效果如图 7-93 所示。

（10）将颜色设置为深蓝色（R:25,G:60,B:90）并填充，按快捷键【Ctrl+D】取消选区，如图 7-94 所示。

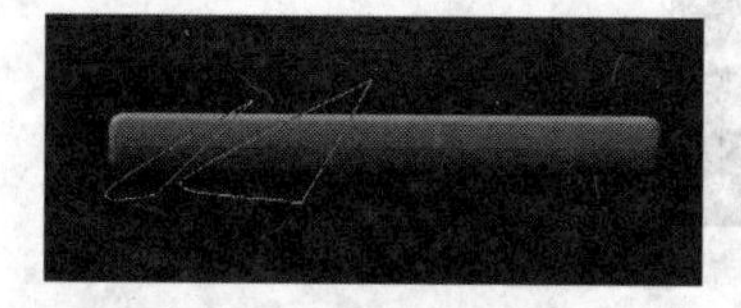

图 7-92　绘制路径

图 7-93　将路径转换为选区

图 7-94　填充颜色效果

（11）在“图层”面板中，按住【Ctrl】键单击“图层 1”的缩略图，将导航栏按钮选中，如图 7–95 所示。

（12）在“图层”面板中单击“图层 3”，选择“选择”→“反向”命令，如图 7–96 所示。按【Delete】键，将多余部分删除，按快捷键【Ctrl+D】取消选区，如图 7–97 所示。

图 7–95 选中导航栏按钮

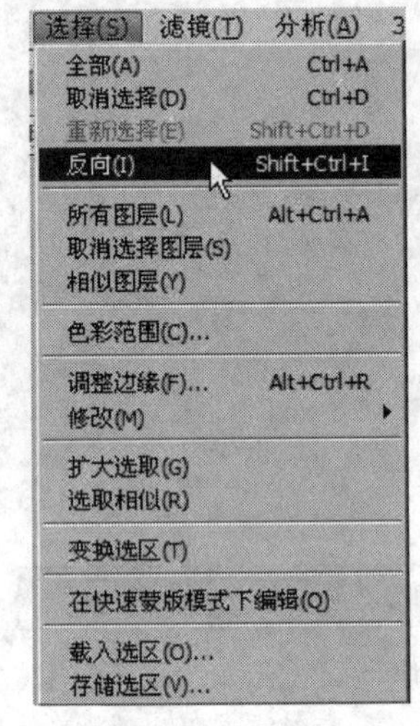


图 7–96 命令操作

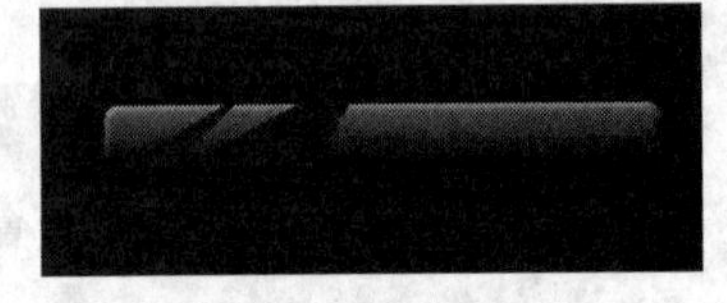

图 7–97 设置效果

（13）单击“添加图层样式”按钮 *fx*，为该图层添加“渐变叠加”样式，参数设置如图 7–98 所示。在“图层”面板中，将不透明度设置为 20%（见图 7–99），效果如图 7–100 所示。

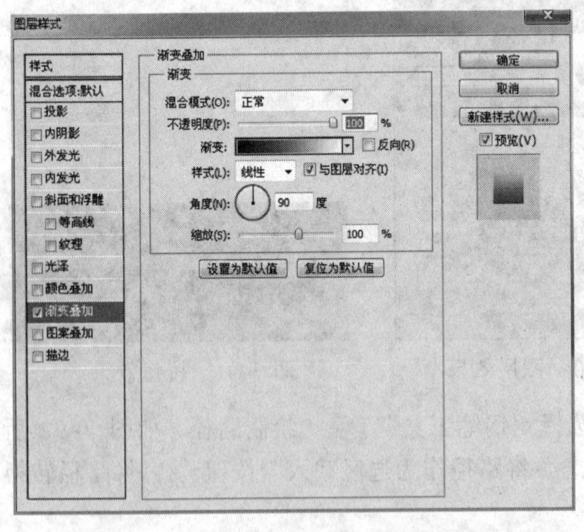


图 7–98 设置“渐变叠加”图层样式

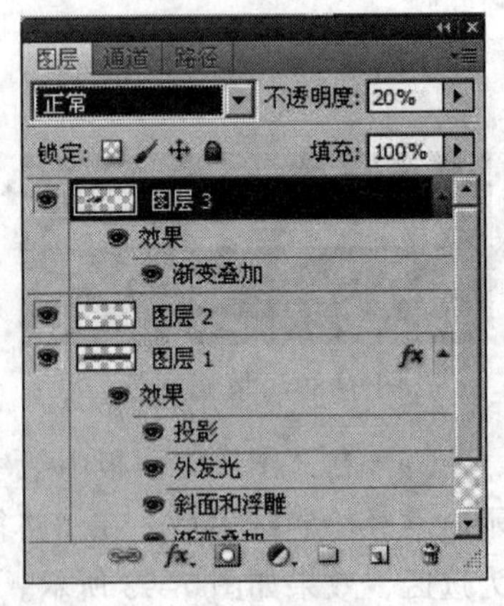


图 7–99 图层效果

图 7–100 设置效果

（14）在工具箱中选择“横排文字工具” T，设置字体为 Impact，大小为 6 点，如图 7-101 所示。输入文字 Home。设置颜色为灰色（R:190,G:180,B:180），效果如图 7-102 所示。

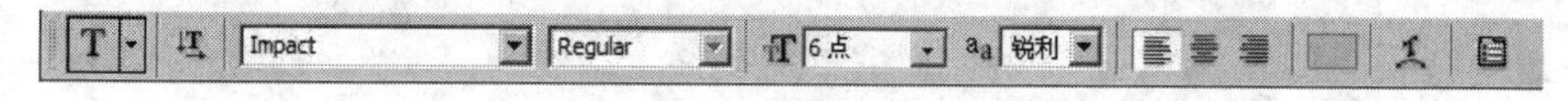


图 7-101　设置文字属性

（15）单击“添加图层样式”按钮 fx，为该图层添加“斜面和浮雕”样式，参数设置如图 7-103 所示。在“图层”面板中，将不透明度设置为 20%，效果如图 7-104 所示。

图 7-102　文字设置效果

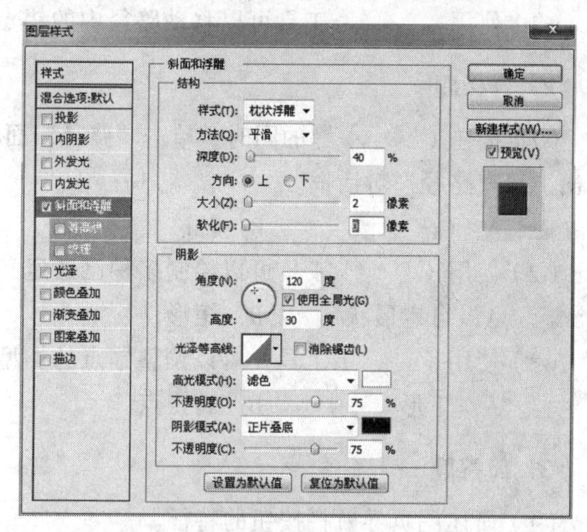


图 7-103　设置“斜面和浮雕”图层样式

（16）按照前面的步骤，添加其他文字，最终效果如图 7-105 所示。

图 7-104　设置效果

图 7-105　精美导航栏按钮最终效果

## 案例总结

本案例主要运用了 Photoshop CS5 软件中的路径和图层样式等相关知识来设计精美导航栏按钮。在进行此类设计时应该注意以下几点：

（1）Photoshop CS5 软件中的渐变可以让画面之间的色彩过渡更加自然，应该根据实际需要选择简便的方式。也可以尝试多种渐变方式共同运用来表现画面色彩的丰富性。

（2）在导航栏按钮设计中，文字的编排方式应该根据实际需要决定。作为设计者，要敢于突破传统构成方式的定势思维，建立新的文字组织样式，实现形式上的创新与提升。

（3）在 Photoshop CS5 软件中为图形添加“投影”、“描边”、“渐变叠加”等图层样式可以很好地实现物象在二维空间里的视觉三维化，丰富造型的层次性，延伸画面的空间感。

# 本章理论习题

**1．填空题**

（1）使用________工具可以绘制矩形或正方形路径。

（2）使用________工具可以绘制出平滑的、复杂的路径。

（3）单击________按钮可以将路径转换为选区。

（4）使用________工具可以移动路径中的锚点或线段。

**2．选择题**

（1）按住（　　）键的同时，单击“路径”面板底部的“用前景色填充路径”按钮，可以弹出“填充路径”对话框。

A．Ctrl　　B．Tab　　C．Shift　　D．Alt

（2）使用（　　）工具可以绘制多种已经定义好的图形或路径。

A．自定形状　　B．矩形　　C．直线　　D．椭圆

（3）使用（　　）工具，可以调整锚点的类型和锚点上的控制柄。

A．矩形　　B．转换点　　C．增加锚点　　D．删除锚点

**3．简答题**

（1）简述网页导航栏按钮的特征。

（2）网页导航栏按钮的设计原则是什么？

（3）钢笔工具组中有哪几种工具？

（4）如何将路径与选区互相转换？

# 第8章 调整图像色彩和色调与卡片设计

色彩是人的视觉关键，它能够直接影响人们对画面的视觉感受，有直接刺激视觉的作用。优质的图像应该具备良好的色彩搭配，因此在处理图像时，色彩的调整是必不可少的，也是非常重要的。Photoshop CS5 提供了一系列调整图像色彩的命令，既有可以方便快速地调整图像色彩的命令，又有可以精细调整图像色彩的命令。使用好这些命令，是有效地控制好色彩，制作出高品质图像的关键。

本章知识重点：

- 绘图颜色的设置
- 图像色彩的调整

## 8.1 卡片设计的类型、特征与设计原则

卡片设计是指为了向他人或团体表达祝福或发出邀请而设计的能够促进人际关系良性发展的一种艺术设计。随着时代的发展，卡片设计已经不仅仅是祝福或邀请的潜在意图的表达，而越来越注重个性化、独特化的形式美的外观，用简练的元素、独特的创意传递人们心中的意愿。

### 8.1.1 卡片设计的类型

卡片的类型根据目的不同，分为生日卡片、婚庆卡片、节日祝福卡片、商业活动邀请卡片等。根据设计的不同风格，分为简约型卡片设计、繁复型卡片设计、时尚型卡片设计及复古型卡片设计等。

### 8.1.2 卡片设计的特征

卡片设计具有准确性、凝练性、创意性的特征。准确性是指卡片设计应该具有从封面到内页的图形与文字，能够准确传达邀请、祝福他人或团体等设计意图。凝练性是指卡片的图形图像以及文字部分应该简洁精练，以最少的元素准确地表达设计意图。创意性是指卡片设计的外观创意卓越、新颖独特。选取的形象要鲜明，造型要别致，能够吸引人们的注意力。

### 8.1.3 卡片设计的原则

卡片设计的原则包括：信息明确，简洁精练，新颖独特。信息明确就是指卡片的封面以及内页的文字与图片必须准确传达相关的设计内涵。简洁精练就是指卡片的图形选取、文字设置必须简洁、精练，以最精简的元素准确传达卡片设计的含义。新颖独特是指卡片设计要创意卓越，这不仅要求整体外观设计新颖独特，还要求图形与文字的形象设计要鲜明别致。

# 8.2 绘图颜色的设置

在 Photoshop CS5 中绘制图像要用到前景色和背景色。通常情况下，绘制图像使用前景色，擦除图像使用背景色。因此，绘制颜色的选取包括选择前景色和背景色，可以使用颜色拾取器选择颜色，也可以使用“颜色”面板和“色板”面板选择颜色。还可在工具箱的前景色和背景色区域选择，如图 8-1 所示。

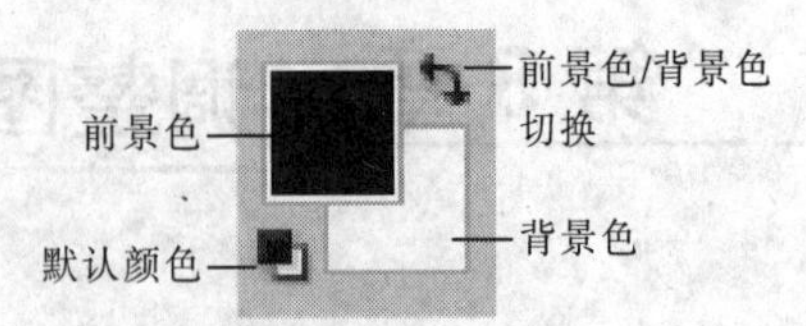


图 8-1 前景色和背景色区域

要选择前景色，单击“前景色”色块；要选择背景色，单击“背景色”色块；要切换前景色和背景色，单击“切换前景色和背景色”按钮；要将前景色设置为黑色，将背景色设置为白色，单击“默认前景色和背景色”按钮即可。

## 8.2.1 “拾色器”对话框的使用

为选择前景色或背景色，单击相应的按钮，打开图 8-2 所示的“拾色器”对话框。

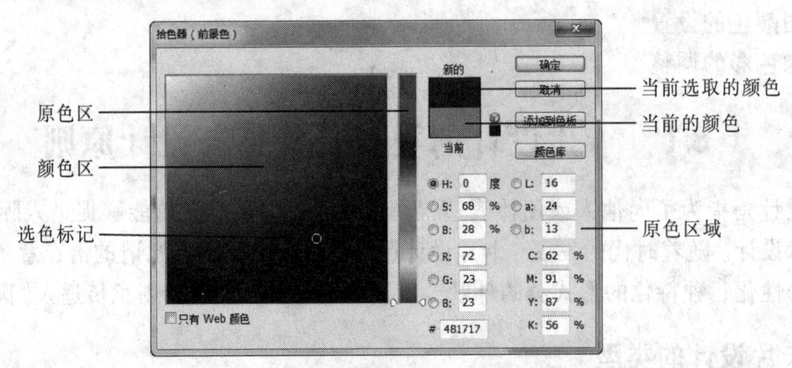


图 8-2 “拾色器”对话框

对话框右下角的 3 组单选按钮分别表示 HSB、RGB、Lab 颜色模式中的 3 种原色。当选中某个单选按钮时，拖动原色滑块可以改变当前原色的色阶。颜色区显示当前所选原色值对应的其他两个原色分别在水平轴和垂直轴的原色范围。

选取颜色的方法：

（1）直接在原色区域输入颜色的数值。

（2）选中要选取的某个原色单选按钮或在原色区拖动滑块选取原色值，然后在颜色区单击需要的颜色。这时选取的颜色将用小圆圈标记出来，并在“新的”颜色块显示所选颜色，而在“当前”颜色块显示当前的颜色。

选取所需的颜色并确认后，工具箱的前景色和背景色区域会显示所选的颜色。

## 8.2.2 “颜色”面板的使用

如果对颜色的要求不高，可直接在“颜色”面板中选取颜色。在 Photoshop CS5 中显示“颜色”面板，如图 8-3 所示。单击“颜色”面板右上角的按钮，弹出“颜色”面板菜单（见图 8-4），可从中选择需要的颜色模式。

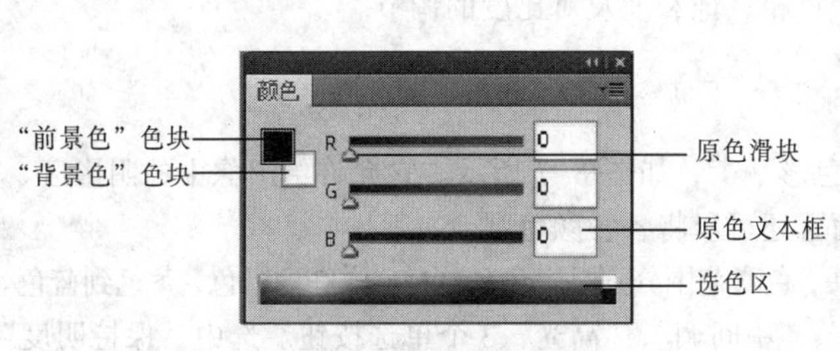


图 8-3 "颜色"面板

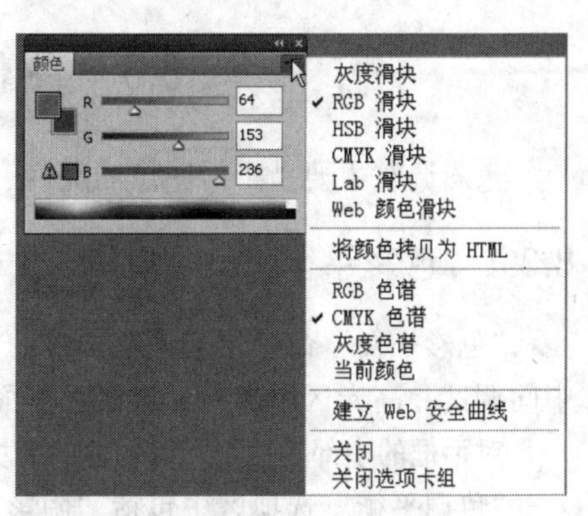


图 8-4 "颜色"面板菜单

要选择前景色，则在"颜色"面板中单击"前景色"色块；要选择背景色，则单击"背景色"色块。

拖动原色滑块，或在原色文本框中输入原色的数值，或者在选色区域单击来选取颜色。

## 8.2.3 "色板"面板的使用

要简单地选取颜色，可在"色板"面板中直接单击要选取的颜色，这时选取的颜色显示在"前景色"色块上。如果要将所选颜色设置为背景色，则单击工具箱中的"切换前景和背景色"按钮，使所选颜色出现在"背景色"色块上。另外，单击"色板"面板中右上角的按钮，在弹出的菜单中可以选择将色板更换为另外一种颜色库。"色板"面板如图 8-5 所示。

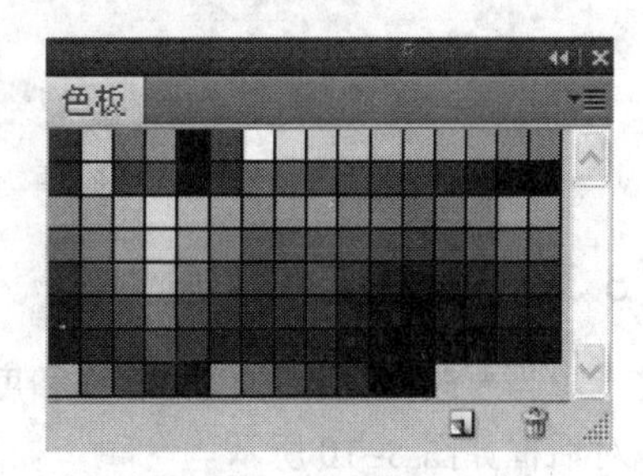


图 8-5 "色板"面板

## 8.2.4 吸管工具组的使用

为了准确地选择与图像中某个区域相同的颜色，可以使用工具箱中的"吸管工具"。打开"素材\第 8 章"目录中的 001 图片，选择"吸管工具"后，对准图像中要选取的颜色单击，会在工具箱"前景色"色块上显示所吸取的颜色，如图 8-6 所示。

图 8-6 用吸管选取颜色

# 8.3 图像色彩的调整（一）

色彩调整主要是指对图像的亮度、色相、饱和度及对比度的调节。

## 8.3.1 色彩平衡

“色彩平衡”命令用来调节图像的色彩平衡，如图 8-7 所示。它允许给图像中的阴影区、中间调区和高光区添加新的过渡色，而且还可以将各种颜色混合。

对话框的中部是控制图像颜色的滑块，色彩范围分别是青色到红色、洋红到绿色、黄色到蓝色。

“色调平衡”选项区中包括“阴影”、“中间调”、“高光”3 个单选按钮。选中“保持明度”复选框后，在调整图像色彩时可保持亮度不变，对各种色调的调整都有效。

打开“素材\第 8 章”目录中的 002 图片，调整色彩平衡前后效果如图 8-8、图 8-9 所示。

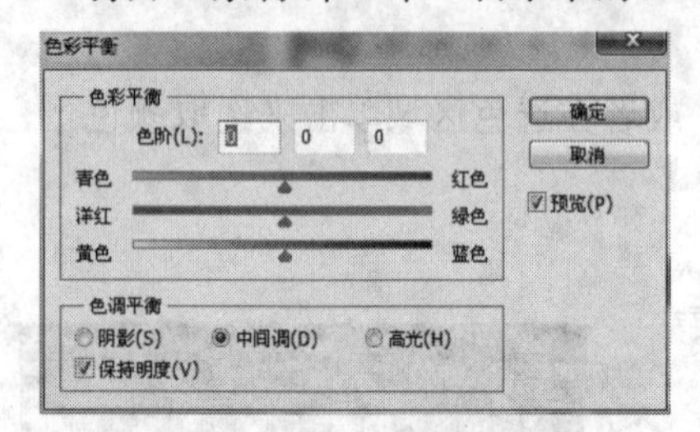

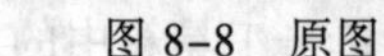

图 8-7 “色彩平衡”对话框　　图 8-8 原图　　图 8-9 调整色彩平衡后的效果

## 8.3.2 色相与饱和度

当要改变图像的色相、饱和度和亮度时，可以使用“色相/饱和度”命令。“色相/饱和度”对话框如图 8-10 所示。

选中右下角的“着色”复选框，可以将颜色添加到已经转换为 RGB 颜色模式的单色图像中。

打开“素材\第 8 章”目录中的 003 图片，使用“色相/饱和度”命令调整图像色彩，效果如图 8-11 所示。

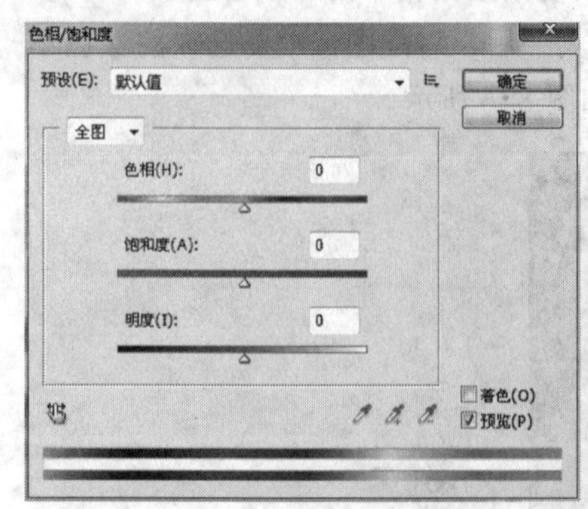

图 8-10 “色相/饱和度”对话框　　图 8-11 原图（左）、调整色相/饱和度（中）、着色（右）

## 8.3.3 去色

“去色”命令会将图像的饱和度降到最低，让色彩的强度消失，使图像近乎一种灰度图效果。但图像仍以原本的颜色模式存在，并未变为灰度模式。打开“素材\第 8 章”目录中的 004 图片，执行“去色”命令，效果对比如图 8-12、图 8-13 所示。

图 8-12　原图

图 8-13　去色后的效果

**小技巧**

如果想更改为真正的灰度模式的黑白图像，必须选择“图像”→“模式”→“灰度”命令来改变颜色模式。

## 8.3.4　匹配颜色

“匹配颜色”命令可以将两张色调不同的图片自动调整统一到协调的色调，进行图像合成时是非常方便实用的功能。打开“素材\第 8 章”目录中的 005、006 图片，如图 8-14 所示。选择“图像”→“调整”→“匹配颜色”命令，弹出“匹配颜色”对话框，如图 8-15 所示。调整匹配颜色参数，效果如图 8-16 所示。

图 8-14　打开图像文件

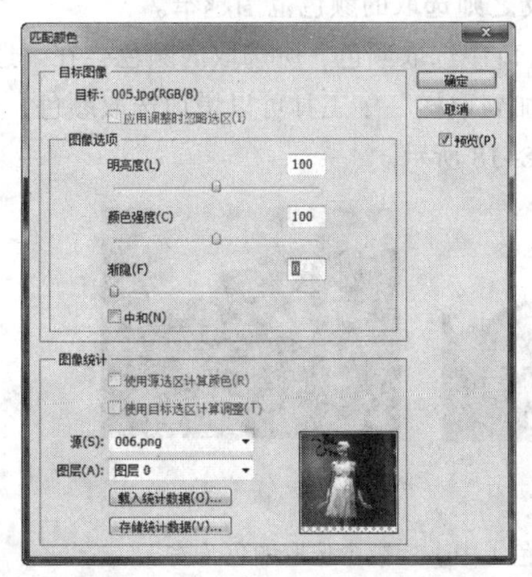

图 8-15　“匹配颜色”对话框

图 8-16　匹配颜色效果

### 8.3.5 替换颜色

“替换颜色”是通过调节“色相”、“饱和度”和“明度”3 个滑块来实现的。打开“素材\第 8 章”目录中的 007 图片。

“替换颜色”命令类似于在单一色调操作下的“色相/饱和度”命令。“替换颜色”对话框中不同的预览模式如图 8-17 所示，“选区”表示显示选择的区域，“图像”则表示显示图像。系统默认为“选区”模式。

图 8-17 “替换颜色”对话框中的“选区”模式（左）和“图像”模式（右）

使用“替换颜色”命令调整图像色彩的步骤如下：

（1）打开“素材\第 8 章”文件夹中的 007 图片，选择“图像”→“调整”→“替换颜色”命令，打开“替换颜色”对话框。

（2）拖动“颜色容差”滑块，或者直接在其后面的文本框中输入数值，确定选取的颜色范围。“颜色容差”值越大，选取的颜色范围越广，反之则选取的颜色范围越窄。

（3）使用“吸管工具”在预览窗口或图像窗口中选取颜色，所选取的颜色会在“选区”选项区中的“颜色”颜色块中显示出来。使用“添加到取样”工具可以增加选取颜色，使用“从取样中减去”工具可以减少选取颜色，如图 8-18 所示。

图 8-18 选取颜色（左）、增加选取颜色（中）、减少选取颜色（右）

（4）在“替换”选项区中对选取颜色的色相、饱和度和明度进行调节，注意观察图像的效果。

（5）单击“存储”按钮可以存储设置，单击“载入”按钮可以载入设置。单击“确定”按钮完成调整。

使用“替换颜色”命令调整图像前后的效果如图 8-19 所示。

图 8-19　原图（左）、替换颜色效果（右）

# 本章案例 1　温馨生日卡片设计

## 案例描述

卡片是联系情感的一种信物，其形式多种多样，种类更是层出不穷，有圣诞节卡片、情人节卡片、新年卡片、生日卡片等。在过生日时，如果能收到朋友们送来的生日卡片，一定会非常高兴。虽然只是一张小小的卡片，却是朋友间友情的一种体现，也是真诚祝福的一种表达方式。本例制作的生日卡片效果如图 8-20 所示。

图 8-20　生日卡片

## 案例分析

生日卡片的制作需要收集有关图片素材，如鲜花、蛋糕、蜡烛等，然后对这些图片素材进行色彩平衡、色相和饱和度、去色等色彩的调整，使图片色彩更丰富，产生特殊色彩效果，烘托生日的气氛。

要想完成该实例的制作，首先需要掌握上述命令的使用方法和技巧。

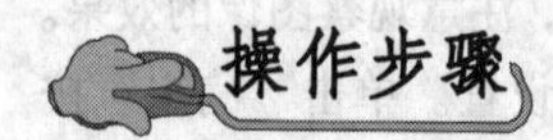


以上学习了图像色彩调整的相关知识，下面开始制作生日卡片，对相关知识进行巩固练习。

**1．绘制卡片封面**

（1）新建文件，在“图层”面板中新建图层。用“矩形选框工具”绘制出一个矩形选区，在工具箱中选择“渐变工具”，在其选项栏中设置渐变类型为“径向渐变”，如图 8-21 所示。单击选项栏中的渐变颜色图标，将弹出“渐变编辑器”窗口，设置颜色为（R:154,G:11,B:13）、（R:105,G:11,B:0），如图 8-22 所示。新建一个图层，用同样的方法绘制出另一个矩形选区，填充“径向渐变”，将其放置页面上方，渐变填充效果如图 8-23 所示。

图 8-21 “渐变工具”选项栏

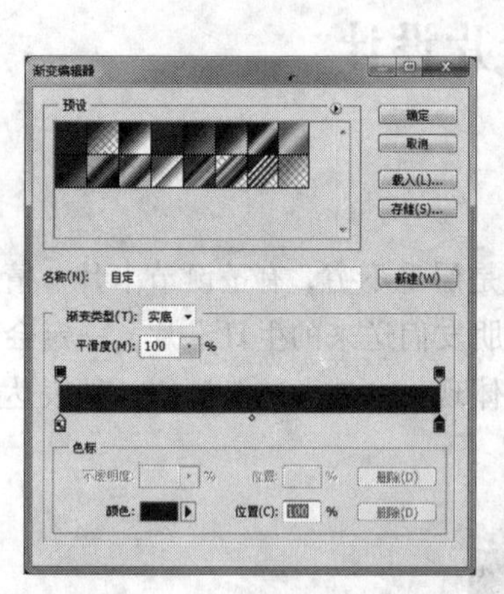


图 8-22 渐变编辑器

图 8-23 渐变填充效果

（2）打开“素材\第 8 章”文件夹中的 008 图片，用“魔棒工具”选取图 8-24 所示的选区。将选区反向，再选择“移动工具”，将选区图形剪切移至“生日卡片”文件中。选择“编辑”→“变换”→“水平翻转”命令，将移动后的图形进行水平翻转，效果如图 8-25 所示。

图 8-24 选中背景区域

图 8-25 水平翻转图像

（3）选中该图像所在的图层，打开“色彩平衡”对话框，设置参数如图 8-26 所示，调整图像的色彩。

（4）选中该图层，将该图层拖至“图层”面板中的“创建新图层”按钮上，以复制该图层。选中复制的图层，在“图层”面板中修改不透明度 不透明度: 28% 。选择“编辑”→“变换”→“垂直翻转”命令，将复制的图像进行垂直翻转，形成倒影效果。调整其大小，如图 8-27 所示。

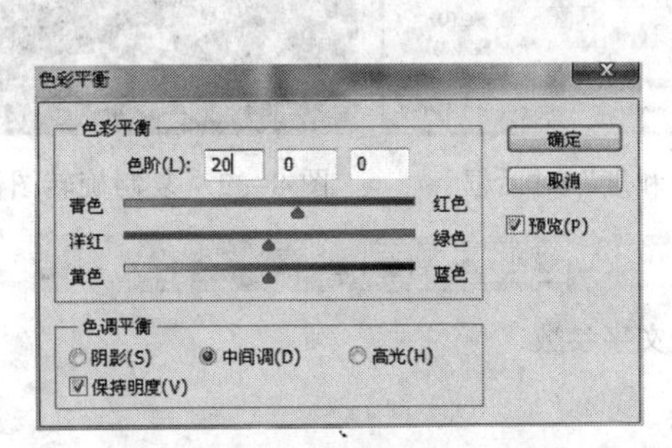


图 8-26　“色彩平衡”对话框

图 8-27　制作倒影效果

（5）打开“素材\第 8 章”文件夹中的 009 图片，用“魔棒工具”选取图 8-28 所示的图形选区。选择“选择”→“反向”命令，反选选区，如图 8-29 所示。

图 8-28　选中图形选区

图 8-29　反选选区

**小技巧**

用“魔棒工具”选取选区时，按住【Shift】键可实现添加多个选区的操作；按住【Alt】键可实现减少多个选区的操作。

（6）选择“移动工具”，将选区图像剪切移至“生日卡片”文件中，调整其大小，效果如图 8-30 所示。打开“色相/饱和度”对话框，设置图像色彩，如图 8-31 所示。

（7）选中蛋糕图像所在的图层，将该图层拖至“图层”面板中的“创建新图层”按钮上，以复制该图层。选中复制的蛋糕图像图层，选择“编辑”→“变换”→“垂直翻转”命令，并调整其大小，放置在图 8-32 所示的位置。

### 2. 输入封面文字

（1）在工具箱中选择“横排文字工具”T，在其选项栏中单击文字颜色色块，设置文字颜色为（R:199,G:149,B:15），其他设置如图 8-33 所示。

图 8-30　移至卡片中

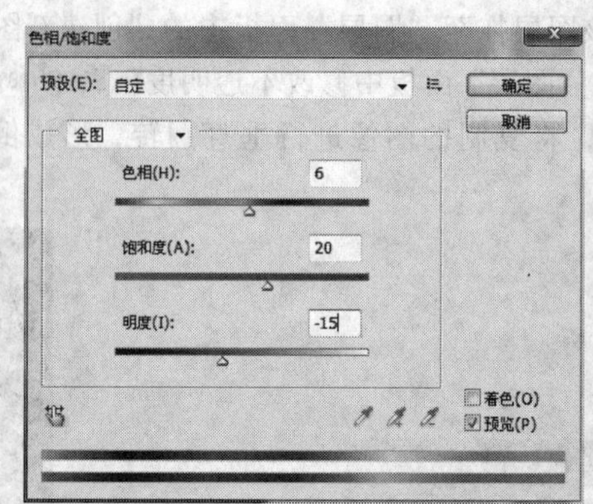


图 8-31　“色相/饱和度”对话框

图 8-32　复制旋转图像

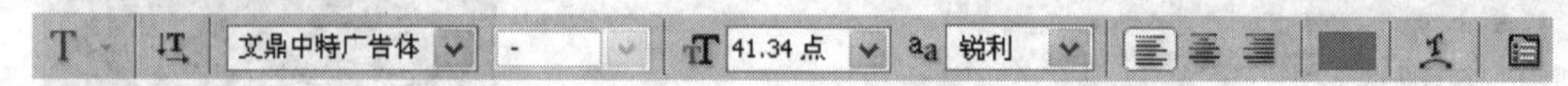


图 8-33　设置文字参数

（2）输入“生日快乐”字样，如图 8-34 所示。

图 8-34　输入文字（一）

（3）在工具箱中选择“横排文字工具”T，在其选项栏中单击文字颜色色块，设置文字颜色为（R:199,G:149,B:15），其他设置如图 8-35 所示。

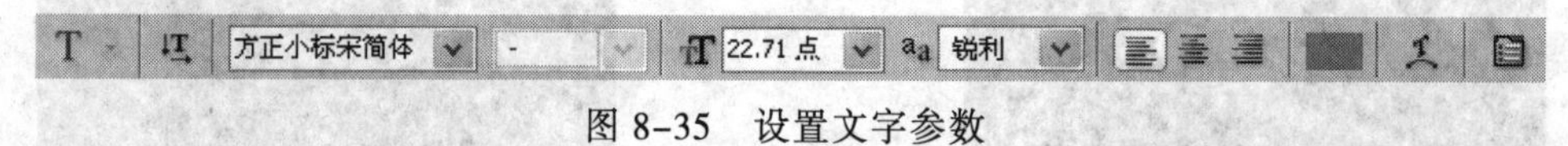


图 8-35　设置文字参数

（4）输入英文字样，如图 8-36 所示。

（5）分别将文字放置在卡片封面图 8-37 所示的位置。

Happy Birthday

图 8-36　输入文字（二）

图 8-37　卡片封面最终效果

### 3. 绘制内页

（1）新建文件，在“图层”面板中新建图层。用“矩形选框工具”绘制出一个矩形选区，在工具箱中选择“渐变工具”，在其选项栏中设置渐变类型为“径向渐变”，如图 8-38 所示。单击选项栏中的渐变颜色图标，将弹出“渐变编辑器”窗口，设置颜色为（R:154,G:11,B:13）、（R:105,G:11,B:0），如图 8-39 所示。新建一个图层，用同样的方法绘制出另一个矩形选区，填充“径向渐变”，将其放置页面上方，渐变填充效果如图 8-40 所示。

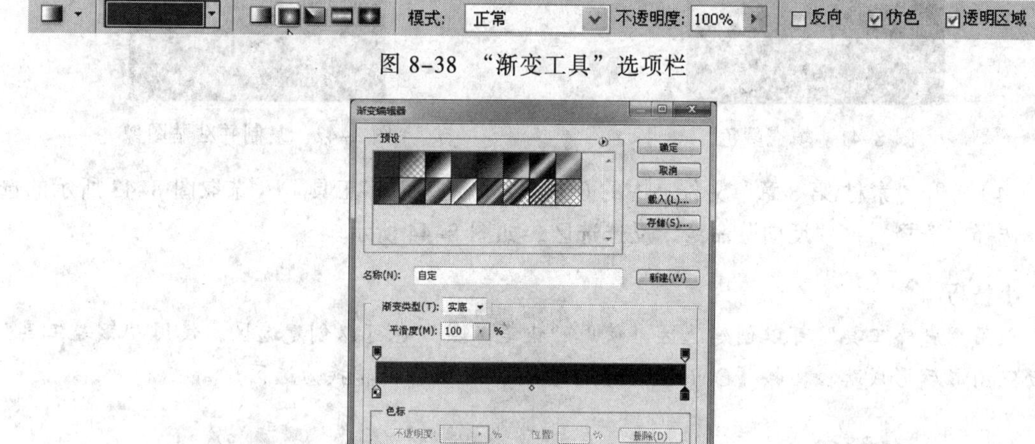


图 8-38　“渐变工具”选项栏

图 8-39　渐变编辑器

图 8-40　渐变填充效果

（2）在“图层”面板中新建一个图层，用“矩形选框工具”绘制出一个矩形选区，填充颜色为（R:136,G:0,B:2），如图 8-41 所示。

（3）将卡片封面中的调整了不透明度 不透明度: 28% 的玫瑰花图像复制并粘贴到卡片内页中，调整其大小，放置在图 8-42 所示的位置。

图 8-41　填充颜色

图 8-42　复制并粘贴图像

（4）打开“素材\第 8 章”文件夹中的 010 图片，用“魔棒工具”选取图 8-43 所示的选区。选择“选择”→“反向”命令，反选选区，如图 8-44 所示。

**小技巧**

使用“魔棒工具”可以创建选区，使用“钢笔工具”也可以创建选区。使用“钢笔工具”勾勒完图形后形成路径，按【Ctrl+Enter】组合键即可将路径转换为选区。

图 8-43　选中选区

图 8-44　反选选区

（5）选择“移动工具”，将选区图像剪切移至卡片内页中，选择“编辑”→“变换”→“水平翻转”命令，调整其大小，效果如图 8-45 所示。打开“匹配颜色”对话框，设置图 8-46 所示参数。

图 8-45　水平翻转图像

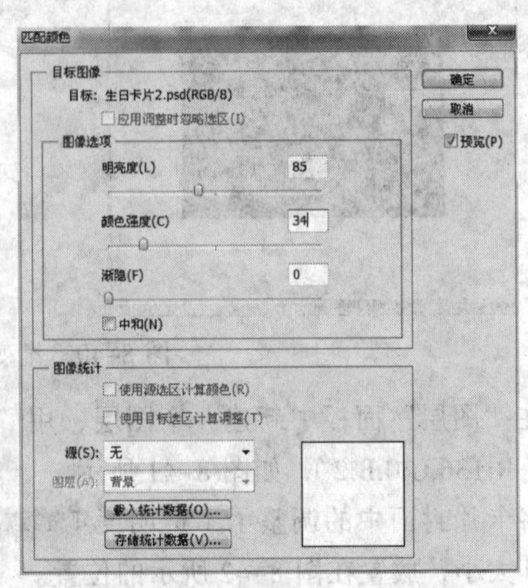


图 8-46　“匹配颜色”对话框

（6）打开“素材\第 8 章”文件夹中的 011 图片，用“魔棒工具”选取图像选区，选择“移动工具”，将选区图像剪切移至卡片内页中，再选择“图像”→“调整”→“去色”命令，去色后的图像如图 8-47 所示。

（7）选中该图像所在的图层，在“图层”面板中修改不透明度 不透明度: 14%，调整其大小，如图 8-48 所示。

图 8-47　去色前、去色后

图 8-48　调整图像透明度

4．输入内页文字

（1）在工具箱中选择“横排文字工具”，在其选项栏中单击文字颜色色块，设置文字颜色为（R:199,G:149,B:15），其他设置如图 8-49 所示。

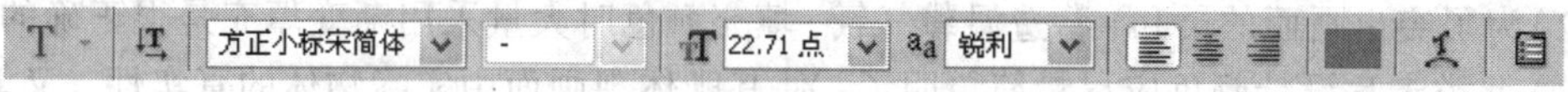

方正小标宋简体　-　22.71 点　锐利

图 8-49　设置文字参数

（2）输入 Happy Birthday 字样，如图 8-50 所示。

Happy Birthday

图 8-50　输入文字（一）

（3）在工具箱中选择“横排文字工具”，在其选项栏中单击文字颜色色块，设置文字颜色为（R:255,G:186,B:0），其他设置如图 8-51 所示。

方正硬笔楷书简体　-　14 点　锐利

图 8-51　设置文字参数

（4）输入中文字样，如图 8-52 所示。

虽然没有华丽的词汇，但有一份真诚的祝福。
在你生日之际，祝福你永远开心、快乐！

图 8-52　输入文字（二）

（5）分别将文字放置在卡片内页图 8-53 所示的位置。选择“文件”→“存储”命令，对该文件进行保存。生日卡片合成效果如图 8-54 所示。

图 8-53 卡片内页最终效果

图 8-54 生日卡片合成效果

## 案例总结

本案例主要运用了 Photoshop CS5 软件中的绘图颜色的设置、图像色彩的调整等相关知识来设计生日卡片。一分耕耘，一分收获，相信用心设计的效果是大不一样的。在设计此类卡片时应该注意以下几点：

（1）卡片的图形与文字的色彩设计应该和谐，采用同色相但不同纯度的色彩或者同明度不同色相的色彩相搭配，可以达到画面色调协调的效果。

（2）为了突出画面的柔和，营造温馨气氛，填充颜色时大量采用渐变填充是很正确的选择。

（3）此类卡片设计颜色应尽量简单明了，使其既体现画面中实际物体的真实性，又能够对其进行一定的装饰与美化。

# 8.4 图像色彩的调整（二）

如果图像的色调或颜色等效果不理想，或者要制作特殊效果的图像，可以在图 8-55 所示的“图像”→“调整”子菜单中执行相应的命令。

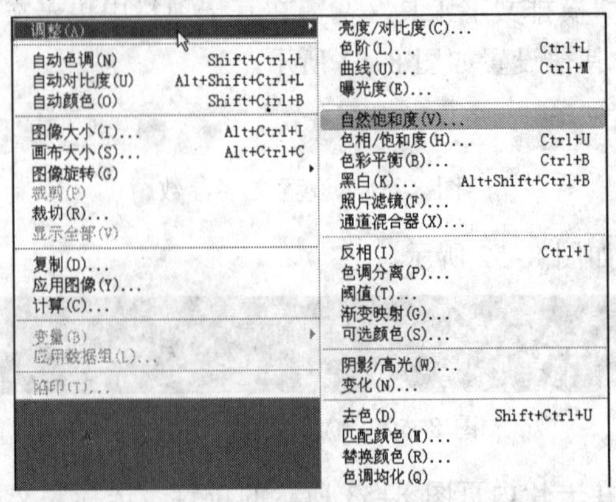


图 8-55 “图像”→“调整”子菜单

对图像的色彩进行调整时，既可对整个图像进行调整，也可以对选中的部分图像进行。对部分图像进行色彩的调整时，要先对图像部分建立选区，然后再执行相应的操作，这样选区外的图像不受任何影响。

## 8.4.1　可选颜色

调整可选颜色是指对图像的某种色系进行调整，主要用于 CMYK 模式的图像进行调色。在菜单栏中选择“图像”→“调整”→“可选颜色”命令，“可选颜色”对话框如图 8-56 所示。

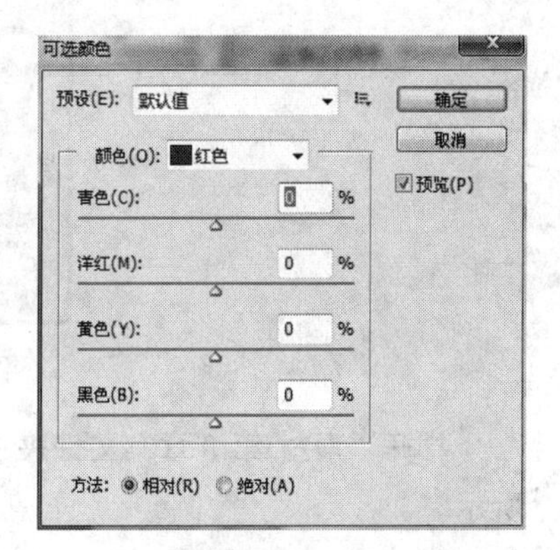


图 8-56　“可选颜色”对话框

（1）颜色：从下拉列表框中可选择要进行调整的主色。

（2）色彩成分：通过青色、洋红、黄色、黑色 4 种印刷基本色调滑块调节它们在选定的主色中的比例。

（3）方法：选择“相对”或“绝对”选项，以确定增减每种印刷色的相对或绝对含量。

（4）相对是以目前的颜色作为调整比例的标准，“绝对”是以滑块拖放所在的位置作为调整比例标准。打开“素材\第 8 章”文件夹中的 012 图片，如图 8-57 所示。图 8-58 所示为改变颜色后的图像效果。

图 8-57　原图

图 8-58　改变颜色后的图像效果

**小技巧**

在“相对”模式下，不能对纯白色进行编辑，因为此像素没有包含在任何颜色中。选择颜色时，在 CMYK 模式下，一些近似黑色的区域并不单纯是黑色，而是包含了洋红、黄、青等的混合色，因此对于黑色区域的处理要特别小心。

## 8.4.2　通道混合器

“通道混合器”主要是通过混合当前颜色通道中的像素与其他颜色通道中的像素来改变主通道颜色。“通道混合器”对话框如图 8-59 所示。

（1）输出通道：设置要调整的色彩通道，并在其中混合一个或多个现有的通道。

（2）源通道：调整通道的色彩组成成分的值。可以通过拖动滑块来达到预想的色彩。

（3）常数：用来增加该通道的互补颜色成分，如果输入负值，则说明增加了该通道的互补色；如果是正值，则说明减少了该通道的互补色。

（4）单色：对所有通道使用相同的设置，可以将彩色图像变成灰度图像，而颜色模式并不发生改变。

图 8-59 “通道混合器”对话框

打开“素材\第 8 章”文件夹中的 013 图片，“通道混合器”调整图像前后的效果如图 8-60 所示。

图 8-60 “通道混合器”调整图像前后的效果

## 8.4.3 渐变映射

“渐变映射”是以索引颜色的方式来给图像着色。它会以图像的灰度值作为依据，依次将所设置的渐变色彩相对应地进行颜色取代调整，让图像产生渐变式的单色调效果。“渐变映射”对话框如图 8-61 所示。

在“灰度映射所用的渐变”选项区中，单击颜色条后边的下拉按钮，将会弹出渐变色预设管理器，如图 8-62 所示。从中可以选择多种渐变颜色。如果单击颜色条，则会弹出“渐变编辑器”窗口，可以对渐变色进行编辑。

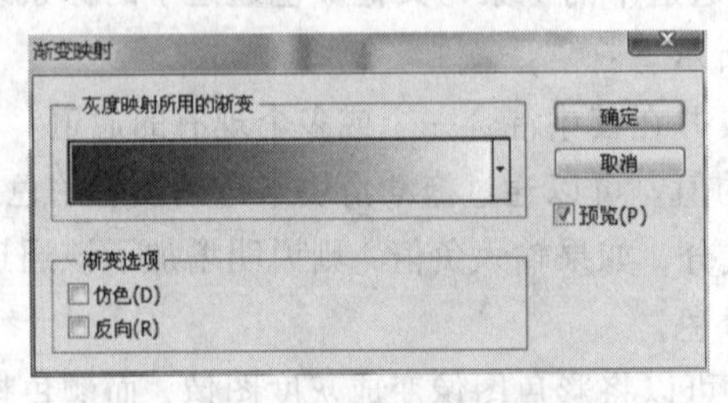


图 8-61 “渐变映射”对话框

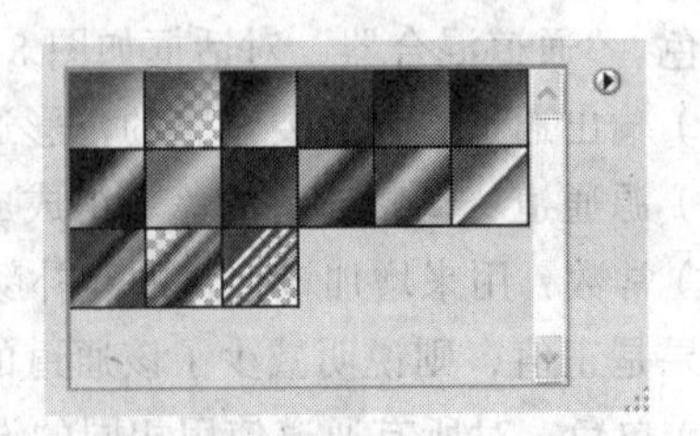

图 8-62 渐变色预设管理器

“仿色”选项可以让色彩平缓。

“反向”选项可以使渐变设置效果前后颠倒。

打开“素材\第 8 章”文件夹中的 014 图片，“渐变映射”调整前后的图像效果如图 8-63 所示。

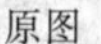

原图　渐变映射　仿色　反向

图 8-63　“渐变映射”调整前后的图像效果

## 8.4.4　照片滤镜

“照片滤镜”支持多款数码相机的 Raw 图像模式，通过模仿传统相机滤镜效果处理，获得各种丰富的效果。

“照片滤镜”的功能是通过调节“滤镜”、“颜色”和“浓度”来实现的。“照片滤镜”对话框如图 8-64 所示。

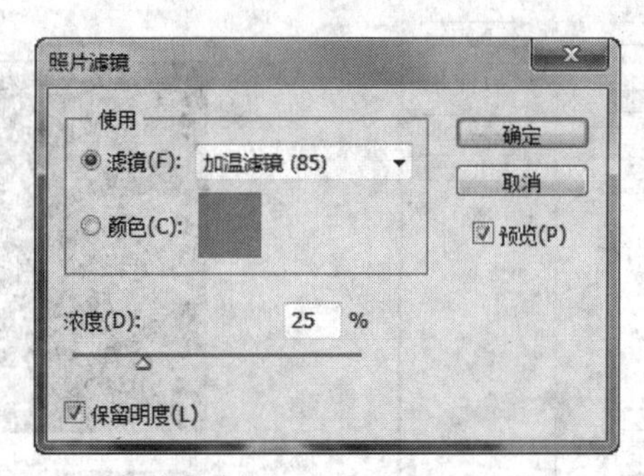


图 8-64　“照片滤镜”对话框

（1）使用：包括“滤镜”和“颜色”选项。

① 滤镜：在选择不同的滤镜进行照片滤色时，可以通过“滤镜”下拉列表框中选择不同的滤色方式。

② 颜色：可以对不同的颜色进行滤色。需要重新取色时，只要单击右侧的颜色块，在弹出的“拾色器”对话框中选择颜色。

（2）浓度：控制着色的强度，数值越大，滤色的效果就越明显。

（3）保留明度：当选中此复选框时，可以在滤色的同时维持原来图像的明暗分布层次。

打开“素材\第 8 章”文件夹中的 015 图片，“照片滤镜”调整前后的图像效果如图 8-65 所示。

图 8-65 “照片滤镜”调整前后的图像效果

## 8.4.5 阴影与高光

“阴影/高光”命令能快速改善图像中曝光过度或曝光不足区域的对比度，同时保持照片的整体平衡。“阴影/高光”对话框如图 8-66 所示。

（1）阴影：右移滑块，图像会变亮；左移滑块，图像会变暗。

（2）高光：向左移滑块，图像高光减弱；向右移滑块，图像高光增强。

（3）显示更多选项：选中此复选框，可以显示更多的调节选项，如图 8-67 所示。

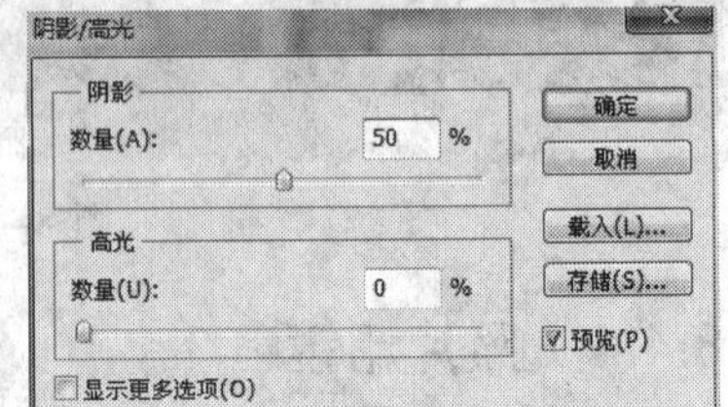


图 8-66 “阴影/高光”对话框

打开“素材\第 8 章”文件夹中的 016 图片，“阴影/高光”命令调整效果如图 8-68 所示。

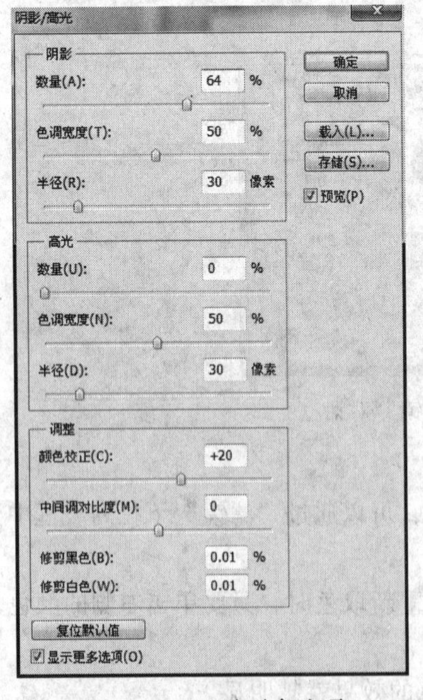


图 8-67 显示更多选项

图 8-68 “阴影/高光”命令调整图像前后的效果

## 8.4.6 变化

“变化”命令是用起来最简单、最直观的命令，可以直接在对话框中选择所需要的图像色彩。该命令对不要求精确调整的图像最适合。

打开“素材\第 8 章”文件夹中的 017 图片，“变化”对话框如图 8-69 所示。

（1）阴影：调整图像的暗色调。

（2）中间调：调整图像的中间色调。

（3）高光：调整图像的亮色调。

（4）饱和度：用来调整图像的饱和度。

（5）精细-粗糙：用来修订色彩变化级别。向“精细”拖动，图像各色彩差别减小；向“粗糙”拖动，图像色彩差别加大。

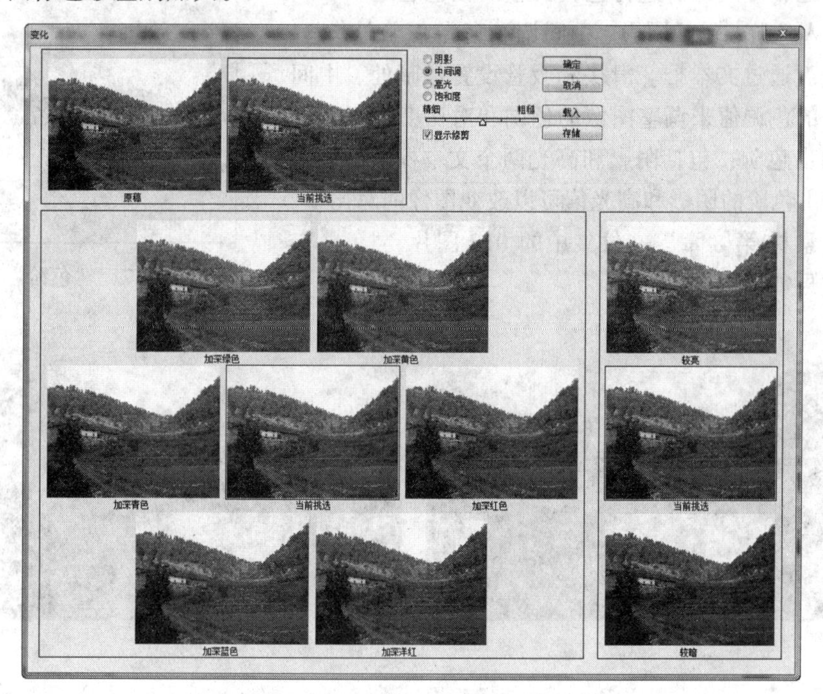


图 8-69　“变化”对话框

（6）显示修剪：当图像颜色超出范围时，图像将以反色显示。

（7）“变化”对话框中的小图像包括“原稿”、“当前挑选”、“加深绿色”、“加深黄色”、“加深青色”、“加深红色”、“加深蓝色”、“加深洋红”、“较亮”、“较暗”等，单击这些小图像执行相应操作，例如单击“加深蓝色”小图像，则除“原稿”外，所有小图像都添加蓝色。

“变化”命令调整效果如图 8-70 所示。

图 8-70　“变化”命令调整图像前后的效果

# 8.5　图像色调的调整

## 8.5.1　色阶

“色阶”是指图像在各种颜色模式下原色的明暗程度，级别为 0～255，它决定了图像的明暗程度。要调整图像的明暗程度，选择“图像”→“调整”→“色阶”命令，“色阶”对话框如图 8-71 所示。

（1）通道：可选择要进行色调调整的颜色通道。

（2）输入色阶：包括阴影、中间调和高光 3 个文本框、滑块和吸管。通过文本框、滑块和吸管设置最暗处、中间色、最亮处的色调值来调整图像的色调和对比度。

（3）输出色阶：包括阴影和高光两个文本框及滑块，通过设置输出色阶的阴影和高光值可以改变图像的对比度。

打开“素材\第 8 章”文件夹中的 018 图片，“色阶”命令调整效果如图 8-72 所示。

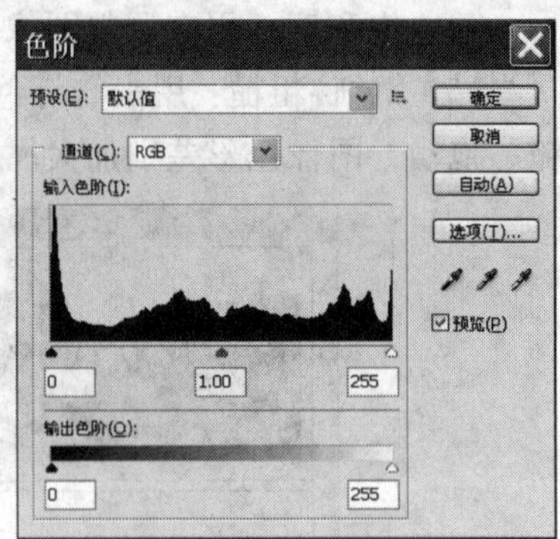


图 8-71 “色阶”对话框

原图

变亮

变暗

图 8-72 “色阶”命令调整的图像对比

## 8.5.2　曲线

“曲线”是另一种修改色阶的工具，它的调整工具是曲线。在“通道”下拉列表框中可以选择不同的通道来进行调整。图 8-73 所示为“曲线”对话框。

对话框中心是一条成 45° 角的斜线，可以通过对这条斜线的调整来调整图像的色阶，或者可以选定调整区下的铅笔工具在网络内画出一条曲线，这样就可以一次性地完成操作。通过单击左边的平滑按钮可以对画出的曲线进行平滑处理。

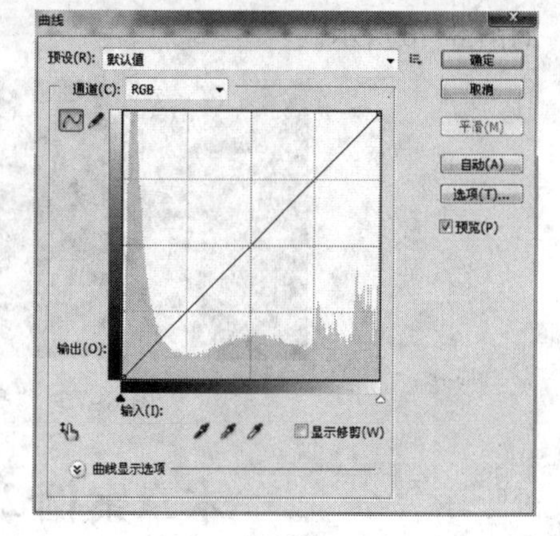


图 8-73　“曲线”对话框

**小技巧**

调整过程中可以按住【Alt】键对网格进行“精密”与“普通”的切换。

打开“素材\第 8 章”文件夹中的 019 图片，“曲线”对话框左下部有两个文本框，“输入”代表曲线横轴的值，“输出”代表改变图像色阶后的新值。在两值相等的情况下，曲线是成 45°角的斜线。当用鼠标在曲线中进行调整时，“输入”和“输出”后面会显示光标所在位置的输入和输出值。用鼠标拖动控制点并向上移动，图像逐渐变亮，如图 8-74 所示。当拖动控制点并向下移动时，图像逐渐变暗。

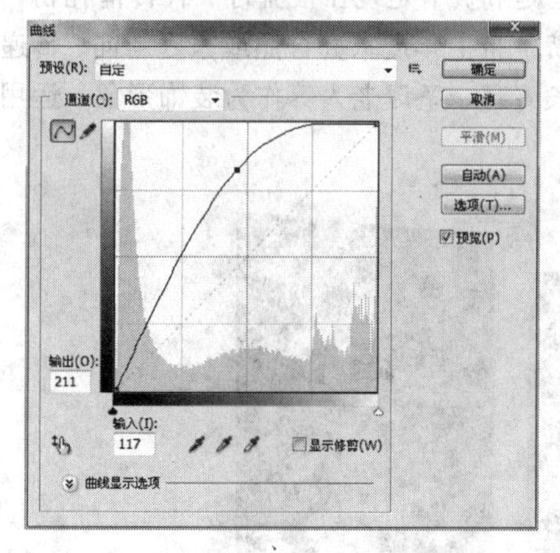

图 8-74　调节控制点使图像变亮

## 8.5.3　亮度与对比度

“亮度/对比度”对话框如图 8-75 所示，可以拖动滑块来调节图像的亮度和对比度。

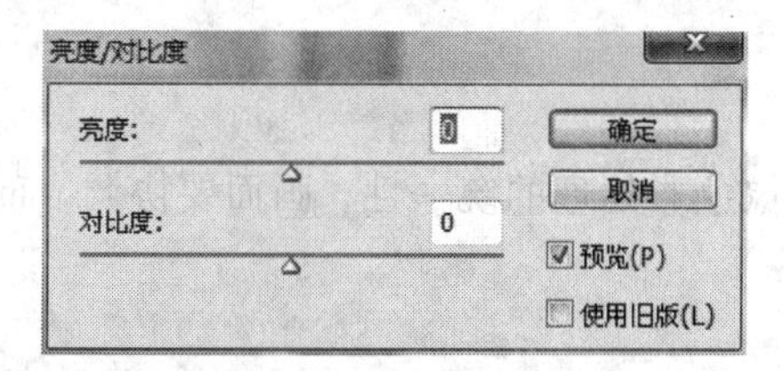


图 8-75　“亮度/对比度”对话框

（1）亮度：调节过程中向右拖动滑块图像会变得越来越亮，向左拖动则图像越来越暗。

（2）对比度：图像调节过程中，向左拖动滑块，图像对比度减弱；向右拖动滑块，图像对比度增强。

打开“素材\第 8 章”文件夹中的 020 图片，调整“亮度/对比度”后的图像与原图的比较如图 8-76 所示。

图 8-76 “亮度/对比度”调整图像效果比较

# 本章案例 2 浪漫圣诞节卡片设计

## 案例描述

本例将制作图 8-77 所示的圣诞节卡片。圣诞节贺卡是现在很流行一种传情礼物，是维持与远方亲朋好友关系的方式之一。许多家庭随贺卡带上年度家庭合照或家庭新闻，传递祝福和情谊。在设计圣诞节卡片时常用圣诞树、圣诞长青环、圣诞老人等作为装饰形象，运用主色调绿、白、黄、红营造欢乐喜庆的节日气氛。

图 8-77 圣诞节卡片

## 案例分析

该案例的制作要注意图像色彩处理的统一性，画面要协调，布局要规整，图片素材的应用要恰当。

## 操作步骤

以上学习了怎样对图像的色彩进行调整，下面开始制作“圣诞节卡片”，对相关知识进行巩固练习，加深对所学基础知识的印象。

### 1. 创建贺卡背景

（1）新建 A4 大小的文件。选择“图像”→“图像旋转”→“90 度（顺时针）”命令，旋转画布。设置前景色为绿色，如图 8-78 所示，填充背景。

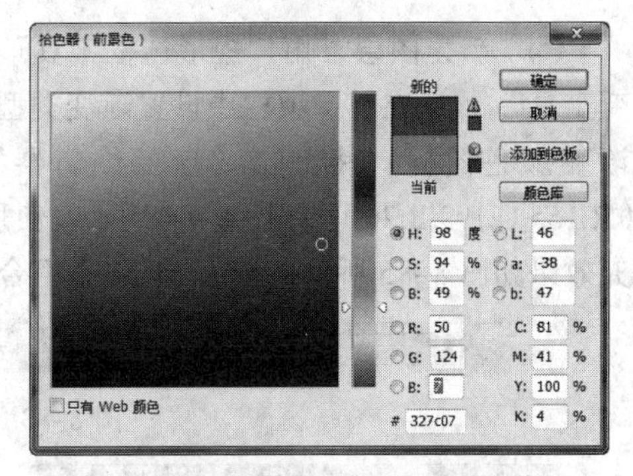


图 8-78　设置背景底色

（2）在“图层”面板中新建图层。用“矩形选框工具”绘制出一个矩形选区，在工具箱中选择“渐变工具”，在其选项栏中设置渐变类型为“径向渐变”，如图 8-79 所示。单击选项栏中的渐变颜色图标，将弹出“渐变编辑器”窗口，设置颜色为（R:140,G:189,B:75）、（R:50,G:124,B:7），如图 8-80 所示。填充“径向渐变”，取消选区，渐变填充效果如图 8-81 所示。

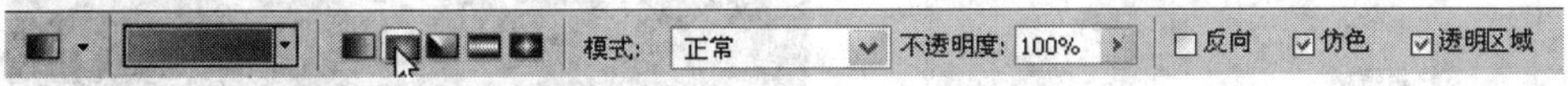

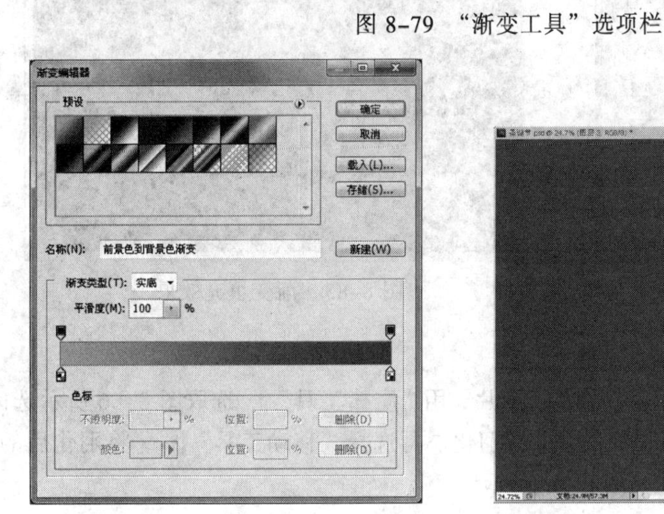


图 8-79　“渐变工具”选项栏

图 8-80　渐变编辑器

图 8-81　渐变填充效果

（3）新建图层，用“矩形选框工具”在画面中间位置绘制出一个矩形选区，设置前景色为（R:143,G:192,B:77），填充此颜色。取消选区，如图 8-82 所示。

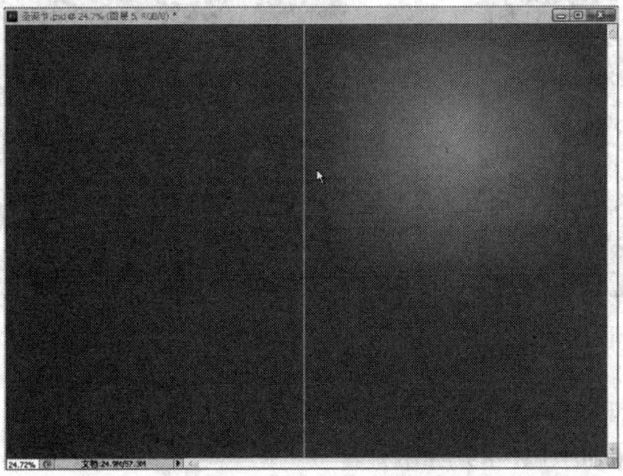

图 8-82　填充效果

（4）新建图层，用“矩形选框工具”在画面右边位置绘制出一个矩形选区，选择“渐变工具”，在其选项栏中设置渐变类型为“线性渐变”，如图 8-83 所示。单击选项栏中的渐变颜色图标，将弹出“渐变编辑器”窗口，选择“前景色到透明渐变”，前景色为（R:155,G:199,B:26），如图 8-84 所示。使用“渐变工具”在选区中由上至下拖动鼠标，渐变填充效果如图 8-85 所示，按【Ctrl+D】组合键取消选区。

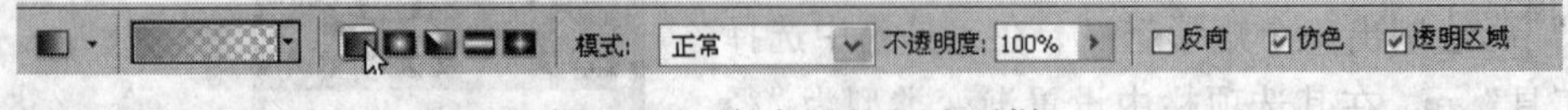


图 8-83 “渐变工具”选项栏

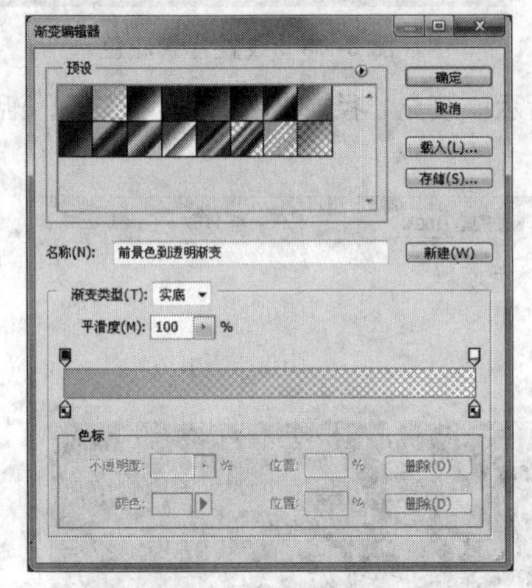


图 8-84 渐变编辑器

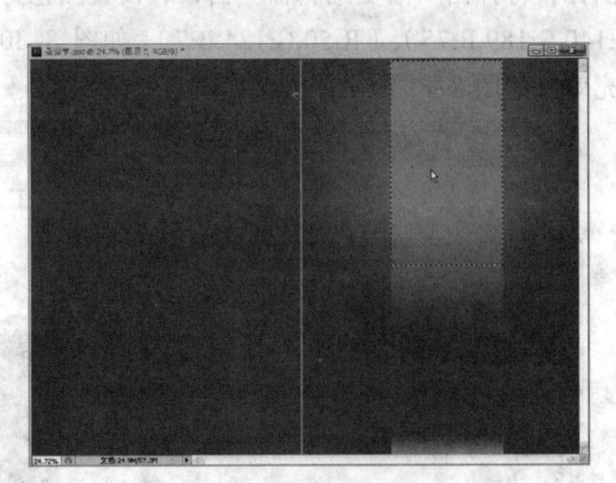

图 8-85 渐变填充效果

## 2. 制作图片效果

（1）打开“素材\第 8 章”文件夹中的 021 图片，用“魔棒工具”选取图 8-86 所示选区。选择“选择”→“修改”→“羽化”命令，进行羽化。再选择“移动工具”，将羽化后的选区图像移至“圣诞贺卡”文件中，如图 8-87 所示。

图 8-86 选中图形选区·

图 8-87 图形选区移至贺卡中

（2）选中此图像，再选择“图像”→“调整”→“照片滤镜”命令，打开图 8-88 所示的“照片滤镜”对话框，效果如图 8-89 所示。

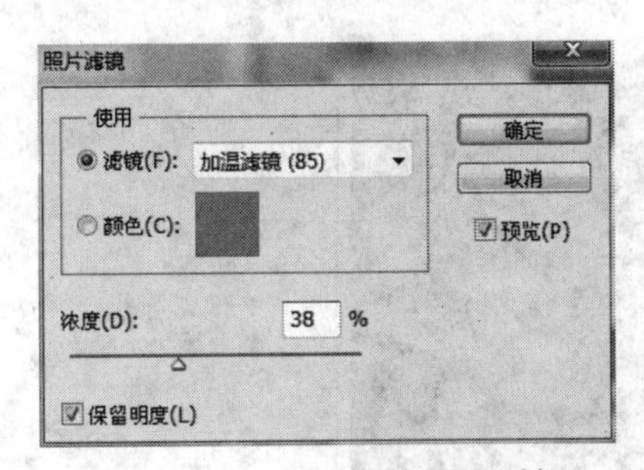


图 8–88　“照片滤镜”对话框

图 8–89　应用“照片滤镜”后的效果

（3）选择此图形进行复制和粘贴，如图 8–90 所示。

（4）新建图层，用“矩形选框工具”绘制出几个矩形选区，设置前景色为（R:143,G:192,B:77），填充此颜色。取消选区，调整矩形大小成线条状，如图 8–91 所示。

图 8–90　复制并粘贴图形

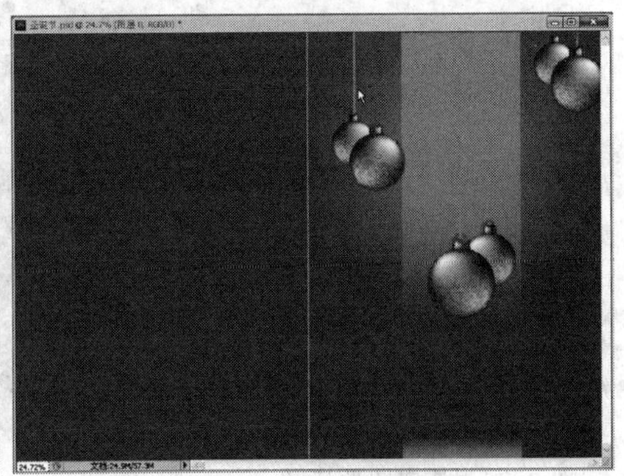

图 8–91　绘制线条

（5）打开“素材\第 8 章”文件夹中的 022 图片，用“魔棒工具”选取图 8–92 所示的选区。选择“选择”→“修改”→“羽化”命令，进行羽化。再选择“移动工具”，将羽化后的图像移至“圣诞贺卡”文件中。选中此图像，再选择“图像”→“调整”→“亮度/对比度”命令，打开图 8–93 所示的“亮度/对比度”对话框，图像调整亮度/对比度后的效果如图 8–94 所示。

图 8–92　选中选区

图 8–93　“亮度/对比度”对话框

（6）打开“素材\第 8 章”文件夹中的 023 图片，用“魔棒工具”选取图 8–95 所示的选区。用“移动工具”将选区图像移至“圣诞贺卡”文件中，如图 8–96 所示。

图 8-94　调整“亮度/对比度”后的效果

图 8-95　选中图形选区

图 8-96　将图形移至贺卡中

（7）用“魔棒工具”选取文字图形，选择“渐变工具”，在其选项栏中设置渐变类型为“线性渐变”，单击选项栏中的渐变颜色图标，将弹出“渐变编辑器”窗口，设置图 8-97 所示多种颜色的渐变。使用“渐变工具”在选区中由上至下拖动鼠标，进行线性渐变填充，按【Ctrl+D】组合键取消选区。为其添加图层样式，“图层样式”对话框如图 8-98 所示。添加阴影后的效果如图 8-99 所示。

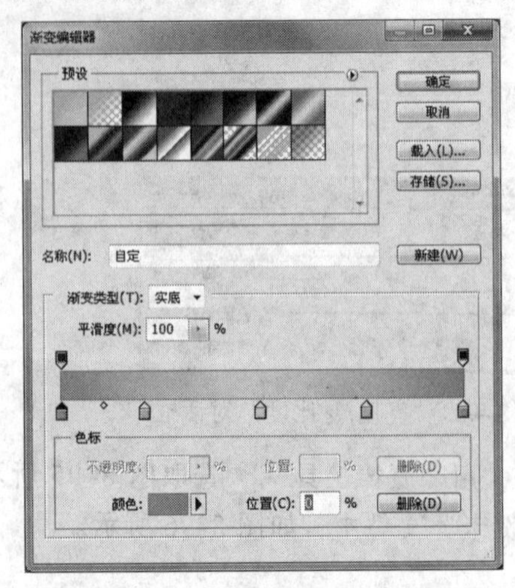


图 8-97　“渐变编辑器”窗口

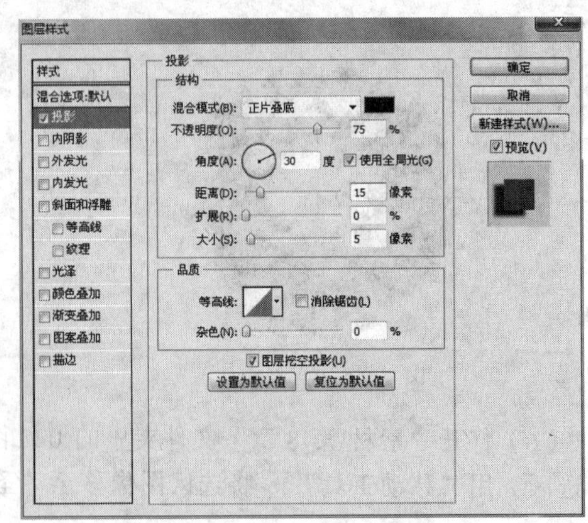


图 8-98　“图层样式”对话框

（8）打开“素材\第 8 章”文件夹中的 024 图片，用“魔棒工具”选取图 8-100 所示的选区。选择“选择”→“修改”→“羽化”命令，进行羽化。再选择“移动工具”，将羽化后的选区图像移至“圣诞贺卡”文件中。选中此图像，再选择“图像”→“调整”→“曲线”命令，打开图 8-101 所示的“曲线”对话框，图像执行“曲线”命令后的效果如图 8-102 所示。

图 8-99　添加阴影效果

图 8-100　选中图形选区

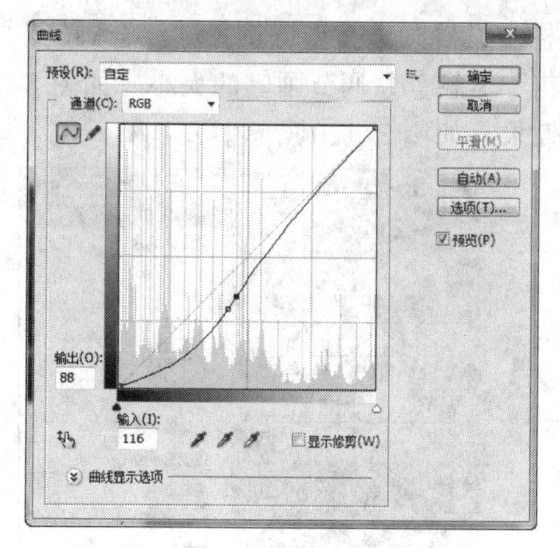


图 8-101　“曲线”对话框

图 8-102　执行“曲线”命令后的效果

（9）选中此图像，再选择“编辑”→“变换”→“缩放”命令，将图像缩小（见图 8-103），复制并粘贴放置在画面左下方，效果如图 8-104 所示。

图 8-103　调整图像大小

图 8-104　复制并粘贴图形

（10）打开“素材\第 8 章”文件夹中的 025 图片，用“魔棒工具” 选取图 8-105 所示选区。选择“选择”→“修改”→“羽化”命令，进行羽化。再选择“移动工具” ，将羽化后的选区图像移至“圣诞贺卡”文件中。选中此图像，再选择“图像”→“调整”→“可选颜色”命令，打开图 8-106 所示的“可选颜色”对话框，图像执行“可选颜色”命令后的效果如图 8-107 所示。

图 8-105　选中图形

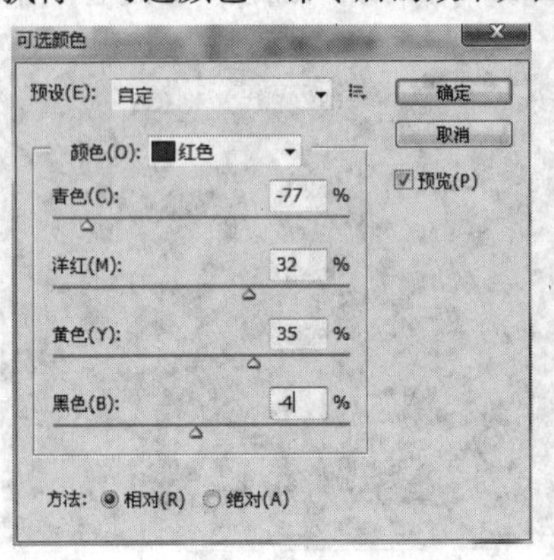


图 8-106　“可选颜色”对话框

（11）选择“画笔工具”，在“画笔工具”选项栏中设置画笔类型，选择“混合画笔”，如图 8-108 所示。在“混合画笔”列表框中选择“雪花”笔触，并调节画笔的大小，如图 8-109 所示。设置笔触颜色为白色，在贺卡上绘制出雪花效果，如图 8-110 所示。

图 8-107　执行“可选颜色”命令后的效果

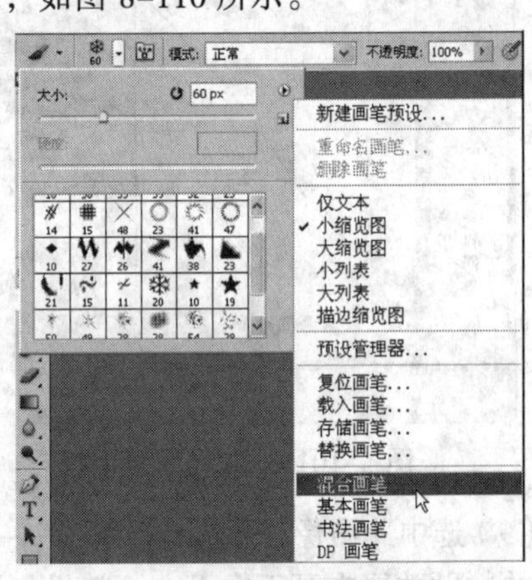


图 8-108　选择“混合画笔”

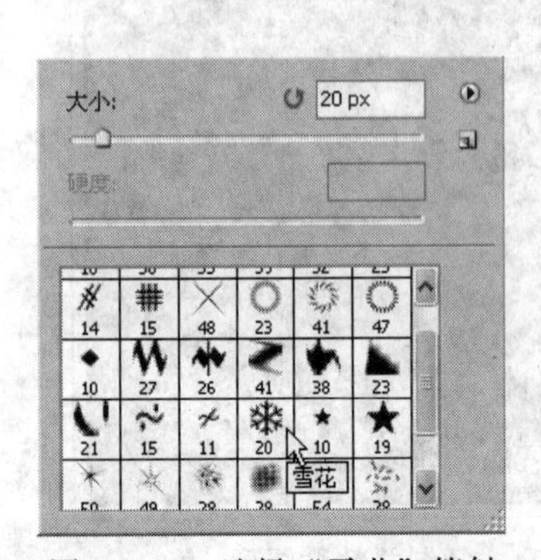


图 8-109　选择“雪花”笔触

图 8-110　绘制雪花效果

### 3. 添加文字效果

（1）在工具箱中选择“横排文字工具” T，在其选项栏中单击文字颜色块，设置文字颜色为（R:155,G:199,B:26），其他设置如图 8–111 所示。

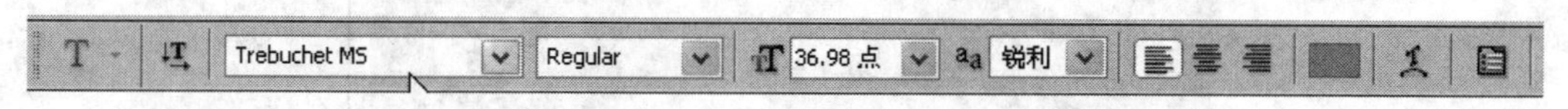


图 8–111　设置文字参数

（2）输入 Merry Christmas 字样，如图 8–112 所示。

图 8–112　输入文字 Merry Christmas

（3）在工具箱中选择“横排文字工具” T，在其选项栏中单击文字颜色块，设置文字颜色为（R:155,G:199,B:26），其他设置如图 8–113 所示。

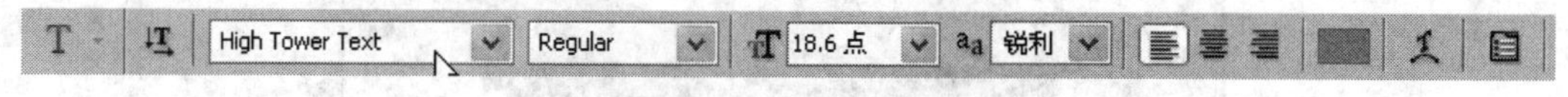


图 8–113　设置文字参数

（4）输入 I wish you happy every day 字样，如图 8–114 所示。

图 8–114　输入文字 I wish you happy every day

（5）分别将文字放置在贺卡的图 8–115 所示的位置，选择“文件”→“存储”命令，对该文件进行保存。

图 8–115　贺卡平面效果

### 4. 制作立体特效

（1）新建文档，在工具箱中选择“渐变工具”，在其选项栏中设置渐变类型为“径向渐变”，渐变颜色由白色至浅灰色，渐变填充效果如图 8–116 所示。

（2）将贺卡平面效果图移至新建文件中，如图 8–117 所示。

图 8-116 “径向渐变”填充效果

图 8-117 平面效果图移至新建文件中

（3）选择平面效果图，复制并粘贴，选择“编辑”→“变换”→“垂直翻转”命令，翻转画面。在“图层”面板中调整不透明度，如图 8-118 所示。最终立体效果如图 8-119 所示，保存文件。

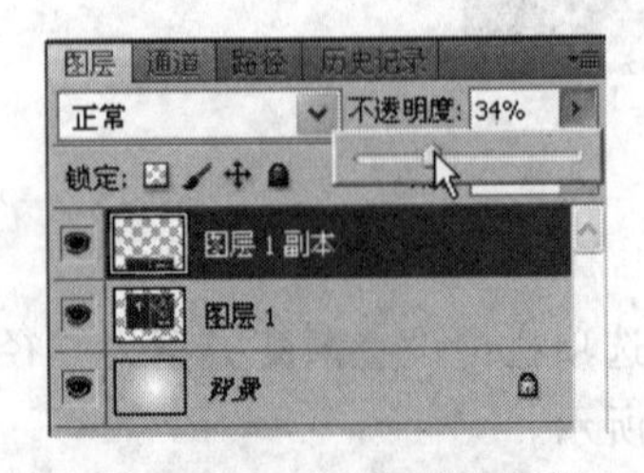

图 8-118 调整不透明度

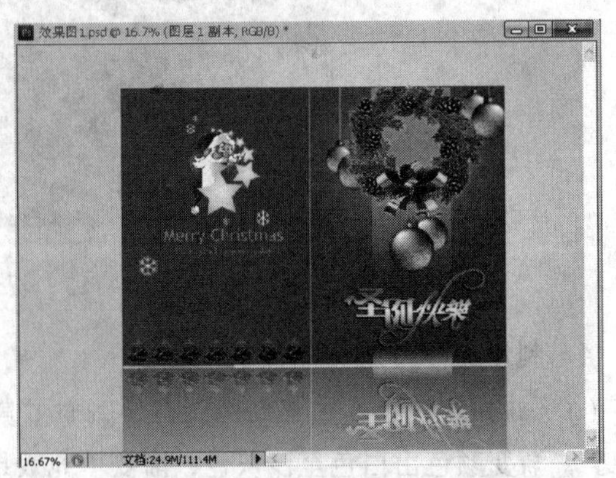

图 8-119 圣诞贺卡立体效果

（4）选择“编辑”→“变换”→“缩放”、“透视”命令，对贺卡平面图进行调整，调整图层的不透明度，做出贺卡投影效果。圣诞贺卡合成效果如图 8-120 所示。

图 8-120　圣诞贺卡合成效果

## 案例总结

本案例主要运用了 Photoshop CS5 软件中的色彩调整、色调调整等相关知识来设计浪漫圣诞节卡片。在设计此类卡片时应该注意以下几点：

（1）Photoshop CS5 软件中的“渐变工具”可以让画面之间的色彩过渡更加自然，应该根据实际需要选择简便的方式。也可以尝试多种渐变方式共同运用来表现卡片设计画面色彩的丰富性。

（2）在卡片设计中文字的编排方式应该根据实际需要决定。作为设计者，要敢于突破传统构成方式的定势思维，去组建新的文字组织式样，实现形式上的创新与提升。

（3）在 Photoshop CS5 软件中为文字或图形添加阴影可以很好地实现物象三维视觉效果，丰富造型的层次性，延伸画面的空间感。

# 本章理论习题

### 1. 填空题

（1）卡片设计的类型根据运用的目的来分包括：________卡片、________卡片、________卡片、商业活动邀请卡片等。根据设计的不同风格，包括________卡片设计、________卡片设计、时尚型卡片设计以及复古型卡片设计等。

（2）色彩成分：通过________、________、________、________4 种印刷基本色调滑块调节它们在主色中的比例。

（3）“去色”命令会将图像的饱和度降到________，让色彩的强度________，使图像近乎一种灰度效果。但图像仍以原本的颜色模式存在，并未变为________。

（4）“替换颜色”命令类似于在单一色调下操作的“________”命令。“选区”表示显示选择的区域，“图像”则表示显示________。系统默认为“________”模式。

**2．选择题**

（1）在 Photoshop CS4 中绘制图像时使用前景色和背景色。通常情况下，绘制图像使用前景色，（　　）使用背景色。

A．擦除图像　　B．删除图像　　C．删除文字　　D．替换图像

（2）要简单地选取颜色，可在“色板”面板中直接单击要选取的颜色，这时选取的颜色显示在（　　）区域。

A．工具箱　　B．前景色色块　　C．背景色色块　　D．图层

（3）为了准确地选择与图像中某个区域相同的颜色，可以使用工具箱中的（　　）。

A．抓手工具　　B．吸管工具　　C．渐变工具　　D．仿制图章工具

（4）当要改变图像的色相、饱和度和亮度值时，可以用（　　）命令。

A．色彩平衡　　B．色相/饱和度　　C．去色　　D．匹配颜色

**3．简答题**

（1）简述卡片设计的特征。

（2）“色阶”的含义是什么？在 Photoshop CS5 软件中怎样打开“色阶”对话框？

（3）卡片设计的原则是什么？

（4）“色彩平衡”命令的用途是什么？

# 第 9 章　通道与蒙版的应用与封面设计

对于有些图像，即使用上最灵活的“钢笔工具”、最精密的图层蒙版、最巧妙的调整图层也难以处理。对于此种类型的图像，就要换一种方法来处理了：通道与蒙版。

本章知识重点：

- 通道的类型
- 通道的应用
- 图层蒙版的添加/删除
- 编辑图层蒙版

## 9.1　封面设计的类型、特征与设计原则

无论的杂志、书籍、CD、DVD，带给人们第一印象的总是精美的封面。这一章，通过对Photoshop 软件各种功能的操作来制作精美的封面。

### 9.1.1　封面设计的类型

封面设计包括多种类型：

（1）书籍封面设计：首先应该明确，表现形式要为书的内容服务，用最感人、最形象、最易被接受的表现形式，所以封面的构思十分重要。要充分理解书的内涵、风格、体裁等，做到构思新颖、切题，有感染力。

（2）杂志封面设计：在设计时主要考虑杂志的名称以及与名称相呼应的图案装饰等，另外，还有主办单位、年号、月份、期数等，也有将条形码印在封面上的。杂志，不论是半月刊、月刊、双月刊还是季刊，都有一定的时间性，时间性决定了刊物的连续性与统一。如月刊，1 年 12 期，这 12 期要有一个共同的、连续性的特点。即使每月换一个底色，或改变刊名的位置，但仍要有一个贯穿于各期的整体标识，或用字体相同的杂志名称，或用同一种构图布局，在统一中求得各期之间的变化。

（3）光盘封面设计：光盘封面设计是比较特殊的，因为它有一定的约束性，其设计延展性受到光盘形状与面积的影响，设计元素的采用与主题也因光盘所承载的内容而定。在设计光盘盘面的过程中，设计人员需要考虑光盘自身的结构，还要考虑其印刷工艺，不同的印刷工艺需要不同的设计手法。

### 9.1.2　封面设计的特征

封面设计的特征如下：

（1）推销产品的武器：许多公司在生产出新型产品后，推销产品时，通常运用摄影技巧，加上精美的说明文，作广告宣传。但是摄像机无法表现超现实的夸张的富有想象力的画面。这时运用绘画专业的特殊技法，效果上会更突出。

（2）美观：封面设计效果图虽不是纯艺术品，但必须有一定的艺术魅力，便于同行和生产部门理解其意图。优秀的封面设计图本身是一件好的装饰品，它融艺术与技术为一体。

### 9.1.3 封面设计的原则

封面设计的成败取决于设计定位。即要做好前期的客户沟通，具体内容包括：封面设计的风格定位；企业文化及产品特点分析；行业特点定位；画册操作流程；客户的观点等都可能影响封面设计的风格，所以说，好的封面设计一半来自于前期的沟通，才能体现客户的消费需要，为客户带来更大的销售业绩。

## 9.2 认识通道

本节将具体介绍 Photoshop CS5 的通道。通道是存储不同类型信息的灰度图像。Photoshop CS5 中的图像都具有一个或多个通道，每个通道都存放着图像中颜色元素的信息。一个图像最多能有 56 个通道。在默认情况下，位图、灰度、双色调和索引颜色图像有 1 个通道；RGB 和 Lab 图像有 3 个通道，而 CMYK 图像有 4 个通道。除位图模式图像外，可以在其他所有类型的图像中添加通道。

### 9.2.1 通道的类型

在 Photoshop CS5 中，通道分为色彩通道、专色通道和 Alpha 通道。

#### 1. 色彩通道

Photoshop 处理的图像都具有一定的颜色模式。不同的颜色模式，表示图像中像素点采用不同颜色描述方式，这就是图像的颜色模式。

像素点的颜色是由各种颜色模式的颜色信息进行描述的，所有像素点所包含的某一种颜色信息便构成了一个颜色通道。例如，一幅 RGB 图像中的“红”通道是由图像中所有像素点的红色信息所组成的。同样，“绿”通道或“蓝”通道则是由所有像素点的绿色信息或蓝色信息所组成的，它们都是颜色通道，这些颜色通道的不同信息配比构成了图像中的不同色彩变化。

每个颜色通道都是一幅灰度图像，它只代表一种颜色的明暗变化。所有的颜色通道混合在一起时，便可形成图像的真实色彩效果，就构成了颜色的复合通道。

#### 2. 专色通道

专色通道用于印刷时的专色效果。通常彩色印刷品是通过黄、洋红、青和黑 4 种原色油墨印制而成的。但是由于印刷效果本身存在一定的颜色偏差，导致印刷品在再现一些纯色时会出现一定程度的误差。因此，在印刷品制作中，就在黄、洋红、青和黑 4 种原色油墨以外加印一些其他颜色，以便更好地再现其中的纯色信息，这些加印的颜色就是印刷时的专色。

专色就是黄、洋红、青和黑 4 种原色油墨以外的其他印刷颜色。使用专色油墨再现的画面通常要比四色叠印出更平、更鲜艳的效果。

3. Alpha 通道

Alpha 通道是存储选择区域的一种方法。此时的通道被称为选区通道，即 Alpha 选区通道。Alpha 通道是 3 种通道类型中变化最丰富、运用最广泛的一种。许多 Photoshop 特殊效果的制作，都是利用 Alpha 通道进行的，“通道”面板中的大多数操作也是针对 Alpha 通道而设置的。实际上，快速蒙版就是一个临时的选区通道。

## 9.2.2　通道的功能

通道的概念是由遮板演变而来的，也可以说通道就是选区。在通道中，以白色代替透明，表示要处理的部分（选择区域）；以黑色表示不需处理的部分（非选择区域）。因此，通道也与遮板一样，没有其独立的意义，而只有依附于其他图像（或模型）存在时，才能体现其功用。而通道与遮板的最大区别，也是通道最大的优越之处，在于通道可以完全由计算机来进行处理，也就是说，它是完全数字化的。

通道的功能主要有以下 5 点：

（1）可建立精确的选区。运用蒙版和选区或是滤镜功能，可建立毛发白色区域，代表选择区域的部分。

（2）可以存储选区和载入选区备用。

（3）可以制作其他软件（如 Illustrator、PageMaker）需要导入的透明背景图片。

（4）可以看到精确的图像颜色信息，有利于调整图像颜色。不同的通道都可以用 256 级灰度来表示不同的亮度。

（5）印刷出版方便传输、制版。CMYK 模式的图像文件可以把 4 个通道拆开保存成 4 个黑白文件，然后同时打开它们，按 CMYK 的顺序再放到通道中，就又可恢复成 CMYK 模式的原文件。

## 9.2.3　“通道”面板

在 Photoshop 中打开一幅图像后，系统会根据该图像的颜色模式建立相应的颜色通道。单击工作界面右侧的“通道”选项卡，或选择“窗口”→“通道”命令，打开“通道”面板，如图 9-1 所示。

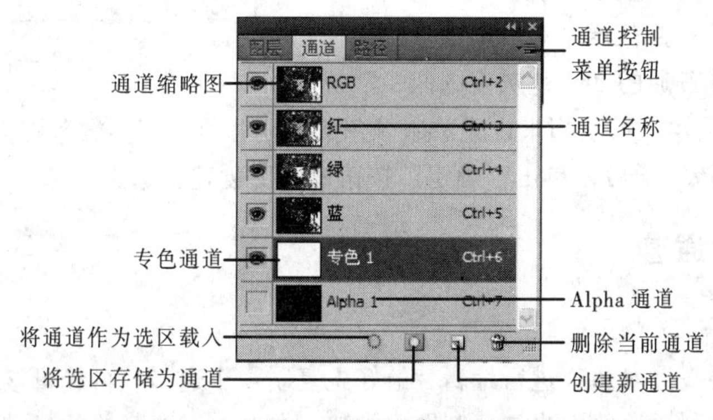


图 9-1　“通道”面板

（1）通道缩略图：用于显示所选图像在该通道下的缩略图。

（2）通道控制菜单按钮：单击该按钮，将弹出下拉菜单，其中包含与通道相关的各种操作命令。

（3）通道名称：显示对应通道的名称，通过名称后面的快捷键，可以快速切换到相应的通道。

（4）专色通道：主要用于为印刷制作专色印版，前面已讲述过。

（5）Alpha 通道：在进行图像编辑时所创建的通道，用来保存选区信息。

（6）“将通道作为选区载入”按钮：单击该按钮可以将当前通道转换为选区。

（7）“将选区存储为通道”按钮：单击该按钮可以将当前选择区域转换为一个 Alpha 通道。

（8）“创建新通道”按钮：单击该按钮可新建一个 Alpha 通道。

（9）“删除当前通道”按钮：单击该按钮可删除当前通道。

## 9.3 通道的操作

创建 Alpha 通道的目的是在图像上建立、编辑和存储选区。利用它可以将选区变为蒙版或将蒙版变为选区。

### 9.3.1 新建通道

新创建的通道称为 Alpha 通道，它通常用于保存图像选区的蒙版，而不是保存图像的颜色。创建通道主要有以下两种方法：

（1）单击“通道”面板底部的“创建新通道”按钮，即可新建一个 Alpha 通道，新建的 Alpha 通道在图像窗口中显示为黑色。

（2）单击“通道”面板右上角的按钮，在弹出的下拉菜单中选择“新建通道”命令，在打开的图 9-2 所示的“新建通道”对话框中设置新建通道的名称、色彩指示区域和颜色后，单击“确定”按钮，即可新建一个 Alpha 通道。

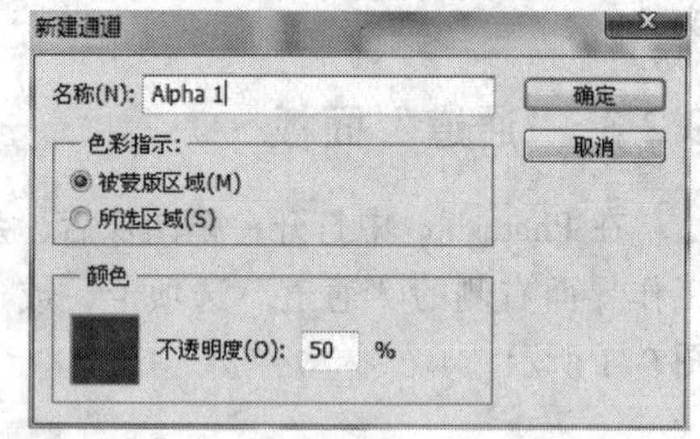

图 9-2 新建一个 Alpha 通道

在“新建通道”对话框中的“名称”文本框中设置该通道的名称。选中“色彩指示”选项区中的“被蒙版区域”单选按钮，则选区以外的区域将被蒙版颜色填充，选区为透明色。选中“所选区域”单选按钮，则选区将被蒙版颜色填充，选区以为透明色。单击“颜色”色块，可在弹出的“拾色器”对话框中直接选择蒙版颜色。蒙版是一种普通的 256 色灰度图像，默认情况下为红色。“不透明度”选项用来设置蒙版颜色的透明程度，其参数范围为 0%～100%（默认情况下为 50%）。选择完毕后，单击“确定”按钮，即可创建新通道。

### 9.3.2 复制与删除通道

#### 1. 复制通道

方法一：如果需要直接对通道进行编辑，最好先复制一个通道，再编辑该复制的通道，以免编辑后不能还原。复制通道的方法与复制图层类似，先选中需要复制的通道，然后按住鼠标左键不放并拖动到下方的“创建新通道”按钮上，如图 9-3 所示。当鼠标指针变成手形时，释放鼠标。

方法二：也可以先单击要复制的通道，单击通道面板右上角的按钮，在弹出的下拉菜单中选择“复制通道”命令，可弹出“复制通道”对话框，如图 9-4 所示。

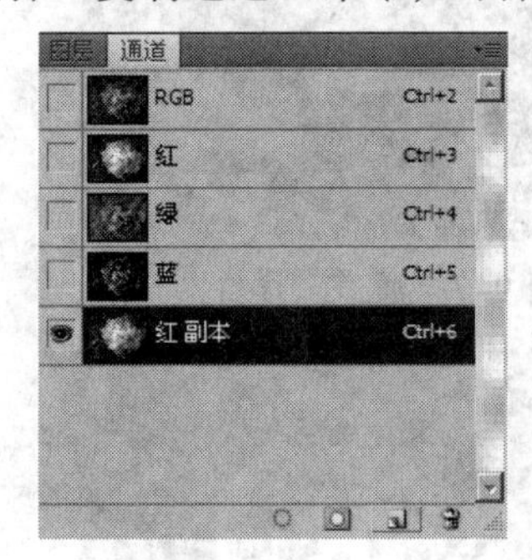


图 9-3　复制通道

图 9-4　复制通道

在对话框中，“复制……为”选项用于重新设置通道的名称，“文档”选项用于设置复制通道的文件来源。

**2. 删除通道**

删除通道同样也可以通过以下两种方法来实现：

方法一：使用“通道”面板按钮。

用鼠标将需要删除的通道拖动到“删除当前通道”按钮上，即可删除通道。或者选中所要删除的通道，单击“删除当前通道”按钮，即可将通道删除。

方法二：在“通道”面板中选择到要删除的通道，单击“通道”面板右上角的按钮，在弹出的下拉菜单中选择“删除通道”命令，即可将所选通道删除。

### 9.3.3　分离通道

打开本书配套光盘“素材\第 9 章”目录下的 001 素材文件，如图 9-5 所示。

图 9-5　001 素材

如果编辑的是一幅 CMYK 模式的图像，其中没有专色通道或 Alpha 通道，则可以单击“通道”面板右上角的按钮，在弹出的下拉菜单中选择“分离通道”命令，将图像中颜色通道分为 4 个单独的灰度文件。这 4 个灰度文件会以源文件名加上 C、M、Y、K 来命名，表示其代表的那一个颜色通道，如图 9-6～图 9-9 所示。

图 9-6　通道“青色”

图 9-7　通道“洋红”

图 9-8　通道“黄色”

图 9-9　通道“黑色”

如果图像中有专色或 Alpha 通道，则生成的灰度文件会多于 4 个，多出的文件会以专色通道或 Alpha 通道的名称来命名。

## 9.3.4　合并通道

对于分离后的图像，还可以单击“通道”面板右上角的按钮，在弹出的下拉菜单中选择“合并通道”命令将图像整合为一。

在图像通道合并时，系统将会提示选择一种颜色模式（见图 9-10），以确定合并时使用的通道数目，并允许选择合并图像所使用的颜色通道，如图 9-11 所示。

最后单击“确定”按钮，合并完成后的图像如图 9-12 所示。

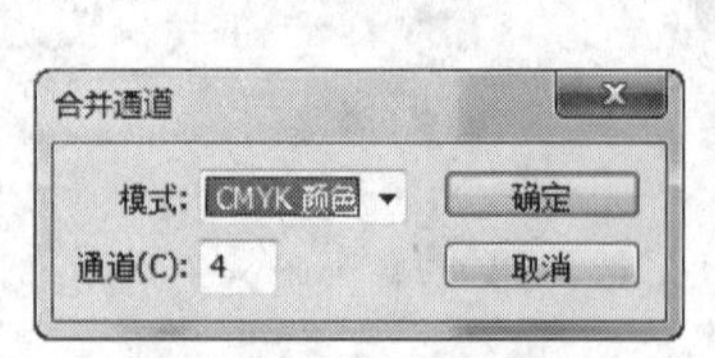


图 9-10　合并通道

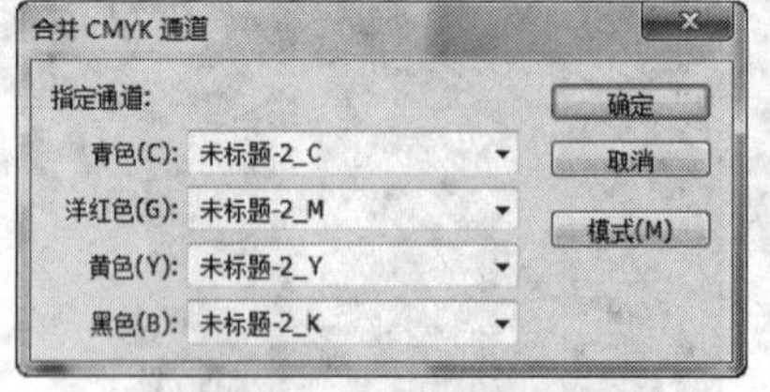


图 9-11　选择颜色通道

图 9-12　合并完成效果

如果要合并的通道超过 4 个，合并时只能使用多通道模式。但可以将合并后的图像模式转换为所需要的颜色模式，只是应注意选择多通道合并时的文件顺序。例如，对于带有 1 个 Alpha 选区通道的 CMYK 图像，将其分离为 5 个通道后，合并通道时只能选择多通道模式，这时系统会逐个询问合并通道的顺序，只要回答的顺序正确，则通道合并后，再将其转化为 CMYK 模式时，仍可恢复为 4 个颜色通道加 1 个 Alpha 通道的原样，否则，合并后图像的颜色会面目全非。

## 9.3.5　通道计算

使用“应用图像”命令（在单个和复合通道中）和“计算”命令（在当通道中），可以使用与图层有关的混合效果将图像内部和图像之间的通道组合成新图像。这些命令提供了“图层”面板中没有的两个附加混合模式：“添加”和“减去”模式。尽管通过将通道复制到“图层”面板的图层中可以创建通道的新组合，但是采用“计算”命令来混合通道会更迅速。下面首先介绍“应用图像”命令。

### 1．应用图像

“应用图像”命令可以将图像的某一个图层和通道（通常称为源）与现有图像（通常称为目标）的图层和通道混合，从而使图像产生特殊效果。

源文件和目标文件可以是不同的两个文件，也可以是同一个图像文件。当源文件和目标文件为同一个图像文件时，图像的变化因混合选项中设置模式的不同而不同。当源文件和目标文件为不同的两个图像文件时，图像会将两张图像进行重叠。依据设置模式的不同，其重叠后的图像效果也不同（系统默认为“正片叠底”模式）。

下面通过两个例子来介绍“应用图像”命令的使用方法。首先介绍源文件与目标文件为同一个图像文件时产生的效果。其步骤如下：

（1）打开本书配套光盘“素材\第 9 章”目录下的 002 素材文件，如图 9-13 所示。

（2）在工具箱中选择“矩形选框工具”，在图像中选取选区，如图 9-14 所示。

图 9-13　002 素材

图 9-14　添加选区

（3）按住【Alt】键，单击“通道”面板中的“将选区存储为通道”按钮，在弹出的对话框中选中“所选区域”单选按钮，单击“确定”按钮即可，如图 9-15 所示。

（4）选择“图像”→“应用图像”命令，弹出对话框，其参数如图 9-16 所示。图 9-17 所示为两张相同图像混合效果为“正片叠底”的效果。也可选择其他的混合模式查看效果。

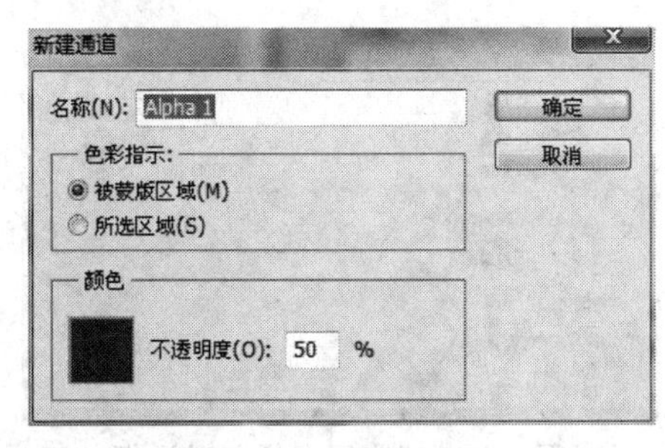


图 9-15　创建通道

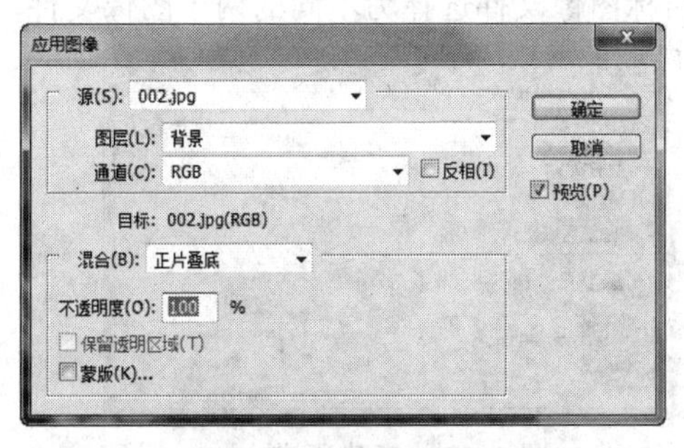


图 9-16　“应用图像”对话框

图 9-17　最终效果

上面的例子讲述的是源文件与目标文件为同一个图像文件时产生的效果。下面通过一个例子来看看源文件与目标文件不同如何设置，并查看其效果。其步骤如下：

（1）打开本书配套光盘“素材\第 9 章”目录下的 003、004 素材文件，如图 9-18、图 9-19 所示。

图 9-18　003 素材

图 9-19　004 素材

**小技巧**

应用图像命令要求源文件与目标文件的尺寸大小必须保持一致，因此在打开两张图像后，可以选择“图像”→“图像大小”命令，查看两张图像大小是否一致。

图 9-20　建立选区

（2）选择其中一张图像，在工具箱中选择“矩形选框工具”，在图像中创建选区，如图 9-20 所示。

（3）按住【Alt】键，单击“通道”面板中的“将选区存储为通道”按钮，弹出对话框，在对话框中选中“所选区域”单选按钮，单击“确定”按钮即可，如图 9-21 所示。

（4）选择“图像”→“应用图像”命令，弹出对话框，其参数如图 9-22 所示。注意源图像和目标图像文件选择为不同的两个图像文件。

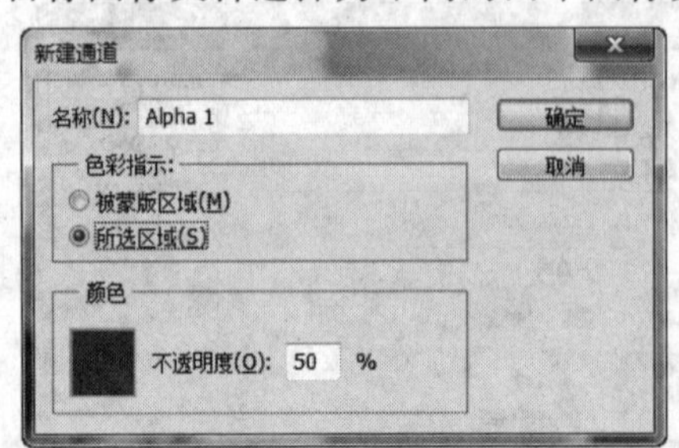


图 9-21　新建通道

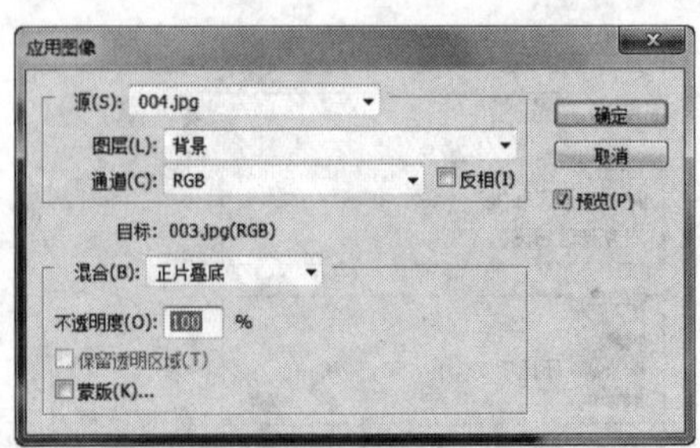


图 9-22　“应用图像”对话框

最终效果如图 9-23 所示。

图 9-23 最终效果

## 2. 计算

"计算"命令可以混合两个来自一个（或多个）源图像的单个通道，然后可以将结果应用到新图像、新通道或现有图像的选区中。

下面通过例子来介绍"计算"命令的使用方法。

（1）打开本书配套光盘"素材\第 9 章"目录下的 001、003 素材文件，如图 9-24、图 9-25 所示。

图 9-24 001 素材

图 9-25 003 素材

（2）选择 001 图片，在工具箱中选择"矩形选框工具"，在图像中创建选区，如图 9-26 所示。右击选区，在弹出的快捷菜单中选择"羽化"命令，设置羽化值为 25 像素，并单击"确定"按钮，如图 9-27 所示。

图 9-26 建立选区

图 9-27 设置羽化

（3）按住【Alt】键，单击"通道"面板中的"将选区存储为通道"按钮，弹出对话框，在对话框中选中"所选区域"单选按钮，单击"确定"按钮即可。

（4）选择 003 图片，在工具箱中选择"椭圆选框工具"，在图像中创建选区，如图 9-28 所示。羽化选区，设置羽化值为 25 像素，并单击"确定"按钮。

（5）按住【Alt】键，单击"通道"面板中的"将选区存储为通道"按钮，弹出对话框，在对话框中选中"所选区域"单选按钮，单击"确定"按钮即可。

（6）选择"图像"→"计算"命令，弹出对话框，其参数如图 9-29 所示。

该对话框中有 3 个选项区，分别为"源 1"选项区、"源 2"选项区和"混合"选项区。

图 9-28 建立选区

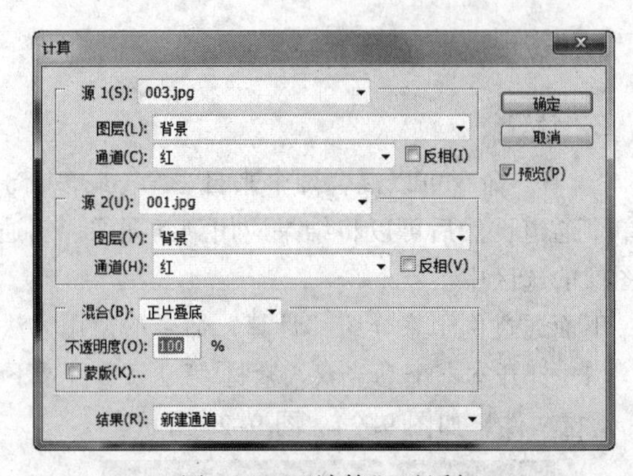


图 9-29 “计算”对话框

① 源 1：用于选择计算的源文件 1，其下的“图层”和“通道”选项可以选择在该文件中的相应内容。“反相”选项是使用该运算源通道的反相选区进行计算。

② 源 2：用于选择计算的源文件 2，其下选项用于选择它对应文件的相应内容。

③ 混合：用于选择颜色的混合模式。

④ 不透明度：决定了参与计算的源 1 的透明程度。

⑤ 结果：用于指定计算结果的存储位置。

两个图像通道运算后的新通道效果如图 9-30 所示。

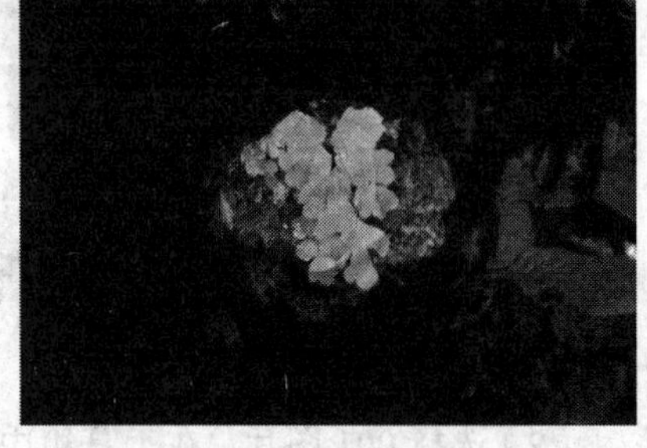

图 9-30 计算后效果

# 本章案例 1 DVD 封面设计

## 案例描述

本例将制作图 9-31 所示的 DVD 封面。

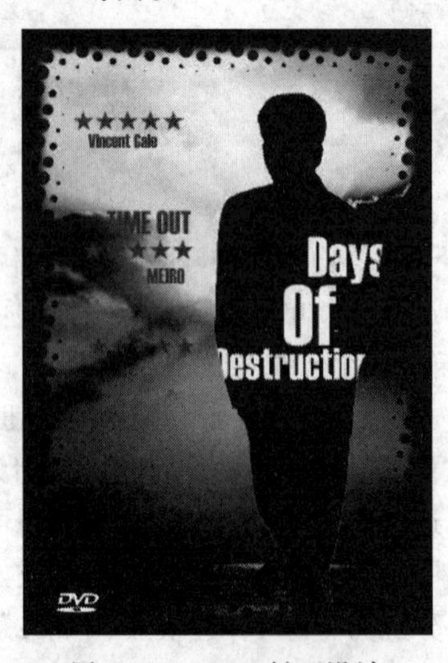


图 9-31 DVD 封面设计

## 案例分析

首先设置 DVD 封面的背景，打开素材文件，进行混合模式的调整，然后开始制作主题图像，在素材文件中新建通道，使用羽化的方法并设置滤镜“彩色半调”，将通道颜色重新设置，在通道中创建选区，并填充颜色，设置图像混合模式，最后设置文字，添加细节。

## 操作步骤

以上学习了在 Photoshop 中通道等知识的应用，下面开始制作 DVD 封面，对相关知识进行巩固练习，加深对所学基础知识的印象。

### 1. 背景图像的制作

（1）选择“文件”→“打开”命令，打开本书配套光盘“素材\第 9 章”目录下的 005 文件。将此素材作为案例的背景图层。

（2）在工具箱中选择“矩形选框工具”，在图像中建立选区，如图 9-32 所示。

（3）在“通道”面板中，按住【Alt】键，单击“将选区存储为通道”按钮，弹出对话框，选中“所选区域”单选按钮，单击“确定”按钮即可，如图 9-33 所示。

图 9-32　建立选区

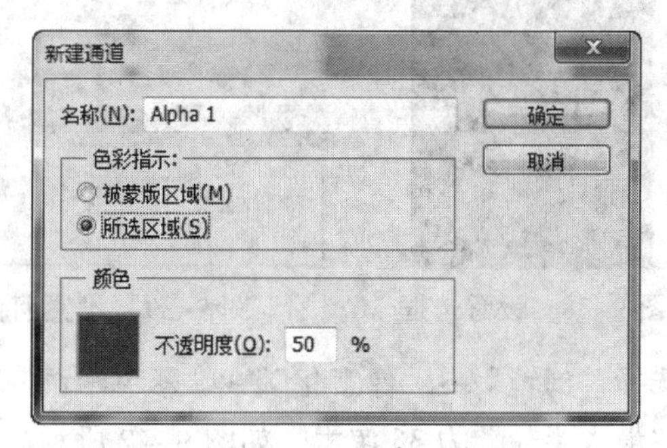


图 9-33　新建通道

（4）按【Ctrl+D】组合键取消选区。选择“图像”→“应用图像”命令，弹出对话框，其参数如图 9-34 所示。图 9-35 所示为两张相同图像混合模式为“正片叠底”的效果。

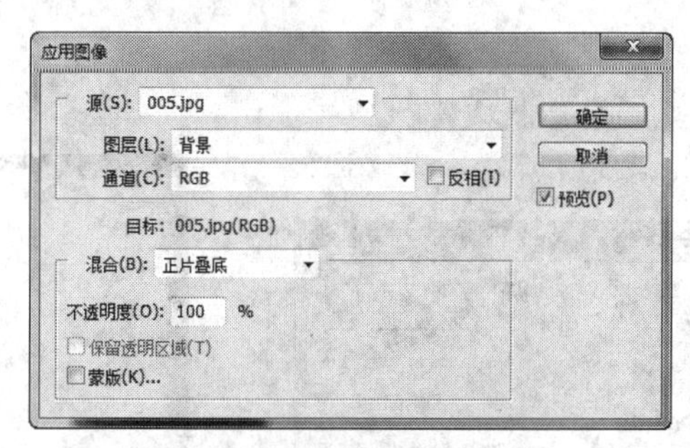


图 9-34　“应用图像”对话框

图 9-35　正片叠底效果

（5）将工具箱中的背景色设置为黑色（R:0,G:0,B:0），在“通道”面板中单击“创建新通道”按钮，新建通道 Alpha 2。“通道”面板如图 9-36 所示，图像效果如图 9-37 所示。

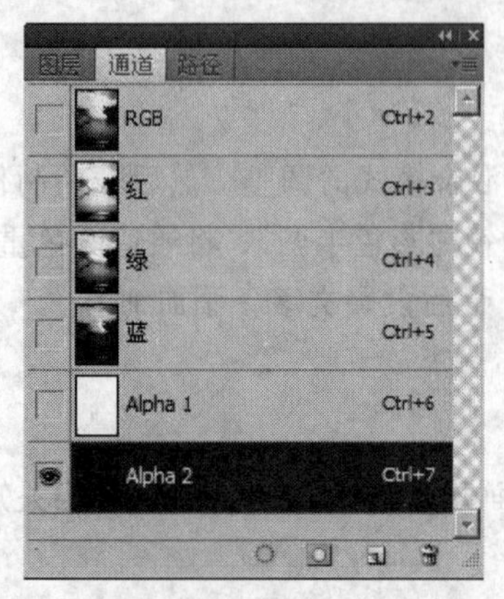

图 9-36 新建通道

图 9-37 图像效果

（6）激活工具箱中的“矩形选框工具”，建立矩形选区，效果如图 9-38 所示。右击选区，弹出快捷菜单，选择“羽化”命令，设置“羽化半径”为 15 像素，如图 9-39 所示。

（7）单击“确定”按钮。设置前景色为白色（R:255,G:255,B:255），按【Alt+Delete】组合键填充颜色，效果如图 9-40 所示。

图 9-38 设置选框

图 9-39 设置羽化

图 9-40 填充白色效果

（8）选择“滤镜”→“像素化”→“彩色半调”命令，如图 9-41 所示。在弹出的对话框中，设置“最大半径”为 35 像素，如图 9-42 所示。单击“确定”按钮。按【Ctrl+D】组合键取消选区，效果如图 9-43 所示。

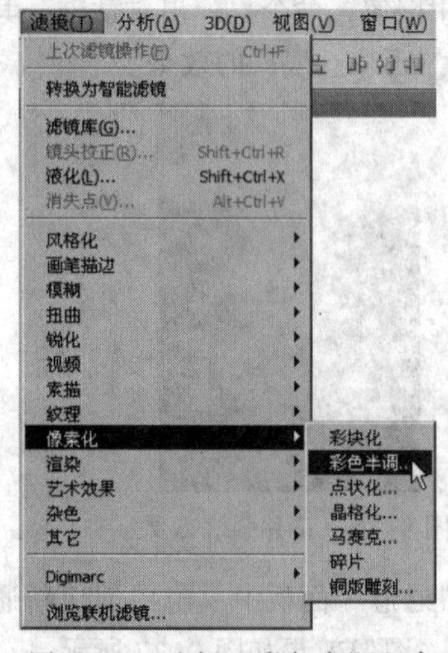

图 9-41 选择“彩色半调”命令

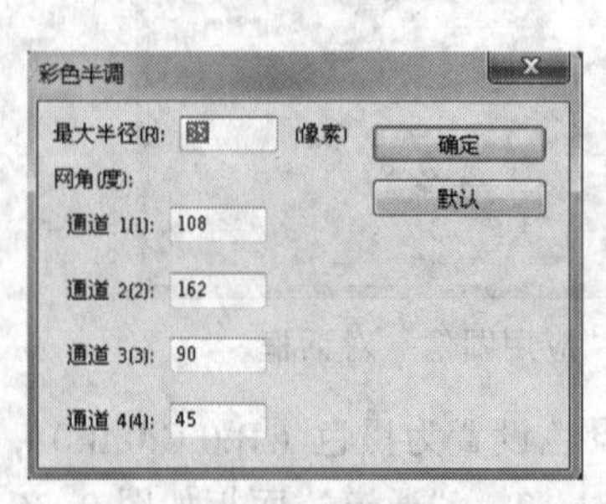

图 9-42 设置参数值

图 9-43 图像效果

（9）按住【Ctrl】键，单击 Alpha 2 通道缩略图，将选区载入，效果如图 9-44 所示。单击 RGB 通道（见图 9-45），效果如图 9-46 所示。

（10）选择“选择”→“反向”命令，效果如图 9-47 所示。设置前景色为黑色（R:0,G:0,B:0），按【Alt+Delete】组合键填充颜色，按【Ctrl+D】组合键取消选区，效果如图 9-48 所示。

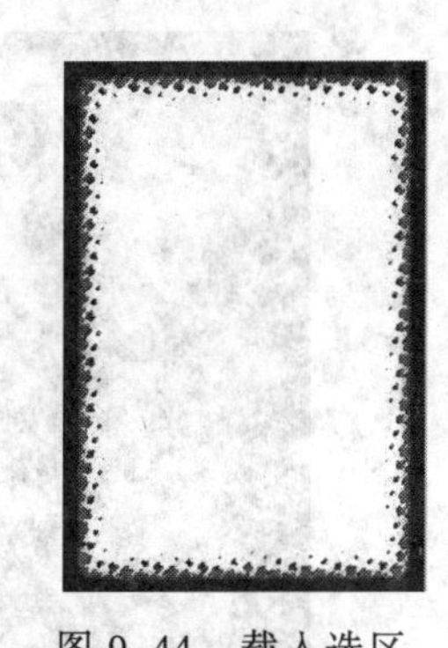

图 9-44　载入选区

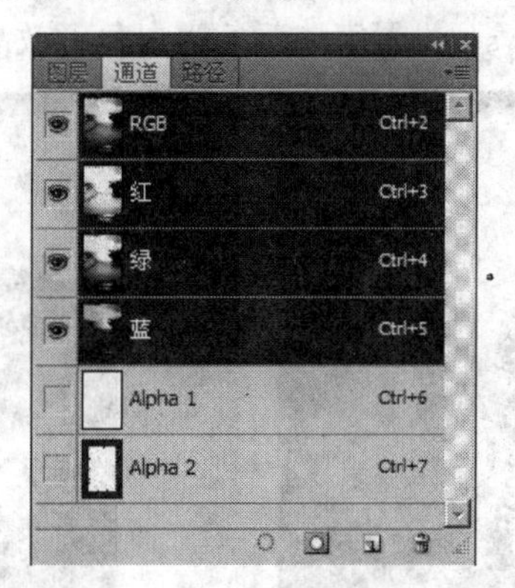


图 9-45　“通道”面板

图 9-46　图像效果

图 9-47　反选选区

图 9-48　填充效果

**2．主体图像的制作**

（1）选择“文件”→“打开”命令，打开本书配套光盘“素材\第 9 章”目录下的 006 文件，如图 9-49 所示。激活工具箱中的“魔棒工具”，设置如图 9-50 所示。将人物选中，如图 9-51 所示。

图 9-49　人物文件

图 9-51　选中人物

图 9-50　选中“连续”复选框

（2）激活工具箱中的“移动工具”，将选区内的人物素材移动到背景中。按快捷键【Ctrl+T】调出自由变换控制框，如图 9-52 所示。按住【Shift】键将人物等比例放大，大小合适后，按【Enter】键，完成自由变换，效果如图 9-53 所示。

（3）在工具箱中选择“横排文字工具” T，设置字体为 Haettenschweiler，大小为 60 点，输入文字 Days，设置字体颜色为白色，效果如图 9-54 所示。

图 9-52 自由变换

图 9-53 放大人物

图 9-54 输入文字

（4）在“图层”面板中选择文字图层，右击，选择“栅格化文字”命令，如图 9-55 所示。选择“图层 1”，按住【Ctrl】键单击人物图层缩略图（见图 9-56），将人物选中，效果如图 9-57 所示。

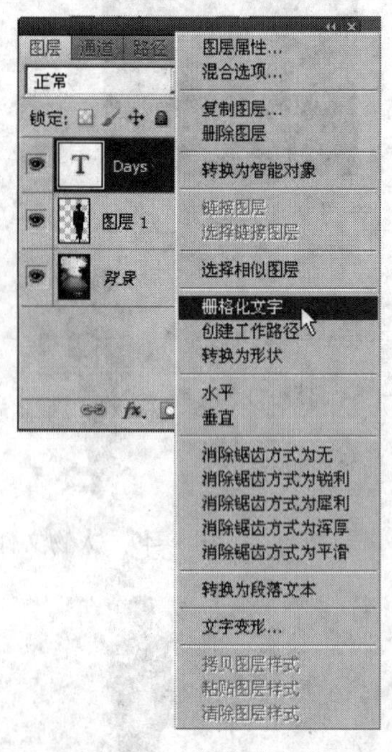

图 9-55 栅格化文字

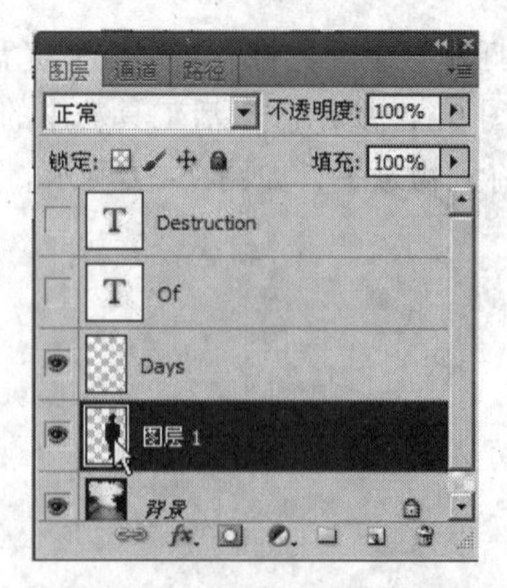

图 9-56 选择人物图层

图 9-57 建立人物选区

（5）选择 Days 文字图层，选择“选择”→“反向”命令，选择人物以外选区，按【Delete】键将多余文字删除，按快捷键【Ctrl+D】取消选区，效果如图 9-58 所示。

（6）在工具箱中选择“横排文字工具” T，设置字体为 Haettenschweiler，大小为 90 点，输入文字 Of，设置字体颜色为白色，效果如图 9-59 所示。

（7）在工具箱中选择“横排文字工具” T，设置字体为 Haettenschweiler，大小为 48 点，输入文字 Destruction，设置字体颜色为白色，效果如图 9-60 所示。

图 9-58　设置效果

图 9-59　添加文字一

图 9-60　添加文字二

（8）选择文字图层 Destruction，如上述操作步骤，删除多余文字，效果如图 9-61 所示。

（9）在“图层”面板中新建一个图层，激活工具箱中的“多边形工具”，在选项栏中设置参数，如图 9-62 所示。绘制五角星路径，如图 9-63 所示。在“路径”面板中单击“将路径作为选区载入”按钮，将路径转换为选区，效果如图 9-64 所示。

图 9-61　删除多余文字效果

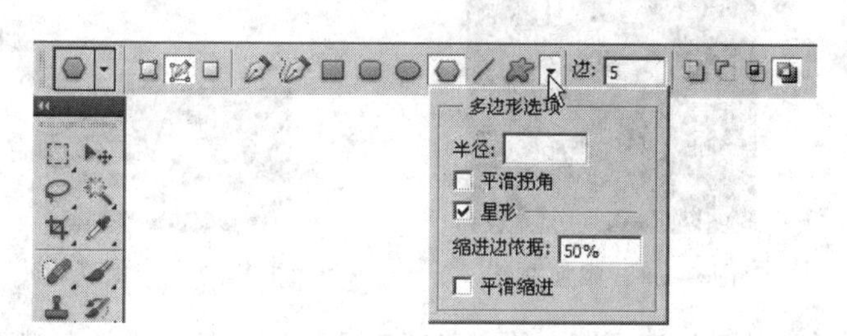

图 9-62　设置多形参数

图 9-63　绘制路径

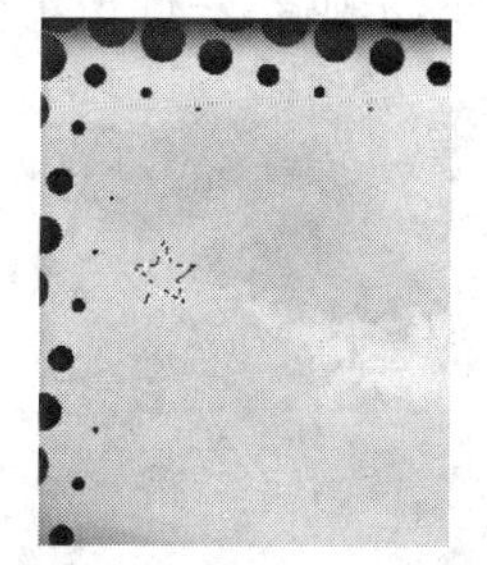
图 9-64　建立选区

（10）将颜色设置为深灰色（R:180,G:50,B:20），填充红色，按快捷键【Ctrl+D】取消选区，如图 9-65 所示。选择五角星图层，复制 4 个图层，激活工具箱中的“移动工具”，将五角星整齐排列，效果如图 9-66 所示。

（11）在工具箱中选择“横排文字工具” T，设置字体为 Haettenschweiler，大小为 20 点，输入文字 Vincent Gale，设置字体颜色为红色（R:180,G:50,B:20），效果如图 9-67 所示。

图 9-65 设置五角星

图 9-66 排列五角星

图 9-67 添加文字

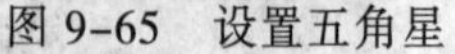

（12）如上述操作步骤，设置文字效果如图 9-68 所示。

（13）选择“文件”→“打开”命令，打开本书配套光盘“素材\第 9 章”目录下的 007 文件，如图 9-69 所示。激活工具箱中的“魔棒工具”，单击图像中的白色区域，将白色区域选中，效果如图 9-70 所示。

图 9-68 添加文字

图 9-69 标志素材

图 9-70 设置选区

（14）激活工具箱中的“移动工具”，按住鼠标左键不放，将图像移动到文件中的合适位置，最终效果如图 9-71 所示。

图 9-71 添加标志

## 案例总结

本案例主要运用了 Photoshop CS5 软件中的通道、文字等相关知识来设计 DVD 封面。在设计此类内容时应该注意以下几点：

（1）封面文字中除书名外，均选用印刷字体，常用于书名的字体分三大类：书法体、美术体、印刷体。

（2）DVD 封面设计中图片的内容丰富多彩，最常见的是人物、动物、植物、自然风光，以及一切人类活动的产物。

（3）封面的色彩设计是重要一关。得体的色彩表现和艺术处理，能产生夺目的视觉效果。色彩的运用要考虑内容的需要，用不同色彩对比来表达不同的内容和思想。在对比中求统一协调，以间色互相搭配为宜，使对比色统一于协调中。书名的色彩运用在封面上要有一定的分量，纯度如不够，就不能产生夺目的效果。

# 9.4　蒙版的应用

## 9.4.1　图层蒙版的原理

图层蒙版可以理解为在当前图层上覆盖一层玻璃片，这种玻璃片有透明的和黑色不透明两种，前者显示全部，后者隐藏部分。用各种绘图工具在蒙版上涂色（只能涂黑、白、灰色），涂黑色的地方蒙版变为不透明，看不到当前图层的图像；涂白色则使涂色部分变为透明，可看到当前图层上的图像；涂灰色使蒙版变为半透明，透明的程度由涂色的灰度深浅决定。图层蒙版主要用于制作图像的透明和不透明渐变效果。

图层蒙版是一种特殊的选区，它的目的并不是对选区进行操作，相反，是要保护选区不被操作。同时，不处于蒙版范围的区域则可以进行编辑与处理。

## 9.4.2　添加和删除图层蒙版

### 1. 添加图层蒙版

下面通过一个操作，详细讲述图层蒙版的添加方法。

（1）打开本书配套光盘“素材\第 9 章”目录下的 001、003 的文件，如图 9-72、图 9-73 所示。

图 9-72　001 素材

图 9-73　003 素材

（2）激活工具箱中的 “移动工具，在图像 003 中按住鼠标左键不放，将图像 003 拖动到

001 文件中，使 001 文件出现两个图层，如图 9-74 所示。

（3）选择“图层 1”，单击“图层”面板底部的“添加图层蒙版”按钮，为“图层 1”添加图层蒙版。激活工具箱中的“渐变工具”，打开渐变编辑器，设置渐变颜色为白色到黑色，渐变方式为“线性渐变”，如图 9-75 所示。

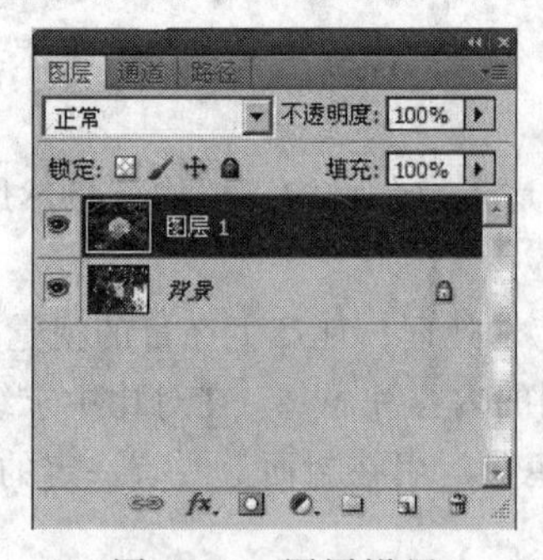


图 9-74　图层设置

图 9-75　选择渐变方式

（4）选中图层蒙版缩略图，在图像中从左到右拖动鼠标，如图 9-76 所示。释放鼠标，图层蒙版即被填充，效果如图 9-77 所示。图像效果如图 9-78 所示。

图 9-76　填充渐变

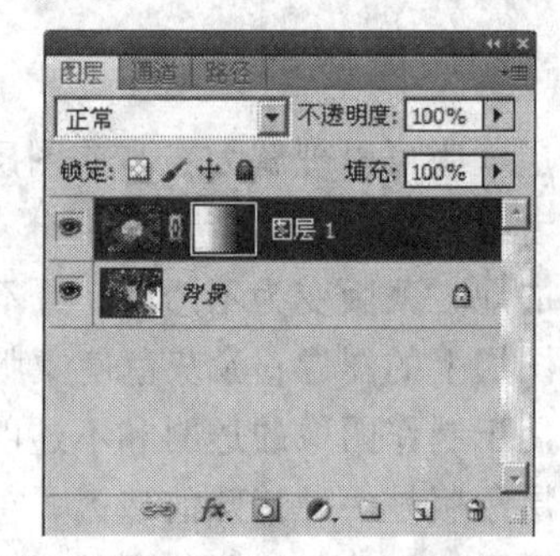


图 9-77　填充渐变后的图层蒙版

## 2. 删除图层蒙版

若需要删除图层蒙版，有两种方法：

方法一：在“图层”面板中选择使用蒙版的图层，该图层呈蓝色显示，选择“图层”→“图层蒙版”→“删除”命令。

方法二：在“图层”面板中，右击图层蒙版，选择“删除图层蒙版”命令即可，如图 9-79 所示。

图 9-78　渐变填充图层蒙版后的图像效果

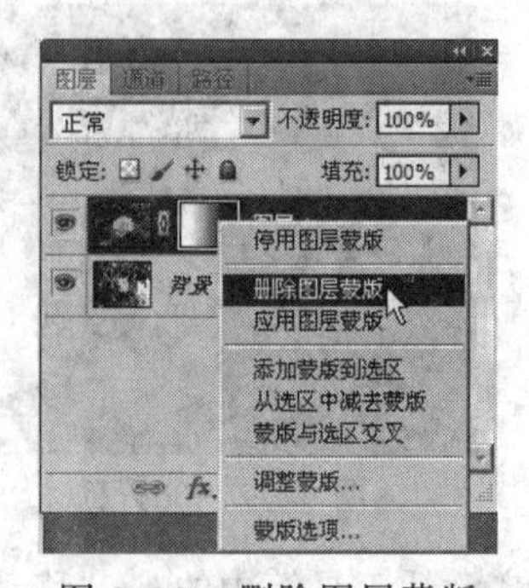


图 9-79　删除图层蒙版

## 9.4.3　编辑图层蒙版

编辑图层蒙版即控制图像的屏蔽与显示，主要包括使用绘图工具创建透明或半透明效果。在对图层蒙版进行编辑时，最常见的编辑操作是通过“渐变工具”和“画笔工具”。下面使用“画笔工具”编辑图层蒙版。

（1）打开本书配套光盘“素材\第 9 章”目录下的 002、003 文件，如图 9-80、图 9-81 所示。

（2）激活工具箱中的“移动工具”，在图像 003 中按住鼠标左键不放，将图像 003 拖动到 002 文件中，如图 9-82 所示。002 文件出现两个图层，如图 9-83 所示。

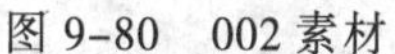

图 9-80　002 素材

图 9-81　003 素材

图 9-82　移动图像后效果

（3）选择“图层 1”，单击“图层”面板底部的“添加图层蒙版”按钮，为“图层 1”添加图层蒙版。确认工具箱中的前景色和背景色是系统默认颜色，即前景色为黑色，背景色为白色。再激活工具箱中的“画笔工具”，单击“画笔工具”选项栏中的按钮，在弹出的“画笔预设”面板中选择“柔角 430 像素”笔触，如图 9-84 所示。

（4）选中图层蒙版缩略图，使用“画笔工具”进行涂抹，在涂抹中注意更改选项栏中的“不透明度”和画笔尺寸，以及前景色和背景色的切换。将“图层 1”中的部分图像隐藏，效果如图 9-85 所示。

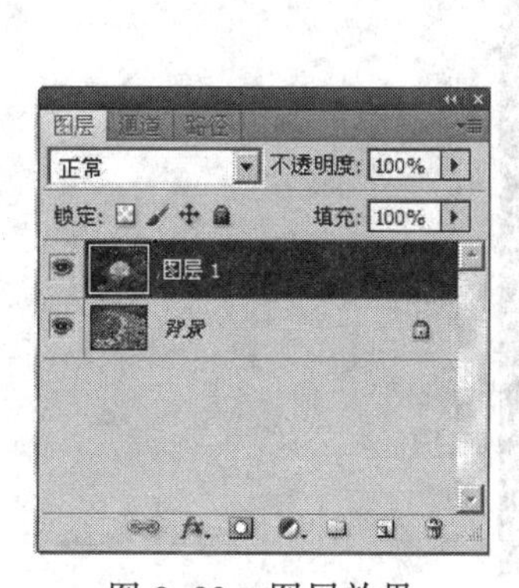


图 9-83　图层效果

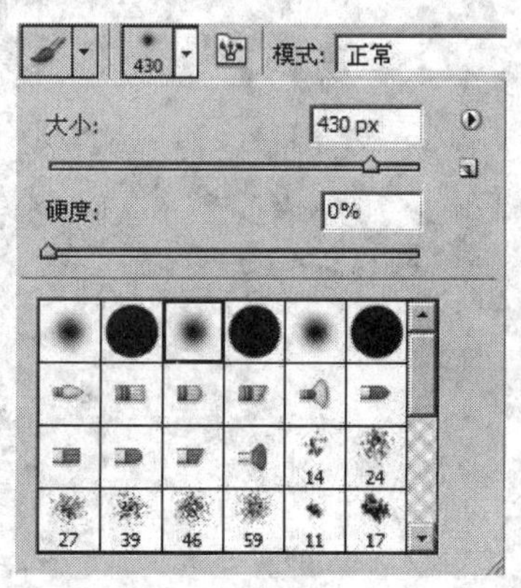


图 9-84　设置画笔属性

图 9-85　图像效果

**小技巧**

默认情况下，前景色用于显示图像，背景色用于隐藏图像。切换前景色和背景色，可隐藏或显示图像。

### 9.4.4 停用和启用图层蒙版

**1. 停用图层蒙版**

在某个添加了图层蒙版的图层上右击，在弹出的快捷菜单中选择“停用图层蒙版”命令，可以将图像恢复为原始状态，但蒙版仍被保留在“图层”面板中，蒙版缩略图上将出现一个红色的“×”标记，如图 9-86 所示。

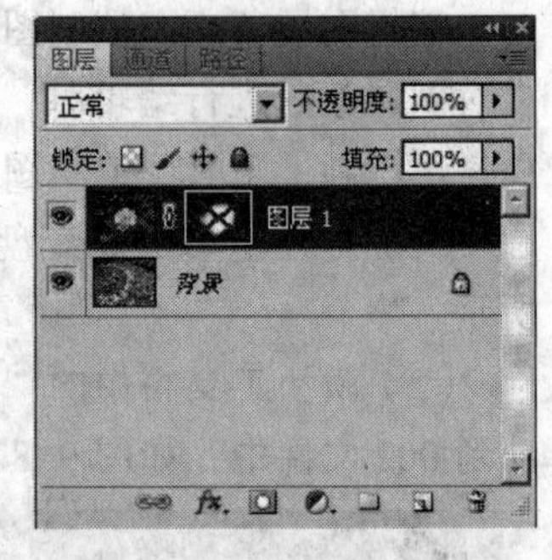

图 9-86 停用图层蒙版

**2. 启用图层蒙版**

当需要再次应用某个已停用的蒙版效果时，在蒙版缩略图上右击，在弹出的快捷菜单中选择“启用图层蒙版”命令即可。

## 本章案例 2 时尚杂志封面设计

### 案例描述

本例将制作图 9-87 所示的时尚杂志封面。在如今信息爆炸的时代，读者对信息的要求，除了速度和深度之外，对美感的要求也越来越高，封面经济成成杂志业经久不衰的话题。通过封面，杂志主编希望发行数字的增长。在读者看来，对美感最原始的追求才是封面革命的理由。

图 9-87 时尚杂志封面设计

### 案例分析

首先设置杂志封面的背景，打开素材文件，对素材进行裁剪，给素材添加蒙版，设置渐变，添加文字，对文字进行阴影等设置，最后添加细节。

## 操作步骤

以上学习了怎样在 Photoshop 中建立图层蒙版，及蒙版的停用和删除等知识。下面开始制作时尚杂志封面，对相关知识进行巩固练习，加深对所学基础知识的印象。

### 1. 杂志封面背景的制作

（1）新建文件，名称为“时尚杂志封面”，“预设”选择“国际标准纸张”，“大小”选择“A4”，分辨率设置为 200 像素/英寸，背景为白色，如图 9-88 所示，单击“确定”按钮。

（2）设置背景色为黑色，填充颜色，如图 9-89 所示。

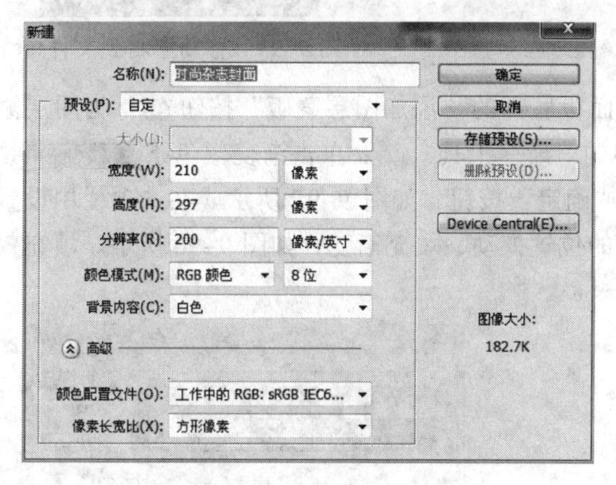


图 9-88　新建文件

图 9-89　填充背景

（3）选择“文件”→“打开”命令，打开本书配套光盘“素材\第 9 章”目录下的 008 文件，如图 9-90 所示。使用“移动工具”将其拖至刚制作的文件中，得到“图层 1”，如图 9-91 所示。

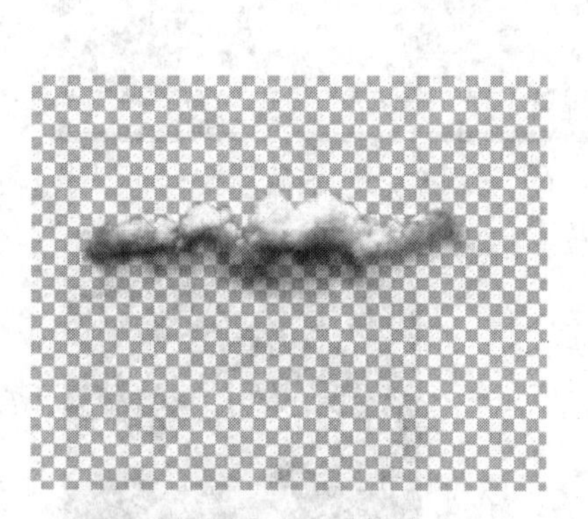

图 9-90　008 素材

图 9-91　移动素材到文件中

（4）选择“文件”→“打开”命令，打开本书配套光盘“素材\第 9 章”目录下的 009 文件，如图 9-92 所示。使用“移动工具”将其拖至刚制作的文件中，按【Ctrl+T】组合键调出自由变换控制框，按住【Shift】键将图像的一个边角向外拖动，移动文件至合适位置，按【Enter】键确认操作，效果如图 9-93 所示。

图 9-92　009 素材

图 9-93　移动素材到文件中

（5）选择人物图层，单击“图层”面板底部的“添加图层蒙版”按钮，为图层添加图层蒙版，如图 9-94 所示。激活工具箱中的“渐变工具”，单击渐变颜色条，设置渐变为黑色到白色，设置完成后，单击“确定”按钮，如图 9-95 所示。在选项栏中设置渐变类型为“线性渐变”。用鼠标在合适的位置拖动，填充渐变，如图 9-96 所示。填充效果如图 9-97 所示。

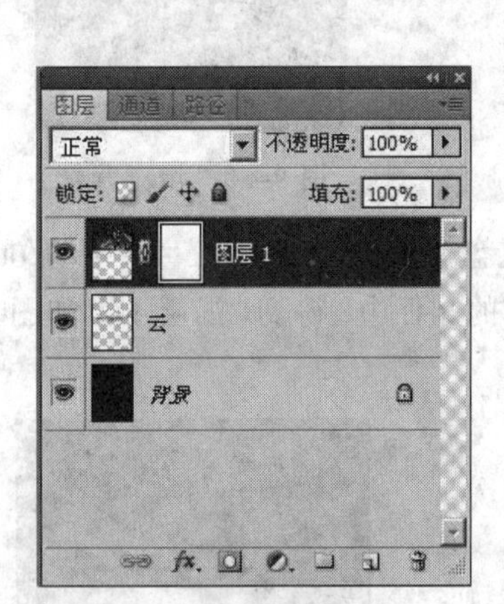


图 9-94　添加图层蒙版

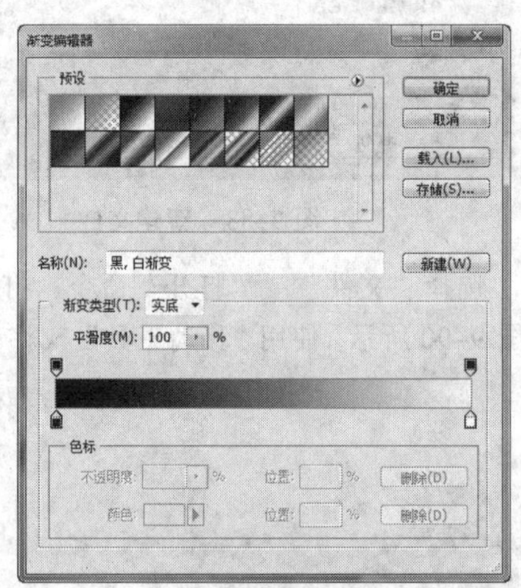


图 9-95　设置渐变

图 9-96　填充渐变

图 9-97　填充渐变后的效果

**2. 杂志封面主体的制作**

（1）在“图层”面板中新建一个图层，在工具箱中选择“矩形选框工具”，绘制长方形选区，如图 9-98 所示。将前景色颜色设置为灰黑色（R:20,G:20,B:20），按快捷键【Alt+Delete】填充颜色，按快捷键【Ctrl+D】取消选区，如图 9-99 所示。

（2）在工具箱中选择“横排文字工具” T，设置字体为 Book Antiqua，大小为 40 点，输入文字 BIOGRAPHY MAGAZINE，设置字体颜色为灰色（R:190,G:180,B:180），效果如图 9-100 所示。

图 9-98　建立选区

图 9-99　填充颜色

图 9-100　添加文字

（3）选择“文件”→“打开”命令，打开本书配套光盘“素材\第 9 章”目录下的 010 文件，如图 9-101 所示。使用“移动工具”将其拖至刚制作的文件中，按【Ctrl+T】组合键调出自由变换控制框，按住【Shift】键将图像的一个边角向外拖动，移动文件至合适位置，按【Enter】键确认操作，效果如图 9-102 所示。

（4）在“图层”面板中，设置图层的混合模式为“变亮”，设置“不透明度”为 65%，效果如图 9-103 所示。

图 9-101　010 素材

图 9-102　移动素材到文件中

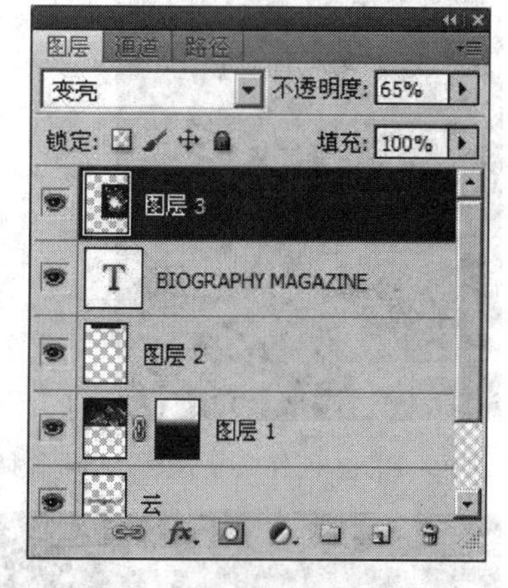


图 9-103　设置图层

（5）在工具箱中选择“橡皮擦工具”，其他设置如图 9-104 所示。将光的边缘颜色擦除，使其更好地融入背景中，效果如图 9-105 所示。

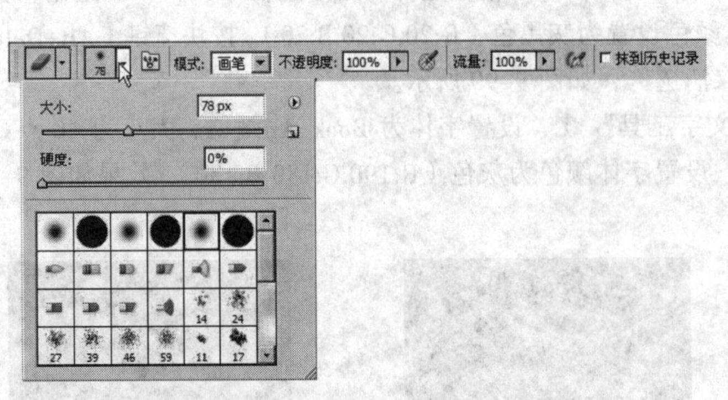


图 9-104 设置笔刷大小和形状

图 9-105 设置效果

（6）新建图层，在工具箱中选择"横排文字蒙版工具"，设置字体为 WST_Czec，大小为 72 点，如图 9-106 所示。输入文字 LIWAYNE-SCULPIE，文字蒙版效果如图 9-107 所示。

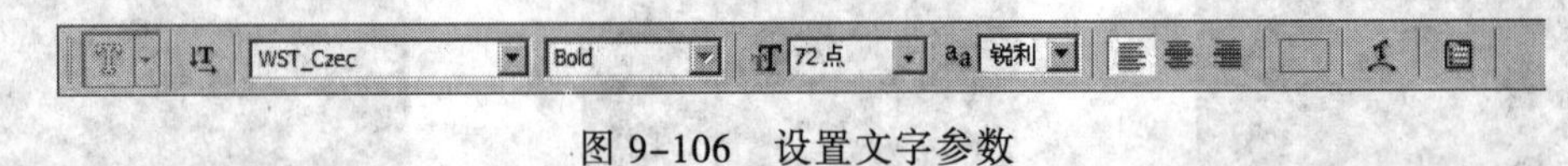


图 9-106 设置文字参数

（7）在工具箱中选择"渐变工具"，设置渐变为灰色到白色再到深灰再到白色，设置完成后，单击"确定"按钮，如图 9-108 所示。在选项栏中设置渐变类型为"线性渐变"。用鼠标在选区内拖动，填充渐变，如图 9-109 所示。按快捷键【Ctrl+D】取消选区，效果如图 9-110 所示。

图 9-107 创建文字选区

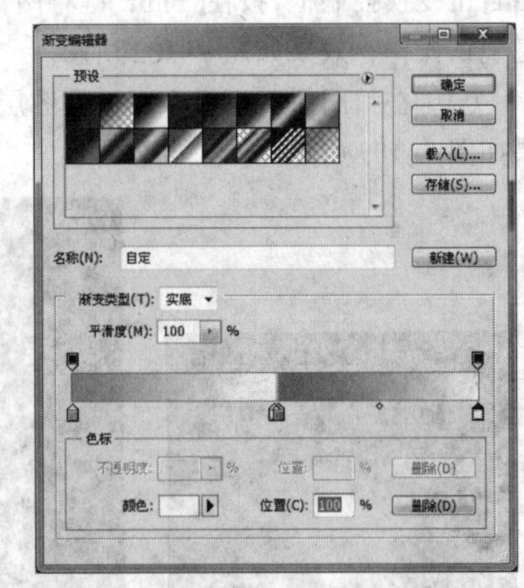


图 9-108 设置渐变编辑器

图 9-109 填充渐变

图 9-110 填充效果

（8）按【Ctrl+T】组合键调出自由变换控制框，按住【Shift】键将图像的一个边角向外拖动，等比例放大文字。按住【Ctrl】键，拖动控制框的一个角，文字成倾斜状态。按【Enter】键确认操作，效果如图 9-111 所示。

（9）选择“文件”→“打开”命令，打开本书配套光盘“素材\第 9 章”目录下的 011 文件，如图 9-112 所示。使用“移动工具”将其拖至刚制作的文件中，按【Ctrl+T】组合键调出自由变换控制框，按住【Shift】键将图像的一个边角向外拖动，移动文件至合适位置，按【Enter】键确认操作，效果如图 9-113 所示。

图 9-111　设置效果

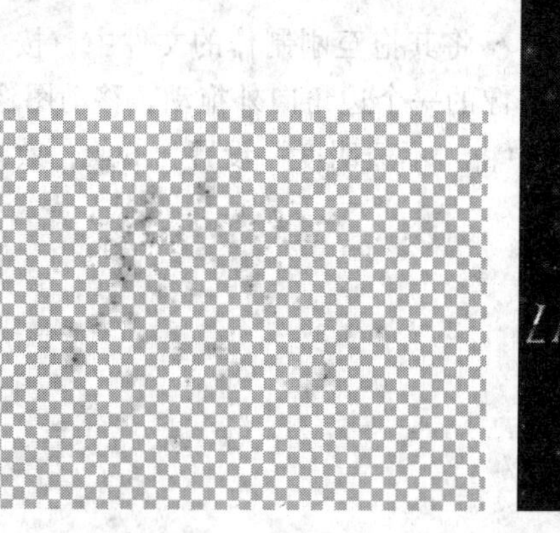

图 9-112　素材 011

图 9-113　移动素材到文件中

（10）在工具箱中选择“横排文字工具” T，设置字体为 Comic Sans MS，大小为 30 点，输入文字 SPECAL　GUEST，设置字体颜色为白色（R:250,G:250,B:250），如图 9-114 所示。效果如图 9-115 所示。

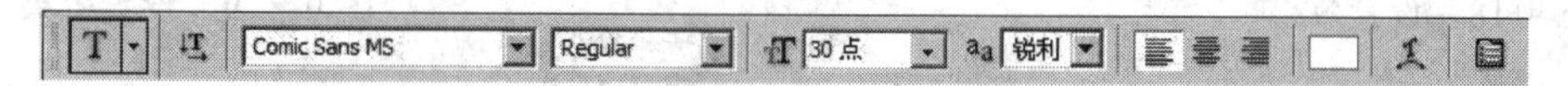


图 9-114　设置文字参数

图 9-115　设置效果

（11）选择“文件”→“打开”命令，打开本书配套光盘“素材\第 9 章”目录下的 012 文件，如图 9-116 所示。激活工具箱中的“魔棒工具”，设置如图 9-117 所示。单击图像中的白色区域，将白色区域选中，选择“选择”→“反向”命令，效果如图 9-118 所示。

图 9-116　012 素材

图 9-117　设置效果

（12）使用“移动工具”将其拖至刚制作的文件中，按【Ctrl+T】组合键调出自由变换控制框，按住【Shift】键将图像的一个边角向外拖动，移动图像至合适位置上，按【Enter】键确认操作，在“图层”面板中将“不透明度”设置为 60%，效果如图 9-119 所示。

图 9-118　设置效果

图 9-119　设置效果

（13）在工具箱中选择“横排文字工具” T，设置字体为 Impact，大小为 30 点，输入文字“5THST，.LASVEGAS”，设置字体颜色为浅灰色（R:200,G:250,B:0），设置如图 9-120 所示，效果如图 9-121 所示。

图 9-120　设置文字参数

图 9-121　设置效果

（14）在工具箱中选择“横排文字工具” T，设置字体为 Times New Roman，大小为 22 点，输入文字“VODKA.RON.WISKY.MOLOTOV”，设置字体颜色为白色，如图 9–122 所示。最终效果如图 9–123 所示。

图 9–122　设置文字参数

图 9–123　最终效果

## 案例总结

本案例主要运用了 Photoshop CS5 软件中蒙版、渐变、自由变换、文字的应用等相关知识来设计时尚杂志封面。在设计此类封面时应该注意以下几点：

（1）Photoshop CS5 软件中的“渐变工具”可以让画面之间的色彩过渡更加自然，应该根据实际需要选择简便的方式。也可以尝试多种渐变方式共同运用来表现卡片画面色彩的丰富性。

（2）在时尚杂志封面设计中，版面可留部分空白，这是为版面注入生机的一种有效手段。恰当、合理地留出空白，能传达出设计者高雅的审美趣味，打破死板呆滞的常规惯例，使版面通透、开朗、跳跃、清新，给读者在视觉上造成轻快、愉悦的刺激，目力因之得到松弛、小憩。当然，大片空白不可乱用，一旦空白，必须有呼应、有过渡，以免为形式而形式，造成版面空泛。

# 本章理论习题

### 1．填空题

（1）RGB 颜色模式的图像每个像素的颜色由________ 3 种颜色通道记录。

（2）使用________面板可以管理所有的通道并对通道进行编辑。

（3）通道分为________、________和________。

（4）专色就是________、________、________和________四种原色油墨以外的其他印刷颜色。

### 2．选择题

（1）使用（　　）命令可以把图像的每个通道分别拆分为独立的图像文件。

A．合并通道　　B．分离通道　　C．新建通道　　D．复制通道

（2）通道的主要功能是保存图像的（　　）。

A. 选区　　B. 颜色数据　　C. 蒙版　　D. 图层

（3）（　　）可以把图像中某些部分处理成透明和半透明的效果。

A. 通道　　B. 快速蒙版　　C. 图层蒙版　　D. 计算

（4）使用（　　）命令可以计算处理通道内的图像，使图像混合产生特殊效果。

A. 新建通道　　B. 应用图像　　C. 复制通道　　D. 分离通道

**3. 简答题**

（1）简述通道的类型。

（2）封面设计有哪些类型？

（3）如何添加图层蒙版？

（4）如何停用图层蒙版？

# 第 10 章　滤镜的应用与网页背景设计

滤镜主要用来实现图像的各种特殊效果，具有非常神奇的作用。Photoshop 将各种滤镜分类放置在菜单中，使用时只需要从该菜单中执行相应命令即可。滤镜的操作非常简单，但是真正用起来却很难恰到好处。滤镜通常需要同通道、图层等联合使用，才能取得最佳艺术效果。如果想在最适当的时候应用滤镜到最适当的位置，除了平时的美术功底之外，还需要用户对滤镜的熟悉程度和操控能力，甚至需要具有很丰富的想象力。这样，才能有的放矢地应用滤镜，发挥出艺术才华。

本章知识重点：

- “液化”滤镜
- “像素化”滤镜
- “模糊”滤镜
- “风格化”滤镜

## 10.1　网页背景设计的类型、特征与设计原则

### 10.1.1　网页背景设计的类型

企业网站主要是企业为了让外界了解自身、树立良好的企业形象，并适当提供一定服务的网站。根据行业特性的差别，以及企业的建站目的和主要目标群体的不同，可以把企业网站分为不同的类型。

（1）基本信息型：主要面向客户、业界人士或者普通浏览者，以介绍企业的基本资料、帮助树立企业形象为主；也可以适当提供行业内的新闻或者知识信息。这种类型网站通常也被形象地比喻为企业的 Web Catalog。

（2）电子商务型：主要面向供应商、客户或者企业产品（服务）的消费群体，以提供某种直属于企业业务范围的服务或交易，或者为业务服务的服务或者交易为主。这样的电子商务网站建设可以说是正处于电子商务化的一个中间阶段，由于行业特色和企业投入的深度、广度不同，其电子商务化程度可能处于从比较初级的服务支持、产品列表到比较高级的网上支付中的某一阶段。通常这种类型可以形象地称为“网上 xx 企业”。例如，网上银行、网上酒店等。

（3）多媒体广告型：主要面向客户或者企业产品（服务）的消费群体，以宣传企业的核心品牌形象或者主要产品（服务）为主。这种类型无论从目的上还是实际表现手法上，相对于普通网站而言，更像一个平面广告或者电视广告，因此用“多媒体广告”来称呼这种类型的网站更贴切。

### 10.1.2 网页背景设计的特征

内容决定形式，先充实内容，再分区块，定色调，最后处理细节。先整体，后局部，最后回归到整体，即先全局考虑，把能填上的都填上，占位置；然后定基调，分模块设计；最后调整不满意的局部细节。

功能决定设计方向，网站的用途决定设计思路。商业性的就要突出营利目的，政府性的就要突出形象和权威性的文章，教育性的就要突出师资和课程。

### 10.1.3 网页背景设计的原则

网页最常用流行色：

（1）蓝色——蓝天白云，沉静整洁的颜色。

（2）绿色——绿白相间，雅致而有生气。

（3）橙色——活泼热烈，标准商业色调。

（4）暗红——宁重、严肃、高贵，需要配黑和灰来压制刺激的红色。

几种固定搭配：

（1）蓝白橙——蓝为主调。白底，蓝标题栏，橙色按钮或图标做点缀。

（2）绿白蓝——绿为主调。白底，绿标题栏，蓝色或橙色按钮或图标做点缀。

（3）橙白红——橙为主调。白底，橙标题栏，暗红或橘红色按钮或图标做点缀。

（4）暗红黑——暗红主调。黑或灰底，暗红标题栏，文字内容背景为浅灰色。

## 10.2 滤镜的工作原理

在 Photoshop CS5 中，滤镜的功能很强大，使用起来却不复杂。要使用滤镜，只需在“滤镜”菜单中选择相应的子菜单命令即可。

所有的 Photoshop 滤镜在数学方面的运算都是很复杂的。当选择一种滤镜并应用于图像时，滤镜通过分析整幅图像或所选区域中的色度值和每个像素的位置，采用数学方法进行计算，并用计算结果代替原来的像素，从而使图像生成随机化或预先确定的形状。滤镜在计算过程中会消耗相当多的内存资源，在处理一些较大的图像文件时非常耗时，有时甚至会弹出对话框提示用户资源不足。

## 10.3 滤镜的使用技巧

#### 1. 重复应用滤镜

如果在应用一次滤镜后，效果不理想，可以重复应用该滤镜来增强效果。方法是直接按【Ctrl+F】快捷键，如图 10-1 所示。

打开本书配套光盘“素材\第 10 章”目录下的 001 素材文件，如图 10-2 所示。重复应用“彩块化”滤镜，所产生的不同效果如图 10-3、图 10-4 所示。从图中可以看出，重复应用滤镜后，彩块化的效果会增强。

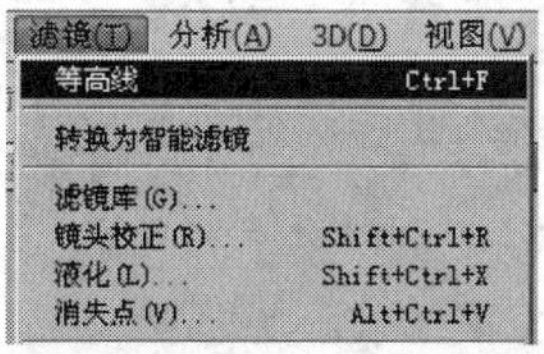

滤镜(T)　分析(A)　3D(D)　视图(V)
等高线　Ctrl+F
转换为智能滤镜
滤镜库(G)...
镜头校正(R)...　Shift+Ctrl+R
液化(L)...　Shift+Ctrl+X
消失点(V)...　Alt+Ctrl+V

图 10-1　运用滤镜

图 10-2　原图片

图 10-3　执行“彩块化”命令后

图 10-4　多次执行“彩块化”命令后

## 2．对图像局部应用滤镜

对图像局部应用滤镜是常用的处理图像的方法。选取图像的局部并应用滤镜，只有选区中的图像应用了滤镜效果，选区外的图像没有变化。

## 3．对通道应用滤镜

如果分别对图像的各个通道应用滤镜，其结果和对整幅图像应用滤镜的效果是一样的。对图像的单个通道使用滤镜，可以得到非常好的效果。

打开本书配套光盘“素材\第 10 章”目录下的 002 素材文件，如图 10-5 所示。对图像的“红”通道应用滤镜“木刻”，效果如图 10-6 所示。

图 10-5　002 素材

图 10-6　“红”通道应用滤镜“木刻”

### 4. 滤镜与颜色模式之间的关系

对图像应用滤镜前，必须了解图像颜色模式和滤镜的关系。不同的颜色模式可以使用的滤镜不同。RGB 颜色模式可以使用 Photoshop 中的任意一种滤镜。不能使用滤镜的图像颜色模式有位图、16 位灰度图、索引颜色、48 位 RGB 图。在 CMYK、Lab 颜色模式下，不能使用的滤镜有画笔描边、视频、素描、纹理、艺术效果。

# 10.4 滤镜的使用（一）

## 10.4.1 “液化”滤镜

利用“液化”滤镜可制作出各种类似液化的效果，可以推、拉、反射、旋转、膨胀和折叠图像的任意区域。图像的扭曲变形既可以非常细微，也可以十分明显。下面通过一个实例详细讲解“液化”滤镜。

打开本书配套光盘“素材\第 10 章”目录下的 003 素材文件，如图 10-7 所示。

选择“滤镜”→“液化”命令（见图 10-8），或按快捷键【Shift+Ctrl+X】，弹出图 10-9 所示的“液化”对话框。

图 10-7　003 素材

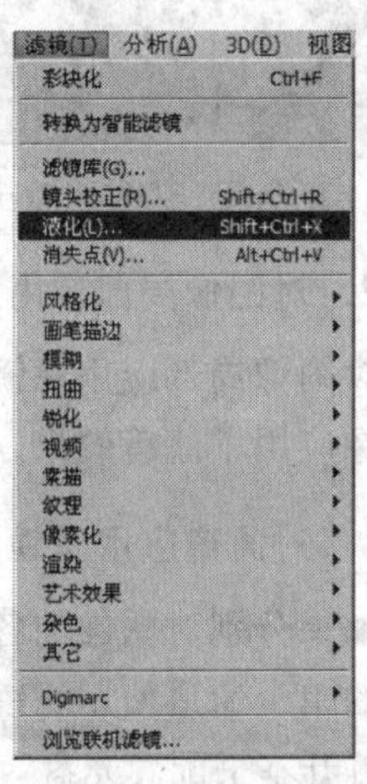


图 10-8　“液化”命令

来看一下“液化”滤镜工具箱中各工具的含义。

（1）向前变形工具：选中此工具，按住鼠标左键可随意拖动图像中的像素。

（2）重建工具：选中此工具，按住鼠标左键拖动，可把已经变形的图像恢复为原图。

（3）顺时针旋转扭曲工具：选中此工具，按住鼠标左键拖动，可顺时针旋转图像。若要逆时针旋转图像，在按住鼠标左键时按住【Alt】键。

（4）褶皱工具：选中此工具，按住鼠标左键不放，会使画笔区域的图像向画笔中心移动。

（5）膨胀工具：选中此工具，按住鼠标左键不放，会使画笔区域的图像向画笔的边缘移动。

（6）左推工具：选中此工具，按住鼠标左键，从左向右拖动，从右向左推动，从上往下拖动，从下往上拖动，图像的移动方向均不同。

（7）镜像工具：该工具可通过复制垂直于拖动方向的像素来产生镜像效果。

（8）湍流工具：该工具能对图像进行平滑地混杂，用于创建火焰、云彩、波浪及相似的效果。

图 10-9　“液化”对话框

**小技巧**

单击“湍流工具”按钮，在图像中按住鼠标左键并拖动就会产生其效果。在按住【Alt】键后，该工具的功能就会发生变化，从原来的变形工具转换为恢复原图像工具。它不仅能对“湍流工具”所做的效果进行恢复，还可以对其他工具所做的效果进行恢复。

（9）冻结蒙版工具：该工具可使用图像的局部（或全部）产生蒙版效果。对图像进行扭曲变形时，处于蒙版中的图像不会发生变化。

（10）解冻蒙版工具：该工具可以将图像中使用“冻结蒙版工具”的区域取消。

（11）抓手工具：该工具能在放大的预览图像中进行拖动，以观察图像的其他部分。

**小技巧：**

可以在使用任何其他工具时按住【Space】键临时切换为“抓手工具”，在预览图像中拖动鼠标即可。

在刚才打开的图像中，选择“液化”对话框工具箱中的“向前变形工具”，按住鼠标左键拖动图像中的像素，图像发生扭曲变形，如图 10-10 所示。

打开本书配套光盘“素材\第 10 章”目录下的 004 素材文件，如图 10-11 所示。

图 10-10　使用液化后图像

图 10-11　004 素材

在液化工具箱中选择“冻结蒙版工具”，为中心位置设置蒙版，如图 10-12 所示。

使用液化工具箱中的“左推工具”，按住鼠标左键，从右向左推动鼠标，被“冻结蒙版工具”遮盖的区域不会发生任何变化，如图 10-13 所示。

图 10-12 设置蒙版

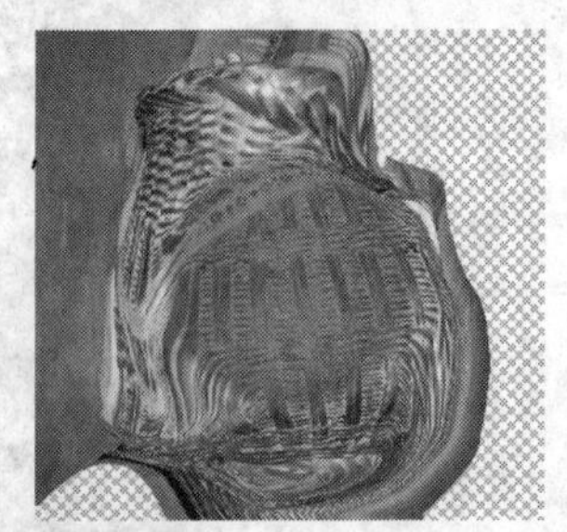

图 10-13 使用“左推工具”后的效果

## 10.4.2 “像素化”滤镜

选择“滤镜”→“像素化”命令，弹出子菜单，共包括 7 个滤镜，如图 10-14 所示。

打开本书配套光盘“素材\第 10 章”目录下的 005 素材文件，如图 10-15 所示。

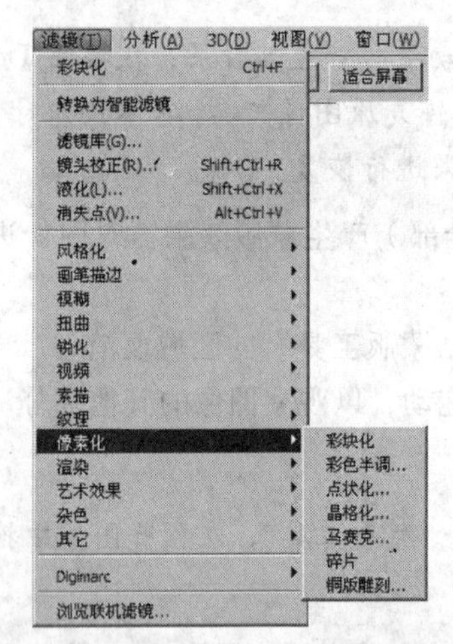


图 10-14 “像素化”滤镜

图 10-15 005 素材

各个滤镜的效果如图 10-16～图 10-22 所示。

图 10-16 彩块化

图 10-17 彩色半调

图 10-18　点状化

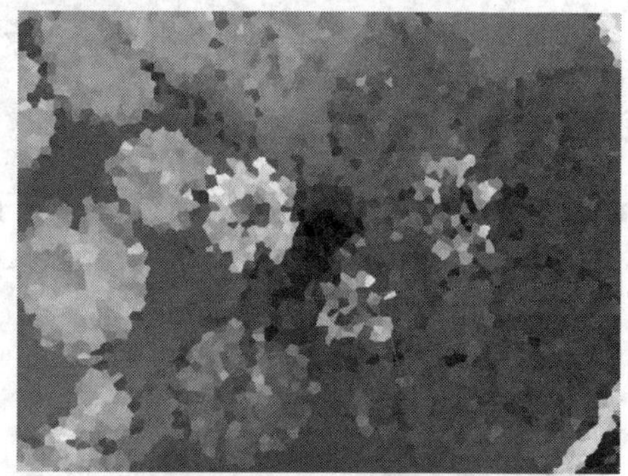

图 10-19　晶格化

图 10-20　马赛克

图 10-21　碎片

图 10-22　铜板雕刻

（1）“彩块化”滤镜可以使纯色或相近颜色的像素连接，形成相近颜色的像素块。使用此滤镜可以使扫描的图像看起来像手绘效果。

（2）“彩色半调”滤镜可以产生彩色半色调印刷（加网印刷）图像的放大效果。滤镜将图像划分为矩形，并用圆形替换每个矩形。圆形的大小与矩形的亮度成比例。

（3）“点状化”滤镜可以将图像分为随机的点，该效果如同点状化绘画一样，并使用背景色作为点与点之间的画布区域颜色。

（4）“晶格化”滤镜可以使相近的像素集结形成纯色多边形。

（5）“马赛克”滤镜通过将一个单元内具有相似色彩的所有像素变为同一颜色，来模拟马赛克的效果。该滤镜的对话框同“点状化”滤镜对话框相似，可自行设置单元格大小。

（6）“碎片”滤镜是将图像中的像素复制 4 次后将它们平均和移位，形成一种不聚焦的效果。

（7）“铜板雕刻”滤镜可以用点、线条和笔画重新生成图像，产生雕刻的版画效果。

### 10.4.3 “扭曲”滤镜

选择“滤镜”→“扭曲”命令，弹出子菜单，共包括 12 个滤镜，如图 10-23 所示。打开本书配套光盘“素材\第 10 章”目录下的 006 素材文件，如图 10-24 所示。

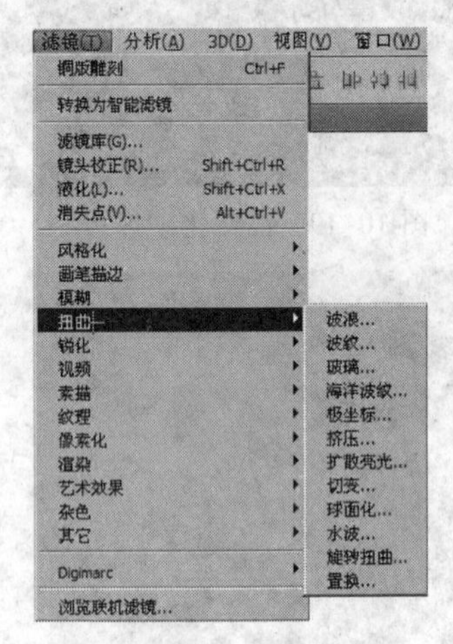


图 10-23 “扭曲”滤镜

图 10-24 006 素材文件

各个滤镜的效果如图 10-25～图 10-36 所示。

图 10-25 波浪

图 10-26 波纹

图 10-27 玻璃

图 10-28 海洋波纹

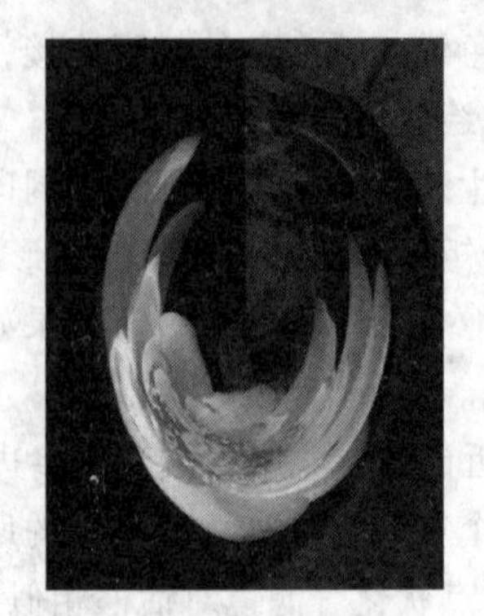

图 10-29 极坐标

图 10-30 挤压

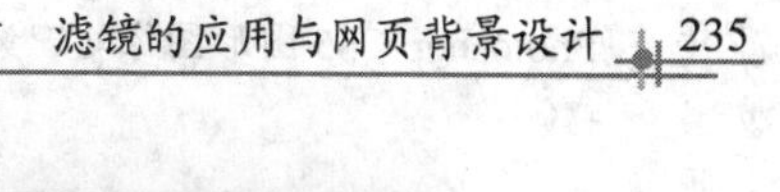

图 10-31　扩散亮光

图 10-32　切变

图 10-33　球面化

图 10-34　水波

图 10-35　旋转扭曲

图 10-36　置换

（1）“玻浪”滤镜通过选择不同的波长（从一个波峰到下一个波峰的距离）以产生不同的波动效果。

在“波浪”对话框中，“生成器数”选项用于设置产生波的数量，参数越大，图像越模糊。

“波长”选项用于设置波峰的间距，“最小”值取值范围取决于“最大”值，该选项的设置数值为 1 至最大值，相反，“最大”值的取值范围是“最小”值所设置的数值至 999。

“波幅”选项用于设置波峰的高度。

“比例”选项用于设置水平、垂直方向的变形程度。

“未定义区域”选项区用于设置未定义区域的变形方式。

（2）“波纹”滤镜可以产生水纹涟漪的效果，还能模拟大理石纹理的效果。在“波纹”对话框中，“数量”选项用来设置产生涟漪的数量。如果参数过低或过小，图像就会产生强烈的变化。

（3）“玻璃”滤镜可以使图像产生一种透过不同类型的玻璃看图像的效果。

在“玻璃”对话框中，“扭曲度”选项用于设置变形的程度。当参数设置为 0 时，图像不会产生任何效果；参数为 20 时，则类似透过较厚的玻璃来观看图像。

“平滑度”选项用于设置玻璃的平滑程度。当参数设置为 1 时，将产生很多像素点，图像极为不清晰。随着参数的增大，像素点逐渐减少，图像也会逐渐清晰。

“纹理”选项用于选择表面纹理，即变形类型。该选项有多个类型供选择。

（4）“海洋波纹”滤镜可以产生一种图像浸在水里的效果（其波纹是随机分布的）。

在其对话框中，“波纹大小”选项用来设置波纹的大小。起数值较大时，产生大的波纹。

“波纹幅度”选项用于设置波纹的数量。该值为 0 时，无论波纹大小怎样设置，也不会产生任何效果。

（5）“极坐标”滤镜可呈现图像坐标从平面坐标转为极性坐标，或将图像从极坐标转为平面坐标的效果。它能将直的物体拉弯，也能将圆的物体拉直。

（6）“挤压”滤镜可以将一个图像的全部或部分区域向内或向外挤压。

在其对话框中，“数量”选项用来设置挤压是向内还是向外及其程度。负值使图像向外膨胀，反之则图像向内压缩。当“数量”为 80 时，图像向内压缩，如图 10-30 所示。

（7）“扩散亮光”滤镜用于产生弥漫的光热效果，该滤镜可将图像渲染成像是通过一个柔和的扩散滤色片来观看的效果。它将透明的白色杂点添加到图像中，并从选区的中心向外渐隐亮光。使用此滤镜会使图像中较亮的区域产生一种光照效果。

（8）“切变”滤镜可以在垂直方向上将图像进行弯曲处理。

在其对话框中，“折回”选项为缠绕模式，“重复边缘像素”选项为平铺模式，即图像中弯曲的图像不会在相反方向的位置显示。

只需要在“切变”对话框中的竖线上单击，就会自动增加一个调整点，然后左右拖动此点即可。

（9）“球面化”滤镜用于模拟图像包在一个球形上来进行扭曲变形，并伸展它以适合所选曲线，可用于为图像制作三维效果。

在“球面化”对话框中，“数量”选项用于设置球面化的缩放数值。当参数为-100 时，图像向内缩小；当参数为+100 时，图像向外放大。“模式”选项可选择球面化方向的模式，包括“正常”、“水平优先”、“垂直优先”3 种模式。

（10）“水波”滤镜可以产生池塘波纹和旋转的效果。

在“水波”对话框中，“数量”选项用来设置波纹的数量。参数为正值时，图像中的波纹向外凸出；参数为负值时，图像中的波纹向内凹进。

（11）“旋转扭曲”滤镜可以产生一种旋转的风轮效果。使用该滤镜，图像将以中心为物体中心旋转，中心的旋转程度比边缘的旋转程度大。

在“旋转扭曲”对话框中，“角度”选项用来调整图像旋转的角度。值为 0 时，图像不变，值大于 0 时顺时针旋转，设置小于 0 时逆时针旋转。

（12）“置换”滤镜的工作方式并不是在对话框中设置后就可以进行处理，而是先打开一个文件作为移位图，然后根据移位图上的色值进行像素位移，移位图的色度控制了位移的方向，低色度值使被选图向下、向右移动，高色度值使被选图向上、向左移动。

在“置换”对话框中，“水平比例”和“垂直比例”选项分别用于设置水平方向和垂直方向的缩放。“置换图”选项区用于设置移位图的属性方向。在“未定义区域”选项区中，“折回”选项用于将图像向四周延伸，“重复边缘像素”选项用于重复边缘像素。

设置完成后，单击“确定”按钮，在弹出的“选择一个置换图”对话框中，选择 PSD 格式的图像作为移位图。

### 10.4.4 “杂色”滤镜

选择“滤镜”→“杂色”命令，弹出子菜单，共包括 8 个滤镜，如图 10-37 所示。

打开本书配套光盘“素材\第 10 章”目录下的 007 素材文件，如图 10-38 所示。各个滤镜的效果如图 10-39～图 10-43 所示。

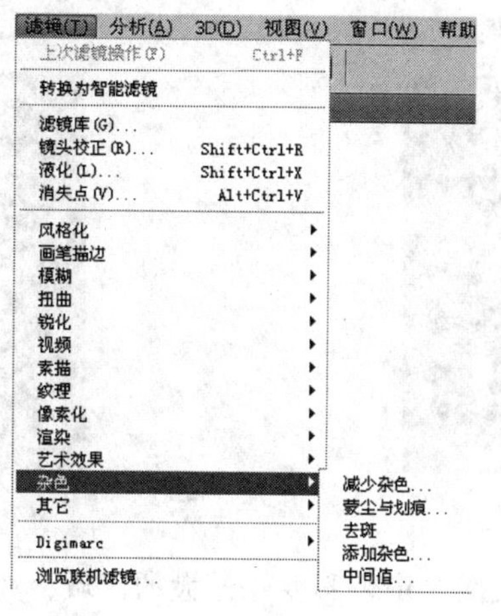


图 10-37　“杂色”滤镜

图 10-38　007 素材

图 10-39　减少杂色

图 10-40　蒙尘与划痕

图 10-41　去斑

（1）“减少杂色”滤镜可自动减少图像中的杂色，但是运行相对较慢。计算机的处理能力越强，使用该功能进行编辑时就越快。

在该对话框中，“强度”选项用于设置去除杂色的程度。“保留细节”值越小，图像越模糊，反之，图像越清晰。“锐化细节”选项用于调节图像细节清晰的程度。

（2）“蒙尘与划痕”滤镜可以搜索图像中的缺陷并将其融入周围的像素中。在使用该滤镜之前，应首先选择要清除缺陷的区域。

在该对话框中，“半径”选项用于设置清除缺陷的范围，该滤镜在多大的范围内搜索像素间的差异取决于所设的“半径”数值。“阈值”选项用于设置要分析的像素范围，取值越大，分析的像素就越少，图像越清晰。

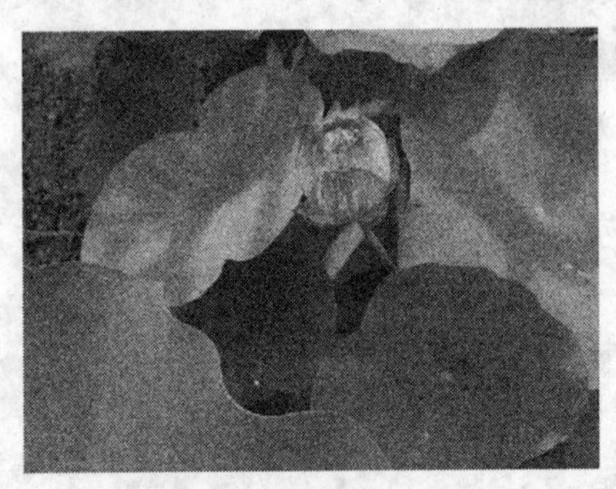
图 10-42 添加杂色

图 10-43 中间值

（3）“去斑”滤镜可以寻找图像中色彩变化最大的区域，然后模糊去除那些过渡边缘外的所有选区。可以使用该滤镜减少干扰或模糊处理过于清晰的区域。

（4）“添加杂色”滤镜可以在处理的图像中添加一些细小的颗粒状像素。可用于添加减少羽化图像或渐变填充中的条纹。

“数量”选项用于设置图像中颗粒状像素的数量，数值越大，效果越明显。“平均分布”使图像中随机分布杂色以获得细微的效果；“高斯分布”是沿一条钟形曲线分布杂色的颜色值，以获得斑点状的效果。“单色”选项用于设置图像中杂色的色调，而不改变颜色。

（5）“中间值”滤镜通过混合图像选区中的像素亮度来减少图像中的杂色。此滤镜搜索像素选区的半径范围以查找亮度相似的像素，去除与相邻像素差异较大的像素。该滤镜在消除或减少图像的动感效果时非常有用。

“半径”选项用于设置该滤镜对每个像素进行亮度分析的距离，数值越大，图像越模糊。

## 10.4.5 “模糊”滤镜

选择“滤镜”→“模糊”命令，弹出子菜单，共包括 11 个滤镜，如图 10-44 所示。

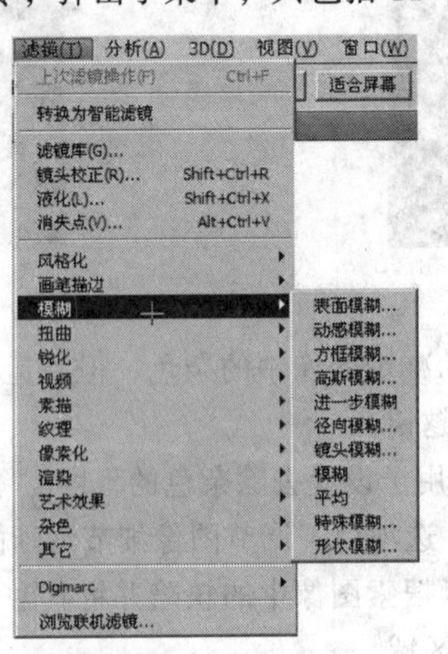

图 10-44 “模糊”滤镜

打开本书配套光盘“素材\第 10 章”目录下的 008 素材文件，如图 10-45 所示。

各个滤镜的效果如图 10-46～图 10-56 所示。

图 10-45　008 素材文件

图 10-46　表面模糊

图 10-47　动感模糊

图 10-48　方框模糊

图 10-49　高斯模糊

图 10-50　进一步模糊

图 10-51　径向模糊

图 10-52　镜头模糊

图 10-53　模糊

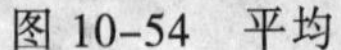

图 10-54 平均

图 10-55 特殊模糊

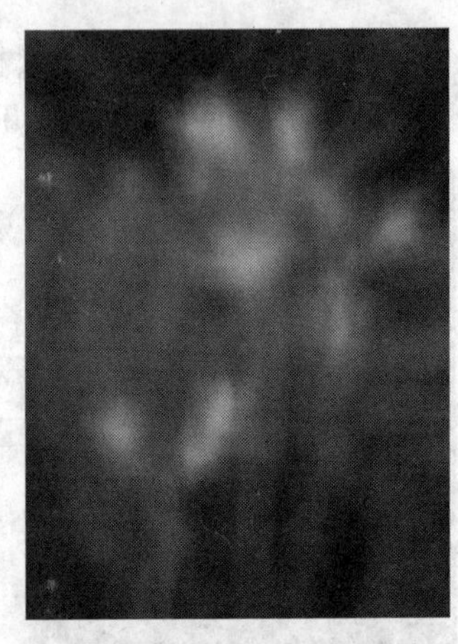

图 10-56 形状模糊

（1）“表面模糊”滤镜会使图像中的部分细节消失，像素间颜色互相融合，削弱相邻像素间的对比度。

“半径”选项用于设置该滤镜中每个像素进行亮度分析的距离范围。数值越大，像素间颜色相互间越融合。“阈值”选项用于设置要分析的像素范围，取值越大，分析的像素就越多，图像越模糊。

（2）“动感模糊”滤镜可产生动态模糊的效果，可以模拟拍摄处于运动状态物体的照片效果。

在该滤镜对话框中，“角度”选项用于设置动感模糊的方向，可产生向某一方向运动的效果。“距离”选项用于设置像素移动的距离，即模糊强度，数值设置越大模糊，强度越强，反之所产生的模糊程度越弱。

（3）“方框模糊”滤镜对图像进行相邻像素的运算，从而去除杂色，可制作雨天透过玻璃拍摄的虚化效果等。

在该滤镜对话框中，“半径”选项用于保留图像边缘，对图像做模糊效果，数值越大，图像越模糊。

（4）“高斯模糊”滤镜是利用高斯曲线的分布模式有选择地模糊图像。该滤镜的模糊程度比较强烈，容易使图像产生难以辨认的模糊效果。

在该滤镜对话框中，“半径”选项用于调节和控制选区或当前处理图像的模糊程度，所设数值越大，产生模糊效果越强。

（5）“进一步模糊”滤镜所产生的效果不够明显，用途也不广泛，在此不做重点介绍。

（6）“径向模糊”滤镜能够产生旋转模糊或放射模糊的效果，该滤镜可模拟摄影中的动感镜头。

在该滤镜对话框中，“数量”选项用于设置径向模糊的强度，数值越大，模糊效果越明显。“模糊方式”选项用于设置模糊的效果，包括“旋转”和“缩放”两个选项，选择“旋转”选项，图像产生旋转模糊的效果；选择“缩放”选项，图像会产生放射状模糊的效果。

（7）“镜头模糊”滤镜使图像产生用镜头观察时的景深模糊效果。

在该滤镜对话框中，“深度映射”选项区中的“模糊焦距”滑块可以设置位于焦点内像素的深度。在“源”下拉列表框中，如果把“源”设置为“无”，即此选项全部不可用；如果设置为“透明度”选项，“模糊焦距”值为 0 时图像最模糊，为 255 时，图像最清晰；如果设置为“图层蒙版”选项，则“模糊焦距”值为 255 时图像最模糊，为 0 时图像最清晰。

“光圈”选项区用于设置观察图像时光圈的数值。在“形状”下拉列表框中选择一种形状，可通过“叶片弯度”滑块消除光圈的边缘。如果要添加更多的模糊效果，可调整“半径”滑块。

“镜面亮光”选项区用于设置观察图像时镜头的高光。

（8）“模糊”滤镜的模糊效果非常细微，该滤镜用途不广泛，在此不做重点介绍。

（9）“平均”滤镜可以将图像中的所有颜色平均为一种颜色。该滤镜用途不广泛，在此不做重点介绍。

（10）“特殊模糊”滤镜相对于其他模糊滤镜而言，可以产生一种清晰边界的模糊方式。该滤镜可以找出图像的边缘，并模糊图像边缘线以内的区域。

在该滤镜对话框中，“半径”选项用于设置辐射范围的大小。“阈值”选项用于设置入口模糊。该数值较小时，能够找出更多的边缘，此时模糊的效果很微小；反之，虽然找到较少的边缘，但模糊效果很明显。

“特殊模糊”最特别之处在于它提供了“模式”选项，包括“正常”、“边缘优先”和“叠加边缘”，读者可以尝试设置并观察效果。

（11）“形状模糊”滤镜以形状作为模糊的元素，所做的图像带有所选的形状元素。

在该滤镜对话框中，“半径”选项用于设置模糊的强度，数值越大，图像越模糊。对话框下方有可选模糊样式的形状图像，用户可根据需要自行选择。

## 10.4.6 “渲染”滤镜

选择“滤镜”→“渲染命令”，弹出子菜单，共包括 5 个滤镜，如图 10-57 所示。

打开本书配套光盘“素材\第 10 章”目录下的 009 素材文件，如图 10-58 所示。

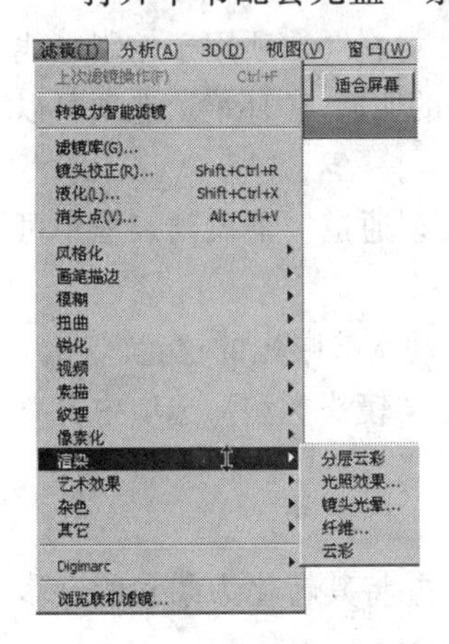


图 10-57　“渲染”滤镜

图 10-58　009 素材

各个滤镜的效果如图 10-59～图 10-63 所示。

（1）“分层云彩”滤镜使用随机生成的介于前景色与背景色之间的值生成云彩图案。

初次使用此滤镜时，图像的某些部分被反相为云彩图案。应用多次，可以创建出大理石效果的图案。

（2）“光照效果”滤镜较复杂，可对图像应用不同的光源、光类型，也可以改变基调，增加图像深度和聚光区。

图 10-59 分层云彩

图 10-60 光照效果

图 10-61 镜头光晕

图 10-62 纤维

图 10-63 云彩

在该对话框中，“样式”选项用于选择光源。“光照效果”滤镜至少需要一个光源。“光照类型”选项用于选择灯光类型，共有 3 种类型：点光为椭圆形光，可在预览窗口中添加点光，通过移动边框来改变焦点，扩大或减少照明区域；平行光为散光，类似于日常灯光效果；全光源为投射一个直线方向的光线，只能改变光线方向和光源高度。“强度”选项用于控制照明的强度。“聚焦”选项只有使用点光时可用，通过扩大椭圆内光线的范围来产生细微的效果。

在“属性”选项区中，“光泽”选项用于决定图像的反光效果，“材料”选项用于控制光线或光源所照物体是否产生更多的折射，“曝光度”选项用于控制光线的明暗，“环境”选项可以产生光源与图像的室内混合效果。

“纹理通道”选项可以将一个灰色图当做纹理图来使用。在“纹理通道”下拉列表框中可选择一个通道。

（3）“镜头光晕”滤镜可产生摄像机镜头的眩光效果，用户可自动调节眩光的位置。

在该对话框中，“亮度”选项用于调节图像中十字线位置的亮度。“镜头类型”选项中含有 4 种镜头类型。

（4）“纤维”滤镜利用前景色和背景色产生纤维的效果。

（5）“云彩”滤镜可以在前景色和背景色之间随机抽取像素值，并将其转化为柔和的云彩效果。

# 本章案例 1 制作唯美网页背景

## 案例描述

本例将制作图 10-64 所示的唯美网页背景。在越来越多的人加入到互联网中并越来越多地使用互联网的过程中，网页设计成为人们越来越关注的内容。如何制作一个精美的网页，如何使网页在互联网浩瀚的海洋中脱颖而出，成为网页制作者越来越关注的问题。

图 10-64　唯美网页背景

## 案例分析

首先设置网页背景，打开素材文件，设置渐变，进行混合模式的调整，然后开始制作导航栏，用“渐变工具”填充导航栏，最后设置网页的主体内容，可添加一些细节内容，用到“镜头光晕”、“添加杂色”等滤镜。

## 操作步骤

以上学习了 Photoshop 中滤镜的效果及使用方法，下面开始制作唯美网页背景，对相关知识进行巩固练习，加深对所学基础知识的印象。

### 1. 制作网页背景

（1）新建文件，名称为“唯美网页背景”，文件大小为 1 100×800 像素，分辨率为 200 像素/英寸，RGB 模式。

（2）激活工具箱中的“渐变工具”，设置渐变为红色到深红色，如图 10-65 所示。在其选项栏中设置渐变类型为“线性渐变”。在选区合适的位置拖动鼠标填充渐变，效果如图 10-66 所示。

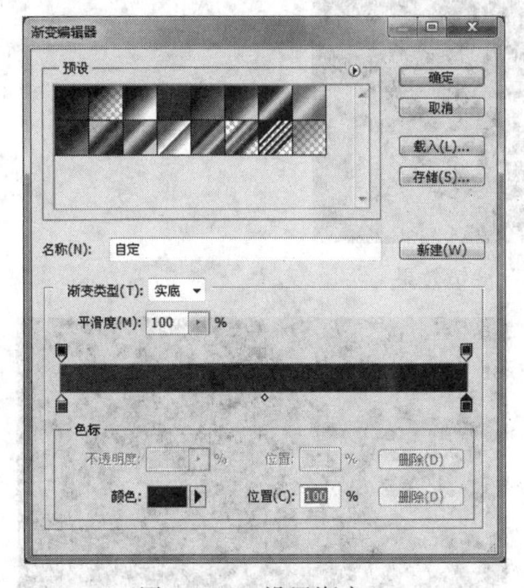



图 10-65　设置渐变

图 10-66　填充效果

（3）选择“背景”图层，选择“滤镜”→“艺术效果”→“粗糙蜡笔”命令，参数设置如图 10-67 所示，效果如图 10-68 所示。

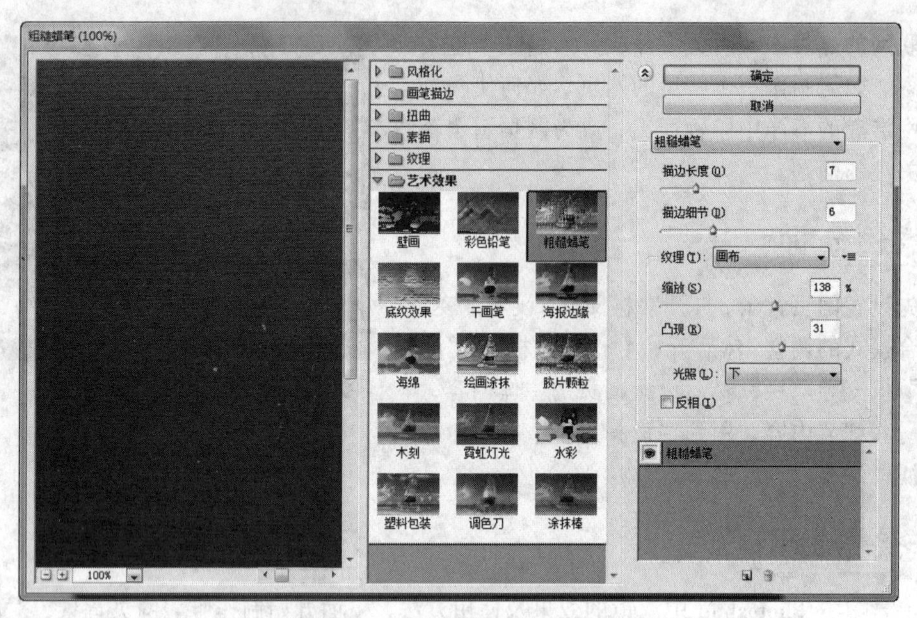


图 10-67 “粗糙蜡笔”对话框

（4）在“图层”面板中新建一个图层，在工具箱中选择“矩形选框工具”，绘制矩形选区，如图 10-69 所示。将前景色设置为深红色（R:50,G:0,B:0），按快捷键【Alt+Delete】填充颜色，按快捷键【Ctrl+D】取消选区，如图 10-70 所示。

图 10-68 “粗糙蜡笔”滤镜效果

图 10-69 设置选区

图 10-70 填充颜色

**2．制作网页主体内容**

（1）在“图层”面板中新建一个图层，在工具箱中选择“圆角矩形工具”，具体设置如图 10–71 所示。在图像中绘制一个矩形路径，如图 10–72 所示。

图 10–71　参数设置半径为 10PX　　　图 10–72　绘制路径

（2）在“路径”面板中单击“将路径作为选区载入”按钮，将路径转换为选区，如图 10–73 所示。将前景色设置为红色（R:90,G:0,B:0），按快捷键【Alt+Delete】填充颜色，按快捷键【Ctrl+D】取消选区，如图 10–74 所示。

图 10–73　将路径转换为选区

图 10–74　填充颜色

（3）单击“添加图层样式”按钮 fx，为该图层添加“斜面和浮雕”样式，参数设置如图 10–75 所示，效果如图 10–76 所示。

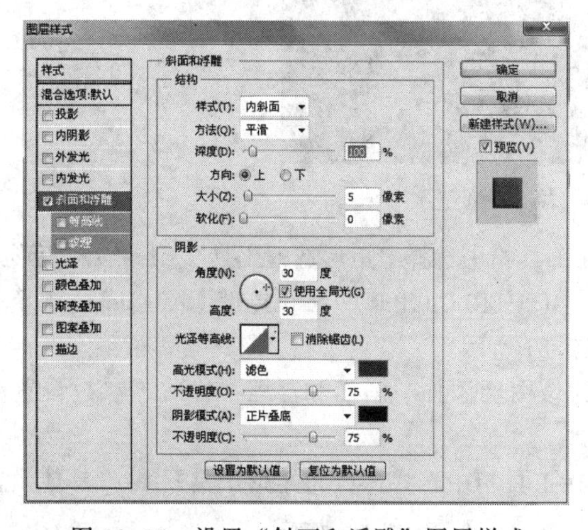


图 10–75　设置“斜面和浮雕”图层样式

图 10–76　设置后的效果

（4）在“图层”面板中新建一个图层，在工具箱中选择“椭圆选框工具”，绘制椭圆形选区，如图 10–77 所示。在工具箱中选择“渐变工具”，设置渐变为灰色到红色，如图 10–78 所示。在选项栏中设置渐变类型为“线性渐变”。在选区中拖动鼠标填充渐变，按快捷键【Ctrl+D】取消选区，效果如图 10–79 所示。

图 10–77　设置选区

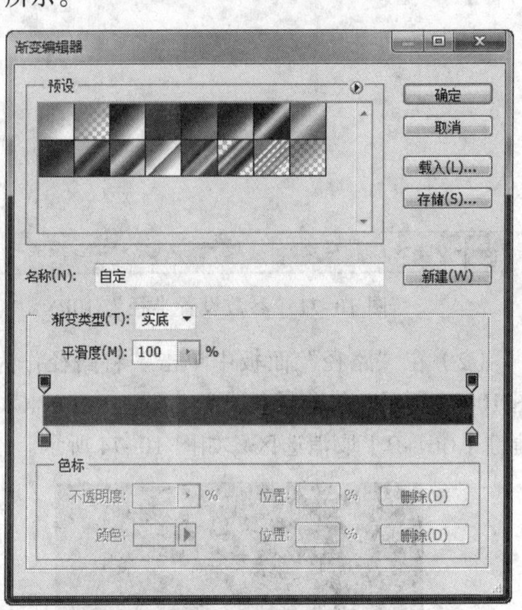


图 10–78　设置渐变

图 10–79　填充渐变色

（5）在“图层”面板中新建一个图层，在工具箱中选择“矩形选框工具”，绘制矩形选区，如图 10–80 所示。将前景色设置为深红色（R:110,G:0,B:0），按快捷键【Alt+Delete】填充颜色，按快捷键【Ctrl+D】取消选区，如图 10–81 所示。

（6）单击“添加图层样式”按钮 *fx*，为该图层添加“斜面和浮雕”样式，参数设置如图 10–82 所示，效果如图 10–83 所示。

（7）在“图层”面板中新建一个图层，在工具箱中选择“圆角矩形工具”，具体设置如图 10–84 所示。在图像中绘制一个圆角矩形路径，如图 10–85 所示。

图 10-80　设置选区

图 10-81　填充颜色

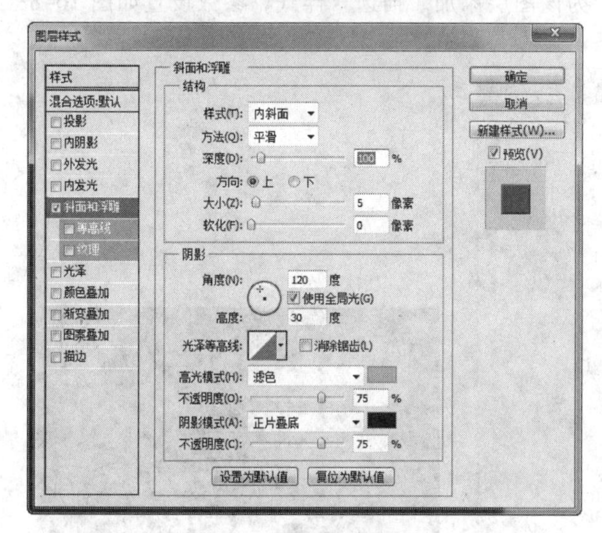


图 10-82　设置“斜面和浮雕”图层样式

图 10-83　设置图层样式后的效果

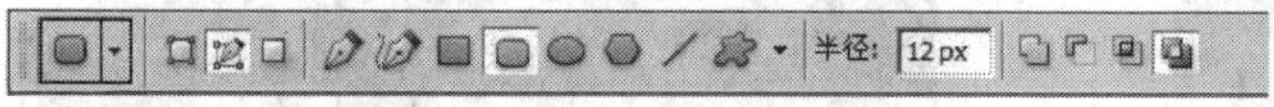

图 10-84　参数设置

图 10-85　绘制路径

（8）在“路径”面板中单击“将路径作为选区载入”按钮，将路径转换为选区。设置前景色为灰色（R:180,G:180,B:180），按快捷键【Alt+Delete】填充颜色，按快捷键【Ctrl+D】取消选区，如图 10-86 所示。

（9）在“图层”面板中新建一个图层，在工具箱中选择“圆角矩形工具”，同上述步骤，绘制路径并转换为选区，填充灰色（R:255,G:255,B:255），效果如图 10-87 所示。

图 10-86　填充颜色

图 10-87　填充颜色

（10）单击“添加图层样式”按钮 fx，为该图层添加“描边”样式，参数设置如图 10-88 所示，效果如图 10-89 所示。

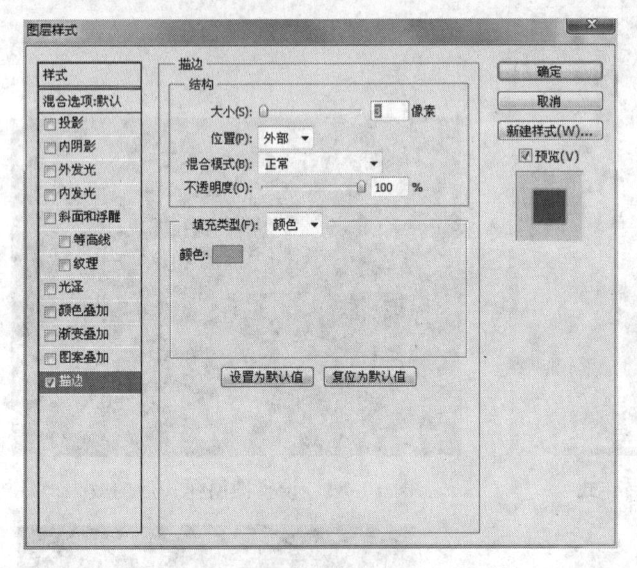


图 10-88　设置“描边”图层样式

图 10-89　设置“描边”图层样式效果

（11）在“图层”面板中选择图层，复制出多个图层，效果如图 10-90 所示。

（12）在“图层”面板中新建一个图层，在工具箱中选择“圆角矩形工具”，同上述步骤，绘制路径并转换为选区，填充红色（R:120,G:50,B:50），效果如图 10-91 所示。

图 10-90　复制图层

图 10-91　填充颜色

（13）单击“添加图层样式”按钮 fx，为该图层添加“投影”、“渐变叠加”、“描边”样式，参数设置分别如图 10-92、图 10-93、图 10-94 所示。最终效果如图 10-95 所示。

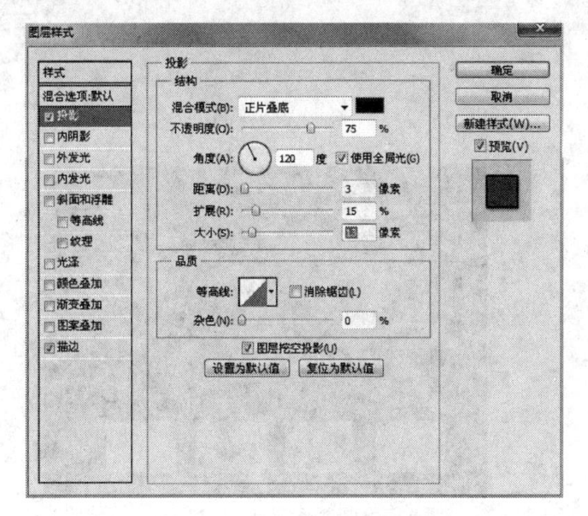


图 10-92　设置“投影”图层样式

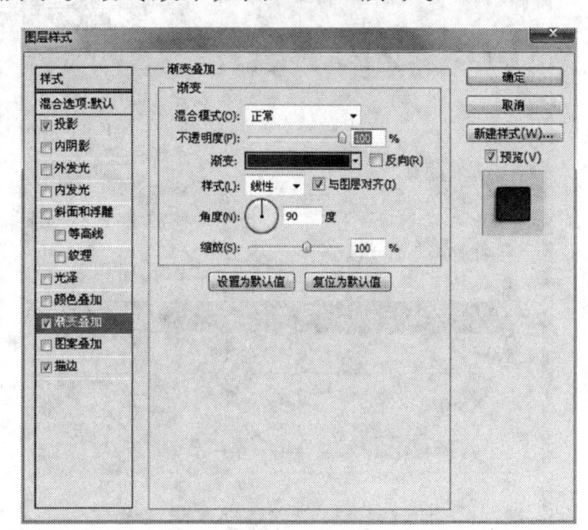


图 10-93　设置“渐变叠加”图层样式

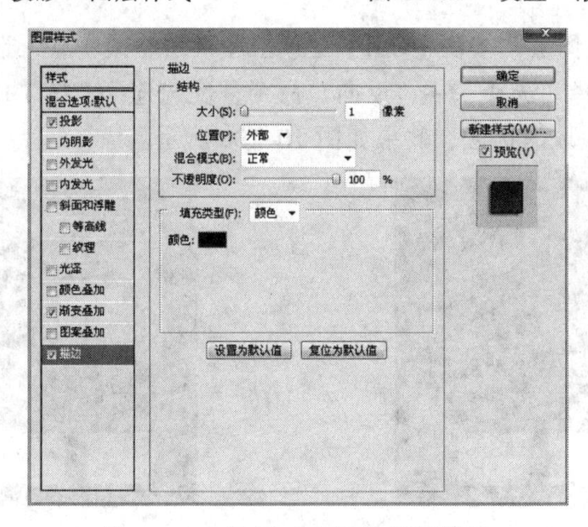


图 10-94　设置“描边”图层样式

（14）在“图层”面板中新建一个图层，在工具箱中选择“椭圆选框工具”，绘制椭圆形选区，如图 10-96 所示。在工具箱中选择“渐变工具”，设置渐变为红色到深红色，如图 10-97 所示。在其选项栏中设置渐变类型为“线性渐变”，在选区中填充渐变，按快捷键【Ctrl+D】取消选区，效果如图 10-98 所示。

图 10-95　图层样式设置效果

图 10-96　创建选区

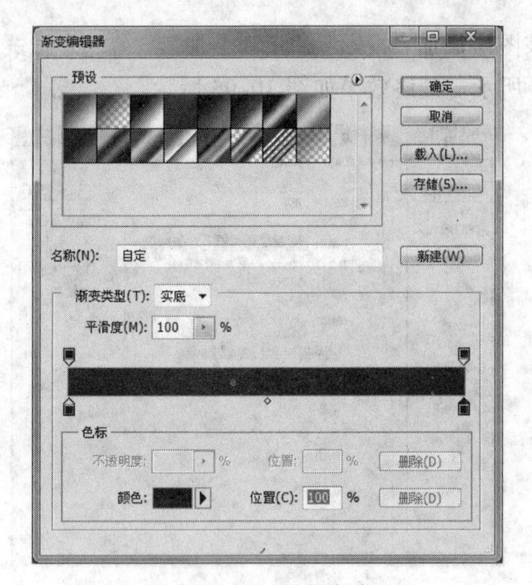


图 10-97　设置渐变

图 10-98　填充渐变

（15）选择按钮所在图层，按住【Ctrl】键单击图层缩略图，载入选区，如图 10-99 所示。选择椭圆所在图层，选择“选择”→“反向”命令，反选选区，按【Delete】键将多余图像删除，按快捷键【Ctrl+D】取消选区，效果如图 10-100 所示。

图 10-99　载入选区

图 10-100　删除多余部分

（16）在“图层”面板中新建一个图层，在工具箱中选择“椭圆选框工具”◯，按住【Shift】键绘制正圆选区，如图 10-101 所示。将前景色设置为红色（R:130,G:30,B:30），按快捷键【Alt+Delete】填充颜色，按快捷键【Ctrl+D】取消选区，如图 10-102 所示。

图 10-101　创建选区

图 10-102　填充颜色

（17）单击“添加图层样式”按钮 fx，为该图层添加“斜面和浮雕”、“描边”样式，参数设置如图 10-103、图 10-104 所示，效果如图 10-105 所示。

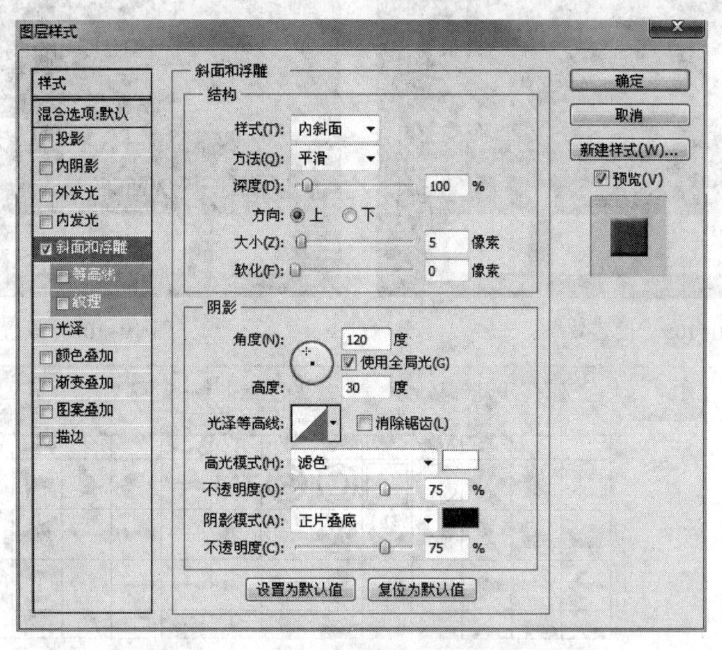


图 10-103　设置“斜面和浮雕”图层样式

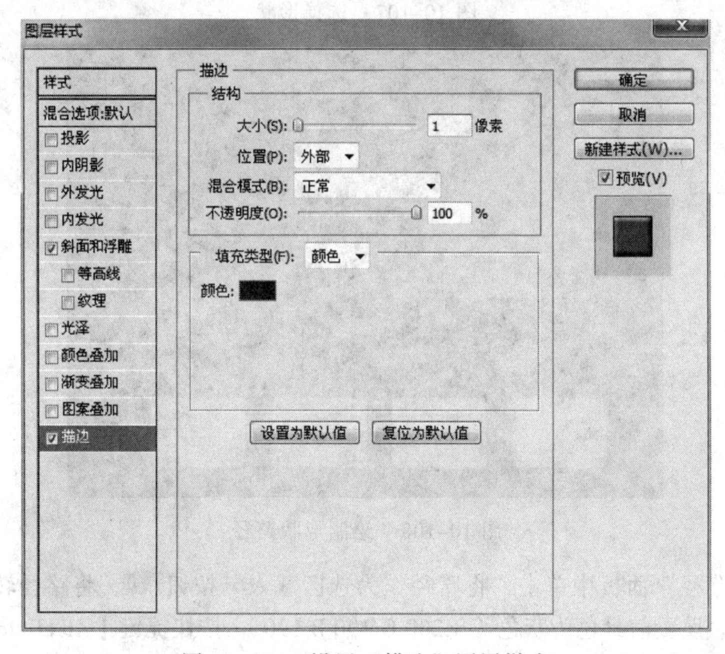


图 10-104　设置“描边”图层样式

（18）复制按钮图层，移到左侧，效果如图 10-106 所示。在“图层”面板中新建一个图层，在工具箱中选择“自定形状工具”按钮，选择形状，如图 10-107 所示。绘制形状，效果如图 10-108 所示。

图 10-105　设置效果

图 10-106　设置后效果

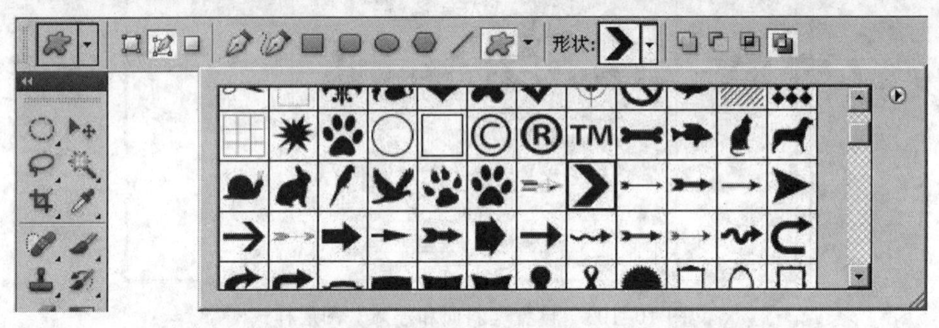


图 10-107　选择形状

图 10-108　绘制形状路径

（19）在“路径”面板中单击“将路径作为选区载入”按钮 ，将路径转换为选区，如图 10-109 所示。设置前景色为灰色（R:200,G:190,B:190），按快捷键【Alt+Delete】填充颜色，按快捷键【Ctrl+D】取消选区，如图 10-110 所示。

（20）单击“添加图层样式”按钮 ，为该图层添加“斜面和浮雕”样式，参数设置如图 10-111 所示，效果如图 10-112 所示。复制该图层到另一侧并水平翻转，效果如图 10-113 所示。

图 10-109　路径转换为选区

图 10-110　填充颜色

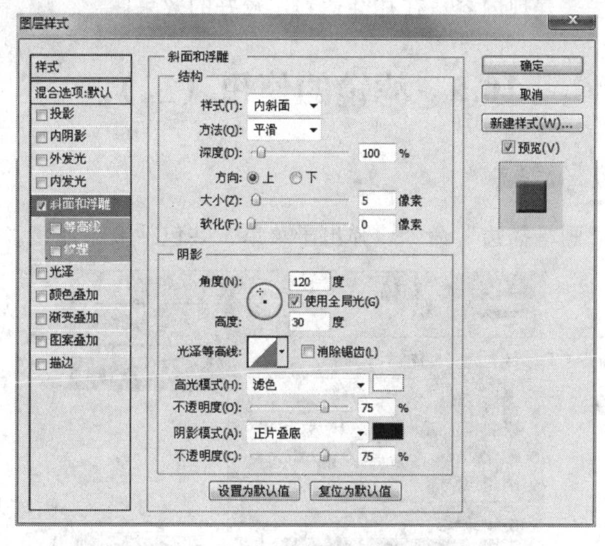


图 10-111　设置“斜面和浮雕”图层样式

图 10-112　斜面和浮雕效果

图 10-113　最终效果

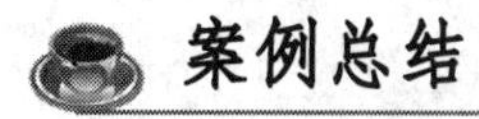

## 案例总结

本案例主要运用了 Photoshop CS5 软件中的滤镜、路径、渐变、图层样式等相关知识来设计网页背景。在设计此类内容时应该注意以下几点：

（1）网页设计作为一种视觉语言，特别讲究编排和布局。虽然主页的设计不等同于平面设计，但它们有许多相近之处。版式设计通过文字与图形的空间组合，表达出和谐与美。

（2）色彩是艺术表现的要素之一。在网页设计中，设计师根据和谐、均衡和重点突出的原则，将不同的色彩进行组合，搭配来构成美丽的页面。根据色彩对人们心理的影响，合理地加以运用。如果企业有 CIS（企业形象识别系统），将按照其中的 VI 进行色彩运用。

（3）为了将丰富的意义和多样的形式组织成统一的页面结构，形式语言必须符合页面的内容，体现内容的丰富含义。灵活运用对比与调和、对称与平衡、节奏与韵律以及留白等手段，通过空间、文字、图形之间的相互关系建立整体的均衡状态，产生和谐的美感。例如，对称原则用在页面设计中时，它的均衡有时会使页面显得呆板，但如果加入一些富有动感的文字、图案，或采用夸张的手法来表现内容，往往会达到比较好的效果。

# 10.5 滤镜的使用（二）

## 10.5.1 “画笔描边”滤镜

选择“滤镜”→“画笔描边”命令，弹出子菜单，共包括 8 个滤镜，如图 10-114 所示。

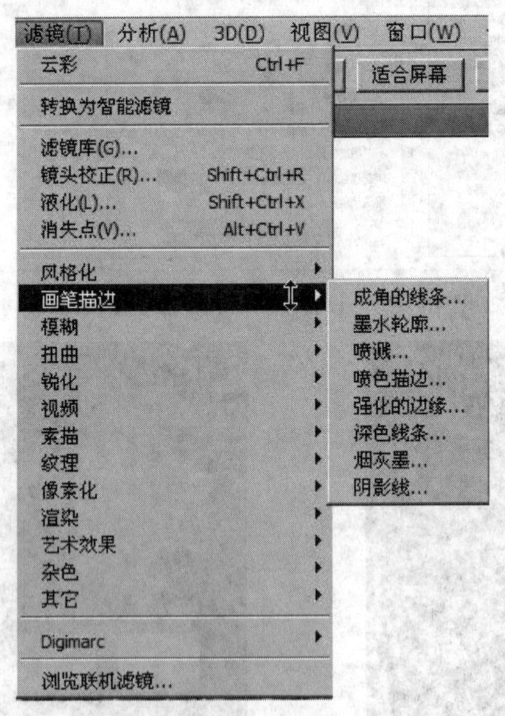


图 10-114 “画笔描边”滤镜

打开本书配套光盘“素材\第 10 章”目录下的 010 素材文件，如图 10-115 所示，应用“画笔描边”滤镜。各个滤镜的效果如图 10-116～图 10-123 所示。

图 10-115　原图

图 10-116　成角的线条

图 10-117　墨水轮廓

图 10-118　喷溅

图 10-119　喷色描边

图 10-120　强化的边缘

图 10-121　深色线条

图 10-122　烟灰墨

图 10-123　阴影线

(1)"成角的线条" 滤镜用来产生倾斜笔锋的效果。其参数设置对话框中各选项的含义如下：

①"方向平衡" 选项用于设置笔触的倾斜方向。

②“描边长度”选项用于控制勾绘笔画的长度。该值越大，笔触线条越长。

③“锐化程度”选项用于控制笔锋的尖锐程度。该值越小，图像越细致。

(2)“墨水轮廓”滤镜可以在图像的颜色边界模拟油墨绘制图像轮廓，从而产生钢笔油墨风格。其参数设置对话框中各选项的含义如下：

①“深色强度”选项用于调节黑色轮廓的强度。

②“光照强度”选项用于调节图像中较亮区域的强度。

(3)“喷溅”滤镜可以使图像产生颗粒飞溅的沸水效果，类似用喷枪喷出许多小彩点。其参数设置对话框中各选项的含义如下：

①“喷色半径”选项用于控制喷溅的范围，该值越大，喷溅范围越大。

②“平滑度”选项用于调整喷溅效果的轻重或光滑度，该值越大，喷溅浪花越光滑，但也会越模糊。

(4)“喷色描边”滤镜与“喷溅”滤镜的效果相似，但能产生斜纹飞溅的效果。其参数设置对话框中各选项的含义如下：

①“描边长度”选项用于设置喷色描边笔触的长度。

②“喷色半径”选项用于设置图像飞溅的半径。

③“描边方向”选项用于设置喷色方向。

(5)“强化的边缘”滤镜可以对图像的边缘进行强化处理。其参数设置对话框中各选项的含义如下：

①“边缘宽度”选项用于控制边缘的宽度。该值越大，边界越宽。

②“边缘亮度”选项用于调整边界的亮度。该值越大，边缘越亮。

③“平滑度”选项用于调整边界的平滑度。

(6)“深色线条”滤镜用短而密的线条来绘制图像中的深色区域，用长而白的线条来绘制图像中颜色较浅的区域，从而产生一种很强的黑色阴影效果。其参数设置对话框中各选项的含义如下：

①“平衡”选项用于调整笔触的方向。

②“黑色强度”用于控制黑色阴影的强度。值越大，变暗的深色区域越多。

③“白色强度”用于控制白色区域的强度。值越大，变亮的浅色区域越多。

(7)“烟灰墨”滤镜可以产生类似用黑色墨水在纸上绘制的柔滑模糊边缘效果。在其参数设置对话框中，“对比度”选项用来控制图像烟灰墨效果的程度。该值越大，产生的效果越明显。

(8)“阴影线”滤镜用来生成交叉网状笔锋效果，其参数设置对话框与“成角的线条”滤镜相似。

### 10.5.2 “素描”滤镜

选择“滤镜”→“素描”命令，弹出子菜单，共包括 14 个滤镜，如图 10-124 所示。

打开本书配套光盘“素材\第 10 章”目录下的 011 素材文件，如图 10-125 所示。

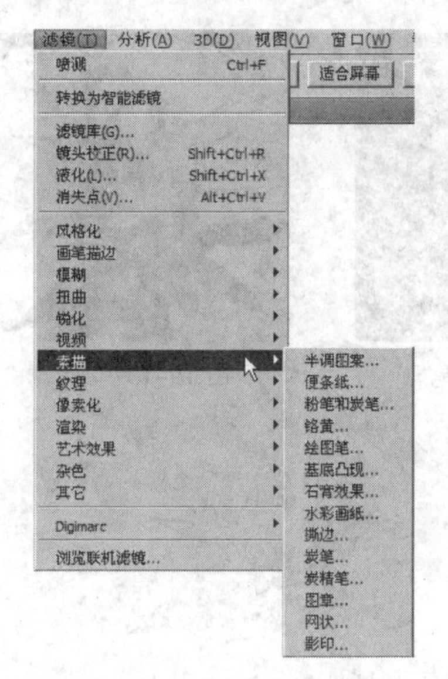


图 10-124 “素描”滤镜

图 10-125 原图

各个滤镜的效果如图 10-126～图 10-139 所示。

图 10-126 半调图案　　图 10-127 便条纸　　图 10-128 粉笔和炭笔

图 10-129 铬黄　　图 10-130 绘图笔　　图 10-131 基底凸现

图 10-132 石膏效果　　图 10-133 水彩画纸　　图 10-134 撕边

图 10-135　炭笔　　图 10-136　炭精笔　　图 10-137　图章

图 10-138　网状　　图 10-139　影印

（1）“半调图案”滤镜可以使用前景色和背景色在图像中产生网板图案效果。其参数设置对话框中各选项的含义如下：

①“大小”选项用于设置网点的大小。该值越大，其网点越大。

②“对比度”选项用于设置前景色的对比度。该值越大，前景色的对比度越强。

③“图案类型”选项用于设置图案的类型，包括“网点”、“圆形”和“直线”3个选项。

（2）“便条纸”滤镜可以模拟凹陷压印图案，产生草纸化效果。其参数设置对话框中各选项的含义如下：

①“图像平衡”选项用于调整前景色和背景色之间的面积大小。

②“粒度”选项用于调整图像产生颗粒的多少。

③“凸现”选项用于调节浮雕的凹凸程度。该值越大，浮雕效果越明显。

（3）“粉笔和炭笔”滤镜产生一种分别和炭精涂抹的草图效果。其参数设置对话框中各选项的含义如下：

①“炭笔区”选项用于调节炭笔的数值。该值越大，炭笔颗粒越多，图像越亮。

②“粉笔区”选项用于调节粉笔的数值。

③“描边压力”选项数值越大，图像反差越强烈。

（4）“铬黄”滤镜产生光滑的铬质效果，看起来有些抽象。其参数设置对话框中的“细节”选项用来设置液态细节部分的模拟程度。

（5）“绘图笔”滤镜使用精细的、直线油墨线条来捕捉原图像中的细节，产生一种素描的效果。对油墨线条使用前景色，对纸张使用背景色来替换原图像中的颜色。其参数设置对话框中各选项的含义如下：

①“描边长度”选项用于调整图像中绘图线条的长度。

②“明暗平衡”选项用于调整图像前景色和背景色的比例。值为 0 时，图像被背景色填充；值为 100 时，图像被前景色填充。

③“描边方向”选项用于选择笔触的方向。

(6)“基底凸现”滤镜用于模拟粗糙的浮雕效果，其参数设置对话框中各选项的含义如下：

①“细节”选项用于设置基底凹现效果的细节部分。该值越大，图像凸现部分刻画越细腻。

②“平滑度”选项用于设置底凹现效果的光洁度。该值越大，图像凸现部分越平滑。

③“光照”选项可以选择基底凹现效果的光照方向。

(7)“石膏效果”滤镜可使图像产生立体石膏压模效果，并用前景色和背景色为图像上色，较暗区升高，较亮区下陷。

(8)“水彩画纸”滤镜使图像好像是绘制在潮湿的纤维上，颜色溢出、混合，产生渗透的效果。其参数设置对话框中各选项的含义如下：

①“纤维长度”选项用于调整当前图像的平衡程度。

②“亮度”选项用于调整当前图像水彩画纸的亮度。

③“对比度”选项用于调整当前图像色彩的对比度。

(9)“撕边”滤镜可以将图像在前景色和背景色的交界处生成粗糙及撕破的直白形状效果。其参数设置对话框中各选项的含义如下：

①“图像平衡”选项用于调整所用前景色和背景色的比值。

②“平滑度”选项用于设置图像边缘的平滑度。

③“对比度”选项用于设置前景色和背景色两种颜色边界的混合程度。

(10)“炭笔”滤镜产生炭精画的效果。图像中阴影的边缘用粗线绘制，中间色调用对角线条素描。其中炭笔为前景色，纸张为背景色。其参数设置对话框中各选项的含义如下：

①“炭笔粗线”选项用于设置笔触的粗细。

②“细节”选项用于图像细节的保留程度。

③“明暗平衡”选项用于控制前景色与背景色的混合比例。

(11)“图章”滤镜使图像简化，突出主体，看起来像是用橡皮或木制图章盖上去的效果，一般用于黑白图像。其参数设置对话框中各选项的含义如下：

①“明暗平衡”选项用于设置前景色与背景色的混合比例。

②“平滑度”选项用于调节图章效果的锯齿程度，该值越大，图像越光滑。

(12)“网状”滤镜模拟胶片乳胶的可控收缩和扭曲的效果，使图像的暗色区域呈结块状，高光区域呈轻微颗粒化。其参数设置对话框中各选项的含义如下：

①“浓度”选项用于调整当前图像网状颗粒的多少。数值越大，图像越亮。

②“前景色阶”选项用于调整当前图像网状的色阶。

③“背景色阶”选项用于调整当前图像边缘网状的色阶。

(13)“影印”滤镜可产生凹陷压印的立体感效果。其参数设置对话框中各选项的含义如下：

①“细节”选项用于调整当前图像图案的细节程度。

②“暗度”选项用于调整当前文件图像的暗度。

## 10.5.3 “纹理”滤镜

选择“滤镜”→“纹理”命令，弹出子菜单，共包括 6 个滤镜，如图 10-140 所示。打开本书配套光盘“素材\第 10 章”目录下的 012 素材文件，如图 10-141 所示。

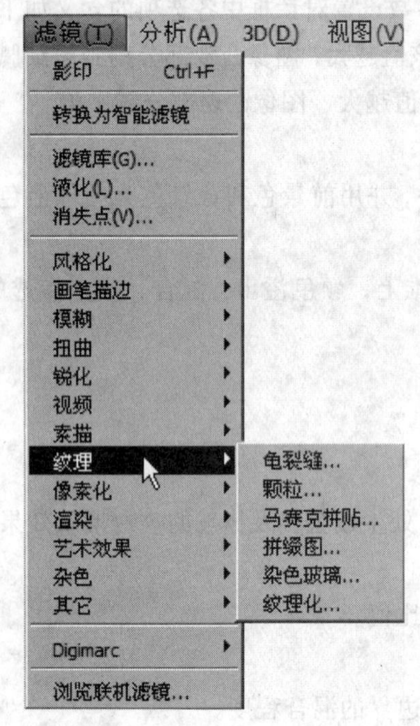


图 10-140 “纹理”滤镜

图 10-141 原图

各个滤镜的效果如图 10-142～图 10-147 所示。

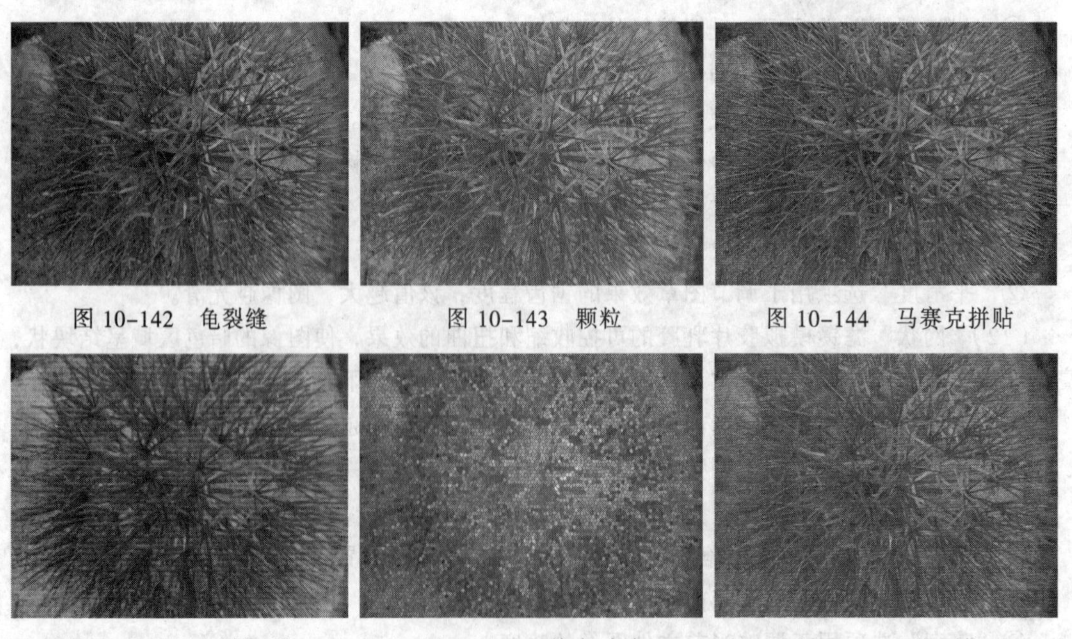

图 10-142 龟裂缝　图 10-143 颗粒　图 10-144 马赛克拼贴

图 10-145 拼缀图　图 10-146 染色玻璃　图 10-147 纹理化

（1）“龟裂缝”滤镜可产生将图像弄皱后所具有的凹凸不平的皱纹效果，与龟甲上的纹路十分相似。其参数设置对话框中各选项的含义如下：

①“裂缝间距”选项用于设置裂纹的间隔距离。

②“裂缝深度”选项用于设置裂纹的深度。

③“裂缝亮度”选项用于设置裂纹的亮度。

（2）“颗粒”滤镜可以在图像中随机加入不规则的颗粒来产生颗粒纹理的效果。其参数设置对话框中各选项的含义如下：

①“强度”选项用于设置颗粒密度。该值越大，图像中的颗粒越多。

②“对比度”选项用于设置颗粒明暗的对比度。

③“颗粒类型”选项用于设置颗粒的类型，包括“常规”、“柔和”和“喷洒”等 10 种选项。

（3）“马赛克拼贴”滤镜可产生分布均匀但形状不规则的马赛克拼贴效果。其参数设置对话框中各选项的含义如下：

①“拼贴大小”选项用于设置贴块大小。

②“缝隙宽度”选项用于调整贴块间拼贴间距。

③“加亮缝隙”选项用于设置间隔加亮程度。

（4）“拼缀图”滤镜在“马赛克拼贴”滤镜的基础上增加一些立体感，使图像产生一种类似于建筑物上使用瓷砖拼成图像的效果。其参数设置对话框中各选项的含义如下：

①“方形大小”选项用于调整拼缀图每个小方块的大小。

②“凸现”选项用于调整小方块凸出的厚度。

（5）“染色玻璃”滤镜可以产生不规则分离的彩色玻璃格子，每一格的颜色由该格的平均颜色来确定，格子之间的间隔用前景色填充。其参数设置对话框中各选项的含义如下：

①“单元格大小”选项用于设置格子的大小。

②“边框粗细”选项用于染色玻璃边框的宽度。

③“光照强度”选项用于设置照射格子的虚拟灯光的强度。

（6）“纹理化”滤镜可生成系统提供的纹理效果或根据另一个文件的亮度值向图像中添加纹理效果。其参数设置对话框中各选项的含义如下：

①“纹理”选项用于设置纹理类型。

②“缩放”选项用于调整纹理尺寸的大小。

③“凸现”选项用于把当前的纹理进行凸出。

④“光照”选项用于设置光照方向。

### 10.5.4 “艺术效果”滤镜

选择“滤镜”→“艺术效果”命令，弹出子菜单，共包括 15 个滤镜，如图 10-148 所示。

打开本书配套光盘“素材\第 10 章”目录下的 013 素材文件，如图 10-149 所示。

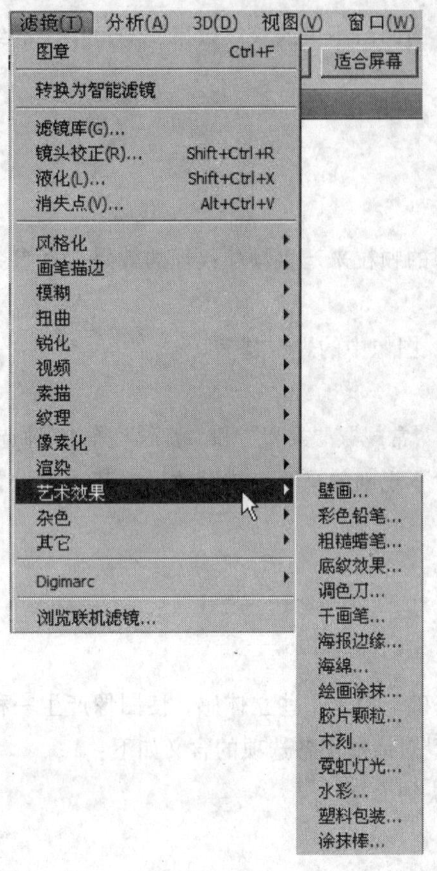


图 10-148 “艺术效果”滤镜

图 10-149 013 素材文件

各个滤镜的效果如图 10-150～图 10-164 所示。

图 10-150 壁画

图 10-151 彩色铅笔

图 10-152 粗糙蜡笔

图 10-153 底纹效果

图 10-154 调色刀

图 10-155 干画笔

图 10-156　海报边缘

图 10-157　海绵

图 10-158　绘画涂抹

图 10-159　胶片颗粒

图 10-160　木刻

图 10-161　霓虹灯光

图 10-162　水彩

图 10-163　塑料包装

图 10-164　涂抹棒

（1）“壁画”滤镜能够强烈地改变图像的对比度，使暗调区域的图像轮廓更清晰，最终形成一种类似古壁画的效果。其参数设置对话框中各选项的含义如下：

①“画笔大小”选项用于设置模拟笔刷的尺寸。该值越大，笔刷越粗。

②“画笔细节”选项用于设置笔刷的细腻程度。该值越大，从原图中捕获的色彩层次越多。

③“纹理”选项用于调节颜色之间的过渡平滑度。该值越小，产生的效果越光滑。

（2）“彩色铅笔”滤镜模拟使用彩色铅笔在纯色背景上绘制图像。重要的边缘被保留并带有粗糙的阴影线外观，纯背景色通过较光滑区域显示出来。其参数设置对话框中各选项的含义如下：

①“铅笔宽度”选项用于调整铅笔的宽度。

②“描边压力”选项用于控制图像颜色的明暗度，该值越大，图像的亮度变化越小。

③“纸张亮度”选项用于调整纸张的亮度。

（3）“粗糙蜡笔”滤镜可以模拟蜡笔在纹理背景上绘图。其参数设置对话框中各选项的含义如下：

①“描边长度”选项用于设置笔触的长度，值越小，勾画线条断续现象越明显。

②“描边细节”选项用于调整笔触的细腻程度，值越大，笔画越细，勾绘效果越淡。

③“纹理”选项用于选择所需的纹理类型。

④“缩放”选项用于设置覆盖纹理的缩放比例。

⑤“凸现”选项用于调整覆盖纹理的深度。

(4)“底纹效果”滤镜能够产生具有纹理的图像。其参数设置对话框中各选项的含义如下:

①“画笔大小”选项用于设置笔触的大小。该值越大，画笔笔触越大。

②“纹理覆盖”选项用于设置画笔的细腻程度。该值越大，图像越模糊。

③“纹理”选项用于选择纹理类型。

④“缩放”选项用于设置覆盖纹理的缩放比例。该值越大，底纹效果越明显。

⑤“凸现”选项用于调整覆盖纹理的深度。该值越大，纹理的深度越明显。

(5)“调色刀”滤镜可使图像中相邻的颜色相互融合，减少了细节，以产生写意效果。其参数设置对话框中各选项的含义如下:

①“描边大小”选项用于设置描边的大小。

②“描边细节”选项用于设置线条整体的细节处理。

③“软化度”选项用于将当前图像设置得柔和模糊。

(6)“干画笔”滤镜能模仿使用颜料快用完的毛笔进行作画，笔迹的边缘断断续续、若有若无，产生一种干枯的油画效果。其参数设置对话框中各选项的含义如下:

①“画笔大小”选项用于调整画笔的大小。

②“画笔细节”选项用于调整画笔的细微程度。

③“纹理”选项用于调整图像的纹理，数值越大，纹理效果越明显。

(7)“海报边缘”滤镜的作用是增加图像对比度并沿边缘的细微层次加上黑色，能够产生具有招贴画边缘效果的图像，也有与木刻画近似的效果。其参数设置对话框中各选项的含义如下:

①“边缘厚度”选项用于调整当前海报边缘的厚度。

②“边缘强度”选项用于调整当前海报边缘的高光强度。

③“海报化”选项用于调整海报边缘的柔和程度，数值越大越柔和。

(8)“海绵”滤镜模拟在纸张上用海绵轻轻扑颜料的画法，产生图像浸湿后被颜料晕开的效果。其参数设置对话框中各选项的含义如下:

①“画笔大小”选项用于调整画笔的大小。

②“清晰度”选项用于调整当前海绵的质感，数值越大，效果越清晰。

③“平滑度”选项用于调整当前海绵的平滑程度。

(9)“绘画涂抹”滤镜可以使图像产生类似用手在湿画上涂抹的模糊效果。其参数设置对话框中各选项的含义如下:

①“画笔大小”选项用于控制笔刷的范围。

②“锐化程度”选项用于调整当前图像锐化的程度。

③“画笔类型”选项用于选择笔刷的类型。

(10)“胶片颗粒”滤镜能够在给原图像上添加杂色，同时调亮并强化图像的局部像素，可以产生一种类似胶片颗粒的纹理效果。其参数设置对话框中各选项的含义如下:

①“颗粒”选项用于调整图像的颗粒。数值越大，颗粒效果越清晰。

②“高光区域”选项用于调整当前图像的高光区域。

③“强度”选项用于调整当前图像的颗粒强度。

（11）“木刻”滤镜使图像产生粗糙剪切的彩纸纹理，彩色图像看起来像由几层彩纸构成。其参数设置对话框中各选项的含义如下：

①“边缘简化度”选项用于设置图像中色彩的丰富程度。

②“边缘逼真度”选项用于设置产生痕迹的精确度。

（12）“霓虹灯光”滤镜产生负片图像或与此类似的颜色奇特的图像，看起来有一种光照效果。其参数设置对话框中各选项的含义如下：

①“发光大小”选项用于调整图像光亮的大小。

②“发光亮度”选项用于调整图像发光的亮度。

③“发光颜色”选项用于调整图像发光的颜色。

（13）“水彩”滤镜可以描绘出图像中物体的形状，同时简化颜色，产生水彩画的效果。其参数设置对话框中各选项的含义如下：

①“画笔细节”选项用于调整图像的画笔细节。

②“阴影强度”选项用于调整当前图像画笔的暗度和亮度。

③“纹理”选项用于调节当前水彩画效果的程度。

（14）“塑料包装”滤镜可以产生塑料薄膜封包的效果，使图像具有鲜明的立体质感。其参数设置对话框中各选项的含义如下：

①“高光强度”选项用于调整图像亮度的强烈程度。

②“细节”选项用于调整图像的细微程度。

③“平滑度”选项用于把当前图像的塑料包装效果变平滑。

（15）“涂抹棒”滤镜可以产生使用粗糙物体在图像中进行涂抹的效果。从美术工作者角度来看，能够模拟在纸上涂抹粉笔画或蜡笔画的效果。其参数设置对话框中各选项的含义如下：

①“描边长度”选项用于设置描绘的长度。

②“高光区域”选项用于设置绘制高光的区域。

③“强度”选项用于调整当前图像纹理的强度。

## 10.5.5 “锐化”滤镜

选择“滤镜”→“锐化”命令，弹出子菜单，共包括 5 个滤镜，如图 10-165 所示。

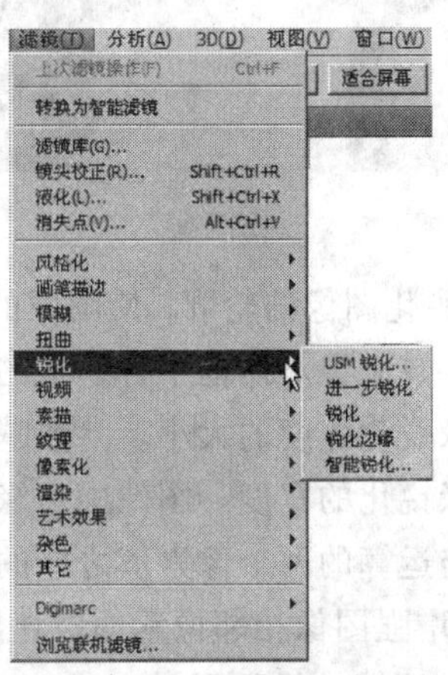


图 10-165　“锐化”滤镜

打开本书配套光盘“素材\第 10 章”目录下的 014 素材文件，如图 10-166 所示。

各个滤镜的效果如图 10-167～图 10-171 所示。

图 10-166　014 素材文件

图 10-167　USM 锐化

图 10-168　进一步锐化

图 10-169　锐化

图 10-170　锐化边缘

图 10-171　智能锐化

（1）“USM 锐化”滤镜是通过锐化图像的轮廓，使图像的不同颜色直接生成明显的分界线，从而达到使图像清晰的目的。其参数设置对话框中各选项的含义如下：

①“数量”选项用于控制边缘锐化强度的大小。参数越大，产生的边缘锐化强度越大。

②“半径”选项用于控制边缘锐化的宽度。图像中边缘宽度和“半径”数值成正比。

③“阈值”选项用于决定参与运算的两个像素值之差的最低限度。

（2）“进一步锐化”滤镜通过增强图像相邻像素的对比度来达到使图像清晰的目的。此效果比“锐化”滤镜和“USM 锐化”滤镜效果强烈。

（3）“锐化”滤镜可以通过生成更大的对比度使图像清晰化和增强图像的轮廓。此滤镜通过增加相邻像素的对比度来聚焦模糊的图像。

（4）“锐化边缘”滤镜仅仅锐化图像的轮廓，使颜色和颜色之间分界明显。

（5）“智能锐化”滤镜用于改善边缘细节、阴影及高光锐化。

①“数量”选项用于控制边缘锐化强度的大小。

②“半径”选项用于控制边缘锐化的宽度。

③“移去”选项用于去除指定类型的模糊效果，包括“高斯模糊”、“镜头模糊”、“动感模糊”。

## 10.5.6 “风格化”滤镜

选择“滤镜”→“风格化”命令，弹出子菜单，共包括 5 个滤镜，如图 10-172 所示。

打开本书配套光盘“素材\第 10 章”目录下的 015 素材文件，如图 10-173 所示。

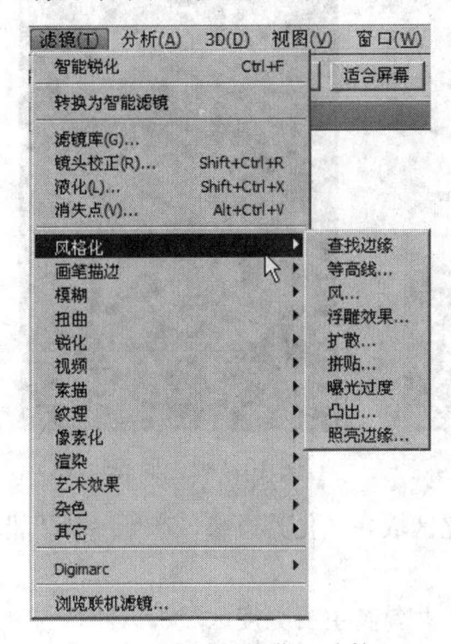


图 10-172　“风格化”滤镜

图 10-173　015 素材文件

各个滤镜的效果如图 10-174～图 10-182 所示。

图 10-174　查找边缘

图 10-175　等高线

图 10-176　风

图 10-177　浮雕效果

图 10-178　扩散

图 10-179　拼贴

图 10-180　曝光过度

图 10-181　凸出

图 10-182　照亮边缘

（1）“查找边缘”滤镜可以搜索图像的重要颜色变化区域并强化其边缘，产生一种用铅笔勾勒轮廓的效果。

（2）“等高线”滤镜用于查找图像中主要亮度区域，并勾勒主要亮度区域，以获得与等高线图中的线条类似的效果。

①“色阶”选项用于调整当前图像等高线的色阶。

②“边缘”选项用于选择边缘特性。

（3）“风”滤镜在图像中创建水平线以模拟风的动感效果。它是制作纹理或为文字添加阴影效果时常用的滤镜。

①“方法”选项中，“风”是计算机默认的一种风，“大风”的效果强一些，“飓风”的效果更强。

②“方向”选项用于调整风的方向。

（4）“浮雕效果”滤镜通过勾画图像的轮廓和降低周围色值来产生灰色的浮凸效果。

①“角度”选项用于调整当前图像浮雕的角度。

②“高度”选项用于调整当前图像凸出的厚度。

③“数量”值越大，图片本身的纹理越清晰。

（5）“扩散”滤镜通过移动像素或明暗互换，使图像看起来像是透过磨砂玻璃观察的模糊效果。

“模式”选项中，“正常”模式使图像中的像素随机移动，忽略图像的颜色值；“变暗优先”模式使图像中较暗的像素替代较亮的像素；“变亮优先”模式使图像中较亮的像素替代较暗的像素；“各向异性”模式是把图像中的颜色像素重新以渐变的方式排列。

（6）“拼贴”滤镜可以将图像分成瓷砖方块并使每个方块上都有部分图像。

①“拼贴数”选项用于调整当前图像拼贴的数量。

②“最大位移”选项用于调整当前图像拼贴之间的间距。

（7）“曝光过度”滤镜产生图像正片和负片混合的效果，类似摄影中的底片曝光。

（8）“凸出”滤镜根据在对话框中设置的不同选项，为选区或图层制作一系列块或金字塔形的三维纹理。

①“类型”选项用于选择凸出的类型，即块或金字塔。

②“大小”选项用于设置块状或金字塔的底面大小。

③“深度”选项用于设置图像从平面凸起的深度。

（9）“照亮边缘”滤镜能使图像产生比较明亮的轮廓线，从而产生一种类似于霓虹灯的亮光效果。

# 本章案例 2　制作时尚网页背景

## 案例描述

本例将制作图 10-183 所示的时尚网页背景。网页界面设计在如今信息爆炸的时代，美感的程度要求也越来越高，网页经济成了经久不衰的话题。

图 10-183　时尚网页背景

## 案例分析

首先设置网页背景，打开素材文件，设置渐变等效果，然后开始制作导航栏，用“圆角矩形工具”绘制，设置图层混合选项，最后设置网页的按钮，同样运用图层混合选项，用到“模糊”等滤镜，时尚网页背景就制作完成了。

## 操作步骤

以上学习了 Photoshop 中滤镜的效果及使用方法，下面开始制作时尚网页背景实例，对相关知识进行巩固练习，加深对所学基础知识的印象。

### 1. 制作网页背景

（1）新建文件，名称为“时尚网页背景”，文件大小为 1 100×800 像素，分辨率为 200 像素/英寸，RGB 颜色模式。

（2）在工具箱中选择“渐变工具”，设置黑色到灰色的渐变，如图 10-184 所示。在选项栏中设置渐变类型为“线性渐变”。在图像中拖动鼠标，填充渐变，效果如图 10-185 所示。

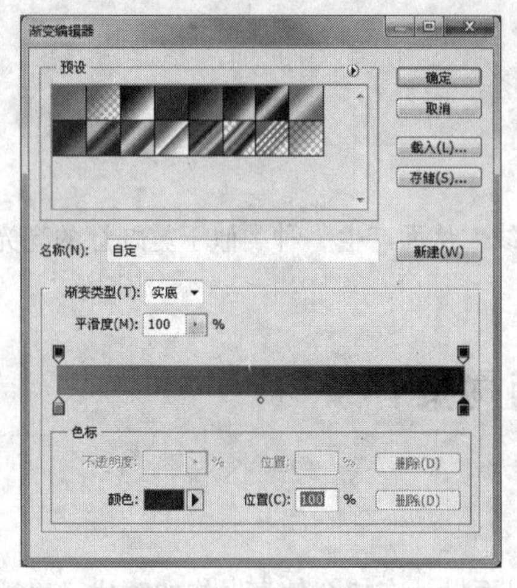


图 10-184　设置渐变

图 10-185　填充效果

（3）在“图层”面板中新建一个图层，设置图层的不透明度为 70%，在工具箱中选择“椭圆选框工具”，绘制椭圆形选区，如图 10-186 所示。在工具箱中选择“渐变工具”，设置白色到黑色的渐变，如图 10-187 所示。在选项栏中设置渐变类型为“线性渐变”。在选区中填充渐变，按快捷键【Ctrl+D】取消选区，效果如图 10-188 所示。

图 10-186　绘制选区

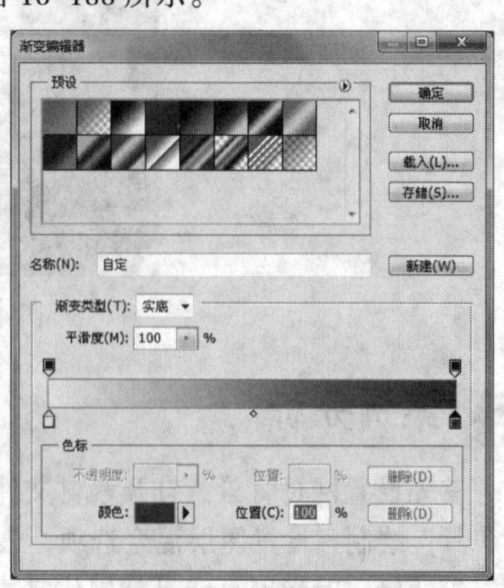


图 10-187　设置渐变

（4）在“图层”面板中新建一个图层，设置图层的不透明度为 70%，在工具箱中选择“椭圆选框工具”，绘制椭圆形选区，选择“渐变工具”，设置白色到黑色的渐变，并填充选区，效果如图 10-189 所示。

（5）在“图层”面板中新建一个图层，设置图层的不透明度为 70%，使用“椭圆选框工具”绘制椭圆形选区，选择“渐变工具”，设置白色到黑色的渐变，并填充选区，效果如图 10-190 所示。

图 10-188　填充渐变色一

图 10-189　填充渐变色二

图 10-190　填充渐变色

**2．制作网页主体内容**

（1）在“图层”面板中新建一个图层，在工具箱中选择“圆角矩形工具”，具体设置如图 10-191 所示。在图像中绘制一个矩形路径，如图 10-192 所示。

图 10-191　工具参数设置

图 10-192　绘制路径

（2）在“路径”面板中单击“将路径作为选区载入”按钮，将路径转换为选区，如图 10-193 所示。将前景色设置为灰色（R:220,G:220,B:220），按快捷键【Alt+Delete】填充颜色，按快捷键【Ctrl+D】取消选区，如图 10-194 所示。

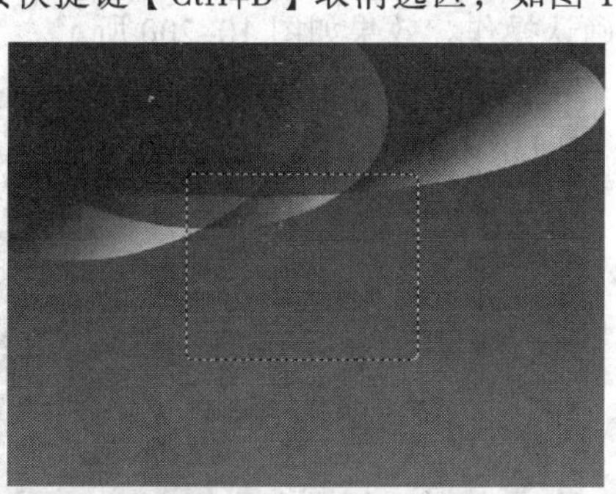

图 10-193　将路径转为选区

图 10-194　填充颜色

（3）单击“添加图层样式”按钮 fx，为该图层添加“投影”、“内阴影”、“描边”样式，参数设置如图 10–195、图 10–196、图 10–197 所示。最终效果如图 10–198 所示。

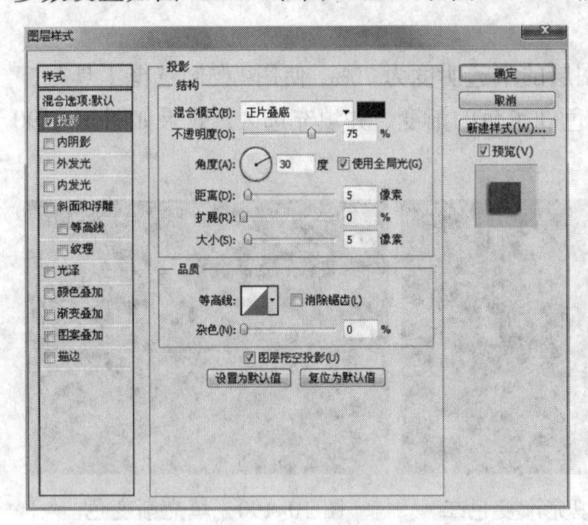


图 10–195　设置“投影”图层样式

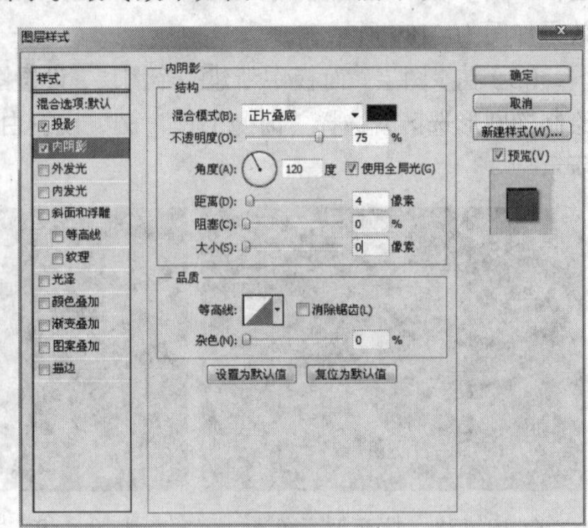


图 10–196　设置“内阴影”图层样式

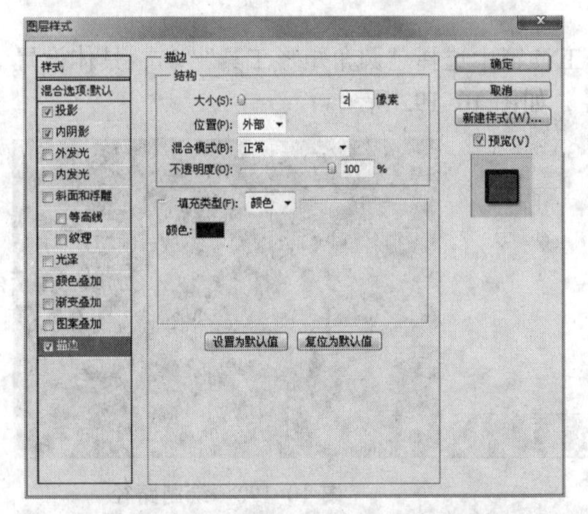


图 10–197　设置“描边”图层样式

图 10–198　设置后的效果

（4）在“图层”面板中选择图层，复制多个图层，效果如图 10–199 所示。

（5）选择后面的图层，按【Ctrl+T】组合键调出自由变换控制柄，按住【Shift】键将图像的一个边角向外拖动，将其等比例缩小，按【Enter】键确认操作，效果如图 10–200 所示。

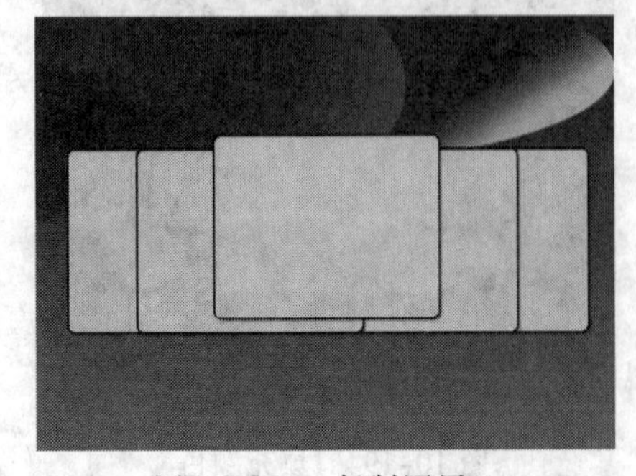

图 10–199　复制图层

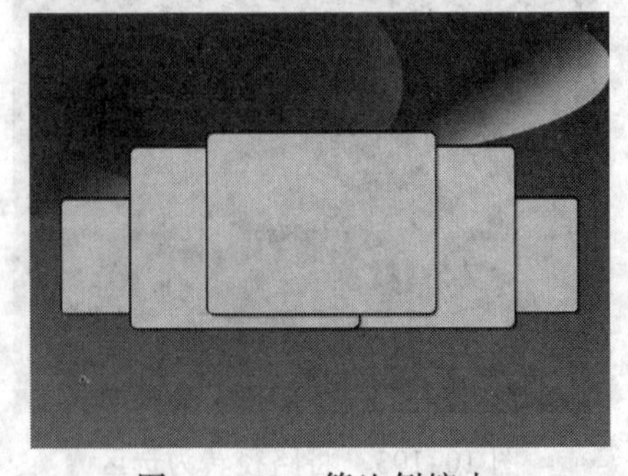

图 10–200　等比例缩小

（6）在“图层”面板中新建一个图层，在工具箱中选择“圆角矩形工具”，具体设置如图 10–201 所示。绘制圆角矩形路径，如图 10–202 所示。

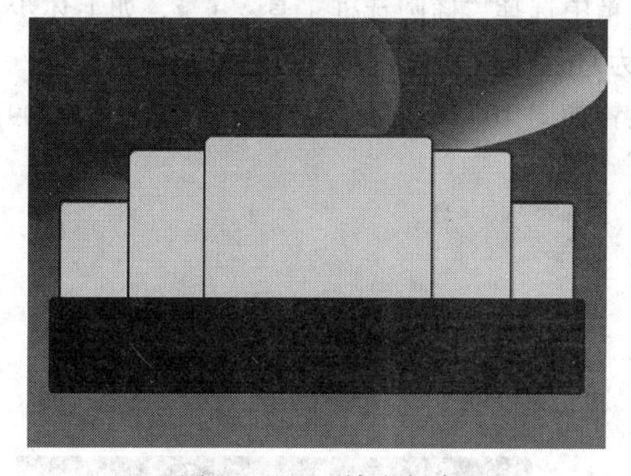


图 10–201 设置半径为 10PX

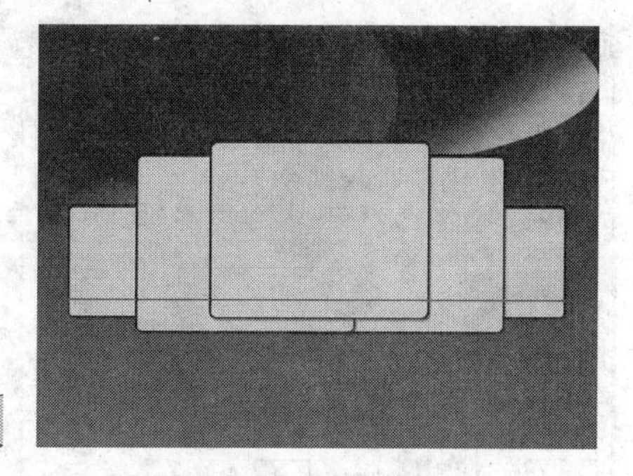

图 10–202 绘制路径

（7）在“路径”面板中单击“将路径作为选区载入”按钮，将路径转换为选区。将前景色设置为黑色（R:0,G:0,B:0），按快捷键【Alt+Delete】填充颜色，并取消选区，如图 10–203 所示。

（8）在“图层”面板中新建一个图层，在工具箱中选择“椭圆选框工具”，按住【Shift】键绘制正圆选区，如图 10–204 所示。

图 10–203 填充颜色

图 10–204 绘制选区

（9）将前景色设置为灰色（R:130,G:130,B:130），按快捷键【Alt+Delete】填充颜色，按快捷键【Ctrl+D】取消选区，如图 10–205 所示。

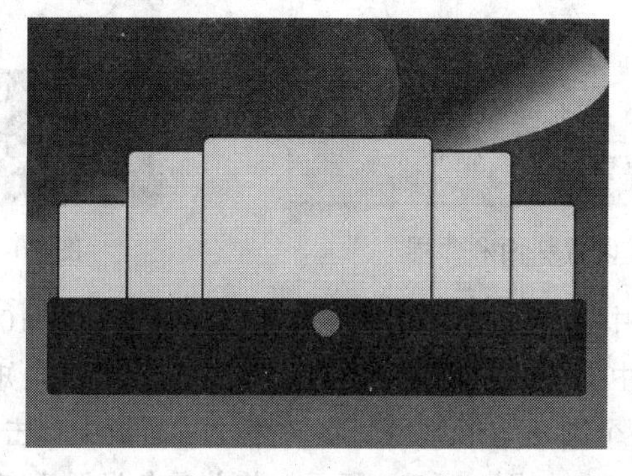

图 10–205 填充颜色

（10）单击“添加图层样式”按钮 fx，为该图层添加“斜面和浮雕”样式，参数设置如图 10-206 所示。最终效果如图 10-207 所示。

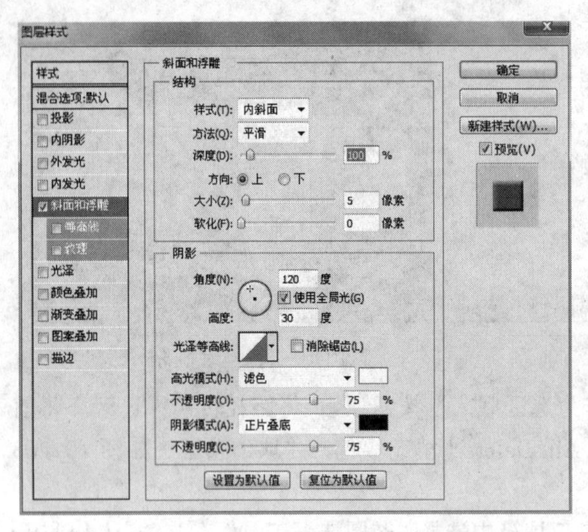

图 10-206　设置“斜面和浮雕”图层样式　　　　图 10-207　设置后的效果

（11）在“图层”面板中新建一个图层，在工具箱中选择“椭圆选框工具”，如上述步骤，按住【Shift】键绘制正圆选区，将前景色设置为灰色并填充选区，单击“添加图层样式”按钮 fx，为该图层添加“斜面和浮雕”样式，参数设置如图 10-208 所示。最终效果如图 10-209 所示。

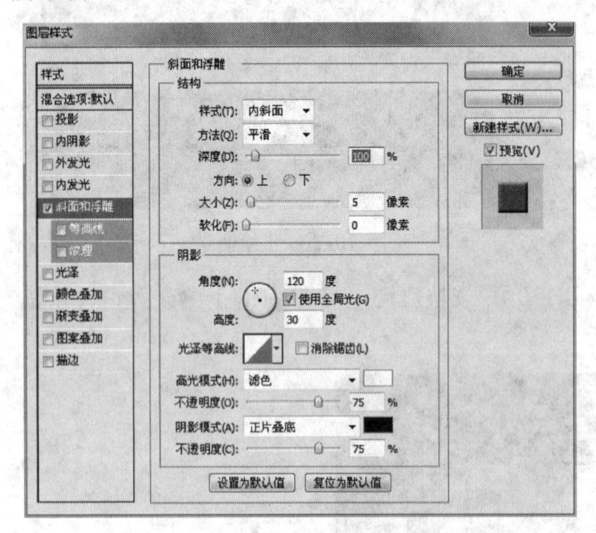

图 10-208　图层样式设置斜面和浮雕　　　　图 10-209　设置后的效果

（12）在“图层”面板中选择图层，复制多个图层，效果如图 10-210 所示。

（13）在“图层”面板中新建一个图层，在工具箱中选择“圆角矩形工具”，具体设置如图 10-211 所示。绘制一个圆角矩形路径。在“路径”面板中单击“将路径作为选区载入”按钮，将路径转换为选区，如图 10-212 所示。将前景色设置为灰色（R:130,G:130,B:130），按快捷键【Alt+Delete】填充颜色，并取消选区，如图 10-213 所示。

图 10-210　复制图层

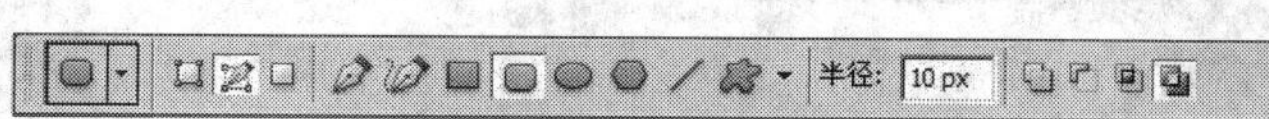


图 10-211　工具参数设置

图 10-212　将路径转换为选区

图 10-213　填充颜色

（14）单击“添加图层样式”按钮 fx，为该图层添加“斜面和浮雕”、“渐变叠加”样式，参数设置如图 10-214、图 10-215 所示。最终效果如图 10-216 所示。

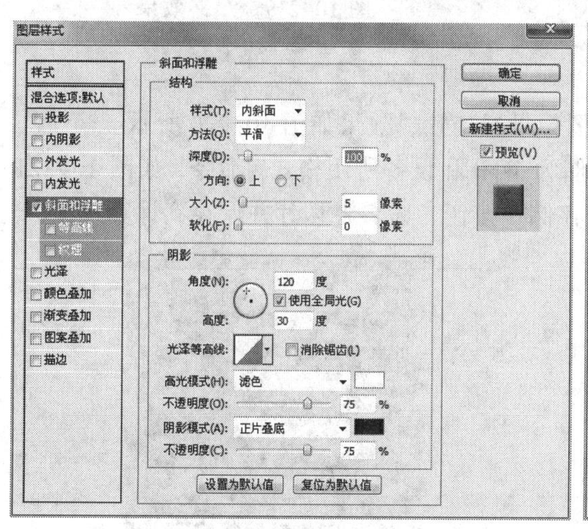


图 10-214　设置“斜面和浮雕”图层样式

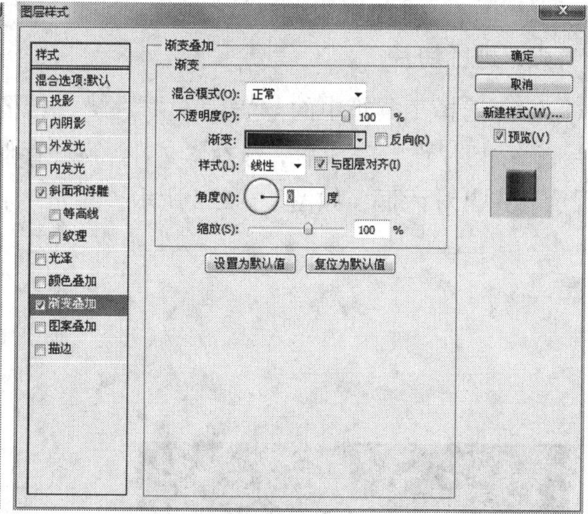


图 10-215　设置“渐变叠加”图层样式

（15）选择该图层，选择“滤镜”→“模糊”→“高斯模糊”命令，参数设置如图 10-217 所示，效果如图 10-218 所示。

（16）在“图层”面板中选择该图层，复制一个图层，最终效果如图 10-219 所示。

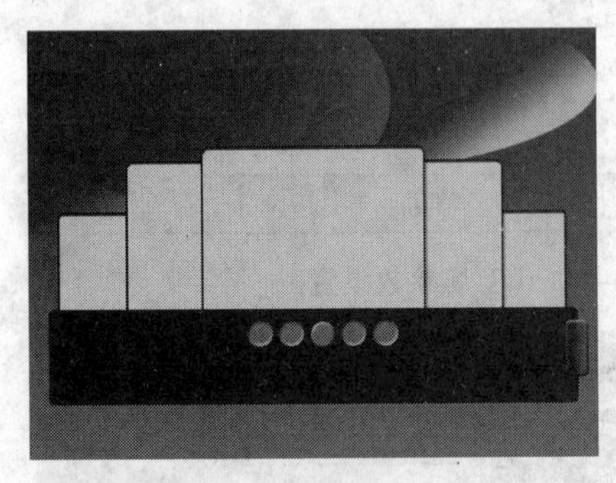

图 10-216　设置后的效果

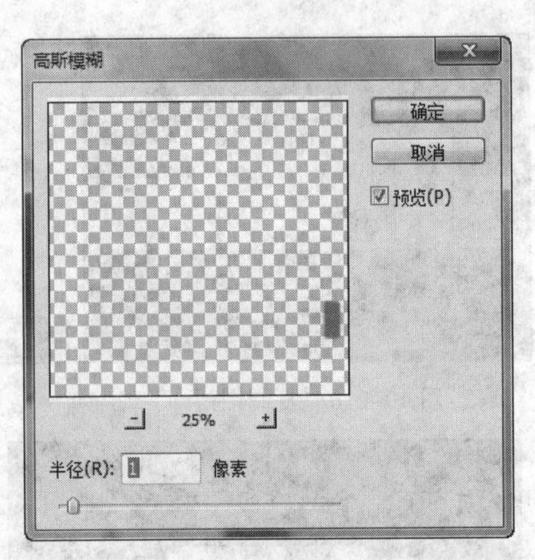


图 10-217　设置高斯模糊

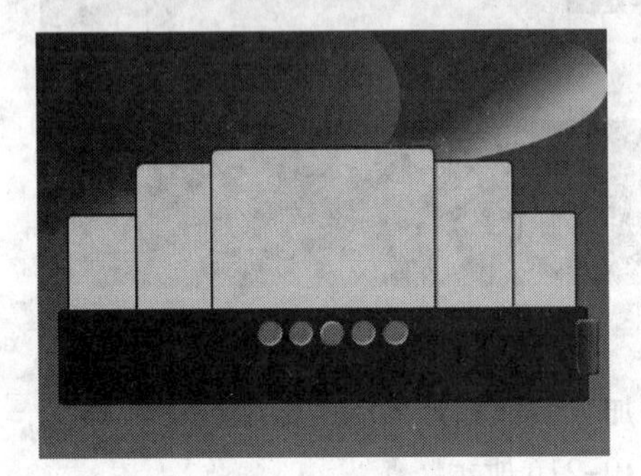

图 10-218　高斯模糊效果

图 10-219　最终效果

### 3. 进行切片

（1）选择工具箱中的“切片工具”，给图像设置切片，效果如图 10-220 所示。

（2）切片设置完成后，选择“文件”→“存储为 Web 和设备所用格式”命令，如图 10-221 所示。弹出对话框，如图 10-222 所示。单击“存储”按钮，命名各切片并保存到计算机中。

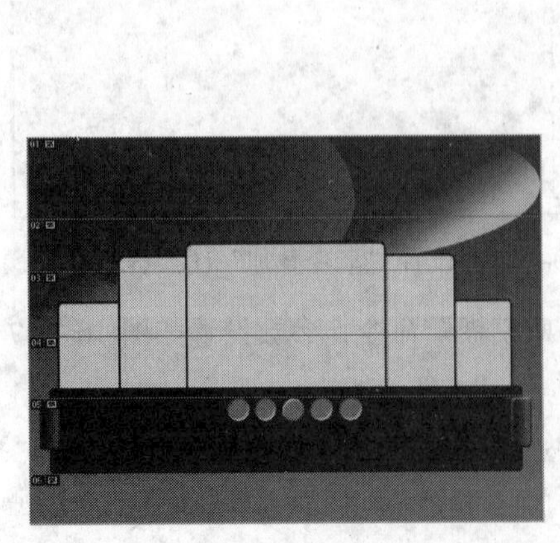

图 10-220　设置切片

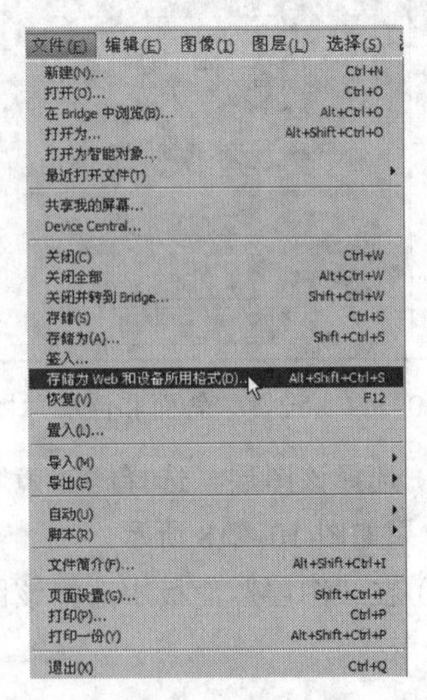


图 10-221　“存储为 Web 和设备所用格式”命令

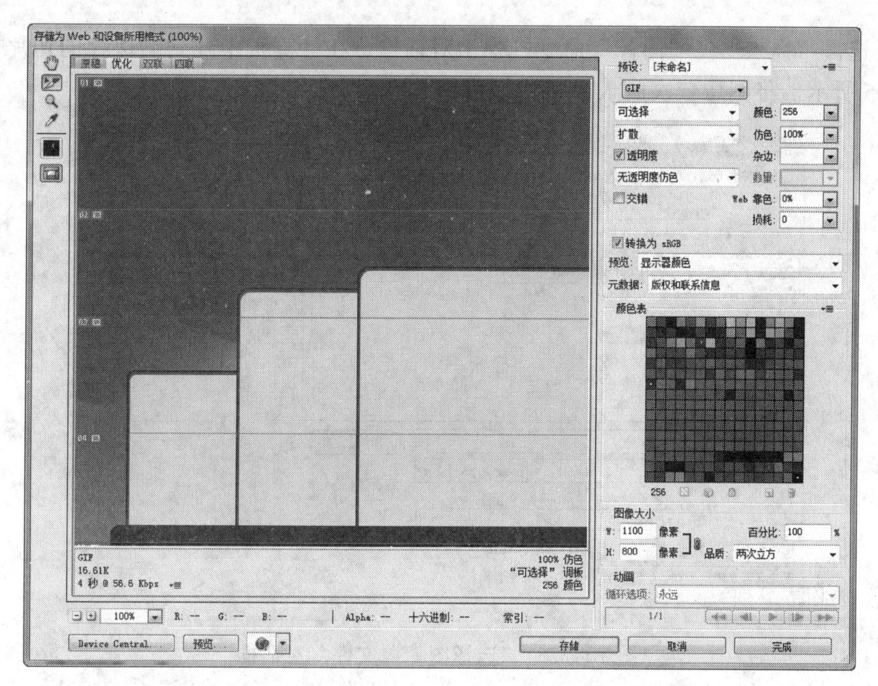

图 10-222　“存储为 Web 和设备所用格式”对话框

（3）打开 Dreamweaver 软件，选择“插入”→“表格”命令，弹出对话框，如图 10-223 所示。设置的行数和切片的行数保持相同。单击“确定”按钮，将表格插入到网页文件中，如图 10-224 所示。

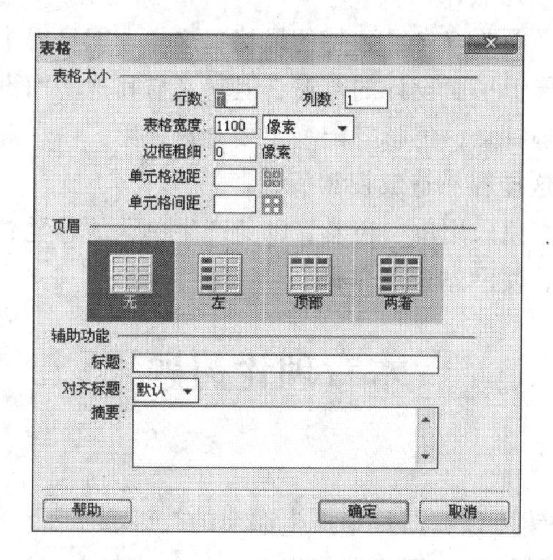


图 10-223　“表格”对话框

图 10-224　插入表格

（4）选择“插入”→“图像”命令，弹出对话框，在计算机中找到刚保存的切片文件，如图 10-225 所示。将图像依次放入表格中即可。

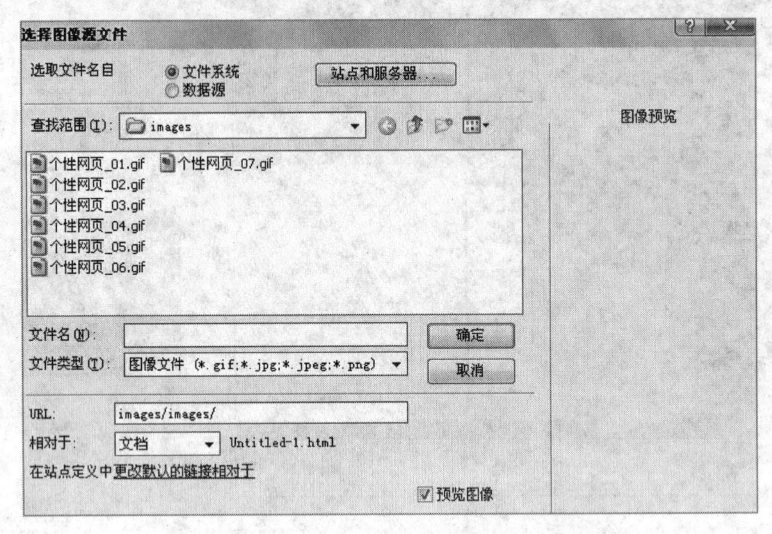


图 10-225 “选择图像源文件”对话框

## 案例总结

本案例主要运用了 Photoshop CS5 软件中的滤镜、路径、渐变等相关知识来设计时尚网页背景。设计时应该注意以下几点：

（1）一个网站的用色必须要有自己独特的风格，这样才能显得个性鲜明，给浏览者留下深刻的印象。网页设计虽然属于平面设计的范畴，但它又与其他平面设计不同，它在遵从艺术规律的同时，还考虑人的生理特点，色彩搭配一定要合理，给人一种和谐、愉快的感觉，避免采用纯度很高的单一色彩，这样容易造成视觉疲劳。

（2）尽管网站设计要避免采用单一色彩，以免产生单调的感觉，但通过调整色彩的饱和度和透明度也可以产生变化，使网站避免单调。

# 本章理论习题

1. 填空题

（1）使用________滤镜可以在图片中产生照明的效果。

（2）使用________滤镜可以将图像分成瓷砖方块并使每个方块上都有部分图像。

（3）使用________滤镜可以将一个具有复杂边缘的图像从它的背景中分离出来。

（4）使用________滤镜使图像产生粗糙剪切的彩纸组成，彩色图像看起来像由几层彩纸构成。

2. 选择题

（1）使用(　　)滤镜可以通过生成更大的对比度来使图像清晰化和增强处理图像的轮廓。

A．模糊　　B．锐化　　C．像素化　　D．画笔描边

（2）（　　）滤镜对 CMYK 和 Lab 颜色模式的图像不起作用。

A．画笔描边　　B．像素化　　C．模糊　　D．风格化

（3）（　　）颜色模式可以使用 Photoshop 中任意一种滤镜。

A．Lab　　B．灰度　　C．RGB　　D．CMYK

（4）按（　　）组合键可以重复使用最近一次的滤镜。

A．Shift+F　　B．Tab+F　　C．Alt+F　　D．Ctrl+F

**3．简答题**

（1）简述网页背景设计的特征。

（2）如何对图像局部使用滤镜？

（3）液化滤镜的作用是什么？

（4）“镜头模糊”滤镜的作用是什么？

# 各章理论习题答案

## 第 1 章理论题答案：

### 1. 填空题

（1）Thomas Knoll（托马斯·洛尔） Display （2）2.5 版本 2003 年

（3）平面设计 网页设计 插画创作 （4）标题栏 工具箱 控制面板

### 2. 选择题

（1）A （2）B （3）A （4）D

### 3. 简答题

（1）矢量图是根据几何特性来绘制图形，可以是一个点或一条线。矢量图只能靠软件生成，文件占用存储空间较小。

（2）位图图像（bitmap），又称点阵图像或绘制图像，是由称为像素（图片元素）的单个点组成的。这些点可以进行不同的排列和染色以构成图样。当放大位图时，可以看到构成整个图像的无数单个方块。许许多多不同颜色的像素点组合在一起，就组成了一幅生动的画面。位图具有以下特点：

① 文件空间占用量大。对分辨率较高的彩色图像，由于像素之间相互独立，所以位图所需的硬盘空间、内存和显存比矢量图要大。

② 放大到一定程度后会产生锯齿，并变得模糊。

③ 位图在表现色彩、色调方面的效果比矢量图更加优越，尤其是在表现图像的阴影和色彩的细微变化方面效果更佳。

（3）CMYK 代表印刷上用的 4 种颜色，C 代表青色，M 代表洋红色，Y 代表黄色，K 代表黑色。因为在实际引用中，青色、洋红色和黄色很难叠加形成真正的黑色，最多不过是褐色而已，所以引入了 K——黑色。黑色的作用是强化暗调，加深暗部色彩。

（4）色板：可从中选取前景色或背景色，也可以添加或删除颜色以创建自定义色板库。

样式：自定义图层样式后，可以将它储存为自定义样式，然后通过“样式”面板来调用。

历史记录：用于记录用户的操作，当需要时可以恢复图样和指定恢复到某一步骤。

## 第 2 章理论题答案：

### 1. 填空题

（1）矩形选框工具　椭圆选框工具　单行选框工具　单列选框工具

（2）固定大小　固定比例　边缘虚化

（3）套索工具　多边形套索工具

### 2. 选择题

（1）A　（2）D　（3）C　（4）B

### 3. 简答题

（1）运用 Photoshop 软件对数码照片进行处理具有创新性、灵活性等特征。创新性是指照片处理可以自由地发挥作者的想象力进行创意。例如，改变数码照片的光线、适当的实物变形等处理，创造照片在视觉上的新形式。灵活性是指设计者可以灵活地将拍摄的各种实物与背景等图片进行合成，灵活地搭配物与景来表达自我情感。

（2）数码照片处理具有简洁性、时尚性、新颖性的原则。现代社会人们追求生活的简洁，因此对数码照片的处理要求简单、大方，以此抒发自己的情感。时尚性是指数码照片处理要符合现代人的审美观念。时尚是人们永远追求的主题，数码照片的处理也不例外。新颖性是指数码照片的处理要能够满足人们个性化的需求，或怀旧，或憧憬，或梦幻，或现实，或抽象，或具象，为人们的精神生活增添无限生机与活力。

（3）选区的收展主要是通过“选择”→“修改”子菜单中的“边界”、“平滑”、“扩展”、“收缩”、“羽化”5 个命令来完成。

（4）使用“羽化”命令可以使图像产生柔和的效果。羽化选区的方法有以下几种：

① 在图像中创建选区，然后选择“选择”→“修改”→“羽化”命令，在“羽化选区”对话框中设置“羽化半径”值，即可羽化选区。

② 选择选区工具，在其选项栏中设置“羽化”选项，然后在图像窗口中绘制选区，绘制出的选区即是已经羽化了的选区。

## 第 3 章理论题答案：

### 1. 填空题

（1）渐变工具　油漆桶工具　（2）图案式　（3）铅笔　（4）渐变工具

（5）线性渐变　径向渐变　（6）渐变　（7）橡皮擦工具

### 2. 选择题

（1）C　（2）B　（3）D　（4）C

3. 简答题

（1）设置好画笔的图案后，选择“编辑”→“定义画笔预设”命令，可以打开“画笔名称”对话框，单击“确定”按钮，即可保存图案式画笔。

（2）现代插画的形式多种多样，可以传播媒体分类，亦可以功能分类。以传播媒体分类时，基本上分为两大部分，即印刷媒体与影视媒体。印刷媒体包括招贴广告插画、报纸插画、杂志书籍插画、产品包装插画、企业形象宣传插画等。影视媒体包括电影、电视、计算机显示屏等。

（3）吸注功能、解读功能、诱导功能。

## 第 4 章理论题答案：

1. 填空题

（1）套索工具　　多边形套索工具　　磁性套索工具

（2）边界　　平滑　　扩展　　收缩

（3）透明　　（4）油漆桶工具　　（5）【Alt+Shift】组合

2. 多选题

（1）B　　（2）B　　（3）A C　　（4）A　　（5）B

3. 简答题

（1）可以使用“裁剪工具”和“裁切”命令裁剪图像。如果要将选框移动到其他位置，可将鼠标指针放在选框内并拖动；如果要缩放选框，可拖动控制点；如果要约束比例，可在拖动角控制点时按住【Shift】键；如果要旋转选框，可将鼠标指针放在选框外（鼠标指针变为弯曲的箭头）并拖动；如果要移动选框旋转时所围绕的中心点，可拖动位于选框中心的控制点。要完成裁剪，按【Enter】键确认，或者在裁剪选框内双击。要取消裁剪操作，按【Esc】键。

（2）变换图像可以选择“编辑”→“变换”命令，主要可以对图像进行缩放、旋转、斜切、伸展或变形处理，旋转 180° 、顺时针旋转 90° 、逆时针旋转 90° 等变换。进行变换前，首先选择要变换的项目，然后选取变换命令即可。

（3）真实性原则：真实性是广告的生命和本质，是广告的灵魂。作为一种负责任的信息传递，真实性原则始终是广告设计首要和基本的原则。

创新性原则：广告设计的创新性原则实质上就是个性化原则，它是一个差别化设计策略的体现。个性化内容和独创表现形式和谐统一，显示出广告作品的个性与设计的独创性。

形象性原则：形象性就是品牌和企业所给消费者留有的印象，包括消费者对商品和企业的主观评价，它往往成为消费者购买行为的指南。因此，如何创造品牌和企业的良好形象，是现代广告设计的重要课题。

感情性原则：感情是人们受外界刺激而产生的一种心理反应。 通常人们在购买活动中的心理活动规律可概括为引起注意、产生兴趣、激发欲望和促成行动等 4 个过程，这 4 个过程自始至终充满着感情的因素。

## 第 5 章理论题答案：

### 1. 填空题

（1）社会公共海报　商业海报　艺术海报

（2）Alt　宽度　高度　（3）Shift　Alt　（4）垂直缩放

### 2. 选择题

（1）A　（2）C　（3）C　（4）B

### 3. 简答题

（1）一致原则：在设计过程中，设计师必须对整个流程有一个清晰的认识并逐一落实。海报设计必须从一开始就要保持一致，包括大标题、资料的选用、相片及标志。如果没有统一，海报将会变得凌乱不堪。

关联原则：设计中看到的文字、人和物等信息，能够让观看者联想到与之相关联的产品或事件。

重复原则：设计中对形状、颜色或某些数值进行重复，不断重复主要元素就可以产生一种力量感，让观看的人能够关注海报想传达的所有信息。

延续性原则：让简单的图形带领人们看到海报所表达的信息。

协调原则：不管是对称还是不对称，在颜色的搭配上，都要让人有种均衡感。

（2）① 作为户外海报其画面非常大，插图大，文字字号大。

② 宣传视觉效果强，能够向距离遥远的人们传达信息，起到很好的宣传效果。

③ 户外海报的内容很广泛，能够用于运动、环保、房屋、艺术、教育等众多方面的宣传。

④ 户外海报能够同时张贴在多个地方，可以重复和密集地张贴，能够起到很好的宣传效果。

（3）选择工具箱中的“横排文字工具”，在画布中输入文字，然后给文字图层添加“投影”、“内阴影”、“斜面和浮雕”图层样式，在“图层样式”对话框中将颜色都改为比文字本身深一些的同色调颜色。在“斜面和浮雕”图层样式中选中“等高线”选项，加大等高线的“范围”数值。

（4）选择“钢笔工具”，在图像中创建文字路径。在工具箱中选择“横排文字工具”，单击路径，出现闪烁的输入光标。直接输入文字，完成后按【Ctrl+Enter】组合键确认。

## 第 6 章理论题答案：

### 1. 填空题

（1）外形　构图　材料　（2）醒目　理解　好感　（3）Alt　（4）Alt

### 2. 选择题

（1）C　（2）B　（3）A　（4）B

### 3．简答题

（1）商品包装有三大原则：醒目、理解、好感。

醒目：包装要起到促销的作用，首先要能引起消费者的注意，因为只有引起消费者注意的商品才有被购买的可能。因此，包装要使用新颖别致的造型、鲜艳夺目的色彩、美观精巧的图案、各有特点的材质，使包装能出现醒目的效果，使消费者一看到就产生强烈的兴趣。

理解：成功的包装不仅要通过造型、色彩、图案、材质的使用引起消费者对产品的注意与兴趣，还要使消费者通过包装精确理解产品。因为人们购买的目的并不是包装，而是包装内的产品。

好感：好感来自两个方面，首先是实用方面，即包装能否满足消费者的各方面需求，这涉及包装的大小、多少、精美程度等方面。其次是包装设计的美观程度，包装精美的产品容易被人选作礼品。当产品的包装提供了方便时，自然会引起消费者的好感。

（2）包装设计可以应用到很多商品中，而世界上的商品种类繁多，其功能作用、外观造型也各有千秋。包装设计有几种分类：

① 按产品内容分：日用品类、食品类、烟酒类、化妆品类、医药类、文体类、工艺品类、化学品类、五金家电类、纺织品类、儿童玩具类、土特产类等。

② 按包装材料分：纸包装、金属包装、玻璃包装、木包装等。

③ 按产品性质分：

a．销售包装。销售包装又称商业包装，可分为内销包装、外销包装、礼品包装、经济包装等。

b．储运包装。储运包装也就是以商品的储存或运输为目的的包装。它主要在厂家与分销商、卖场之间流通，便于产品的搬运与计数。

（3）商品包装设计有三大特征：外形、构图、材料。

外形：指的是商品包装展示面的外形，包括展示面的尺寸和形状。要注意在包装时外在形态是否新颖。外在形态分为圆柱体类、长方体类、圆锥体类等各种形体，有关形体的组合，以及因不同切割构成的各种形态。包装外在形态的新颖性对消费者的视觉引导起着十分重要的作用，奇特的视觉形态能给消费者留下深刻的印象。

构图：构图是将商品包装展示面的商标、图形、文字和色彩组合排列在一起的一个完整的画面。这 4 方面的组合构成了包装装潢的整体效果。商品包装设计构图要素——商标、图形、文字和色彩的运用正确、适当、美观，就可称为优秀的设计作品。

材料：指的是商品包装所用材料表面的纹理和质感。它往往影响到商品包装的视觉效果。利用不同的材料可以使商品外包装有不同的效果。运用材料时妥善地加以组合配置，可给消费者以新奇、冰凉或豪华等不同的感觉。材料要素是包装设计的重要因素，它直接关系到包装的整体功能和经济成本、生产加工方式及包装废弃物的回收处理等多方面的问题。

（4）方法一：首先选中图层，单击“图层”面板下方的“添加图层样式”按钮 *fx*，然后选择需要添加的样式。

方法二：在“图层”面板中双击图层缩略图，打开“图层样式”对话框，在其中可以通过选中或取消样式前的复选框添加或者清除样式。

方法三：如果要重复使用一个已经设置好的样式，可以在“图层”面板中拖动这个样式的图标到其他图层上释放。

方法四：将“样式”面板中的 Photoshop 预定义样式直接拖动到“图层”面板中的图层上。

## 第 7 章理论题答案：

### 1. 填空题

（1）矩形　　（2）钢笔

（3）将路径作为选区载入　　（4）直接选择工具

### 2. 选择题

（1）D　　（2）A　　（3）B

### 3. 简答题

（1）顶部水平栏导航的一般特征：导航项是文字链接，按钮形状，或者选项卡形状，水平栏导航通常直接放在邻近网站 logo 的地方。

侧边栏导航的一般特征：很少使用选项卡（除了堆叠标签导航模式），竖直导航菜单经常含有很多链接。

选项卡导航的一般特征：样式和功能都类似真实世界的选项卡（就像在文件夹、笔记本等中看到的一样），一般是水平方向的，但也有竖直的（堆叠标签）。

面包屑导航的一般特征：一般格式是水平文字链接列表，通常在两项中间伴随着左箭头以指示层次关系，从不用于主导航

标签导航的一般特征：标签是以内容为中心的网站（博客和新闻网站）的一般特性，仅有文字链接，当处于标签云中时，链接通常大小各异，以标识流行度，经常被包含在文章的元信息中。

（2）网站导航栏在设计上通常遵循一些基本的原则：

① 尽可能多地提供相关资源的链接。

② 一致性原则。

③ 网站板块和层次划分合理。

④ 图形、符号既要简练、概括，又要讲究艺术性。

⑤ 色彩要单纯、强烈、醒目。

（3）钢笔工具、自由钢笔工具、添加锚点工具、删除锚点工具、转换点工具。

（4）路径与选区互相转换的方法如下：

① 在图像中创建一个选区，然后单击“路径”面板中的按钮，即可将选区转换为路径，同时“路径”面板中自动出现“工作路径”。

② 在图像中创建一个路径，然后单击“路径”面板中的按钮，即可将路径转换为选区。

## 第 8 章理论题答案：

### 1．填空题

（1）生日　　婚庆　　节日祝福　　简约型　　繁复型

（2）青色　　洋红　　黄色　　黑色

（3）最低　　消失　　灰度模式

（4）色相/饱和度　　图像　　选区

### 2．选择题

（1）A　（2）B　（3）B　（4）B

### 3．简答题

（1）卡片设计具有准确性、凝练性、创意性的特征。准确性是指卡片设计应该具有从封面到内页的图形与文字，能够准确传达邀请、祝福他人或团体等设计意图。凝练性是指卡片的图形图像以及文字部分应该简洁精练，以最少的元素准确地表达设计意图。创意性是指卡片设计的外观创意卓越、新颖独特。选取的形象要鲜明，造型要别致，能够吸引人们的注意力。

（2）色阶是指图像在各种色彩模式下原色的明暗程度，级别从 0～255，它决定了图像的明暗程度。要调整图像的明暗程度，选择“图像”→“调整”→“色阶”命令，即可打开“色阶”对话框。

（3）卡片设计的原则包括：信息明确、简洁精练、新颖独特。信息明确就是指卡片的封面以及内页的文字与图片必须准确传达相关的设计内涵。简洁精练就是指卡片的图形选取、文字设置必须简洁精炼，以最精简的元素准确传达卡片设计的含义。新颖独特是指卡片设计要创意卓越，这不仅要求整体外观设计的新颖独特而且还要求图形与文字的形象设计要鲜明与别致。

（4）“色彩平衡”命令用来调节图像的色彩平衡，它允许给图像中的阴影区、中间区和高光区添加新的过渡色，还可以将各种颜色混合。

## 第 9 章理论题答案：

### 1．填空题

（1）红、绿、蓝　　　　（2）通道

（3）色彩通道　　专色通道　　Alpha 通道　　（4）黄　　洋红　　青　　黑

2. 选择题

（1）B　　（2）B　　（3）C　　（4）B

3. 简答题

（1）在 Photoshop CS5 中，通道分为色彩通道、专色通道和 Alpha 通道。Photoshop 处理的图像都具有一定的颜色模式。不同的颜色模式，表示图像中像素点采用的不同色彩描述方式，这就是图像的颜色模式。专色通道用于制作印刷时的专色效果。通常彩色印刷品是通过黄、洋红、青和黑 4 种原色油墨印制而成的。Alpha 通道是存储选区的一种方法。

（2）书籍封面设计：首先应该明确，表现形式要为书的内容服务，用最感人、最形象、最易被接受的表现形式，所以封面的构思十分重要。要充分理解书的内涵、风格、体裁等，做到构思新颖、切题，有感染力。

杂志封面设计：在设计时主要考虑杂志的名称以及与名称相呼应的图案装饰等，另外，还有主办单位、年号、月份、期数等，也有将条形码印在封面上的。杂志，不论是半月刊、月刊、双月刊还是季刊，都有一定的时间性，时间性决定了刊物的连续性与统一。

光盘封面设计：光盘封面设计是比较特殊的，因为它有一定的约束性，其设计延展性受到光盘形状与面积的影响，设计元素的采用与主题也因光盘所承载的内容而定。在设计光盘盘面的过程中，设计人员需要考虑光盘自身的结构，还要考虑其印刷工艺，不同的印刷工艺需要不同的设计手法。

（3）选择图层，单击“图层”面板底部的“添加图层蒙版”按钮，为图层添加一个图层蒙版。

（4）若需要删除图层蒙版，有两种方法。

方法一：在“图层”面板中选择使用蒙版的图层，该图层呈蓝色显示。选择“图层”→“图层蒙版”→“删除”命令。

方法二：在“图层”面板中，右击图层蒙版，选择“删除图层蒙版”命令即可。

## 第 10 章理论题答案：

1. 填空题

（1）光照效果　　（2）拼贴　　（3）抽出　　（4）木刻

2. 选择题

（1）B　　（2）A　　（3）C　　（4）D

3. 简答题

（1）内容决定形式，先充实内容，再分区块，定色调，最后处理细节。先整体，后局部，最后回归到整体。

功能决定设计方向，网站的用途决定设计思路。商业性的就要突出营利目的，政府性的就要突出形象和权威性的文章，教育性的就要突出师资和课程。

（2）选取图像的局部并使用滤镜，只有选区中的图像应用了滤镜的效果，选区外的图像没有变化。

（3）利用“液化”滤镜可制作出各种类似液化的效果，可以推、拉、反射、旋转、膨胀和折叠图像的任意区域。

（4）“镜头模糊”滤镜模拟图像进行镜头模糊处理，使图像产生用镜头观察时的景深模糊效果。